高等教育"十三五"规划教材

煤化工工艺学

■ 主　编　周安宁　张亚婷
　副主编　李建伟　贺新福　任秀彬　陈治平

中国矿业大学出版社
China University of Mining and Technology Press

内 容 简 介

本书为高等教育"十三五"规划教材,系统阐述了煤化工工艺学的基本概念、理论和主要工艺技术。内容包括:煤化工发展历程、煤的性质和结构、煤炭热解、炼焦、炼焦化学产品的回收与精制、煤焦油的加工与利用、煤炭气化和煤气净化、煤炭液化、煤基材料等。

本书既可作为高等学校化学工程与工艺、能源化工、矿物加工工程、环境科学及环境工程等相关专业师生教学用书,又可作为化学工程与技术领域工程技术人员的参考资料。

图书在版编目(CIP)数据

煤化工工艺学/周安宁,张亚婷主编. —徐州:
中国矿业大学出版社,2019.8
ISBN 978 - 7 - 5646 - 4514 - 4

Ⅰ. ①煤… Ⅱ. ①周… ②张… Ⅲ. ①煤化工－工艺
学－高等学校－教材 Ⅳ. ①TQ53

中国版本图书馆 CIP 数据核字(2019)第 153908 号

书　　名	煤化工工艺学
主　　编	周安宁　张亚婷
责任编辑	周　红
出版发行	中国矿业大学出版社有限责任公司
	（江苏省徐州市解放南路　邮编 221008）
营销热线	(0516)83884103　83885105
出版服务	(0516)83995789　83884920
网　　址	http://www.cumtp.com　E-mail:cumtpvip@cumtp.com
印　　刷	徐州市今日彩色印刷有限公司
开　　本	787 mm×1092 mm　1/16　印张 18.5　字数 462 千字
版次印次	2019 年 8 月第 1 版　2019 年 8 月第 1 次印刷
定　　价	36.80 元

（图书出现印装质量问题,本社负责调换）

前　言

　　目前我国的基础能源还是煤炭,在未来很长一段时间内,煤炭仍将是我国的主体能源和重要工业原料。煤炭资源的科学合理开发和清洁高效利用是煤炭工业可持续发展的基础,更是国民经济长期稳定发展的保障。近年来,我国现代煤化工工业发展日新月异,在煤炭气化、煤炭液化等技术领域获得了突破性进展。现代煤化工工业发展对化工技术人才的知识、能力和综合素质提出了更高的要求,培养具有创新性的、特色鲜明的化工高技术人才是服务国家能源发展战略的重要使命和责任。在此背景下,我们根据多年从事化工工程技术和化工专业课程的教学实践,基于工程专业认证要求,以产出为导向,对人才培养体系和方案进行了持续改进,对相应的课程体系也进行了改革和探索,设置了煤化工特色专业方向,该方向设置了"煤化工工艺学""碳一化工""化工环保与安全"等特色课程。将原课程"煤化工工艺学"中"碳一化学"相关内容,独立设置为"碳一化工"课程,将原课程"煤化工工艺学"中"煤化工污染物与防治"归入"化工环保与安全"课程中。其中,与"碳一化工"课程配套教材《碳一化工概论》已于2017年出版。因此,本教材的主要内容与目前已出版的煤化工工艺学相关教材在内容上有较大变化,以煤结构为统领,形成分质高效转化新理念。本书共分8章,主要内容包括:煤化工发展历程、煤的性质和结构;煤炭热解理论和技术;炼焦原理及炼焦技术;炼焦化学产品的回收与精制;煤焦油加工转化与利用;煤炭气化、煤气净化和甲烷化;煤直接液化原理及技术;煤基材料,包括煤基复合材料、煤基炭素制品和煤基新型碳材料等。

　　全书由西安科技大学周安宁、张亚婷担任主编,由李建伟、贺新福、任秀彬、陈治平担任副主编。具体编写分工如下:第1、2章由西安科技大学周安宁编写;第3、4章由西安科技大学贺新福编写;第5章由西安科技大学陈治平编写;第6

章由西安科技大学李建伟编写;第7章由西安科技大学任秀彬编写;第8章由西安科技大学张亚婷编写。

　　本书的编写得到了被引用研究成果及文献的原作者,西安科技大学教务处、化学与化工学院以及相关老师、同行等的大力支持。编者谨在此向他们表示真诚的感谢,特别是被引用成果及文献的原作者,你们的创新性工作是本教材编写的基础。

　　由于编者学识、水平有限,书中不妥、疏忽或不当之处在所难免,诚请读者批评指正。

编　者

2019 年 6 月

目　录

第1章　概　　论

1.1　煤化工及其发展历程

1.1.1　煤化工工艺学的范畴

化工工艺学是根据技术上先进、经济上合理的原则,研究如何把原料经过化学和物理处理,制成有使用价值的生产资料和生活资料的方法和过程的一门科学,主要包括一些典型化工产品生产原理、工艺过程、关键设备、过程参数,新技术及其应用,以及环境保护及经济性评价方法等。化工工艺学本质上是研究产品生产的“技术”“过程”和“方法”。煤化工工艺学是研究以煤为主要原料,经过物理、化学或生物等方法转化为气体、液体、固体燃料、化学品和功能材料等有使用价值的生产资料和生活资料的方法、过程和技术的一门科学。煤化工工艺学主要包括:煤炭热解、炼焦及化产回收、煤焦油加工与利用、煤炭气化及其多联产、煤炭液化、煤基材料和煤化工生产污染物防治与资源化利用等。

煤化工工业是化学工业的重要组成部分,与石油(天然气)化工具有替代性和互补性。煤化工工业习惯上分为传统煤化工工业和现代煤化工工业。传统煤化工工业多指以炼焦工业为基础,对炼焦副产物(焦油、焦炉气)进行利用和以焦炭为原料生产碳化钙制乙炔发展下游产品,以及以水煤气和半水煤气为原料,生产传统化工产品如合成氨、甲醇等的煤化工产业;现代煤化工工业多指以煤为原料,经过煤气化制合成气生产石油化工替代产品(煤代油),或以煤为原料生产清洁燃料(煤制油气)的煤化工产业,主要包含煤制油、煤制天然气、煤制乙二醇、煤制烯烃和芳烃、煤基材料等。传统煤化工与现代煤化工在煤的利用方式和产品链上均有所差别,但无绝对严格的划分界限。

总体上讲,由于对煤中有机质组成结构的认识还很肤浅,煤化工工业发展过程存在分质转化深度不足、煤大分子精细化利用程度低、热利用效率低、污染物防治与资源化利用水平低等问题。煤炭、石油、天然气是三大化石能源,也是重要的化工原料,三者分别为固态、液态和气态,虽然主要都含碳氢元素,但碳氢比(摩尔比)差别较大。三者性质既有很多相似之处,又各有差异,相互间具有互补性和替代性。天然气的碳氢比为 $1:4$,石油约为 $1:2$,而煤的碳氢比与煤种关系较大,无烟煤的碳氢比最高,烟煤、褐煤次之。以煤化工常用原料长焰煤为例,其碳氢比一般约为 $10:7$。从世界范围来看,煤炭作为燃料使用的比例相对石油、天然气较高,石油、天然气作为化工原料使用的比例相对煤炭较高。随着科学技术的发展和环保要求的提高,煤的清洁高效利用日益受到重视,煤炭的利用方式也在发生重大变化。

1.1.2 煤化工工业的发展历程及进展

由于资源蕴藏量和开采难易程度等原因，人类规模化使用煤炭的历史远早于石油和天然气。我国可追溯到公元前 300 年的《山海经》中有对煤炭产地的记述，在公元前 200 年左右的西汉，已使用煤炭来冶铁。国外对煤的最早描述大概是在公元前 238 年，亚里士多德的学生 Theophrastus 描述了煤的性质、资源和使用（包括铁匠用煤）。人类社会使用煤炭作为燃料的历史非常悠久，将煤炭作为原料发展化学工业的历史，也早于石油和天然气。

煤化工起源于 18 世纪工业革命之后冶金工业的炼焦。1792 年苏格兰的威廉·默多克（W. Murdoch）用铁甑干馏烟煤，并将所得焦炉煤气用于照明（煤气灯）。1850～1860 年，法国等部分欧洲国家相继建立了炼焦厂，炼焦化学品的回收开始引起重视。19 世纪 70 年代，德国建成了有化学品回收装置的焦炉，从煤焦油中提取了大量的芳烃，作为医药、农药、染料等工业原料，自此传统煤化工开始得到较快发展。第一次世界大战期间，作为炸药原料的氨、苯及甲苯需求巨大，促进了炼焦副产化学品的回收和利用。1925 年中国在石家庄建成了第一座焦化厂，满足了汉冶萍炼铁厂时焦炭的需要。1920～1930 年间，煤低温干馏的研究得到重视并较快发展，所得半焦可做民用无烟燃料，低温干馏焦油则进一步加工成液体燃料。1931 年，在中国上海建成拥有直立式干馏炉和增热水煤气炉的煤气厂。

煤炭代替木炭炼铁不仅大大促进了工业技术的发展，奠定了英国 19 世纪的工业霸权，而且还保护了森林。

全球使用或研发的煤转化（化工）技术大部分源于 20 世纪初，并在 20 世纪中期实现了工业应用。1923 年德国科学家 F. Fischer 和 H. Tropsch 发明了由一氧化碳加氢合成液体燃料的费托合成法，即煤间接液化工艺，1933 年该工艺开始工业生产，到 1938 年德国煤间接液化生产液体燃料的产量达 590 kt。德国科学家 F. Bergius 于 1913 年获得了煤直接液化制油专利，并因此于 1931 年获得了诺贝尔化学奖，1944 年德国煤直接液化油的年产量达到 423 万 t。在此期间，德国还开发了克虏伯-鲁奇和鲁奇-斯皮尔盖斯煤低温干馏技术，1944 年低温干馏焦油产能达到 945 kt。低温干馏产品半焦用于造气，经费托合成制取液体燃料，低温焦油经简单处理后，作为海军船用燃料，或经高压加氢制取汽油、柴油。与此同时，以煤为原料制取碳化钙生产乙炔以及煤气化经合成气发展下游产品等技术也得到空前发展。

第二次世界大战及以前，以煤焦化为基础的煤化工起源于英、法老牌资本主义国家，在德国得到了全面快速发展，习惯上称为传统煤化工。传统煤化工的发展是现代化学工业发展的先驱，促进了整个化学工业的进步，也是当时有机化工的主要组成部分，对人类社会的发展产生了不可替代的作用。同时，德国科学家发明的煤炭直接液化技术和间接液化技术，为现代煤化工发展领域打下了基础。1920 年德国在 Siemens 兄弟开发的块煤气化技术的基础上开发了移动床煤气化技术（Lurgi），同时开发了流化床煤气化技术（Winkler），20 世纪 50 年代开发了粉煤气流床技术（KT 炉）。

第二次世界大战以后，由于勘探开采技术的进步，石油和天然气的供应量快速增长。从 20 世纪 50 年代到 70 年代初，国际油气价格在扣除通胀因素后，大致保持了长期下跌的趋势。第二次世界大战前及期间，石油化工最先在美国得到大力发展，第二次世界大战后 50 年代，英国、法国、德国、日本、意大利、苏联等相继建立了石油化工厂，炼油和石化工业在全世界范围得到快速发展。20 世纪 60 年代和 70 年代初是石油化工飞速发展的年代，其产品数量和产量成倍增长,约 90％ 的有机化工产品来自石油化工,装置规模化、炼化一体化逐渐成形,煤化工大量被石油化工所取代。在此背景下,除炼焦工业随钢铁工业的发展而不断发展外,煤化工发展几乎停滞,工业上大规模由煤制取液体燃料的生产也几近中止,民用煤气也逐渐被天然气所取代。为充分发挥国内煤炭资源丰富的优势、解决油气资源贫乏问题,南非政府大力推动煤制油的发展,并于 1954 年建成了沙索(SASOL)煤制油 Ⅰ 期工厂。

1973 年和 1979 年的两次石油危机,导致国际油价大涨,使煤化工的发展又重新受到重视,欧美等国对煤化工技术开始了新一轮的研发,南非继续其煤制油产业的发展。中国此时已具备一定工业基础和研发能力,也开始了对煤化工技术的研发。石油危机后发展的煤化工大多以先进的煤气化技术为基础,通过将煤气化为合成气(有效成分为 $CO+H_2$),再进一步生产下游产品,习惯上称为现代煤化工。

南非 SASOL 在其煤制油 Ⅰ 期工厂建设和运行经验基础上,分别于 1980 年和 1984 年建成了煤制油 Ⅱ 期和 Ⅲ 期工厂,最终制油总产能约 10 万桶/d(500 万 t/a)。20 世纪 80 年代初,中国科学院山西煤炭化学研究所(以下简称中科院山西煤化所)开始了煤间接液化技术研发,2000～2002 年建立了一套 7 00 t/a 的中试装置,并于 2005 年 9 月通过国家科技部验收。从 2006 年开始,国内伊泰、潞安、神华、兖矿等分别开始建设示范工厂并取得成功。2016 年年底建成投产的神华(现国家能源集团)宁煤 400 万 t/a 煤间接液化制油项目。2013 年中国神华集团的 100 万 t/a 煤直接液化油生产线达到了设计运行天数。煤制油项目的经济性直接受国际油价影响,一般国际油价在 60 美元/桶以上,煤制油项目就具有较好的经济效益。

煤制天然气技术分为间接制气技术和直接制气技术。间接制气技术是指煤经合成气($CO+H_2$)甲烷化反应制取天然气,直接制气技术是指煤催化气化一步法制取天然气。美国最早开始煤制天然气的研究,石油危机加速了其发展。德国在煤化工方面技术积淀深厚,鲁奇(Lurgi)公司最先掌握了合成气甲烷化反应制天然气技术。美国埃克森(Exxon)公司从 1976 年最早开始煤催化气化制天然气技术的研究,开发了煤、水蒸气催化气化制取甲烷工艺。我国新奥科技发展有限公司于 2008 年开始煤催化气化制天然气技术的研发,掌握了具有自主知识产权的煤催化气化制天然气技术。工业化方面,1980 年在美国政府贷款担保的支持下,美国大平原气化联营公司开始建设大平原煤制气工厂,项目采用间接制气技术,于 1983 年年底建成,1984 年 7 月 28 日开始商业化运行,但 1985 年 8 月 1 日大平原煤制气工厂因气价下跌,严重亏损而宣布破产。德国、日本、澳大利亚、新西兰、英国和加拿大等国也曾进行过许多煤制天然气的研究,但都停留在实验阶段,没有进行商业规模的量产。2009 年 8 月,国家发展和改革委员会核准了大唐克旗 40 亿 m³/a 煤制天然气项目,项目采用间接法煤制天然气技术,全厂工艺流程与美国大平原煤制气项目相似,2013 年 12 月 18 日项目一期投运,但实现达产稳定运行经历了较长时间,且存在环境污染问题。继大唐克旗项目之后,国家发展和改革委员会又先后核准了大唐阜新、新疆庆华、内蒙古汇能、伊犁新天、内蒙古北控等项目,合计产能达到 211 亿 m³/a。

煤制乙二醇技术发展稍晚,但国内外对其的研究进展相差不大,在中国其工业化较为成功。煤制乙二醇多采用合成气经草酸酯间接法工艺。20 世纪 80 年代,日本宇部兴产株式会社开始了合成气制乙二醇的技术研发,并建设了试验装置。几乎同时,中国科学院福建物质结构研究所(以下简称中科院福建物构所)也开始了合成气制乙二醇的研究。2006 年中科院福建物构所与江苏丹化集团、上海金煤化工新技术有限公司合作,开展了 300 t/a 煤制乙二醇中试,2008 年完成了万吨级工业试验。2009 年通辽金煤在通辽市建成了 200 kt/a 煤制乙二醇工业示范项目,成功制得工业级乙二醇,在世界范围内率先实现了全套煤制乙二醇技术的工业化应用。同年,日本高化学技术株式会社获得了宇部兴产株式会社合成气制乙二醇技术的全权代理权,并与中国东华工程科技股份有限公司、浙江联盛化学工业股份有限公司签订了联合开发协议。2010 年 5 月该联合体共同出资在台州建成了 1 500 t/a 乙二醇中试装置。国内华东理工大学、天津大学、中国石油化工集团(以下简称中石化)等多家机构均开展了煤制乙二醇技术的研究,目前已建成煤制乙二醇产能近 300 万 t/a,运行效果和经济效益参差不齐,国内还有大量在建、拟建的煤制乙二醇项目。煤制低碳烯烃(乙烯、丙烯)技术发展历史较短,但在国内取得了较大的成功。煤制低碳烯烃目前主要采用煤经甲醇间接法工艺,包含 MTO 和 MTP 技术,其中 MTO 技术运用更为广泛。20 世纪 80 年代初,中科院大连化物所开始了甲醇制烯烃(DMTO)技术的研究,并于 2004 年建成了当时世界上第一套万吨级工业试验装置,2006 年该装置通过考核验收。在国外,1992 年美国 UOP 公司和挪威 Hydro 公司合作开发 MTO 技术,并于 1995 年在挪威建成示范装置。2010 年国内采用中国科学院大连化学物理研究所(以下简称大连化物所)DMTO 技术的神华包头 60 万 t/a 煤制烯烃工业示范装置打通全流程,次年实现商业化运营,各项指标先进,经济效益显著,标志着煤制低碳烯烃技术工业化运用的成功。此后煤制低碳烯烃在我国进入了快速发展期,10 年间其产能已达到约 1 000 万 t/a。

煤制芳烃是指煤经甲醇间接法制芳烃(MTA),煤制芳烃发展较为缓慢。20 世纪 70 年代,美国美孚(Mobil)公司在甲醇制汽油(MTG)技术基础上开发了 MTA 技术。我国 MTA 技术起步较晚,但发展迅速,伴随着 MTO/MTP 技术实现工业化并显示出较高的经济效益,国内清华大学、中科院山西煤化所、中科院大连化物所、中石化等机构开始了 MTA 技术的研发。2012 年内蒙古庆华集团采用中科院山西煤化所的 MTA 技术,建立了 100 kt/a 的装置并顺利投产。2013 年采用清华大学"流化床甲醇制芳烃技术(FMTA)"的陕西华电榆横煤制芳烃中试装置打通全流程,试验成功。目前 MTA 技术产品收率较低,还不具备大规模工业化发展的条件。

人们对煤化学研究的历史可追溯到 1780 年对焦炭和水蒸气反应的研究,虽然人们很早就开始由煤炼焦并于 1600 年开始从炼焦中回收焦油,但这些均属于经验性技艺,直到 1780 年,化学科学研究所需要的必要条件才基本具备,如压力(1643 年)和温度(1714 年)的准确测定、理想气体常数 R 和绝对零度(1778 年)的确定以及包含煤中主要元素在内的 30 余种元素的发现。然而,随后快速发展的化学科学却没有很好地扩展到煤化学范畴,致使人们对煤结构和反应的认识进展缓慢,至今仍基本处于概念表述和经验范畴,也因此影响了煤化工工业发展。

现代煤化工主要分为煤制清洁燃料和煤制化学品两大领域。煤制清洁燃料具有很高战略意义,但目前仍存在工艺流程复杂、建设投资高、能耗水耗高、能源转化率低等问题。煤制化学品与石油、天然气化工都是从碳氢化合物原料生产需要的碳氢化合物产品,尤其是在碳一化工领域,其整体加工过程极为相似。但考虑到煤炭资源丰富、化学结构特殊、价格便宜,发展煤制化学品技术仍具有十分良好的发展前景。通过发展以清洁高效的先进煤气化技术

和 CO_2 捕集封存为基础的煤制化学品产业,不但经济效益显著,还可以解决将煤炭作为燃料直接利用带来的环境污染和高碳排放问题,对于煤炭的绿色可持续发展有着十分重要的意义。

1.2　煤的性质

煤是一种固体可燃有机岩,它是植物遗体经过复杂的生物、地球化学、物理化学作用转变而成的。成煤植物不同、聚积环境和成煤条件的差异造成了煤炭种类的多样性和煤基本性质的复杂性,并直接影响煤的开采、洗选和综合利用。

木质素、纤维素和半纤维素在缺氧和微生物参与下不断分解、化合和缩聚(称为生物地球化学作用),低等生物则形成腐泥,高等植物则形成泥炭(称为泥炭化阶段),当泥炭和腐泥由于地壳下沉等原因被上覆沉积物掩埋时,泥炭和腐泥在一定温度、压力作用下,经过漫长的地质时代,发生成岩作用和变质作用(主要是物理化学作用)而转变为煤炭(称之为煤化作用阶段)。泥炭先变成褐煤(成岩阶段),再由褐煤变成烟煤(变质阶段)。与任何化学反应一样,由于原料不同、反应条件不同、反应器不同,因此形成煤的组成和结构也呈现显著差异。由 10 m 厚的木材堆积物形成的褐煤和烟煤的厚度仅为原来的 $1/20 \sim 1/60$(时间跨度在 300 万年~3 亿年),相应地,氧元素含量由木材的 44% 下降至褐煤的 25% 左右及烟煤的 10% 左右,所以,一小块煤中包含有数十年甚至上百年植物遗体的积累,其间自然运移(如风和水流)的无机物及森林火灾(雷电引发)形成的焦木也不时填充于缓慢堆积的植物残体中,由此形成了煤的复杂组成结构和性质。

1.2.1　煤的物理性质

煤的物理性质是煤的化学组成和分子结构的外部表现,是由成煤物质及其成煤过程,以及风化、氧化程度等因素所决定的,主要包括密度、孔隙率、颜色、光泽、粉色、硬度、脆度、断口及导电性等。煤的物理性质可以作为初步评价煤质的依据,也是研究煤的结构与利用性质的重要指标。

(1) 煤的密度

煤具有一定裂隙,结构疏松,因此,煤的密度与其裂隙、孔隙等因素有关。煤的密度也因此分为真相对密度[在 20 ℃时,煤的质量与同温度同体积(不包括煤的所有孔隙)水的质量之比]、视相对密度[在 20 ℃时,煤的质量与同温度同体积(包括煤的内孔隙)水的质量之比]和煤的散密度[在具有一定容积的容器中,装满煤,然后称量煤的质量,再换算成单位体积的质量(t/m^3),即得散密度]。

煤的真相对密度是计算煤层平均质量与研究煤炭性质的一项重要指标,以符号 TRD 来表示。国家标准测定煤的真密度采用密度瓶法,以水作为置换介质,根据阿基米德定律进行计算。煤的视相对密度又叫容重或假密度,计算煤的埋藏量及煤的运输、粉碎、燃烧等过程都需要用此指标,以符号 ARD 来表示。煤视相对密度测定的基本原理与煤真相对密度测定原理相同,由于煤的视相对密度中包含煤的孔隙和裂隙,因此必须在测定时使介质不进入孔隙中。为此,目前都用蜡涂敷于煤样的表面,即所谓的涂蜡法,或凡士林法、水银法等。煤的散密度又叫煤的堆积密度,由于各种散煤的粒度组成不同,因而即使是同一煤层开采出来的煤,其堆密度也会有很大的差异。堆密度测定容器的大小应视煤炭粒度的大小而定。

（2）煤的孔隙率和比表面积

煤的内部存在许多孔隙，孔隙体积占煤总体积的百分数称为煤的孔隙率。其也可用单位质量煤包含的孔隙体积（cm^3/g）来表示。

根据煤的真相对密度和视相对密度可算出煤的孔隙率，计算公式如下：

$$孔隙率＝（真相对密度－视相对密度）/真相对密度×100\%$$

煤的比表面积是指单位质量煤的总表面积，包括外表面积和内表面积两部分。煤的比表面积通常主要指内表面积，外表面积占的比例较小。煤的比表面大小与煤空间结构，煤的吸附、真空热分解、溶剂抽提、氧化、还原等性质，以及气化和液化等过程密切相关，是煤的重要物理性质之一。随着煤化程度的变化，煤的比表面积具有一定的变化规律。即煤化程度低的煤和煤化程度高的煤比表面积大，而中等煤化程度的煤比表面积较小，反映了煤化过程中分子空间结构的变化。在不同气体和不同温度下所测得的结果各不相同，因此比较煤的比表面积大小要注意分析测试的条件和煤样类型等因素的一致性，否则没有可比性。

（3）煤的机械性质

煤的机械性质主要包括煤的硬度、脆度、可磨性和弹性等。煤的硬度影响采煤机械工作的技术定额、采煤机械的应用范围、各种机械和截齿的磨损情况，同时它还决定破碎、成型加工的难易程度。

煤的硬度常用莫氏硬度（用标准矿物刻划煤所测定的相对硬度）和显微硬度（在显微镜下根据具有静载荷的金刚石压锥压入显微组分的程度来测定）来表示。煤的硬度与煤化程度有关，煤化程度低的褐煤和中等变质程度的焦煤的硬度最小，为2～2.5，无烟煤的硬度最大，接近4。

煤的粉碎性（可磨性）表示煤被粉碎的难易程度。煤的可磨性指数越大则表示煤越容易被粉碎，反之则较难被粉碎。煤的可磨性大小与煤种、煤层特点、煤中矿物类型和数量等因素有关。煤的可磨性测定方法主要依据磨碎定律，即在研磨煤粉时所消耗的功（能量）与煤所产生的新表面面积成正比，常用哈德格罗夫法进行测定。

煤的弹性是指煤在外力作用下所产生的形变，当外力除去后形变的复原程度。煤的弹性与煤的结构有关，特别是与构成它的分子间的结合力的大小有着密切的关系。煤的弹性与煤的压缩成型性关系密切。因此，研究煤的弹性也有助于提高型煤与型焦的产品质量。

煤的脆度又叫脆性，表征煤的抗碎强度，是机械坚固性的一个指标。脆度大的煤，其块煤的破碎概率大，会产生较多的粉煤。煤的脆度测定方法有抗碎强度法和抗压强度法。煤的脆度和其他物理性质一样，与煤的岩相组成及煤化程度有关。

（4）煤的热性质

煤的热性质主要包括煤的比热容、煤的导热性、热稳定性等指标。煤的热性质不仅对煤的热加工过程及其传热计算有很大意义，而且对于研究煤的结构也有重要价值，例如，煤的导热性就能反映煤中分子的定向程度。在室温下，煤的比热容一般为0.84～1.68 $J/(g \cdot ℃)$。煤的比热容与煤化程度、煤中矿物质和煤中水分含量等因素有关，随碳含量、水分含量的提高而大致呈线性增加。煤中矿物增加，煤的比热容则下降。煤的比热容随温度变化也会发生变化，当温度在0～350 ℃时比热容增加（在270～350 ℃时达最大值），在350～1 000 ℃时比热容下降，这是因为大于350 ℃后，煤发生了热分解，最后煤的比热容接近于石墨的比热容[0.82 $J/(g \cdot ℃)$]。

煤的导热性包括煤的导热系数 $\lambda[W/(m\cdot K)]$ 和导温系数 $\alpha(m^2/h)$ 两个基本常数。

（5）煤的光学、电学和磁学性质

煤的反射率表示煤内部结构的分散度。煤在光学上的各向异性决定了煤结构内部微粒的形状和定向、聚集状况等。从反射率可以计算出折射率、吸收率（吸光度）。

煤的电导率随煤化程度的提高而增加，含碳 87% 以上的煤，其电导率急剧增加，因为在这个范围内煤的石墨化程度增加了。由于电阻率是电导率的倒数，故电阻率随煤化程度的提高而减少，含碳 87% 以上的煤，其电阻率急剧减少。煤电阻率与煤的纯度、粉碎程度、加于试样上的压力及测定时的温度等因素有关。

煤的介电性能是指在电场作用下煤表现出对静电能的储蓄和损耗的性质，通常用煤的介电常数和介质损耗来表示。煤介电常数随煤化程度的增加而减少，在含碳 87% 处出现极小值，然后又急剧增大。煤的介电常数受煤中水分高低、大分子结构及官能团结构、矿物类型等影响。

无烟煤在磁性上显示各向异性，而大部分煤均具有抗磁性。煤的芳香性与抗磁性、磁化率有关。本田等为除去所有强磁性不纯物，采用盐酸处理过的煤粉作为试样，在外加足够高的温度场以消除顺磁性影响的情况下，研究发现煤的抗磁性磁化率随煤化程度的提高而呈直线地增加，但在含碳 80%~90% 之间直线的斜率较小，在含碳 90% 以上又急剧增加。

1.2.2　煤的化学性质

煤的化学性质是指煤受热或与各种化学试剂在一定条件下产生不同化学反应的性质。煤的化学性质主要包括煤的热分解、氧化、加氢、卤化、磺化、水解和烷基化等性质。

（1）煤的热解反应

煤热解过程中的化学反应是非常复杂的，包括煤中有机质的裂解，裂解产物中轻质部分的挥发，裂解残留物的缩聚，挥发产物在输出过程中的分解及化合，缩聚产物的进一步分解、再缩聚等过程。总的来讲，煤热解过程包括裂解和缩聚两大类反应。由于煤的分子结构极其复杂，矿物质又对热解有催化作用。迄今为止，对煤的热解化学反应尚未彻底弄清。

（2）煤的加氢反应性

煤的加氢反应是一个极其复杂的反应过程，有平行反应，也有顺序反应。煤加氢液化的基本化学反应有热解反应、供氢反应、脱杂原子反应等。煤加氢分为轻度加氢和深度加氢两种：① 轻度加氢是在反应条件温和的条件下，与少量氢结合。煤的外形没有发生变化，元素组成变化不大，但不少性质发生了明显的变化，如低变质程度烟煤和高变质程度烟煤的黏结性、在蒽油中的溶解度大大增加，接近于中等变质程度烟煤。② 深度加氢是煤在激烈的反应条件下与更多的氢反应，转化为液体产物和少量气态烃。

（3）煤的氧化反应及其他反应

煤的氧化过程是指煤与氧互相作用的过程。同时，氧化过程使煤的结构从复杂到简单，是一个逐渐降解的过程，也可称为氧解。煤在空气中堆放一段时间后，就会被空气中的氧缓慢氧化，越是变质程度低的煤越易氧化。氧化会使煤失去光泽，变得疏松易碎，许多工艺性质发生显著变化（发热量降低、黏结性变差甚至消失等）。缓慢氧化所产生的热量，还会引起自燃。

煤与双氧水、硝酸等氧化剂反应，生成各种有机芳香羧酸和脂肪酸，这是煤的深度氧化。若煤中可燃物质与空气中氧进行迅速发光、发热的氧化反应，即是燃烧。用各种氧化剂对煤进行不同程度的氧化,可以得到不同的氧化产物,这对于研究煤的结构和煤的工业应用都具有极其重要的意义。

根据煤氧化程度的不同,煤的氧化过程可分为以下5个阶段。通常将第Ⅰ阶段称为表面氧化阶段,第Ⅱ阶段称为再生腐殖酸阶段,第Ⅲ、Ⅳ阶段称为苯羧酸阶段。到第Ⅱ阶段为止称轻度氧化,第Ⅱ阶段至第Ⅳ阶段则称深度氧化。氧化的第Ⅴ阶段即燃烧阶段。工业上常用轻度氧化方法,由褐煤和低变质烟煤(长焰煤、气煤)制取腐植酸类的物质,并广泛地应用于工农业和医药业领域。另外,因为轻度氧化可破坏煤的黏结性,所以工业上对黏结性较强的煤,有时需要对它们进行轻度氧化,以防止该类煤在炉内黏结挂料而影响操作。

煤的其他化学性质,例如,煤能与卤素化合物发生卤化反应;磺化条件下能生成磺化物等。

1.2.3 煤的工艺性质

为了提高煤的综合利用价值,必须了解、研究煤的工艺性质,以满足不同加工转化工艺对煤质的要求。煤的工艺性质主要包括黏结性和结焦性、发热量、化学反应性、热稳定性、煤灰熔融性和结渣性、透光率、机械强度和可选性等。

(1)煤的黏结性和结焦性

煤的黏结性是指煤在干馏时黏结其本身或外界惰性物质的能力,以黏结性指数($G_{R.I}$)表示。我国标准规定,在一定的条件下,以烟煤在加热后黏结专用无烟煤的能力来表征烟煤黏结性的指标。结焦性是指煤在干馏时能否生成优质焦炭的性能。黏结性是结焦性存在的前提。结焦性包括了保证结焦过程能顺利进行的所有性质,而黏结性只是反映结焦性的一个重要因素。因此,黏结性好的煤结焦性不一定就好,结焦性好的煤具有良好的黏结性。

黏结性是煤炭进行工业分类的主要指标,一般用煤中有机质受热分解、软化形成的胶质体的厚度来表示,常称胶质层厚度。胶质层越厚,黏结性越好。测定黏结性和结焦性的方法很多,除胶质层指数测定法又称为煤的胶质层最大厚度(Y值)外,还有罗加指数法、奥阿膨胀度试验、格金干馏试验等。黏结性受煤化程度、煤岩成分、氧化程度和矿物质含量等多种因素的影响。煤化程度最高和最低的煤,一般都没有黏结性,胶质层厚度也很小。

(2)发热量

发热量指单位质量的煤在完全燃烧时放出的热量,是评价燃料煤的主要指标。根据计算时燃烧产物中水的状态不同,发热量有高位发热量与低位发热量之分,包含燃烧生成的水蒸气冷凝潜热时,称为高位发热量;不包括水蒸气冷凝潜热时,称为低位发热量。

(3)化学反应性

煤的化学反应性又称为反应活性。反应活性指在一定温度下,煤与不同气体介质如二氧化碳、水蒸气、氧气、氢气作用的气化反应能力,它是评价气化用煤和动力用煤的一项重要指标,对研究煤炭的燃烧和气化机理有一定的价值。我国以高温下,煤或焦炭还原二氧化碳的能力,即CO_2的还原率来表示煤或焦炭的反应活性,生成的CO产率越高,表明煤的反应活性越强,在气化和燃烧过程中反应速率越快。在煤炭气化反应过程中,尤其是流态化气化工艺,煤的反应活性直接影响流化床内的反应过程,涉及耗煤量、耗氧量和产气成分。

煤的反应活性与煤的变质程度有关,褐煤的反应活性最强,烟煤居中,无烟煤最差。除此以外,煤的反应活性与煤中矿物质的含量也有一定的关系,通常,矿物质含量高,有机质相对含量就少,反应活性则会降低。

(4) 热稳定性

煤的热稳定性(TS),又称耐热性,是指煤在高温下燃烧或气化过程中,对温度剧烈变化的稳定程度,即一定粒度的煤受热后保持原有粒度的性能。它是评价气化用煤和动力用煤的又一项重要指标。热稳定性的好坏,直接影响炉内能否正常生产,以及煤的气化和燃烧效率。煤的热稳定性测定是按标准《煤的热稳定性测定方法》(GB/T 1573—2018)进行的。热稳定性好的煤,在气化或燃烧过程中不发生破碎;热稳定性差的煤,在气化或燃烧过程中常会发生破碎。对固定床设备来说,稳定性差的煤可使床层阻力加大,降低煤燃烧和气化效率,粉煤增加到一定程度,可能造成在炉算上结渣,影响正常操作。因此,煤的热稳定性是煤炭加工利用的重要参数之一。

(5) 煤灰熔融性和结渣性

煤灰不是单一的物质,其成分变化很大,严格地说,没有一定的熔点,而只有熔化温度范围。煤灰熔融性是指煤灰在熔融过程中形态变化与温度之间的关系。其测试方法是将煤灰做成高 25 mm、底边为 7 mm 的三角形角锥体,将其在弱还原性介质中加热;当角锥体顶部变成弧状或发生倾斜时的温度称为变形温度,用 t_1(对应 DT)表示;继续加热,当角锥体顶部熔化成球状或逐渐弯曲,直至顶部坍塌时的温度称为软化温度,用 t_2(对应 ST)表示;再进一步加热,当煤灰可以流动时的温度称为熔化温度,用 t_3(对应 FT)表示。灰渣在熔融时,温度越高其流动性越好,也就是黏度越小。当灰渣的动力黏度为 10 Pa·s 时,具有较好的流动性,此时的温度称为灰渣的自由流动温度,用 t_4 表示。在工业生产中,一般以煤灰的软化温度,作为衡量其熔融性的主要指标,用 ST 评定煤灰熔融性。煤灰熔融性不能反映煤在气化炉中的结渣性,通常用煤的结渣性来判断。将煤样送入炉内与空气气化,燃尽后冷却称重,筛分出大于 6 mm 的渣块占总重量的百分数,称之为结渣率。

煤灰熔融性是动力和气化用煤的重要指标,主要用于固态排渣炉和液态排渣气化炉的设计和运行操作。固态排渣炉,要求灰熔融的温度越高越好,以免炉内局部温度过高造成结渣影响正常运行。某些链条式炉排锅炉,则需要较低的灰熔融温度,使煤灰形成适当的熔渣,以保护炉栅。以液态排渣操作的设备,则希望灰熔融温度越低越好。

(6) 其他工艺性质

焦油产率是评价煤和油页岩炼油适宜性的指标,通常采用铝甑干馏试验测定。可选性是反映煤在分选过程中除去其中矿物质的难易程度,是将各级粒度的煤在不同密度的液体中经浮沉试验而确定的。

1.3 煤炭的组成结构及特性

1.3.1 煤岩组成

煤岩学是把煤作为有机岩石,研究煤的物质成分、结构、性质、成因及合理利用的学科。由于成煤原始物质及沉积环境和条件不同,其岩石组成也不一样,呈现出多组分特征。用肉眼观察煤时,依据煤的光泽、断口特征等,可以分出不同的煤岩成分和煤岩类型。在显微镜下,可进一步区分出各种显微组分和显微煤岩类型。应用煤岩学方法确定煤的煤岩组成及其特征是评价煤的性质和用途的重要依据,也是基于煤岩特征解决实际问题的重要基础。

（1）煤的宏观组成

国内外对腐植煤的宏观组成分类方案主要有以下两种：一种是一级分类系统，即把煤炭仅划分为煤岩成分和宏观类型；另一种是两级分类系统，即把煤先分出煤岩成分，再根据其组合特征划分出煤岩宏观类型。我国国家标准采用两级分类系统。

烟煤的煤岩成分是指肉眼可区分的基本组成单元，亦称煤岩组分。在条带状烟煤中有镜煤、亮煤、暗煤和丝炭4种煤岩成分。其中，镜煤和丝炭是简单的煤岩成分，亮煤和暗煤是复杂的煤岩成分。① 镜煤是煤中颜色最黑、光泽最亮的成分，质地均匀，具有贝壳状断口，以垂直于条带的内生裂隙发育为特征。内生裂隙面常呈眼球状，优势裂隙面上常有方解石或黄铁矿薄膜。镜煤性脆，易破碎成棱角状小块，在煤层中常常呈透镜状或条带状。在4种煤岩成分中，镜煤的挥发分高，黏结性强。② 亮煤是最常见的煤岩成分，不少煤层以亮煤为主组成较厚的分层，甚至整个煤层。其光泽仅次于镜煤，较脆，内生裂隙也较发育，但程度次于镜煤，密度较小，有时也有贝壳状断口。亮煤均一程度不如镜煤，表面隐约可见细微的纹理。显微镜下观察，亮煤组成以镜质组为主，含有一定数量的惰质组和壳质组。③ 暗煤一般呈灰黑色，光泽暗淡，密度大，内生裂隙不发育，断面粗糙，致密坚硬具韧性，常以较厚的分层出现，甚至单独成层。显微镜下观察，暗煤的组成复杂多样，其特征和性质取决于显微组成。富含惰质组的暗煤，往往略带丝绢光泽，挥发分低，黏结性弱；富含壳质组的暗煤，略带油脂光泽，挥发分和含氢量较高，黏结性较好；含大量矿物的暗煤，则密度大，灰分产率高。④ 丝炭外观像木炭，颜色灰黑，具有明显的纤维状结构和丝绢状光泽。它疏松多孔，性脆易碎，能染指。丝炭的空腔常被矿物充填成矿化丝炭，坚硬致密，密度大。在煤层中，一般丝炭的数量不多，常呈扁平透镜状、沿层理面分布，大多厚1～2 mm到几个毫米，有时也能形成不连续的薄层。丝炭的氢含量低，碳含量高，不具黏结性；由于丝炭孔隙率大，吸氧性强，其容易受氧化而自燃。

烟煤的宏观煤岩类型是按照煤的整体相对光泽划分的，是煤岩成分的自然共生组合的反映。我国通常用宏观煤岩类型作为肉眼观察研究煤层的单位，共划分为光亮煤、半亮煤、半暗煤和暗淡煤4种类型。宏观煤岩类型划分依据是根据煤中光亮成分——镜煤和亮煤在分层中的含量及其反映出来的总体相对光泽强度。

按煤化程度，褐煤可分为软褐煤、暗褐煤和亮褐煤3个煤级。其中，暗褐煤和亮褐煤称为硬褐煤。亮褐煤的宏观特征与烟煤相近，因此可以借用烟煤的宏观分类术语。对软褐煤的岩石类型划分方案较多，不同方案的分类原则不尽相同。依据国际煤岩学委员会（ICCP）发表的褐煤的岩石类型的分类方案，可将褐煤划分为木质煤、碎屑煤、丝质煤和富矿物质煤4种岩石类型组。

（2）煤的宏观结构和构造

煤的宏观结构是指煤岩成分的形态、大小所表现的特征。其最常见的有：① 条带状结构。煤岩成分多呈条带，在煤层中相互交替组成条带状结构。按条带的宽度，可分为：细条带状，宽1～3 mm；中条带状，宽3～5 mm；宽条带状，大于5 mm。条带状结构在烟煤中表现明显，尤其在半亮煤和半暗煤中最常见。② 线理状结构。镜煤、丝炭及黏土矿物等常以厚度小于1 mm的线理断续分布在煤层中，呈现出线理状结构，常见于半暗煤、暗淡煤。③ 透镜状结构镜煤、丝炭及黏土矿物、黄铁矿透镜体散布在比较均一的暗煤或亮煤中，呈现透镜状结构，常见于半暗煤、暗淡煤。④ 均一状结构，组成较均一。镜煤的均一状结构较典型,某些腐泥煤、腐植腐泥煤也具有均一状结构。⑤ 粒状结构。由于煤中散布着大量壳质组组分或矿物而呈粒状。某些暗淡煤中含有大量小孢子和树皮体而呈粒状结构,有些半亮煤中含有原生黄铁矿而呈粒状结构。

层理是煤层的主要构造标志。层理的显示,在相当程度上与古泥炭在成岩作用过程中的变化有关。最常见的是水平层理;偶见波状(微波状)层理和斜波状层理。层理不显的称为块状构造。块状构造的煤外观均一致密。腐泥煤、腐植腐泥煤常见块状构造,有些暗淡煤也具有块状构造。

(3)煤的显微组成

在显微镜下才能识别的煤中基本有机组成单元,称为有机显微组分。煤中的矿物质是煤中无机组成部分,称为无机显微组分。

显微镜下通常用两种方法鉴定煤片:一种是透射光下观察煤的薄片,鉴定标志主要是透光色、形态和结构等;另一种是在反射光下观察煤的光片和煤砖光片,鉴定标志除反射色、形态和结构外,还有突起等。反射光下常用油浸物镜进行观察。20 世纪 80 年代以后广泛使用荧光显微镜,发现一些新的仅在荧光下才能识别的显微组分,获得了荧光色、荧光强度、荧光变化的新的标志,深化了对显微组分的认识。在涉及显微组分的组成、超微结构等研究时,应用电子显微镜和电子探针等微束分析,亦取得了良好的效果。

国际煤岩学委员会的硬煤显微组分分类方案是国际上广泛应用的分类,已被国际标准化组织(ISO)在煤岩分析中采用,适用于烟煤和无烟煤。该分类方案将所有的显微组分分为 3 个组:镜质组、壳质组和惰性组。每个组都包括一系列成因、物理性质和化学工艺性质相近的显微组分(表 1-1),但 3 个显微组分组之间在其化学成分和性质上有相当明显的区别。

表 1-1   **国际硬煤有机显微组分分类**

有机显微组分组 (Maceral Group)	有机显微组分 (Maceral)	有机显微亚组分 (Submaceral)	有机显微组分种 (Maceral Variety)
镜质组 (Vitrinite)	结构镜质体 (Telinite)	结构镜质体 1 (Telinite 1) 结构镜质体 2 (Telinite 2)	科达树结构镜质体(Cordaitotelinite) 真菌质结构镜质体(Fungotelinite) 木质结构镜质体(Xylotelinite) 鳞木结构镜质体(Lepidophytotelinite) 封印木结构镜质体(Sigillariotelinite)
	无结构镜质体 (Collinite)	均质镜质体(Telocollinite) 胶质镜质体(Gelocollinite) 基质镜质体(Desmocollinite) 团块镜质体(Corpocollinite)	
	碎屑镜质体(Vitrode-trinite)		

有机显微组分组 （Maceral Group）	有机显微组分 （Maceral）	有机显微亚组分 （Submaceral）	有机显微组分种 （Maceral Variety）
壳质组 （Exinite）	孢子体 （Sporinite）		薄壁孢子体（Tenuisporinite） 厚壁孢子体（Crassisporinite） 小孢子体（Microsporinite）
	角质体（Cutinite）		
	树脂体（Resinite）	镜质树脂体（Colloresinite）	
	木栓质体（Suberinite）		
	藻类体 （Alginite）	结构藻类体 （Telalginite）	皮拉藻类体（Pila-Alginite） 轮奇藻类体（Reinschia-Alginite）
		层类藻类体（Lamialginite）	
	荧光体（Fluorinite）		
	沥青质体（Bituminite）		
	渗出沥青体 （Exsudatinite）		
	壳屑体（Liptodetrinite）		
惰质组 （Inertinite）	半丝质体 （Semifusinite）		
	丝质体 （Fusinite）	火焚丝质体（Pyrofusinite） 氧化丝质体（Degradofusinite）	
	粗粒体（Macrinite）		
	菌类体 （Sclerotinite）	真菌菌类体 （Fungosclerotinite）	密丝组织体（Plectenchyminite） 团块菌类体（Corposclerotinite） 假团块菌类体（Pseudocorposclerotinite）
	微粒体（Micrinite）		
	碎屑惰质体 （Inertodetrinite）		

注:1. 术语不完整,随研究深入,可以进一步完善。

2. 引自《中国煤岩学》。据 E. Stach,《斯塔赫煤岩学教程》,1982 年版,并按 1987 年有关规定增补。

当显微组分按其形态和结构可判断成因时,可分出显微亚组分。例如,丝质体中细胞结构保存良好,起源于森林火灾的称为火焚丝质体;细胞结构保存较差,来源于木材降解的称氧化丝质体。当显微组分按其结构可识别出成煤植物的门类、器官、组织等属性时,可细分为不同的显微组分种。

首先根据煤中有机成分的颜色、反射力、突起、形态、结构特征,划分出显微组分组;再根据细胞结构保存程度、形态、大小以及光性特征的差别,将显微组分组进一步划分为显微组分和显微亚组分。

褐煤在世界煤炭储量中占有相当大的比例。中国内蒙古东部、云南第三纪煤田的褐煤占该地区储量的大部分,而且褐煤煤田多属于巨厚煤层,宜于露天开采,有极大的经济价值。国际煤岩学委员会的褐煤显微组分分类方法见表1-2。

表 1-2 国际褐煤显微组分分类方法

显微组分组 (Maceral Group)	显微组分亚组 (Maceral Subgroup)	显微组分 (Maceral)	显微亚组分 (Submaceral)
腐植组 (Huminite)	结构腐植体 (Humotelinite)	结构木质体(Textinite)	
		腐木质体(Ulminite)	木质结构腐木质体(Texto-ulminite)
			充分分解腐木质体(Eu-ulminite)
	碎屑腐植体 (Humodetrinite)	细屑体(Attrinite)	
		密屑体(Densinite)	
	无结构腐植体 (Humocollinite)	凝胶体(Gelinite)	多孔凝胶体(Porigelinite)
			均匀凝胶体(Levigelinite)
		团块腐植体(Corpohuminite)	鞣质体(Phlobaphinite)
			假鞣质体(Pseudo phlobaphinite)
壳质组 (Liptinite)		孢粉体(Sporinite)	
		角质体(Cutinite)	
		树脂体(Resinite)	
		木栓质体(Suberinite)	
		藻类体(Alginite)	
		碎屑壳质体(Liptodetrinite)	
		叶绿素体(Chlorophyllinite)	
		沥青质体(Bituminite)	
惰质组 (Inertinite)		丝质体(Fusinite)	
		半丝质体(Semifusinite)	
		粗粒体(Macrinite)	
		菌类体(Sclerotinite)	
		碎屑惰质体(Inertodetrinite)	

(4) 显微组分的化学性质

在煤的三大显微组分组中,镜质组是世界大多数煤田煤中最主要的显微组分,也是决定煤的工艺性质的主要成分,镜质组的化学性质随煤化程度的增长变化规律很明显,因此研究较多。在煤化过程中,随着煤化程度增加,镜质组的挥发分、氧含量、氢碳原子比和氧碳原子比明显减少,而碳含量、芳香度增高。由于反射率和挥发分这两个参数都与镜质组结构单元的芳构化程度有关,因而烟煤中镜质组的反射率增高和挥发分降低的程度几乎相同,都是很好的煤级指标。在煤化过程中,镜质组随着芳香稠环侧链羟基、羧基、甲氧基、羰基,以及环氧的脱落和芳香稠环缩合程度的增高碳含量随之增高。但在镜质组的 R°_{max} 在 1.00% ~ 2.50% 范围内,碳含量不过增高 6% 左右,与挥发分相比碳含量是个比较差的煤级指标。镜质组的氢含量在低等煤级煤中大致相近,一般低于 6%,从中煤级烟煤开始明显减少,到无烟煤阶段,由于甲烷析出增多,氢含量急剧降低,而成为区分无烟煤煤级的辅助指标。值得注意,镜质组的化学性质受聚煤环境和成煤植物的影响明显。中国不同成煤时代和聚煤盆地的煤,虽然煤级相同,但其化学组成和工艺性质有一定的差异。将中国鄂尔多斯侏罗纪煤田的镜质组与同煤级其他煤田的镜质组相比,往往挥发分和氢含量偏低,而芳香度偏高。而中国华北、华东太原组煤层中镜质组的挥发分、氢含量、黏结性明显高于山西组煤层中的镜质组。

在三大显微组分组中,惰质组的挥发分、氢含量和氢碳原子比最低,碳含量最高。在煤化过程中,随着煤化程度增加,惰质组的挥发分、氢含量、氧含量、氢碳原子比亦降低,碳含量、芳香度增高,但与镜质组相比,其变化幅度小。在三大组中,壳质组化学性质的特点是挥发分和氢含量最高,氢碳原子比大多在 1 以上,芳香度较低。在中煤级烟煤中,壳质组的化学性质变化很快,逐渐与镜质组的化学性质趋于一致。

1.3.2 煤中的矿物质及其伴生元素

通常把煤中矿物质理解为煤中伴生的一切无机组分,既包括肉眼和显微镜下可识别的矿物,又包括镜下难以鉴别的且与有机质结合的金属和阴离子。煤中矿物质的多少,一方面不仅直接影响煤炭发热量的高低,还影响到煤炭的加工利用特性。中国大多数煤中矿物质含量较高,全国原煤平均灰分在 20% 以上,对煤的合理利用和环境保护有极其不利的影响。另一方面,煤中所富集的达到工业品位要求的稀有元素、放射性元素是伴生的有用矿产,有的矿物和伴生元素在煤炭加工利用中起催化作用,提高了煤的经济技术价值。

1.3.2.1 煤中矿物质的分类

(1) 按成因分类

煤中的矿物质按成因可分为 3 类,即:植物成因的矿物质、陆源碎屑成因的矿物质、化学成因的矿物质。

① 植物成因的矿物质。矿物质是植物生长必不可少的营养物质,植物细胞壁的矿质化,主要是硅质化和钙质化,可以增强植物本身的机械支撑能力。赋存在沼泽植物中的矿物质成煤后,形成了煤中植物成因的矿物质。植物成因的矿物质虽少,但难以用物理方法脱除,只有在制备超纯煤时,用化学方法才可能大部分脱除。

② 陆源碎屑成因的矿物质。该类矿物质是指由风力和水流搬运到泥炭沼泽并沉积的陆源碎屑矿物和岩屑。煤中常见的陆源碎屑矿物质有黏土矿物、石英以及长石、云母,并有锆石、电气石、磷灰石、石榴子石、独居石、重晶石、锡石、磷钇矿等副矿物,还有火山碎屑。

③ 化学成因的矿物质。该类矿物质是在水溶液中直接化学沉淀,与溶液和泥炭中有机质反应,以及煤中的有机质和无机质反应后形成的。常见的化学成因矿物质有高岭石、硫化物矿物、菱铁矿和部分石英。

在生物的生命活动和死亡后遗体降解过程中,会产生酶、有机酸、腐殖质等,对矿物质的形成有明显的影响。如黄铁矿莓粒的形成往往与菌藻类生物有关,它具有生物化学成因的特点。

(2) 按形成时期分类

煤中矿物质按形成时期可分为原生矿物和后生矿物两类,见表 1-3。

表 1-3 煤中矿物质

矿物分类	成煤作用第一阶段		成煤作用第二阶段	
	原生矿物(同沉积的-成岩作用早期的)		后生矿物	
	流水带来的风成的碎屑	自生矿物	充填裂隙空洞的	原生矿物改造形成的
黏土矿物	高岭石、伊利石、绢云母、混层黏土矿物、蒙皂石、黏土岩夹矿			伊利石、绿泥石、叶蜡石
碳酸盐矿物		菱铁矿、白云石、铁白云石、方解石、文石	方解石、菱铁矿、铁白云石、白云石	
硫化物矿物		黄铁矿、白铁矿、胶黄铁矿、磁黄铁矿、黄铜矿、闪锌矿、方铅矿	黄铁矿、白铁矿、闪锌矿、方铅矿、黄铜矿、闪锌矿、硫镍钴矿、雄黄、雌黄、辰砂	由原生菱铁矿结核变成的黄铁矿
氧化硅类矿物	石英	石英、玉髓	石英、玉髓	
氧化物及氢氧化物矿物	金红石、磁铁矿	金红石、赤铁矿、褐铁矿	金红石、针铁矿、纤铁矿	
硫酸盐矿物		石膏、硬石膏、重晶石、天青石、水铁钒		
磷酸盐矿物	磷灰石	磷灰石、磷块石		
其他矿物	锆石、正长石、电气石、黑云母等	沸石、密蜡石	石盐等氯化物、硝酸盐矿物	

原生矿物是指在成煤作用的第一阶段泥炭聚积期和早期成岩作用阶段形成的矿物。它既有新形成的矿物,又包括风力和水流带来的陆源碎屑矿物。原生矿物主要有高岭石、石英、黄铁矿、菱铁矿等。后生矿物是指在成煤作用第二阶段在煤层中形成的矿物,主要是由地下水(包括热液)带来的矿物质,如黄铁矿、石英、高岭石、方解石、菱铁矿等;也包括在后生作用过程中,由于温度、压力的增高,原有的原生矿物特别是黏土矿物发生变化形成的矿物;还包括煤系地层重新接近地表,在表生作用下在煤层中形成的矿物,如石膏、褐铁矿等。

1.3.2.2 煤中的各类矿物

（1）黏土矿物

黏土矿物是世界和中国大多数煤中最主要的矿物,占煤中矿物总量的 $60\% \sim 80\%$。煤中黏土矿物以高岭石、伊利石为主,蒙皂石和伊利石-蒙皂石混层黏土矿物等比较少。由于黏土矿物常见的粒径大多小于 $2~\mu m$,在光学显微镜下,一般难以确切识别各种黏土矿物,必须用差热分析、X 射线衍射、电镜等分析方法鉴定。各种黏土矿物是影响煤可选性和其他工艺性质的重要因素,因而需研究其成分和赋存状态。各种黏土矿物的比表面积不同,蒙皂石为 $600 \times 10^4 \sim 800 \times 10^4~cm^2/g$,伊利石为 $60 \times 10^4~cm^2/g$,高岭石为 $10 \times 10^4 \sim 50 \times 10^4~cm^2/g$。由于蒙皂石遇水膨胀,在选煤时,具有膨胀性的黏土矿物能引起煤泥产率升高,造成脱水困难。

（2）氧化物和氢氧化物矿物

在煤中常见氧化物和氢氧化物矿物有石英、金红石、玉髓、蛋白石、赤铁矿、褐铁矿、磁铁矿等。世界上已发现的其他氧化物、氢氧化物矿物,还有锐钛矿、板钛矿、钛磁铁矿、铬铁矿、针铁矿及锡石等。

（3）硫化物矿物

煤中常见的硫化物矿物主要是黄铁矿,还有白铁矿、胶黄铁矿、闪锌矿、方铅矿、黄铜矿、硫镍钴矿、雄黄、雌黄、辰砂等。

硫是煤中主要的有害杂质,由于燃烧产生的二氧化硫不仅腐蚀金属设备,影响煤加工产品,并已造成严重的酸雨等环境污染。详细研究煤中硫化物矿物的成分、粒度、赋存状态和成因对于煤炭脱硫研究十分必要。在煤炭加氢液化过程中,当温度高于 400 ℃时,黄铁矿可还原成磁黄铁矿,而成为液化的有效催化剂。

（4）碳酸盐类矿物

煤中常见的碳酸盐类矿物有方解石和菱铁矿,此外,还有白云石、文石和铁白云石等。煤中碳酸盐矿物对于火力发电厂煤的结渣性和熔渣特征研究有重要意义。

（5）煤中其他矿物质

煤中其他矿物质还有硫酸盐矿物、磷酸盐矿物、铀矿物和盐类矿物。煤中硫酸盐矿物比较少。通常石膏发育在风化带,黄钾铁矾见于氧化带,水绿矾或绿矾与石膏充填在煤的裂隙和空洞中。磷酸盐矿物主要为磷灰石,在中国见于煤层中黏土岩夹矸层,热变煤的热液脉,以及早古生代石煤中。中国含铀煤矿床主要产于中新生代陆相沉积盆地中。铀石的颗粒极细,呈胶状、斑点状浸染在显微组分中,并与黄铁矿、黏土矿物共生。沥青铀矿以细小颗粒呈浸染状、胶状、不规则状等沿层理分布,也有呈细脉充填裂隙中。德国和英国等地区有些石炭系煤中盐含量相当高,被称为含盐煤,由于高盐而造成选煤时的困难,并会引起锅炉的腐蚀。

1.3.2.3 煤中伴生元素

煤是由有机组分和无机组分组成的一种可燃有机岩。因此,对煤的研究涉及对其有机组分和无机组分的结构、成分、性质等方面的研究。煤中元素按其赋存形态可划分为主体元素和伴生元素。主体元素是组成煤主体结构的有机元素。当煤中伴生有益元素富集到工业品位时它们具有很高的经济价值。当煤中有害元素达到一定浓度时,它们溶入水体后会对水体造成污染,燃烧和转化会对大气环境和工业设备等带来严重后果。

对煤中伴生元素的调查和研究表明,中国煤中伴生元素除锗、镓、铀外,还含有黑色金属铁、锰、钛、钒、铬,有色金属铜、铅、锌、钴、锡、铝、钼、铋和汞等,稀有金属铌、钽、铋、锂、锆、铷、铯、钇和锶等,分散元素硒、铊、铟、锗和铼等,贵金属元素金、银,以及有害元素砷、硼、氟、磷、钠、钾和氯等 40 余种伴生元素。锗、镓、铀、铈、锆、钇和钪等元素在某些矿区的煤层中已富集到工业开采品位和综合利用品位。

中国南方早古生代煤中含有丰富的伴生元素,其中以钒所形成的工业矿床分布面积最广、储量大,其次是钼、镍、铀、磷、镉等元素。此外,银、铜、金、钴、锌、硒、镓、锗、钪、钛和稀土等元素在局部地区或局部层位含量较高,具有综合利用价值。煤及含煤岩系中含有多种稀有金属,其利用的前景十分广阔。

随着国民经济发展,人们对煤中伴生的有害元素污染生态环境问题日益重视。现已研究证明,煤中的汞、砷、氟、氯、硒、铬、镉、铜、铅、钼、铍、镍和铀等伴生元素均能污染环境。研究有毒性、放射性和腐蚀性元素在煤中的赋存状态及其在燃烧、转化等过程中迁移、分布规律和对生态环境的影响,可为解决煤炭转化过程的污染和设备腐蚀等问题提供宝贵的资料。

1.3.3　煤有机质的物理结构模型

（1）Hirsch 模型

Hirsch 模型是 Hirsch 于 1954 年利用双晶衍射技术对煤的小角 X 射线漫射进行研究、分析后得出的模型。该模型比较直观地反映了煤化过程中的物理结构变化,具有较广泛的代表性。其模型如图 1-1 所示。

图 1-1 中（a）代表敞开式结构,属于低煤化程度烟煤,其特征是芳香层片较小、不规则的无定形结构比例较大；（b）代表液体结构,属于中等煤化程度烟煤,其特征是芳香层片在一定程度上定向,并形成包含两个或两个以上层片的微晶；（c）代表无烟煤结构,其特征是芳香层片增大、定向程度增大。

（2）两相模型

两相模型又称为主-客模型,是由 Given 等根据核磁共振氢谱发现煤中质子的运动规律而提出的。其模型如图 1-2 所示。

以上结构模型所表述的是煤的宏尺度的结构特征,表达了煤的宏观尺度基本特征是由非共价键连接的大分子团簇结构。

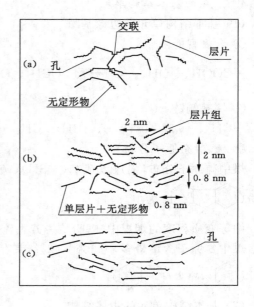

图 1-1　Hirsch 模型

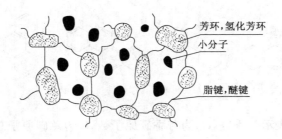

图 1-2　主-客模型

1.3.4　煤有机质的化学结构

煤有机质的化学结构单元是以芳环、氢化芳环、脂环和杂环为核心,周围带有烷基侧链和极性官能团的缩合芳香体系。基本结构单元相互桥连,在二维方向上联结成平面网络。氢键缔合、范德瓦耳斯力、偶极作用力及共价键,使得芳香层网相互叠置,在三维空间上生长发育。随着煤化程度的增加,脂环结构减少,缩合芳香体系的芳构化和缩合程度不断增高,芳香层的定向性和有序化程度明显增强,芳香层叠置、集聚形成更大的芳环叠片,进一步堆集构成煤的三维结构,孔结构分布由大孔向中孔、微孔方向过渡。煤的物理结构模型较好地描述了这一特征。

煤物理结构中的大分子团簇化学结构,也可以用化学结构模型清晰描述。煤的化学结构模型不仅显示了化学键的组合形式,而且体现了与煤化程度的关系。煤大分子团簇的基本结构单元及不同变质程度煤的结构模型如下:

1.3.4.1 煤的基本结构单元

(1) 基本结构单元的边缘基团

① 含氧官能团

—COOH、—OH、$\diagup$C =O、—OCH$_3$、O=⬡=O、—O—

② 烷基侧链

—CH$_3$、—CH$_2$—CH$_2$—、—CH$_2$—CH$_2$—CH$_2$—

③ 硫、氮杂原子分布

煤中硫原子分布,褐煤以巯基(—SH)、硫醚(R—S—R)为主;烟煤以噻吩环如二苯并噻吩(⬡S⬡)为主。

中等变质程度的烟煤中,噻吩硫:芳香硫化物:脂肪硫化物=50:30:20。

煤中氮原子含量最多,为 1% ~ 2%,其存在形式主要是:—NH$_2$,—NH—,吡咯,咔唑,吡啶(⬡N),喹啉(⬡⬡N)。

(2) 基本结构单元的主体结构

① 缩合芳香环数

煤的芳香结构单元中,碳原子含量在 70% ~ 80% 之间时,环数为 2;在 83% ~ 90% 之间时,环数为 3~5;在 95% 以上时,环数激增至 40 个以上。缩合芳环的主要形式如下:

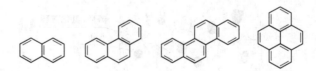

② 芳香度

$f_a = \dfrac{C_a}{C}$,其中,f_a 表示芳香度,C_a 为芳香碳原子数,C 为总碳原子总数。

③ 桥键

如次甲基键:—CH$_2$—、—CH$_2$—CH$_2$—、—CH$_2$—CH$_2$—CH$_2$—;醚键和硫醚键:—O—、—S—、—S—S—;次甲基醚键:—CH$_2$—O—、—CH$_2$—S—;芳香碳—碳键等。

1.3.4.2 不同变质程度煤的结构模型

表 1-4 为不同变质程度煤的单元结构模型。基于煤的变质程度和煤的化学结构特征,进行煤的分质转化和低碳化利用是实现由煤向精细化学品、洁净燃料、新材料(碳纳米管、石墨烯、超级活性炭、功能高分子材料等)等方面梯级多联产转化和利用的基础。

目前不同研究者从不同应用背景和不同种类煤的结构参数出发,提出了一系列煤结构模型,主要有 Given 模型、Wiser 模型和 Shinn 模型等。

表 1-4   不同变质程度煤的单元结构模型

煤	成分特征/%			结构单元
	指标	干燥基(d)	干燥无灰基(daf)	
褐煤	C	64.5	76.2	
	H	4.3	4.9	
	V	40.8	45.9	
浓烟煤	C	72.9	76.2	
	H	5.3	5.6	
	V	41.5	43.6	
高挥发分烟煤	C	77.1	84.2	
	H	5.1	5.6	
	V	36.5	39.9	
低挥发分烟煤	C	83.8	—	
	H	4.2	—	
	V	17.5	—	
无烟煤				

英国 P. H. Given 的煤化学结构模型(图 1-3)认为煤的结构单元是 9,10-二氢蒽,主要反映了在年轻的烟煤中没有大的缩合芳香结构(主要是萘环),分子均成线性排列,没有空间结构,有氢键和含氮杂环等的存在,不足之处表现在其没有考虑含硫结构,没有考虑到存在醚键和两个碳原子以上的次甲基桥键。

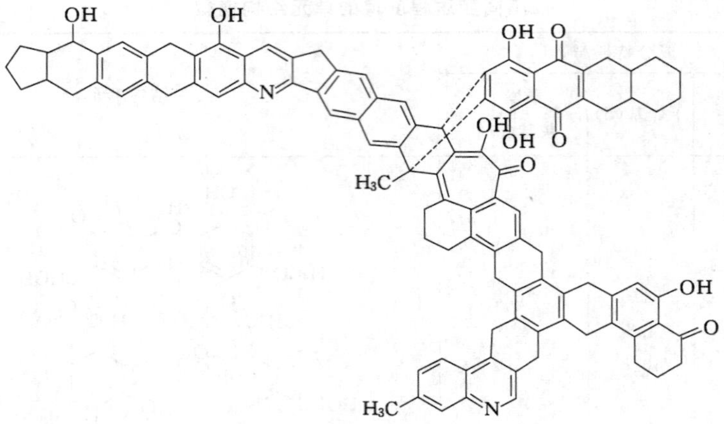

图 1-3　Given 模型

美国 W. H. Wiser 提出的煤化学结构模型(图 1-4)被认为是迄今为止比较全面、合理的模型。该模型基本上反映了煤分子结构的大部分现代概念,可以合理解释煤的一些化学反应和性质,如煤的热分解反应和液化性质等。

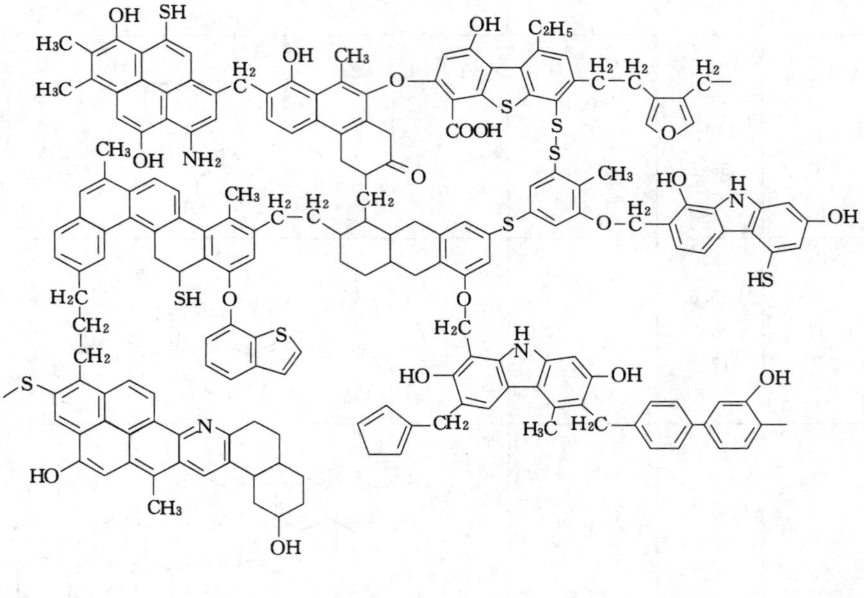

图 1-4　Wiser 模型

J. H. Shinn 提出的煤化学结构模型如图 1-5 所示。该模型是目前广为人们接受的煤大分子模型,是根据煤在一段和二段液化过程产物的分布提出来的,所以又叫作反应结构模型。与以上几种模型不同,Shinn 模型是以烟煤为对象,不仅考虑了煤大分子中杂原子的存在,而且考虑了官能团与桥键分布,与实验结果比较接近。但是,该模型仍然没有表示出煤中存在的低分子化合物。

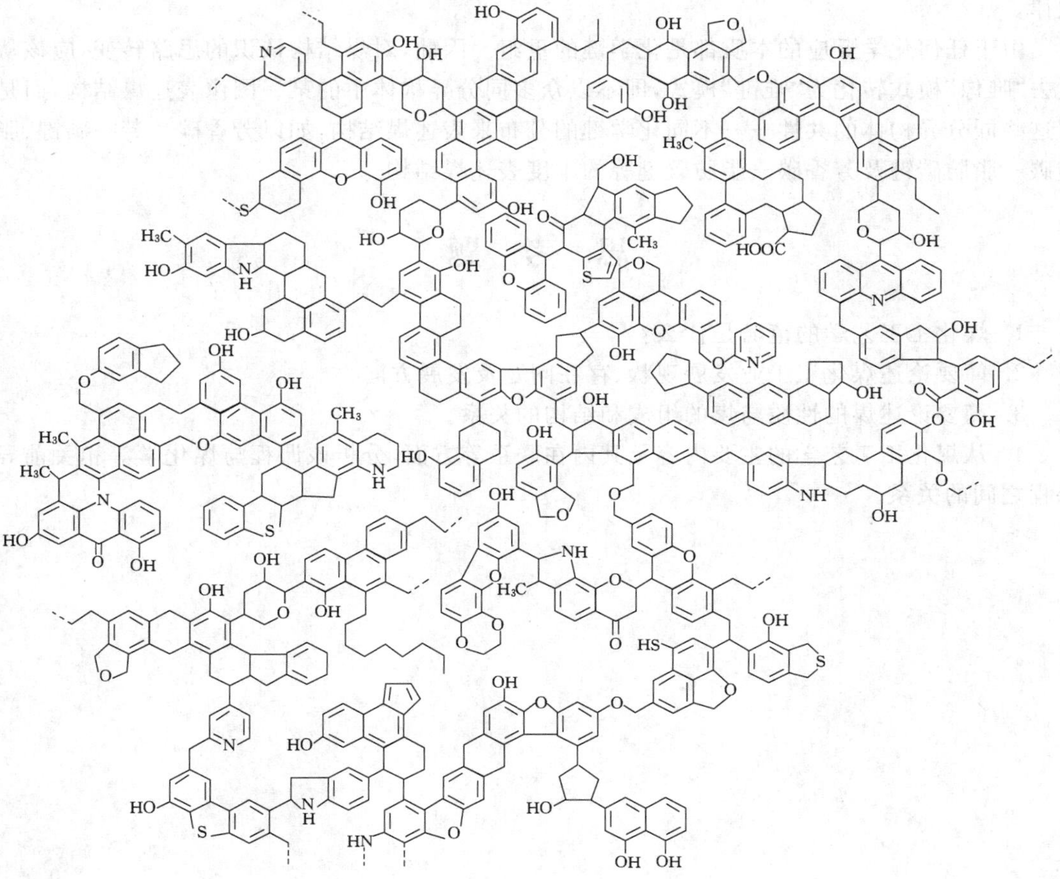

图 1-5　Shinn 模型

1.3.4.3　集总化学结构模型

表 1-4 和图 1-3～图 1-5 所给出的煤结构模型的共性为"由桥键连接的芳香中心"。褐煤的芳香中心主要以 1 环和 2 环为主,随着煤化程度的增加,烟煤的芳香中心的缩聚芳环数增大到 2～4 环,当碳含量在 90％附近时,芳香中心的缩合芳环数剧增。褐煤的脂肪碳链较长,随煤化程度的增加,脂肪碳链逐渐缩短,烟煤的脂肪碳链大部分为 1～2 个原子,无烟煤的脂肪碳很少。有机物具有同分异构现象,依据同样的分析数据应能画出很多结构模型。因此,煤的化学结构模型所展示的煤结构是概念性图像,是煤物理结构中相应大分子团簇的化学结构,而这些化学结构又可拆分为尺度更小的芳香中心和桥键。在这个系统中,宏尺度结构是示意性的,大分子团簇的化学结构仅是无穷组合方式(同分异构体)的一种,因此也是示意性的。相比之下,芳香中心和桥键的种类较少,是比较容易量化的基本单元。

刘振宇于 2010 年提出了煤"集总化学结构模型",即以"非共价键和弱共价键等弱键合结构的分布特征"表述煤热反应所涉及的化学结构,体现了煤大分子中化学键的特征。研究发现,煤化学结构图形虽然无穷无尽,但构成这些结构的共价键主要有 11 种,若将丰度小的共价键归类至与其键能类似的丰度较大的共价键之中,动力学上需要考虑的共价键数则更少。例如,将煤的共价键分为 5 类,就可以较好地解析热天平中煤热解挥发物释放的总体规律。

由于任何化学反应的本质都是化学键的重组。因此,对煤结构认识的思路转变,应该从过去"唯像"模式转化为"唯键"模式,即不以众多同分异构体中的某一图像表述煤结构,而是以这些同分异构体的共性——不同化学键的分布来表述煤结构,如以芳香碳—芳香碳键、脂肪碳—脂肪碳键及芳香碳—脂肪碳键等的丰度表述煤结构。

思 考 题

1. 煤化工工艺学的范畴是什么?
2. 简要论述煤化工工业发展现状、存在问题及发展方向。
3. 简要论述煤的性质与煤的组成和结构的关系。
4. 从煤化工工艺学的主要内容及其内在联系等方面,分析该课程与煤化学等相关前导课程之间的关系。

第 2 章 煤 炭 热 解

2.1 概　述

热解是将有机物在缺氧或惰性气氛状态下加热,发生一系列物理变化和化学反应,使之分解形成气体、液体和固体的热分解反应过程。煤炭热解是将煤在隔绝空气或非氧气氛条件下加热至较高温度,使煤炭发生系列物理变化和化学反应,分解形成煤气、焦油和半焦(焦炭)的热分解过程。

煤炭焦化、气化、液化等化工过程均涉及煤热解过程。近年来,随着煤炭资源高效分质利用理论与技术发展,低阶煤(包括褐煤、长焰煤、不黏煤、弱黏煤等)热解技术取得了显著进展。因此,煤热解理论与技术在煤化工技术发展中扮演着十分重要的角色。

煤热解技术研究至少可追溯到 100 年前,发展到今天,主要有固体热载体热解技术、多级流化床技术、回转炉热解技术、以锅炉热灰为固体热载体的循环流化床热解技术、旋转床和下行床热解技术等。

商业化的高温热解工艺(焦化)以制取优质焦炭为主要目的,低阶煤中低温热解(干馏)工艺以获得高附加值产品——半焦、焦油和煤气为主要目的。煤热解得到的煤焦油是重要的化工原料。高温热解得到的煤焦油(高温煤焦油)是制取芳烃的优质原料。低温焦油也是制取萘和酚类的重要原料。目前世界上 95％以上的 2～4 环芳香物和杂环化合物以及 15％～25％的 BTX 来自煤焦油(包括粗苯),其中大多数的芳香物单体难以直接从石油中获得。

以高挥发分低阶煤为原料,采用热解技术生产洁净固体燃料、焦油等化学品以及煤气等产品或进一步联产电力热力或其他化学品等是煤炭分质多联产的重要途径,具有良好的环境、经济和社会效益。本章在讨论煤热解理论的基础上,重点讨论低阶煤热解技术及产品的应用。高温热解(焦化)技术及其产品回收将在第 3 章"炼焦"和第 4 章"炼焦化学产品回收与精制"中讨论。

2.2 煤炭热解的分类

煤热解方法按照其工艺特征,其分类如下:

① 按照热解温度分为低温热解(500～650 ℃)、中温热解(650～800 ℃)、高温热解(900～1 000 ℃)和超高温热解(>1 200 ℃)。

② 按照热载体类型分为固体热载体、气体热载体和固体-气体复合载体热解。

③ 按照热源分为电加热热解、等离子体热解、微波热解等。

④ 按照反应器内压强大小分为常压热解和加压热解两类。

⑤ 按照加热方式分为内热式热解、外热式热解和内外热并用式热解。

⑥ 按照料层在反应器内的密集程度分为密相床热解和稀相床热解两大类。

⑦ 按照热解速率分为慢速热解和快速热解（10～200 ℃/s）。

⑧ 按照气氛性质不同分为惰性气氛热解、反应性气氛热解（如加氢热解和催化加氢热解）。

⑨ 按照固体物料在床层中运行方式分为固定床、流化床、气流床和滚动床热解等。

慢速加热热解，如煤的焦化，其目的主要是获取质量合格的焦炭；中速、快速和闪速热解，加氢热解等主要目的是获得最大产率焦油或化学品。煤快速热解制油技术发展至今，其共性问题是焦油质量差（沥青和粉尘含量高、稳定性和流动性差）、挥发产物导出和分离系统易堵塞（含尘焦油固化）、焦油提质加工难度大等。目前，国内比较成熟的中低温热解技术是块煤内热式气体热载体直立炉热解工艺。因此，应依据目标产品及工艺技术水平等选择合适的热解技术。

2.3 煤炭热解理论

2.3.1 煤热解过程

煤的热解过程一般可描述为：原料煤在隔绝空气的条件下受热时，随着加热温度的逐渐升高，水分首先从煤中析出；当温度达350～400 ℃时，原来分散的煤粒（炼焦煤）开始形成胶质体（烟煤加热到一定温度时，每一颗煤粒均有液相形成，许多煤粒的液膜汇合在一起，形成了黏稠的气、液、固三相混合物即为胶质体），数量逐渐增多，后来又随温度的升高逐渐固化成半焦；在半焦阶段仍有大量气体析出，以后半焦逐渐收缩，出现裂纹和碎裂，直到1 000 ℃左右时成为焦炭。在高温热解的过程中，煤由分散的煤粒变成块状的焦炭，其内部结构发生了很大变化，即煤在高温热解（干馏）时，炼焦煤主要是经过两个过程：一是300～500 ℃之间的黏结过程，二是500 ℃以后半焦收缩、出现裂纹和碎裂的成焦过程。低变质烟煤中低温热解过程与炼焦煤的热解过程相似，但由于没有液体形成或液体量很少，不能形成稳定的胶质体。因此，煤热解过程是一个十分复杂的物理化学过程，随热解温度提高，热解生成的固、液、气相产物互相影响，交互作用，产品组成分布不仅与煤的结构与性质有关，还与热解相关的工艺条件如温度有关。到目前为止，这方面的理论还不够完善。归结起来，煤的中低温热解主要包括以下步骤：

① 煤中水分、小分子有机物由孔隙内部向外部的扩散过程（物理过程）；

② 煤大分子有机质热分解过程（化学过程）；

③ 煤热解初次产物由内部孔隙向外部的扩散过程（物理过程）；

④ 初次挥发产物受热进一步发生二次分解反应过程（化学过程）；

⑤ 气相产物在半焦表面缩聚及半焦内部大分子缩聚过程（化学过程）；

⑥ 气相产物向外部扩散的过程（物理过程）。

在通常情况下，这些过程在时间和空间上是相互重合的。其中，前三种过程都发生在原料煤的内部,故煤的热解速率就决定于这三个过程中从动力学上来说最慢的过程。

煤的热解过程随着温度的升高可以分为三个阶段,如图 2-1 所示。

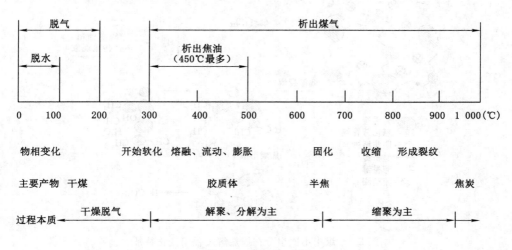

图 2-1 煤热解过程

第一阶段为干燥脱气阶段。温度在 300 ℃ 以下,原料煤外形没有变化,主要发生水蒸发,吸附气体脱附(少量 CO_2、CH_4、H_2S 及水蒸气等产生),该过程为吸热过程。该过程还发生脱羧基等反应。

第二阶段为热分解阶段。温度为 300～600 ℃,原料煤中有机质开始发生变化,放出 CO、CO_2 及水蒸气,生成热解水和焦油,原料煤(炼焦煤开始变软)发生剧烈分解,放出大量挥发产物。绝大部分焦油在此阶段产生,固相产物为半焦。这个过程主要发生解聚和分解反应。

第三阶段为热缩聚阶段。温度为 600～1 000 ℃,这个阶段主要是焦炭的形成阶段。从半焦到焦炭,析出大量的煤气,固体产物的挥发分降低,密度增加,体积收缩,形成碎块。700 ℃ 以下煤气的主要成分是 CO、CO_2 和 H_2,当温度大于 700 ℃ 时,煤气的主要成分是氢气。这个过程以缩聚反应为主。

2.3.2 煤热解机理及主要化学反应

2.3.2.1 煤热解机理

在第 1 章关于煤结构模型的讨论中,由 Given 两相模型(主-客体模型)可知,煤结构的主体为有机物大分子网状结构,称之为固定相。低分子通过非共价键力作用被结合在固定相的网络中,这些小分子相称之为流动相。在低阶煤中,离子键和氢键占大多数;在高阶煤中,电子相互作用和电荷转移力起主要作用。煤有机大分子相主体是由弱共价键交联起来的多聚芳环,对于相同煤种主体是相似的,流动相小分子是作为客体居于主体之中,不同煤种的客体是相异的。再依据煤的 Hirsch 物理结构模型,煤大分子芳香层片间由变联键连接,并或多或少在所有方向上任意取向,形成多孔立体结构,不同煤阶煤的孔结构体系不同。因此,由于煤的多组分性、立体结构的复杂性,煤热解过程十分复杂,不仅涉及复杂的化学反应,同时涉及动量传递、热量传递、质量传递等过程。图 2-2 给出煤中不同组分在煤热解过程中变化特征。

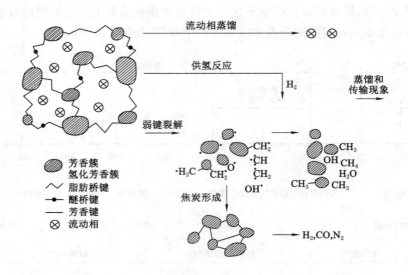

图 2-2　煤中不同组分在煤热解过程中变化特征

煤大分子的热解机理在热化学反应和分子层面主要涉及两个步骤:即煤中弱共价键(主要为脂肪桥键和醚键等)被加热解离产生挥发性自由基碎片以及自由基碎片之间的反应。前者主要包括:煤受解分解产生挥发物的过程,该过程涉及挥发性自由基碎片的生成,以及由其反应生成的挥发产物,一般称为一次反应;后者主要包括挥发物分解产生自由基碎片反应,以及由其生成的挥发产物进一步发生裂解、缩聚等反应,一般称为二次反应。

由于热解系统中煤的温度最低,热源的温度最高,煤颗粒外的传热方向指向煤颗粒,煤颗粒内的传热方向指向颗粒中心。当煤颗粒升温并产生挥发物时,由于挥发物的体积远大于煤,其在颗粒内的传质指向颗粒外,传质过程中挥发物逐渐升温。由于煤颗粒周围的温度均高于煤颗粒,当挥发物离开煤颗粒后还会进一步升温。因此,煤大分子热分解的温度场与挥发物热解、缩聚的温度场和时空不同,煤大分子热分解反应处于低温场,挥发物的热解、缩聚等二次反应位于相对较高的温度场。煤热解机理如图 2-3 所示。

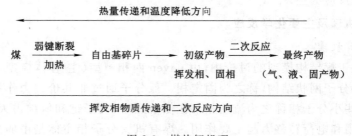

图 2-3　煤热解机理

上面煤热解 2 步反应机理表明,第 1 步煤热解自由基的生成决定了热解过程产物产率的理论最高值和最低值,即挥发分上限和半焦下限,主要是热力学问题,即热解过程必须达到相应键的解离能;第 2 步反应的途径和程度则决定了最终气、液、固三相产品的产率,涉及热力学和动力学问题。这两步化学反应共同决定了产物的结构和特性。

煤热解过程中,水蒸气、低分子碳氢化合物、二氧化碳等小分子产物主要在第 1 步热解反应中产生；甲烷、一氧化碳和氢气等小分子产物主要在第 2 步反应中产生。这些小分子产物的形成通常与特殊官能团的热分解有关，一般被看成是煤中官能团的平行热分解反应。

煤热解过程中焦油产品的形成途径和机制是相当复杂的，涉及上述两步机理全过程。煤热解焦油形成的具体途径包括：

① 煤大分子中弱的桥键断裂，发生解聚作用，形成的小碎片形成胶质体；

② 胶质体分子再次聚合（交联）；

③ 小分子化合物通过蒸发对流和气体扩散脱离煤表面；

④ 分子从煤粒内部通过对流和在非熔融煤孔中的扩散或在熔融煤中靠液相或泡沫传递转移到煤粒表面。

由上述过程可以知，煤热解挥发分产品的产率分布受传质过程、化学反应等过程控制。随着烟煤表面气体压力的升高，热解中焦油产量下降，而气体产量增加。对年轻褐煤来说，气体压力的影响不明显，这是因为褐煤大分子分解产生焦油量很少，重组分含量很低。如果外界气压升高，由于传质速率下降，焦油发生二次分解，转变成更小的分子导致气体产量增加而焦油产量下降。对于小煤粒（小于 $250~\mu m$）焦油的传输过程而言，用对流来解释小分子气体和焦油的蒸发更有优势。小分子焦油是以蒸气形式而不是以液态形式经对流扩散出煤粒的。

关于煤热解过程中气体、液体化合物形成机理研究，目前仍没有具体的定论。国内有学者研究了煤热解过程中酚类化合物的形成机理，定义了"酚类形成""酚类分解""中间酚类""酚类生成"和"键寿命"等概念。鉴于煤热解反应过程中化学反应的复杂性，下面仅就煤热解过程中主要化学反应类型进行讨论。

2.3.2.2　煤热解过程的主要化学反应

依据上述煤热解 2 步反应机理，煤热解过程中热化学反应主要包括煤大分子及其挥发物的裂解和缩聚两大类反应。从煤的分子结构看，可认为热解过程是基本结构单元周围的侧链和官能团，对热不稳定成分不断裂解，形成低分子化合物并挥发出去，基本结构单元的缩合芳香核部分对热稳定，互相缩聚形成固体产物（半焦和焦炭）。煤热解中的主要化学反应如下：

（1）煤热解中的裂解反应

煤有机大分子热解过程中裂解反应主要包括：

桥键断裂生成自由基的反应：煤有机大分子结构单元之间的桥键主要包括：$-CH_2-$、$-CH_2-CH_2-$、$-CH_2-CH_2-O-$、$-O-$、$-S-$、$-S-S-$ 等。桥键受热后易断裂成挥发性自由基碎片和胶质体，然后进一步发生内部氢的重排而使自由基稳定，也可能从其他分子碎片夺取氢和无序重结合而使自由基稳定，固相部分为半焦。电子自旋共振研究表明，当温度超过煤的分解温度后，自由基突然增加，在近 500 ℃时达到最大值。桥键的断裂速率和数量一般认为受可供氢的控制，氢的提供可以稳定桥键断裂形成的自由基。

脂肪侧链裂解生成气态烃的反应：脂肪侧链受热裂解生成气态烃，如：CH_4、C_2H_6、C_2H_4 等。

含氧官能团裂解反应：煤有机大分子芳香环簇上有各种官能团。当煤受热时，这些官能团将发生变化，首先是官能团脱离芳香环簇形成轻质气体，其次脱去官能团的某些轻质碎片蒸发形成焦油。不同官能团形成的气体不同,官能团的活性也不同。含氧官能团的热稳定性顺序为:—OH＞—C $=$ O＞—COOH。羧基热稳定性差,200 ℃ 就开始分解,生成 CO_2 和 H_2O;羰基在 400 ℃ 左右裂解生成 CO;羟基不易脱落,到 700～800 ℃ 以上,有大量氢存在,可氢化生成 H_2O。含氧杂环在 500 ℃ 以上也可能断开,生成 CO。

煤中低分子化合物的裂解,是以脂肪结构的低分子化合物为主,其受热后,可分解成挥发性产物。

(2) 一次热解产物的二次热解反应

煤中有机大分子通过弱键断裂分解形成一次裂解产物,一次热解产物在析出过程中受到较高温度作用,发生二次热解。二次热解反应主要有:

裂解、脱氢反应:

$$C_2H_6 \longrightarrow C_2H_4 + H_2$$
$$C_2H_4 \longrightarrow CH_4 + C$$
$$CH_4 \longrightarrow C + 2H_2$$

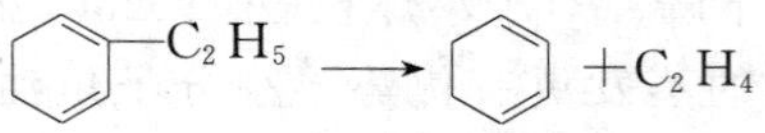

加氢反应:

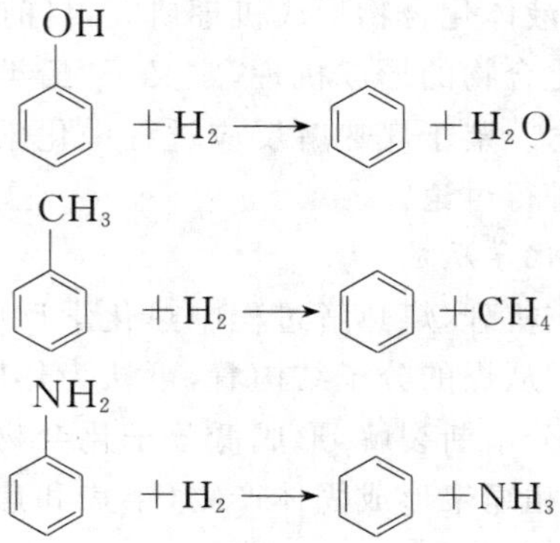

缩合反应:

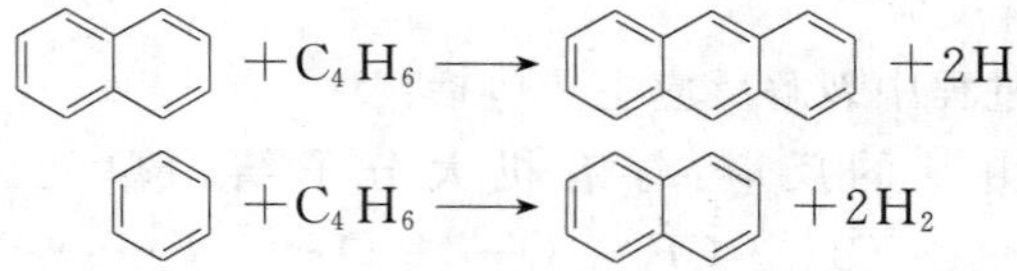

桥键分解:

$$-CH_2- + H_2O \longrightarrow CO + 2H_2$$
$$-CH_2- + -O- \longrightarrow CO + H_2$$

(3) 煤热解中的缩聚反应

煤热解过程中,第 1 步主要以裂解反应为主,第 2 步以后,主要以缩聚反应为主。缩聚反应对煤的热解生成固态产物半焦和焦炭影响较大。

胶质体固化过程的缩聚反应,主要是在热解生成的自由基之间的缩聚,其结果生成半焦。半焦分解,残留物之间缩聚,进一步生成焦炭。缩聚反应使芳香结构脱氢。苯、萘、联苯和乙烯参加的反应如下:

加成反应是具有共轭双烯及不饱和键的化合物进行的环化反应。如：

煤在热解过程中的分解反应是多个反应共同作用的结果。由于煤大分子结构的多组分性、大分子结构的复杂性，在热解过程中，首先进行的是那些分子内能变化最小的反应，例如缩合和异构化反应等。随着温度的不断增加，原先生成的热力学稳定的产物又处于不稳定的状态，于是再次发生反应脱去各种官能团。

2.3.2.3 煤热解机理模型

早期的煤热解模型以单反应、复合反应或多级分解反应为基础。近年来，随着煤结构研究的深入，基于煤有机大分子结构，开展了大量煤热解机理研究，并由此建立煤的热解模型。目前，用简化的煤化学和网络统计学描述焦油前驱体的生成机理的煤热解网络模型主要有大分子网络与点阵统计模型、蒸发与交联(FG-DVC)模型、Flashchain 模型和化学渗透脱挥发分(CPD)模型。这些模型在网络几何形状、断桥和交联化学、热解产物、传质假设和统计方法上各有不同。

（1）大分子网络与点阵统计模型

根据网络模型，煤是由芳香簇通过反应性不同的桥键连接而成。网络的几何形状用每簇的连接点数(或称配位数)$\sigma+1$ 和完整桥分数 p 来表示。网络统计学可以确定桥键断裂生成游离芳香单元的速率和游离碎片重新交联的速率，其具体方法有蒙特卡罗法和渗透理论法。蒙特卡罗法的优点是描述解聚与交联反应时不要求有恒定的配位数，各芳香簇有分子量分布。渗透理论能描述芳香簇的尺寸分布，并将自由齐聚物数表达为 $\sigma+1$ 和未断键概率的函数。这两种方法所用的大分子网络点阵模型见图 2-4。

（2）FG-DVC 模型

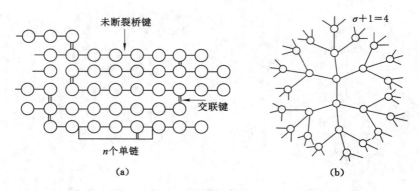

图 2-4　网络模型使用的点阵结构

(a)蒙特卡罗模拟用网络;(b)渗透理论用 Bethe 点阵,$\sigma+1=4$,$p=1$

模型由 FG(Functional Group)子模型和 DVC(Depolymerization Vaporization Crosslinking)子模型组成。FG 子模型认为官能团分解生成气体产物,DVC 子模型则通过断桥、交联和焦油形成来描述煤大分子网络的解聚。该模型基于如下观点:官能团分解生成气体;大分子网络分解生成煤塑性体和焦油;煤塑性体的分子量分布取决于网络配位数;桥键断裂受煤中可供氧的限制,煤大分子解聚受桥键断裂的限制;交联反应伴随有 CO_2 和 CH_4 的生成,它控制着大分子的再固化反应;焦油生成速率受传质控制,轻质焦油分子经蒸发而逸出,其速率正比于焦油组分的蒸气压和气体产率。由此,DVC 模型可以确定焦油、半焦的数量和分子量分布,FG 模型则可以描述气体逸出过程及焦油和半焦的官能团组成,其中气体生成过程可以用一级反应来描述。

Serio 等对 FG 模型作了进一步的假设:① 大部分官能团独立分解生成轻质气体;② 桥键热分解生成焦油前驱体,前驱体本身也由其代表性的官能团组成;③ 焦油和轻质烃或其他组分相互竞争煤中的可供氢以稳定自由基,一旦内部供氢耗尽,焦油和轻质烃类(除 CH_4)便不再生成;④ 焦油和半焦的官能团以相同速率继续热解。

DVC 模型为焦油生成提供了统计基础,该模型假定键断裂为单一的 1,2-亚乙基型断键,其活化能在一定范围内连续分布。断键时需要消耗煤中的可供氢以稳定自由基,伴随着在供氢点形成 C═C,C═C 的形成被假设移走了一个断裂的键。可供氢的来源有乙烯基和芳香氢,但为了简化,模型假设所有的可供氢均来自桥键。模型认为煤是芳香环簇由强桥或弱桥连成的二维网络,芳香环簇的分子量服从高斯分布。每个簇上有一定的初始交联点数来连接一定长度的低聚物,从而使交联点间的分子量能与试验值一致。选择不同的长度可以使不相连的外在分子同抽提收率相对应。可断裂桥即 1,2-亚乙基型桥的数量与可供氢的值相对应。有了以上各个参数,原煤中低聚物的分子量分布便可以确定下来。DVC模型最初用蒙特卡罗法来分析断键、耗氢和蒸发过程,后来也开始使用渗透理论,只是在个别概念上稍有修正。

(3) Flashchain 模型

该模型的基础是能量分布链模型、能量分布阵模型、闪蒸模拟的化学动力学和大分子构象。它对官能团、氢的抽出、可供氢的反应和传质阻力均不予考虑。在此模型中,煤是芳香核线性碎片的混合物,芳香核由弱键或稳定键两两相连,芳核中的碳数由[13]C-NMR 测得,碎片末端的外围官能团完全是脂肪性的,是非冷凝性气体的前驱体。由概率论可以描述最初及热解期间每种桥键、外围官能团和各种尺寸碎片的比率。原煤中已断桥的比例决定了可抽提物的数量。

在热解时,不稳定桥或者解离使碎片尺寸缩小,或者缩合为半焦,同时将相连的外围官能团以气体形式释放。双分子反应也能生成半焦连键和气体,不过只限于煤塑性体碎片与其他碎片之间的反应,因为只有最小的煤塑性体碎片才有足够的流动性,多数半焦连键由缩聚而成,说明发生了内部芳环的重排。焦油只能由最小的煤塑性体以平衡闪蒸的方式生成。桥因断裂和缩聚而不断消耗,生成较小碎片的过程受到抑制,与此同时,煤塑性体碎片也因生成焦油和双分子再化合反应而不断被消耗。假定煤塑性体最大碎片的挥发性可忽略不计,那么,当单体平均相对分子质量为 275～400 时,煤塑性体的相对分子质量上限为 1 400～2 000,中间物的相对分子质量上限为 2 800～4 000。在本模型中,大分子碎片的断裂用渗透链统计学来模拟,中间体和较小的煤塑性体碎片的断裂则用带均一速率因子的总体平衡来描述,其中包括四个状态变量:不稳定桥、半焦连键、外围官能团和芳香棱,它们的数值要由元素分析得出。

Flashchain 模型用到了四种脱挥发分化学反应:断桥、自发缩聚、双分子再化合、外围官能团脱除。断桥反应和缩聚反应的活化能具有一定形式的分布函数,双分子再化合反应为二级反应,外围官能团的脱除为一级反应。

(4) CPD 模型

化学渗透脱挥发分(Chemical Percolation Devolatilization,CPD)模型用化学结构参数来描述煤结构,并根据无限煤点阵中已断开的不稳定桥数用渗透统计方法描述焦油前驱体的生成。渗透统计学以 Bethe 晶格为基础,用配位数和完整桥的分数束表述。该模型的特点为:① 输入参数由 NMR 测得;② 焦油分子结构分布、轻质气体前驱体总数以及半焦分数由渗透点阵方法确定;③ 不稳定桥断裂活化能用 Solomon 等提供的数据;④ 用一套官能团模型反应的加权平均来描述轻质气体的生成;⑤ 用闪蒸过程来描述处于气液平衡的有限碎片,这一过程的速率要快于断键速率;⑥ 用交联机理解释煤塑性体重新连到半焦基体上的过程。

CPD 模型将煤结构假设为由桥连接的芳环网络。反应首先从不稳定桥断裂开始,所生成的反应性中间物或者重新连接到活性中心上形成半焦化的稳定桥,或者通过与氢反应使断开的活性中心稳定化并生成两个侧链,最终通过反应生成轻质气体。

CPD 模型用通用的蒸气压表达式描述焦油的生成,用交联机理解释煤塑性体重新连接到无限基体上的过程。它一共用到九个动力学常数和五个煤结构参数,其动力学常数值见表 2-1。最终气体收率可以由结构参数推算出来。动力学参数对各种煤通用,化学结构参数则因煤种而异。早期的 CPD 模型通过焦油和总挥发物的曲线拟合得到各个参数值。

表 2-1　　　　　　　　　　　　CPD 模型中的动力学常数值

参　数	数　值	描　述
$E_b/(kJ/mol)$	232	桥键断裂活化能
A_b/s^{-1}	2.6×10^{15}	频率因子
$\sigma_b/(kJ/mol)$	7.5	与 E_b 标准偏差值
$E_g/(kJ/mol)$	289	气体释放活化能

参　数	数　值	描　述
A_g/s^{-1}	3.0×10^{15}	频率因子
$\sigma_g/(kJ/mol)$	34	与 E_g 标准偏差值
ρ	0.9	复合速率常数
$E_{cross}/(kJ/mol)$	273	交链键活化能
A_{cross}/s^{-1}	3.0×10^{15}	频率因子

现在,在大多数情况下,由固态 NMR 数据即可直接测得所有化学结构参数,只有褐煤和极高阶煤例外。此外,由于从煤塑性体生成焦油的过程可以用拉乌尔定律处理为气液平衡过程,而蒸气压系数的确定又与 CPD 模型无关,这就意味着对绝大多数煤而言,仅仅根据原煤的 NMR 表征结果,不必进行热解试验,便可以预测焦油和轻质气体的收率与分子量。

2.3.3　煤热解动力学及其模型

煤热解动力学涉及热解过程中的反应种类、反应历程、反应产物、反应速率、反应控制因素,以及反应动力学常数(包括反应速率常数和反应活化能等)。一般认为,煤热解动力学主要包括胶质体反应动力学和脱挥发分动力学。

关于煤热解反应动力学模型,由于煤的热解反应是非常复杂的,其动力学处理也只能采用简化的反应模型和宏观动力学方法。经过多年的研究,世界各国研究者得出了多种动力学模型,有零级经验模型、单一反应模型和分布活化能(Distributed Activation Energy Model,DAEM)模型等。

2.3.3.1　胶质体反应动力学

根据煤热解过程中不同变质程度焦形态变化特征不同,对于炼焦可塑性行为可用胶质体理论描述。该理论假设焦炭的形成可以用三个依次相连的反应表示。

$$\text{I} \qquad\qquad \underset{\text{结焦性煤}}{P} \xrightarrow[E_1]{k_1} \underset{\text{胶质体}}{M}$$

$$\text{II} \qquad\qquad\qquad \underset{\text{半焦}}{M} \xrightarrow[E_2]{k_2} \overset{\cdot}{R} + \underset{\text{一次气体}}{G_1}$$

$$\text{III} \qquad\qquad\qquad R \xrightarrow[E_3]{k_3} \underset{\text{焦炭}}{S} + \underset{\text{二次气体}}{G_2}$$

式中　　$k_1 \sim k_3$——反应速率常数,s^{-1};

　　　　$E_1 \sim E_3$——活化能,kJ/mol。

反应 I 是解聚反应,该反应生成不稳定的中间产物,即胶质体,胶质体是煤具有可塑性行为的主要原因。反应 II 为热裂化过程,在该过程中焦油蒸发,非芳香基团脱落,一次气体挥发导致煤的膨胀。此过程伴随着再固化过程,最后形成半焦。反应 III 是二次脱气反应,此反应过程中半焦在高温下释放甲烷或氢,使得其半焦密度进一步增加,体积收缩产生裂纹,最后形成焦炭。

假定反应 I 和反应 II 都是一级反应,反应 III 与反应 I、反应 II 相比要复杂得多,为简便

起见仍然假定为一级反应。由此,基于以上简化描述成焦过程的三个反应可以用以下三个方程式表示:

$$-\frac{d[P]}{dt} = k_1[P] \tag{2-1}$$

$$\frac{d[M]}{dt} = k_1[P] - k_2[M] \tag{2-2}$$

$$\frac{d[G]}{dt} = \frac{d[G_1]}{dt} + \frac{d[G_2]}{dt} = k_2[M] + k_3[R] \tag{2-3}$$

许多实测的数据表明,在炼焦过程中 k_1 和 k_2 几乎相等,故可以认为 $k_1 = k_2 = k$。如果温度保持恒定,则式(2-1)的解为:

$$[P] = [P]_0 e^{-kt} \tag{2-4}$$

由式(2-2)和式(2-4)结合可以得到:

$$\frac{d[M]}{dt} + k[M] = [P]_0 k e^{-kt} \tag{2-5}$$

在引入 $t=0$ 时的边界条件和一些经验性的近似条件后,上述微分方程可以得到如下解:

$$[P] = [P]_0 e^{-k't}$$

$$[M] = [P]_0 k' t e^{-k't}$$

$$[G] \approx [P]_0 [1 - (k't+1) e^{-k't}]$$

式中　k'——经过修正后的速率常数。

试验表明,该动力学理论与炼焦煤在加热时,用实验方法观察到的一些现象相当吻合。此外,反应活化能 E 可用 Arrhenius 公式求得:

$$\ln k = -\frac{E}{RT} + b \tag{2-6}$$

由上式所求得的煤热解活化能 E 为 209~251 kJ/mol,与聚丙烯和聚苯乙烯等聚合物裂解的活化能相近,大致相当于—CH_2—CH_2—的键能。一般来说,煤开始热解阶段 E 值小而 k 值大;随着温度的升高,热解加深,则 E 值增大而 k 值减小。反应Ⅰ、Ⅱ、Ⅲ三个依次相连的反应,其实际反应速率 $k_1 > k_2 \gg k_3$。煤的热解平均表观活化能随煤变质程度增加而增加,一般气煤活化能为 148 kJ/mol,而焦煤的活化能为 224 kJ/mol。

2.3.3.2　脱挥发分动力学

一定条件下煤中挥发分的逸出动力学是煤热解动力学的一个重要方面,研究者一般采用热失重法来研究脱挥发分动力学。煤受热分解,挥发物质逸出并离开反应系统,用热天平记录煤热解过程的质量变化,然后利用反应失重进行脱挥发分动力学研究,研究方法有等温法和非等温法之分。

(1) 等温法

等温法是尽量快地将煤样加热至预定温度 T,保持恒温,测量失重。从失重曲线在各点的切线可以求出 $-dW/dt$,直至恒重,即温度 T 下失重速率 $-dW/dt=0$。另一个参数是最终失重量($-\Delta W_e$),一般要在失重趋于平稳后数小时才能测得。在反应开始时累积失重与时间呈直线关系。经过一段时间转折,逐渐达到平衡,平衡值 ΔW_e 大小与煤种和加热温度有关,达到平衡的时间一般在 20~25 h 以上。首先必须假定分解速率等同于挥发分析出的速率,根据 ΔW_e-t 曲线的形状认为,这些反应综合起来可以按照表观一级反应来处理,其反应速率常数可以通过下式计算:

$$k = \frac{1}{t}\ln\frac{1}{1-x} \qquad (2\text{-}7)$$

式中 x 对应于反应时间 t 时的失重量与最终失重量的比值 W_t/W_e。

上述观点是假设挥发物一旦形成就立即逸出,因而失重速率与分解速率相等,即恒温下的挥发物析出是受反应控制的。然而按照一级反应来求算得到的表观活化能只有 20 kJ/mol,而且在 350~450 ℃ 之间任何温度下的失重速率比在其他温度下明显缓慢,挥发物析出的初始速率永远比一级动力学定律推算的数值大很多,因此有人提出恒温下的挥发物析出是由扩散控制的。由此可见,热解速率(反应速率)和脱挥发分速率(反应与扩散的总速率)是两个完全不同的概念。在等温热解过程中,可以有很多反应同时发生。煤的热解包括一次热解脱气和二次缩聚脱气,因此根据析出的气体来建立动力学方程体系非常困难。等温脱挥发分过程究竟是扩散控制还是由挥发物的生成控制尚无定论。但有大量证据表明,由于操作条件不同,两种过程都有可能是主要的控制因素。

(2)非等温法

在等温法试验过程中,同一种样品多次试验间的差异难免会影响试验结果的准确胜,而且试验值反映的是所选温区的平均值,较难反映整个反应过程的情况。与等温法相比,非等温法,也称之为程序升温法,有如下优点:① 试验量小,只需一次试验就可以获得反应温度范围内各温度点的反应常数信息;② 试验数据是在同一个样品上获得的,可以消除因样品的差异而引起的试验误差;③ 反映了整个反应温度范围内的情况,在确定活化能的温度范围时减少了盲目性,消除了因温度范围选择不当所造成的试验数据的不可比性;④ 可以避免将试样在一瞬间升到规定温度所发生的问题。另外,在原则上,程序升温法可以从一条失重速率曲线获得所有动力学参数,方便和简化了测定方法,并且在可靠性上和等温法的结果是完全一样的。可见采用程序升温法可以避免等温法带来的许多不便,在试验中一般采取线性升温。此法也要假定分解速率等于挥发物析出速率。对于某一反应或反应序列,气体析出速率与浓度的关系为:

$$\frac{\mathrm{d}x}{\mathrm{d}t} = Ae^{-\frac{E}{RT}}(1-x)^n \qquad (2\text{-}8)$$

$$x = \frac{m_0 - m}{m_0 - m_f} = \frac{\Delta m}{\Delta m_f} \qquad (2\text{-}9)$$

式中　x——煤热解转化率,%;

n——反应级数;

E——活化能,kJ/mol;

R——气体常数,kJ/(mol·K);

A——指前因子,s^{-1};

m_0——试样起始质量,g;

$m,\Delta m$——试样在热解过程中某一时刻的质量和失去的质量,g;

$m_f,\Delta m_f$——试样在热解终点的残余质量和失去的质量,g。

关于反应级数 n 有许多不尽相同的观点。煤的热失重或脱挥发分速率因煤种、升温速率、压力和气氛等条件而异,还没有统一的动力学方程。对于程序升温过程,Coast-Red-fern

采用了一种比较简单的方法：

设定温度 T 与时间 t 有线性关系：

$$T = T_0 + \lambda t \tag{2-10}$$

式中 λ——升温速率常数，k/s。

联立式(2-7)和式(2-9)，可以得到如下近似解：

$$\ln\left[-\frac{\ln(1-x)}{T^2}\right] = \ln\left[\frac{AR}{\lambda E} \times \left(1-\frac{2RT}{E}\right)\right] - \frac{E}{RT}(当 n = 1 时) \tag{2-11}$$

$$\ln\left[-\frac{\ln(1-x)^{1-n}}{T^2(1-n)}\right] = \ln\left[\frac{AR}{\lambda E} \times \left(1-\frac{2RT}{E}\right)\right] - \frac{E}{RT}(当 n \neq 1 时) \tag{2-12}$$

由于 E 值很大，故 $2RT/E$ 项可近似取零。如果反应级数取的正确，上式左端项对温度倒数 $1/T$ 作图，应当为直线，由此直线斜率和截距可分别求得反应活化能 E 和指前因子 A。

2.3.3.3 煤热解动力学模型

（1）零级经验模型

Peters 提出了描述热解反应的零级经验关系式，其形式为：

$$\frac{dV}{dt} = 0.03(T_a - 300)\frac{1}{d_p^{0.26}} \tag{2-13}$$

式中 V——析出的挥发分，$\%$；

T_a——热解温度，$℃$；

d_p——颗粒直径，μm。

用此关系式可以解释在颗粒内挥发产物蒸发（330 ℃）区域的推移，同时假定这些产品的析出速率是由整个温度梯度控制的。

（2）单一反应模型

许多作者都是用在整个颗粒体积内均匀发生的一级反应描述煤的分解过程，挥发分析出速率可用如下关系式描述：

$$\frac{dV}{dt} = k(V^0 - V) \tag{2-14}$$

式中，当 $t \to \infty$ 时，$V \to V^0$。

反应速率 k 一般用 Arrhenius 方程关联，这样式(2-14)就可转化成：

$$\frac{dV}{dt} = k_0(V^0 - V)\exp\left(-\frac{E}{RT}\right) \tag{2-15}$$

式中 k_0——频率因子；

R——气体常数，$kJ/(mol \cdot K)$。

在方程式所描述的热解反应中，预示析出的挥发分数量是随时间的推进而渐进式增加的，至 $t = \infty$ 时才达到其最大值。这与经常观察到的在一定反应时间出现挥发分产物各个成分的最大产率，尤其是碳氢化合物及焦油的最大产率相矛盾，表明实际过程的进行比用简单的不可逆一级反应模型所描述的情况要复杂得多。因此，需用另一种方法来描述，即为 n 级反应。

$$\frac{dV}{dt} = k_0(V^0 - V)^n\exp\left(-\frac{E}{RT}\right) \tag{2-16}$$

Wiser、郭树才等发现 $n=2$ 时，即为二级反应时，可以拟合得到良好的结果。

（3）分布活化能（DAEM）模型

分布活化能模型的首次提出是为了描述金属膜的电阻变化，后来逐渐应用到煤的热解领域和活性炭的再生过程。经过长期的发展，DAEM 在用热重法进行动力学研究方面取得了很大进展，建立了一系列的处理方法，如阶跃近似法、拐点切线法、Miura 微分法和 Miura 积分法等。前两种方法是针对单一失重曲线进行讨论的，后两种方法则将不同升温速率下的失重曲线联系起来进行处理，从而实现了数据处理方式上的重要进步。

分布活化能模型基于如下两点假设：

① 反应体系由无数相互独立的一级反应构成，这些反应有各不相同的活化能，即无限平行反应假设；

② 各反应的活化能呈现某种连续分布的函数形式，即活化能分布假设。当该假设应用于热失重过程时，任一时刻 t 时的失重率由下式给出：

$$W/W_0 = 1 - \int_0^\infty \exp\left(- k_0 \int_0^t e^{-E/RT} dt\right) f(E) dE \qquad (2\text{-}17)$$

式中，W 为截至时间 t 时的失重量；W_0 为总失重量；$f(E)$ 为活化能分布函数，用于反映各平行一级反应在活化能上的差异；k_0 为对应于各活化能值的幂前因子。活化能分布函数满足下式：

$$\int_0^\infty f(E) = 1 \qquad (2\text{-}18)$$

在热失重过程中，样品的受热温度逐渐增加，温度 T 与时间 t 之间满足下式：

$$T = T_0 + ht \qquad (2\text{-}19)$$

其中，T 为起始温度，h 为升温速率。将式（2-19）代入式（2-17）并作积分，简化后得：

$$W/W_0 = 1 - \int_0^\infty \Phi(E,T) f(E) dE \qquad (2\text{-}20)$$

其中，$\Phi(E,T)$ 表述如下：

$$\Phi(E,T) = \exp\left(- \frac{k_0 R T^2}{hE} \times e^{-E/RT}\right) \qquad (2\text{-}21)$$

当复杂反应体系退化为简单反应体系时，体系的活化能也逐渐由分布函数的形式简化为某一确定的数值 E_0，此时，$f(E)$ 简化为 Dirac 单位脉冲函数：

$$W/W_0 = 1 - \int_0^\infty \Phi(E,T)\delta(E - E_0) dE = 1 - \Phi(E_0, T) \qquad (2\text{-}22)$$

式（2-22）即为 DAEM 模型用于简单反应体系可行性的理论证明。

由于复杂反应体系在热失重过程中的反应内涵不断变化，因而热失重过程中的活化能值也在不断变化，故对单一失重曲线进行考查十分困难。考虑到同一反应体系在相同失重率时反应总是相同的，故现在考查失重率为某一恒定值时的情形。

当失重率保持恒定时，有：

$$d(W/W_0) = \frac{\partial(W/W_0)}{\partial T} dT + \frac{\partial(W/W_0)}{\partial h} dh = 0 \qquad (2\text{-}23)$$

将式（2-23）代入式（2-20）得到：

$$\frac{\partial \Phi}{\partial T}\mathrm{d}T + \frac{\partial \Phi}{\partial h}\mathrm{d}h = 0 \tag{2-24}$$

由式(2-21)可以得出如下两式：

$$\frac{\partial \Phi}{\partial T} = \Phi \ln \Phi \times \left(\frac{2}{T} + \frac{E}{RT^2} \right) \tag{2-25}$$

$$\frac{\partial \Phi}{\partial T} = -\frac{\Phi \ln \Phi}{h} \tag{2-26}$$

将式(2-25)和式(2-26)代入式(2-24)得：

$$\frac{\mathrm{d}h}{\mathrm{d}T} = h\left(\frac{2}{T} + \frac{E}{RT^2} \right) \tag{2-27}$$

将式(2-27)重排后得到活化能的解析表达式：

$$\frac{E}{R} = -\frac{\mathrm{d}\ln h}{\mathrm{d}(1/T)} - 2T \tag{2-28}$$

式(2-28)不仅首次得出了 DAEM 模型中活化能的解析表达式，而且在数学上阐明了热重试验中升温速率对失重曲线的影响机理，并解释了这样的试验现象：当升温速率呈等比级数增加时，根据失重曲线作出的 Arrhenius 直线呈等距离排列。

由式(2-28)求得活化能分布曲线的步骤如下：

① 试验测定不同升温速率水平下的失重曲线；

② 测得同一失重率下不同失重曲线上的温度值，代入式(2-28)求得该失重速率下的活化能值，其中式(2-28)右侧第二项由于远小于第一项，故取由几条失重曲线测得的温度值的平均值。

③ 将不同失重率下的活化能值对失重率作图，即得出失重过程中的活化能变化曲线，由此曲线可以判断反应过程为包含分布活化能的复杂反应体系还是仅包含单一活化能的简单反应体系。

2.3.4 煤热解过程的影响因素

影响煤热解过程的因素主要有内部因素（如煤化程度、煤样粒度、岩相组成和矿物质等）和外部因素（如热解温度、气氛、升温速率、压力、催化剂等）。深入研究各种因素对热解过程的影响规律，这对于开发煤热解新工艺、新装置和优化工艺条件非常重要。

（1）煤化程度

H/C、O/C、固定碳和挥发分等是表征煤变质程度的重要指标。低变质程度煤具有较高 H/C 和 O/C 比，挥发分产率也较高，而高变质程度的煤，其固定碳含量较高。煤的变质程度不同，其热解产物的组成和产率不同。煤热解转化率是煤化程度的函数，随煤中碳含量的增加，煤热解的总碳转化率逐渐下降。挥发分的产率与 H/C 比有关，随 H/C 比的提高而增加；煤热解的产物与煤的挥发分和煤的氧含量也有一定的关系。Solomon 等的 TG-FTIR 分析同样表明，煤的热解产物收率与煤中氧含量有关。甲烷收率随氧含量的增加而降低，而 CO、CO_2 和 H_2O 的收率则随氧含量的增加而提高，焦油收率在氧含量为 12% 左右存在最大值。煤的变质程度对煤高温热解的成焦过程中的黏结性、结焦性等也有明显的影响（将在第 3 章中讨论）。

（2）煤的岩相组成

煤岩组成是影响煤工艺性质的关键因素之一。不同变质程度煤的煤岩组成不同。不同煤岩组分具有不同的黏结性,按黏结性的好坏可将煤岩显微组分分成 4 类:镜质组、半镜质组、稳定组、丝质组及半丝质组。镜质组热解的焦油产率较高,并且镜质组形成的胶质体黏结性要比稳定组好。丝质组不能形成胶质体,它是一个惰性成分,当煤加热变成胶质体时,丝炭会吸收一定量的液体产物,从而使煤的黏结性变弱。半镜质组的黏结性介于镜质组与半丝质组之间。不同显微组分中自由基浓度受温度影响是不同的,惰质组的自由基浓度受温度影响较小,在煤热解过程中自由基浓度基本不变,壳质组随温度升高略有下降,而镜质组随着温度升高而增大,这表明镜质组组分具有较强的反应活性。造成这种现象的主要原因在于惰质组结构及其中固有的自由基很稳定,温度对其影响不大,而壳质组多含高挥发分物质,因而氢含量较高,在热解过程中产生的自由基可以被内部的氢固定。

（3）矿物质

煤中主要的矿物质主要有高岭石、伊利石、碳酸盐、石英和硫铁矿等。矿物质对煤的热解肯定有影响,且不同矿物质的影响不同。对神府煤和霍林河煤的热解研究表明,煤中内在矿物质对煤热解的活性和动力学没有明显影响,而外加的 CaO、K_2CO_3 和 Al_2O_3 对煤的热解活性均有催化作用,这种催化作用因煤种而异,且有明显的温度依赖性。由于煤中不同显微组分的分子结构不同,易与特定的矿物质结合,因此,矿物质对挥发分产率的影响与显微组分有关。

（4）煤样粒度

煤样粒度的影响主要表现为对煤热解过程中热质传递过程和二次反应的影响。小粒度的煤易于加热,颗粒内外温度较为均匀,挥发分扩散的阻力较小,逸出速率较快,颗粒内焦油二次反应减弱,有利于焦油产率的提高;煤粒度增大,颗粒内部的热质传递受到一定的阻碍,挥发分扩散阻力增加,颗粒内部温度梯度递增,加剧了颗粒内焦油的二次反应,因而气体和半焦产率增加。

（5）热解温度

热解温度不仅对煤本身的热解有重要影响,而且对挥发分的二次反应也有重要影响。随着加热温度的提高,煤中化学键逐步分解,大分子开始裂解,然后,发生系列分解、缩聚等化学反应,生成油、气和半焦。一般而言,煤热解温度变化直接影响到半焦、煤气及焦油的产量及分布。这主要归因于热解温度对煤一次裂解和挥发分的二次分解反应产生影响,同时,也会对反应物传质速率产生影响。从热解反应机理角度分析,热解温度是影响自由基形成的最重要因素。煤中自由基浓度随温度的变化显示出较强的阶段性,结果如图 2-5 所示。

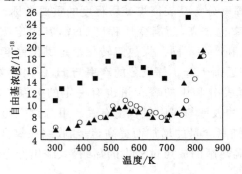

图 2-5　自由基浓度随温度的变化
■ Pocohontas 煤;▲ Sunyside 煤;○ Alma 煤

在较低温度下,水分子和二氧化碳分子的脱除等伴随着一些弱键的断裂,这是导致自由基浓度升高的主因,即在水和二氧化碳析出过程中有自由基生成。但随着温度升高,自由基会发生聚合反应,浓度降低。超过427 ℃后,自由基浓度突然骤增暗示了煤分子结构的化学键能的分布,该温度以上,满足了大多数化学键断裂的能量吸收,在这个温度附近恰恰是热解焦油大量生成的温度。影响自由基浓度的原因从分子层面来看,一方面是共价键和氢键等的断裂;另一方面是过程自由基被供氢溶剂稳定或聚合的速率。

(6)加热速率

升温速率对煤热解产物的收率有较大影响,快速加热时,焦油量多,且高分子产物少,原因是单位时间内生成的挥发分多,挥发分在颗粒和加热区内的停留时间短,减少了二次反应。在达到相同的温度时,升温速率越慢,热解时间越长,分解越充分,挥发分析出量越多,转化率越高。升温速率对于高温焦化过程中胶质体的黏度有一定的影响。提高升温速率,可提高煤的软化点和固化点。软化和固化温度增高的幅度也不同,通常都是塑性范围加宽。

(7)压力

煤加压热解是煤加压气化的一个重要阶段,尽管此阶段相对于整个气化过程而言十分短暂,但几乎所有的焦油和气态烃类都来自此阶段。因此,研究压力对煤热解的影响显得十分必要。热解时压力的影响仅在某一定温度之上才表现出来,在此温度之后,挥发分析出量随压力的升高而减少,使煤粒的最终挥发分析出量减少。主要原因是,低于某一温度时,煤热解过程是受扩散过程控制的。从煤的内部结构来看,煤粒的孔隙率随热解温度升高会有所增大,但是这些孔对分子的可穿透性只有在温度低于某一温度时才增加,高于这一温度则急剧下降。孔隙结构可穿透性的下降,使得煤粒内部形成高压气体区,它要随后一段时间才能冲出颗粒表面。但随着外部压力的提高,煤粒内部形成的高压气体冲出受限,只有当内部气压更高时才能逸出,这就抑制了热解时挥发分的析出。此外,由于低于某一温度时形成的挥发物对二次反应的惰性大,基本不发生二次反应。而高于该温度时,挥发分活性增加,故随着压力的增加煤粒内部的二次热解及炭沉积的程度增加。

(8)气氛

气氛会影响煤热解过程自由基的反应历程,从而影响焦油的产率和品质。在富氢气氛(氢气、焦炉气、热解煤气等)的作用下,轻质自由基进行加氢反应,避免了部分结合形成重质组分。煤热解过程中,煤有机大分子弱键首先断裂,形成自由基碎片,然后从煤的颗粒内部向表面扩散,如果与氢自由基结合,则可实现稳定化。挥发物二次分解过程,也会形成许多自由基,这些自由基遇到氢自由基,也可以得到稳定化,从而减少其进一步分解。因此,在氢气气氛中,由于氢自由基增加,减少了自由基碎片之间的缩聚和反应的机会。同时,氢与活性半焦还可发生加氢反应。因此,煤在富氢气氛中热解能明显地提高煤的碳转化率和一次焦油的产率,甲烷、乙烷等气态碳烃化合物及苯、酚等轻质液态化合物的产率。

在二氧化碳、甲烷等气氛下,由于其与热解反应过程反应产物发生耦合反应,增加了活性自由基的浓度,从而有利于煤热解自由基碎片的稳定化,提高焦油的收率,改变了产物分布。压力提高,更有利于促进氢和自由基间的反应,同时氢与活性半焦的反应也会增加,从而有更多的轻质液态烃和小分子烷烃生成。

(9)催化剂

催化剂在煤热解中的作用主要体现在两个方面:一是降低煤热解的反应条件,二是调控热解产物的分布及组成。不同催化剂在煤热解过程中的作用见表 2-2。

表 2-2 煤催化热解用催化剂的种类与作用

序号	催化剂种类	主要作用
1	碱金属和碱土金属盐	提高热解半焦的气化反应性,提高煤气产率,降低半焦和焦油产率
2	碱土金属氧化物、过渡金属氧化物等	促进焦油分解,提高煤气产率及氢气和甲烷的含量
3	负载过渡金属钴、钼和镍等的分子筛催化剂	提高焦油产率及焦油中轻质芳烃的含量
4	复合型催化剂如 Co/Ni 分子筛催化剂,Ni/MgO 分子筛催化剂	提高煤热解转化率、焦油产率及焦油中轻质芳烃的含量

表 2-2 表明,在煤催化热解过程中,不同催化剂的作用不同,Co、Mo、Ni 系催化剂一般可以提高焦油的产率,使半焦和煤气的产率降低。半焦对挥发性产物的分布及品质有一定的催化作用,可以提高焦油中轻质组分的含量,活化后的半焦或半焦基负载催化剂,其催化效果更加明显。煤热解过程是一个气、液、固三相体系,在煤热解初期主要是固相裂解反应,因此,这一阶段基本是固相催化,催化剂与煤颗粒的充分接触、催化传质效率是煤催化热解面临的关键技术与科学问题。从降低催化剂成本角度考虑,这一问题的解决主要有以下几方面:一是充分利用不同地区煤本身矿物质的赋存特性(如新疆地区高钠、高钙煤)实现单煤或配合煤的催化热解或者以富含碱及碱土金属的半焦作为催化剂。二是开发双功能催化剂,使之既可以催化煤热裂解提高焦油产率和品质又可以对半焦气化起到催化作用。催化剂富集在灰分中再进行分选从而实现循环利用。三是利用富含金属离子的生物质或工业排放物、废弃物等作为可弃型催化剂与煤进行共热解,发挥其催化作用。常用催化剂除 Co、Mo、Ni 外,还有 $SnCl_2$、$ZnCl_2$、MoS 等。添加了 0.5%(质量分数)MoS_2 的煤加氢热解,可使得轻质油和 PCX 的收率增加,而且油中的 S、N 含量下降,油的品质可得到明显改善。

与煤直接热解相比,经半焦和半焦负载钴催化剂对热解产物催化裂解后,焦油收率有所降低,焦油中轻质组分和煤气产率增加。焦油中沸点较低的轻油、酚油和萘油有较大程度提高,而沸点较高的洗油和蒽油变化不大。

稀土金属氧化物对煤热解过程也有良好的催化作用。在神府煤的催化热解研究中,发现以酸洗煤为对照,CeO_2 加剧了煤样裂解,降低了半焦产率,增加了煤气和焦油产量,但使焦油重质化;La_2O_3 增加了半焦产率,使焦油量降低,且焦油发生了轻质化。

(10)停留时间

停留时间可基本上反映热解温度、升温速率等因素的综合作用。由煤热解机理研究可知,初级热解产物的二次反应是导致焦油损失的重要原因,特别是当环境温度在 450 ℃ 以上时,焦油将快速发生歧化反应,生成分子量比其小的气体或分子量比其大的固体(焦)。煤快速热解可缩短二次反应时间进而抑制二次反应的程度。在煤热解系统中,煤粒中心的温度最低,热源的温度最高。为了保证煤颗粒被加热到足够的温度以充分裂解产生挥发物,同时缩短热解时间,一般是采取提高热源温度的方法。热源与煤颗粒的温差越大,煤的加热速率就越快,挥发物逸出煤颗粒的速率就越快,挥发物移出反应器的速率也因此被加快,从而可以减小挥发物的二次反应的时间。但是,提高热源温度的同时提高了挥发物二次反应的温度,也可加快挥发物二次反应的速率。显然,煤热解速率存在一个合理的速率范围,需要调控好反应时间和反应温度二者对挥发物二次反应的影响。研究表明,在初级产物反应时间 7 s 的条件下,二次反应温度从 500 ℃ 升高至 900 ℃ 时,焦油收率减少了一半,而二次反应时间(停留时间)从 0.4 s 增加至 14 s,二次反应程度与提升 100 ℃ 时接近。在低于 600 ℃ 时,初级产物停留时间对烟煤热解产物影响不大,高于 600 ℃ 时,随着初级产物反应停留时间的增加,焦油产率减少,气体产率上升,当达到 800 ℃ 时可在反应器壁面观察到炭黑的形成。

烟煤热解焦油的高温结焦行为研究表明,焦油在 350 ℃ 时即发生了裂解、缩聚,在 500 ℃ 时焦油中的焦含量显著上升,600 ℃ 时 2 s 内焦油结焦量达到 10%,而 700 ℃ 时 2 s 内这一比例达到了 40% 以上。各种工业反应器中煤热解挥发物的温升、停留时间及其与焦油产率的关系研究进一步表明,挥发物的温升是影响二次反应的主要因素,停留时间对焦油产率的影响较小,挥发物温度达到 200 K 以上,焦油收率减半。逆向的传热传质是导致焦油产率降低和重质组分含量高的原因,因此新型热解技术及反应器的研究应着重于控制挥发物的温升来调控二次反应程度。如在反应器研发中,通过控制反应器内温度场和设计挥发物的逸出路径,使得挥发物由高温区转移至低温区,即可较好地实现二次反应调控。

在工业生产中,以上因素之间如催化、富氢气氛、停留时间等是相互关联的,其相互影响和作用机制是调控热解煤焦油的收率和品质的关键。

2.3.5 加氢热解机理

加氢热解被广泛地定义为:在逐渐升高的温度和压力下,煤热解过程中煤大分子与氢气之间的热解反应过程。由于氢气的存在,煤的热解反应大致可归纳为:

① 在热解的早期阶段,焦油快速析出,氢气渗入煤粒之中,同时与气相和凝聚相中的自由基发生反应,导致挥发性产物的增加。

② 在煤粒外的焦油气与氢气发生反应,生成甲烷、小分子量的芳香类化合物等。这些反应包括稠环向单环的降解,以及酚羟基和烷基取代基的脱除等。

③ 焦油与气体大量产生之后,氢气与残留半焦中的活性组分发生反应,产生甲烷。与最初的快速反应相比,由于焦的热惰性,此反应进行较慢。

煤炭加氢热解机理模型一直是煤加氢热解研究的重要方向。Anthony 等根据煤在氢气中的失重行为和质量传递,提出如下的煤加氢热解模型:

$$煤 \longrightarrow V^* + V + S^* \tag{2-29}$$

$$V^* + H_2 \longrightarrow V \tag{2-30}$$

$$V^* \longrightarrow S \tag{2-31}$$

$$S^* + H_2 \longrightarrow V + S^* \tag{2-32}$$

$$S^* \longrightarrow S \tag{2-33}$$

煤在氢气条件下热分解为活性挥发物 V^*、惰性挥发物 V、活性固体 S^* 和惰性固体 S。假设活性挥发物由自由基或其他不稳定分子组成;惰性挥发物主要指甲烷、水蒸气、碳氧化合物以及轻质液体(如 BTX)和焦油;活性固体是指对氢气敏感的物质,而惰性物质不参与进一步的反应。

通过活性挥发物 V^* 的平衡,可近似分析质量传递:

$$K(C' - C'_\infty) = R_1 - R_2 - R_3 \tag{2-34}$$

式中,R_1、R_2、R_3 是式(2-29)~式(2-31)的反应速率,K 是扩散系数,C'、C'_∞ 是 V^* 在颗粒内外的浓度。

在 Anthony 的模型中有下面几个假设和近似:

① 煤颗粒具有不变的孔体积和组成;

② 颗粒内部氢气的浓度一致,并且等于颗粒外部的浓度;

③ 活性物种被不加区分地总包处理;

④ 质量传递因子与压力成反比,与煤的颗粒无关。

Anthony 的模型与其实验结果基本一致,即影响煤失重的主要因素是:活性挥发分的生成速率,活性物种的二次反应,质量传递以及氢气的压力。氢气与活性挥发分 V^* 的反应[式(2-30)]将阻止活性挥发分 V^* 的再聚合反应[式(2-31)],增加了挥发物的产量。

压力增加抑制扩散和质量传递,导致挥发物产量下降。Anthony 的理论仅适用于脱挥发分的最初时刻,也就是短的停留时间。当停留时间变长,残余炭将部分气化,反应的类型就不同了。Anthony 模型预测了过强的压力对实验结果的影响,但无法解释煤颗粒对加氢热解的影响。

Russel 等考虑到颗粒内的质量传递,提出更综合的加氢热解理论模型。该模型采用与Anthony 的模型相一致的反应网络,对式(2-31)进行了修正。假设式(2-31)是瞬间发生的,因此假定 V^* 和氢气的消失沿着反应前沿逐渐向颗粒中心延伸,考虑扩散和压力梯度,但模型中假定煤颗粒具有稳定的孔结构,只适用于非黏结性煤。

Greene 等认为,从煤颗粒中释放出的快速加氢热解挥发物将阻止氢气的进入,直到这些挥发物进入周围气相才会和氢气发生反应。这些大的挥发物有机分子首先裂解成自由基碎片,然后被氢气所稳定化而不再聚合成焦。当主要的脱挥发分过程发生后,氢气逆扩散进入焦炭的孔结构中,从而增加氢气和半焦之间的反应,氢气压力的大小对这种逆扩散影响很大。此外,影响煤加氢热解的因素还有反应器类型、加热速率、最终温度、煤阶和煤粒度、催化剂类型和反应压力等。这些因素的变化同时会影响煤加氢热解过程及产物分布。

2.4 煤炭中低温热解工艺

2.4.1 国外典型工艺

(1) 鲁奇-鲁尔(Lurgi Ruhrgas)工艺

该工艺是由 Lurgi GmbH 公司(德国)和 Ruhrgas AG 公司(美国)联合开发成功的,是一种用热半焦作为热载体的内热式煤炭低温热解技术,其工艺流程如图 2-6 所示。粒度小于 5 mm 的煤粉与焦炭热载体混合后,在重力移动床直立反应器中进行干馏。产生的煤气和焦油蒸气引至气体净化和焦油回收系统,循环的半焦一部分离开直立炉,由风动输送机提升加热,并与废气分离后作为热载体再返回到直立炉,在常压下进行热解得到热值为 26~32 MJ/m³ 的煤气、半焦以及焦油。

(2) COED 工艺

COED(Coal Oil Energy Development)工艺是由美国 FMC(Food Machinery Corporation)和 OCR(Office of Coal Research)开发的,该工艺是一种低压、多段、流化床内热式煤炭低温干馏技术,工艺流程如图 2-7 所示。

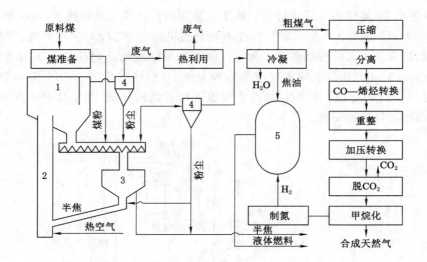

图 2-6　鲁奇-鲁尔法工艺流程

1——半焦分离器；2——半焦加热器；3——反应器；4——旋风分离器；5——焦油加氢反应器

平均粒度为 0.2 mm 的原料，顺序通过四个串联反应器，其中第Ⅰ级反应器主要功能是煤的干燥和预热。在最后一级反应器中，用水蒸气和氧的混合物对中间反应器中产生的半焦进行部分气化。气化产生的煤气作为热解反应器和干燥器的热载体和流化介质。借助于固相和气相逆流流动，根据煤脱气程度的要求，以调控反应区温度，并控制热解过程的进行。热解过程是在压力 35～70 kPa 下进行，最终产品为半焦、中热值（15～18 MJ/m³）煤气以及煤焦油。该工艺已有处理能力 36 t/d 煤的中试装置，并附有焦油加工设备。

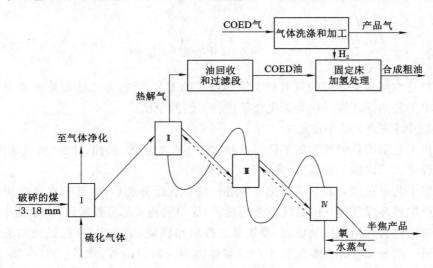

图 2-7　COED 流化床热解工艺

Ⅰ——第一段流化床；Ⅱ——第二段流化床；Ⅲ——第三段流化床；Ⅳ——第四段流化床

（3）CSIRO 工艺

澳大利亚的 CSIRO（Commonwealth Scientific and Industrial Research Organization）

工艺于20世纪70年代中期开始研究。该工艺采用内热式快速热解技术,以获取液体燃料。先后建立了1 g/h、100 g/h、20 kg/h三种不同规模的试验装置,对多种烟煤、次烟煤、褐煤进行了热解试验。工艺流程如图2-8所示。该工艺采用氮气流化的沙子床为反应器,将粉碎的煤粒(<0.2 mm)用氮气喷入反应器的沙子床中,加热速率约为104 K/s,热解反应的主要过程约在1 s内完成。另外对热解焦油也进行了结构分析,并用几种不同类型的反应器进行了焦油加氢处理研究。

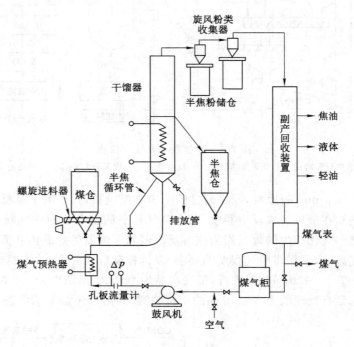

图2-8 CSIRO流化床热解工艺流程

该工艺是在实验室开发的具有最大液体产率的工艺方法,并已建成处理量为23 kg/h、用空气或本工艺的循环煤气作为流化介质进行干馏的中试厂。

(4)美国钢铁公司洁净焦炭法

洁净焦工艺采用热解和加氢平行运行的方法生产冶金焦、焦油、油品、有机液体和气体。该工艺已经建立了试验工艺装置,并进行了试验。

该热解工艺是在竖立的二段流化床内进行的。煤经分选后,一部分在流化床内于富氢和基本无硫的循环煤气存在的情况下进行热解,煤中的硫大部分被脱除,产生的半焦用本工艺生产的焦油作为黏结剂压制成型,型块经过改质和燃烧,生产出坚硬、低硫的冶金焦和富氢气体。另一部分煤首先和本工艺生产的载体油混合制成油浆,然后在21～28 MPa的压力条件下进行非催化加氢,最后把从残渣中分出的液体和气体加工成液体燃料。化工原料和油返回本工艺,工艺流程如图2-9所示。

该工艺已建成一座处理能力为227 kg/d的中试装置,该装置包括干馏脱硫器、煤加氢装置和煤预氧化装置。

(5)气流床热解工艺

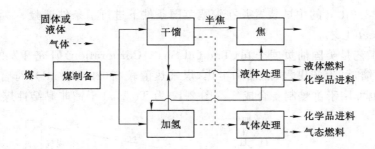

图 2-9 美国钢铁公司洁净焦炭法工艺流程图

　　气流床热解工艺是由美国西方研究公司研究开发的,是为生产液体和气体燃料以及作为动力锅炉的燃料而设计的。由于煤的停留时间短,快速热解可以获得比其他任何热解方法都高的液体产率。该工艺采用流化床快速内热式热解技术,在常压下进行,工艺流程如图2-10 所示。

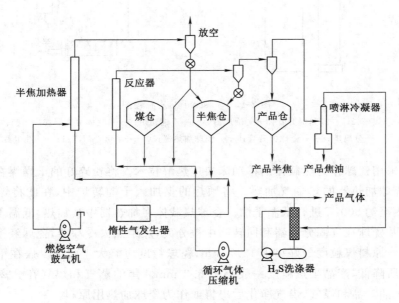

图 2-10　气流床热解工艺流程图

　　将小于 200 网目的煤粉加到半焦流中,热载体是用经空气加热的自产循环半焦。煤的升温速率经计算在 270 K/s 以上,热解在几分之一秒内发生。由于在反应器内的停留时间小于 2 s,因而挥发物二次裂解最小,液体产率达到最高,在 577 ℃ 焦油产率高达 35%(质量分数)。不冷凝气体经过压缩机再循环返回作为载体,把进料煤输送到热解反应器。位于反应器下游的旋风分离器收集起来的一部分半焦与半焦燃烧器进行直接热交换而被加热,循环半焦与燃烧气之间的接触时间很短,因而 CO 的生成量极少,这样减少了燃烧气的热损失,显著地改善了过程热平衡。二次加热的半焦返回至反应器以供给干馏所需要的热量。在气流床反应器,流化介质是利用炭化后的煤气,经分离出热解半焦和液体产品之后返回循环系统中。除液体产品外,还得到半焦和发热量为 22~24 MJ/m³ 的中热值煤气。此工艺已建成处理量为 3.6 t/d 的中试装置并在较宽范围条件下进行了条件试验。

（6）Toscoal 工艺

Toscoal 工艺是美国油页岩公司（The Oil Shale Corporation）研究开发的。Toscoal 工艺进行低温干馏,可生产煤气、焦油和半焦,煤气热值较高（22 MJ/m³）,符合城市煤气的热值要求,焦油也可用于重整制备合成气。图 2-11 为 Toscoal 干馏非黏结性煤的工艺流程。

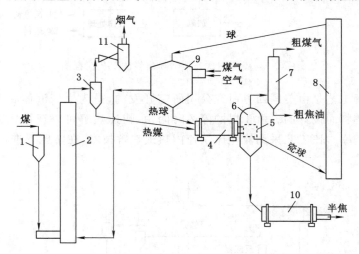

图 2-11　Toscoal 工艺流程图

1——煤槽;2——预热提升管;3——旋风器;4——干馏转炉;5——气固分离器;6——回转筛;
7——分离塔;8——瓷球提升管;9——瓷球加热器;10——半焦冷却器;11——洗尘器

该工艺采用瓷球作为热载体的移动床快速热解技术。将粉碎好的干燥煤在预热提升管内,用来自瓷球加热器的热烟气加热。将预热的煤加入干馏转炉中,在此将煤和热瓷球混合,煤被加热至约 500 ℃进行低温干馏。瓷球热载体在加热器中被加热,低温干馏产生的粗煤气和半焦及瓷球在气固分离器和回转筛中被分离,热半焦去冷却器,瓷球经提升器到加热器循环使用。原料煤粒度最好小于 12.7 mm,瓷球粒度应略大于此值。煤在干燥和干馏过程中粒度有所降低,产品半焦粒度一般小于 6.3 mm。焦油蒸气和煤气在分离系统中冷凝分离,分成焦油产品和煤气,煤气净化后出售或作为瓷球加热用原料。

（7）日本的煤炭快速热解工艺

该工艺采用煤气化和热解相结合的快速热解技术。它可以从高挥发分原料煤中最大限度地获得气态（煤气）和液态（焦油和苯类）产品。其工艺流程如图 2-12 所示。

原料煤经干燥,并被磨细到有 80% 小于 200 网目以后,用氮气或热解产生的气体密相输送,经加料器喷入反应器的热解段。然后被来自下段半焦化产生的高温气体快速加热,在 600～950 ℃和 0.3 MPa 下,于几秒内快速热解,产生气态和高液态产物以及固体半焦。在热解段内,气态与固态产物同时向上流动。固体半焦经高温旋风分离器从气体中分离出来后,一部分返回反应器的气化段与氧气和水蒸气在 1 500～1 650 ℃和 0.3 MPa 下发生气化反应,为上段的热解反应提供热源;其余半焦经换热器回收余热后,作为固体半焦产品。从高温旋风分离器出来的高温气体中含有气态和液态产物,经过一个间接式换热器回收余热后,然后再经脱苯、脱硫、脱氨以及其他净化处理后,作为气态产品。间接式换热器采用油作

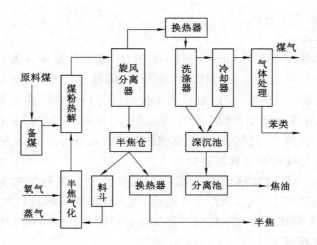

图 2-12　日本煤炭快速热解工艺流程

为换热介质,从煤气中回收余热用来产生蒸气。煤气冷却过程中产生的焦油和净化过程中产生的苯类作为主要的液态产品。

(8) Coalcon 工艺

Coalcon 工艺是一种加氢热解工艺,如图 2-13 所示。该工艺采用一段流化床、非催化加氢的方法。主要操作条件为:中等温度(最高至 560 ℃)、中等压力(最高 6.859 MPa)、煤最长停留时间约 9 min。用氢气使反应器内的煤和焦流态化,氢气与煤发生加氢反应,由加氢反应过程放出的热量来加热煤和氢气。用锅炉烟气废热将煤干燥,并预热至约 327 ℃,预热煤经锁斗用氢气输送到加氢炭化反应器。该工艺可以选用黏结性煤,进煤与大量的循环半焦混合可防止煤结块。半焦可用于气化、制氢,以补充煤加氢热解需要的氢气。

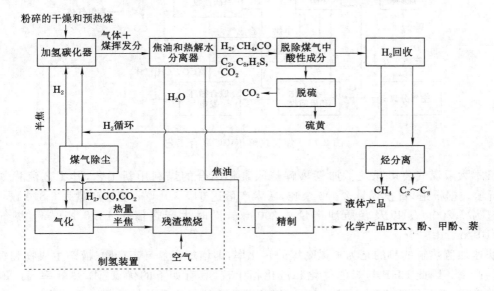

图 2-13　Coalcon 加氢热解工艺流程

Coalcon 工艺的优点是不使用催化剂,氢耗低,操作压力低,有处理黏结性煤的能力,液体和气体产率高,产品易于分离。

(9) 快速加氢热解工艺

煤的快速加氢热解(Flash Hydro Pyrolysis,FHP)是国外最近开发的一种新的煤转化技术,它是以 10 000 K/s 以上极快的升温速率加热煤,在温度 600～900 ℃ 和压力 3～10 MPa 的条件下,煤在氢气中热解,仅以数秒的短停时间完成反应。由此最大程度从煤中获取 BTX(苯、甲苯、二甲苯)、PCX(苯酚、甲酚和二甲酚)等液态轻质的芳烃和轻质油等。同时得到富甲烷的高热值煤气,其气、液态生成物的总碳转化率可达 50% 左右,所以国际上称之为介于气化和液化之间的第三种煤转化技术。

由快速加氢热解工艺制高热值煤气和液态轻质芳烃有多种实施方案。野口冬树和 Borrill 提出的煤加氢热解工艺中,煤经粉碎后,在气流床反应器内进行加氢热解,产物经低温分离后,可获取苯等轻质芳烃和甲烷气。加氢热解后的残余半焦在气化炉内气化之后,除去煤气中的酸性气体获得氢气。

美国 Carbon Fuels 公司开发了煤加氢热解与 IGCC(Integrated Gasification Combined Cycle)联合循环发电相结合的新工艺过程。煤经热解反应后制得三苯、轻质油和燃料油,残余半焦用于气化。热解和气化产生的气体可用于制甲醇和氨,而富甲烷的气体则可用于重整制氢,剩余的氢气作加氢热解的载气。

加氢热解-IGCC 联合工艺流程简图如图 2-14 所示。该工艺具有如下优点:将加氢热解、半焦气化和发电三种装置相结合,大大降低投资和操作费用;热解半焦被全部利用;总热效率高达 60%。

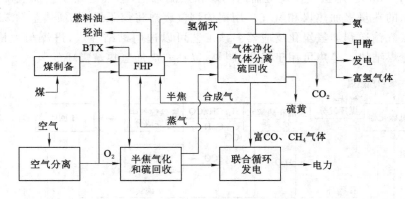

图 2-14　加氢热解-IGCC 联合工艺

日本大阪煤气公司开发了加氢热解与尿素相结合的煤利用新工艺,其工艺流程如图 2-15所示。据报道,日投煤量 2 000 余吨,尿素产量达 64×10^5 t/a、硫铵产量为 6 800 t/a、三苯产量为 7 200 t/a 以及轻质油产量 4 300 t/a,同时生产热值达 18.8 MJ/m³,煤气为 100×10^4 m³/d。

快速加氢热解的目的是为了提高煤的转化率,即增加富氢气态产物、液态生成物和轻质芳烃的产率。因此 FHP 与煤的气化和液化相比较,具有如下的优点:① 热效率高。FHP 是放热反应,总热效率高达 74%～80%,超过煤的单纯气化和单纯液化。② 投资省。FHP 反应时间短,一般仅数秒,反应器处理能力大;压力不高,温度较低,远比气化温度低,称之为温和煤转化技术,对材料要求降低,节省设备投资。③ 产气率高。FHP 与传统的热解(如炼焦)相比较,由于氢的介入,使产气率提高,其中可用于重整制氢的甲烷的产率可达20%~40%(碳转化率)以上,而CO_2的产率又很低,由此获得高热值煤气。④ 过程具有弹性。随反应条件不同生成物可以多样变化,易于控制,FHP可主要以获取三苯、三酚液态轻质芳烃为目的而实施(称加氢热解),也可主要以获取高热值煤气而进行(称加氢气化),当然还可以同时获得高热值煤气和液态轻质芳烃。

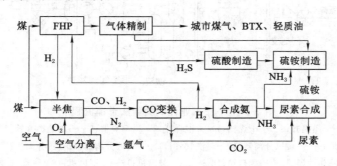

图 2-15 加氢热解与尿素联合工艺

2.4.2 国内典型工艺

我国煤热解技术的自主研究和开发始于 20 世纪 50 年代,北京石油学院(现中国石油大学)、上海电业局研究人员开发了流化床快速热解工艺并进行 10 t/d 规模的中试;原大连工学院聂恒锐等研究开发了辐射炉快速热解工艺并于 1979 年建立了 15 t/d 规模的工业示范厂;大连理工大学郭树才等研究开发了煤固体热载体快速热解技术,并于 1990 年在平庄建设了 5.5 万 t/a 工业性试验装置,1992 年 8 月初投煤产气成功;原煤炭科学研究总院北京煤化学研究所研究开发了多段回转炉温和气化工艺,并于 20 世纪 90 年代建立了 60 t/d 工业示范装置,完成了工业性试验。后续国内又涌现出的代表性工艺有浙江大学循环流化床煤分级转化多联产技术、北京柯林斯达科技发展有限公司带式炉改性提质技术、北京国电富通科技发展有限责任公司国富炉工艺等。

(1) DG 工艺

DG 工艺也称为煤固体热载体法快速热解技术,由大连理工大学开发成功。DG 工艺曾在平庄进行了 150 t/d 工业试验,平庄工业性试验新法干馏流程见图 2-16。工业试验装置流程由备煤、煤干燥、流化提升加热焦粉、冷粉煤与热焦粉混合换热、煤热解、流化燃烧、煤气冷却输送和净化等部分组成。

将原煤粉碎后送入干燥预热系统,用热烟气(约 550 ℃)进行气流干燥预热并提升至干煤贮槽,烟气除尘后经引风机排入大气。干煤(约 120 ℃)经给料机加入混合器,在此与来自热焦粉槽的粉焦(约 800 ℃)混合,然后进入反应器完成快速热解反应(550~650 ℃),析出热解气态产物。荒煤气经除尘去洗气管,在气液分离器分离出水和焦油,经间冷器分离出轻汽油,煤气经鼓风机加压、除焦油和脱硫后入煤气柜。由反应器出来的半焦部分经冷却后作为产品,剩余半焦(约 600 ℃)在加热提升管底部与来自流化燃烧炉的含氧烟气发生部分燃烧,半焦被加热至 800~850 ℃后提升到热焦粉槽作为热载体循环。由热焦粉槽出来的热烟气去干燥提升管,原煤在干燥提升管完成干燥过程。

(2) MRF 工艺

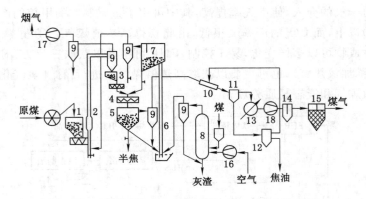

图 2-16　平庄工业性试验新法干馏流程

1——煤槽；2——干燥提升；3——干煤槽；4——混合器；5——反应器；6——加热提升管；7——热焦粉槽；
8——流化燃烧炉；9——旋风分离器；10——洗气管；11——气液分离器；12——分离槽；13——间冷器；
14——除焦油器；15——脱硫箱；16——空气鼓风机；17——引风机；18——煤气鼓风机

MRF 工艺（多段回转炉温和热解工艺）主体设备是 3 台串联的卧式回转炉，MRF 工艺流程见图 2-17。

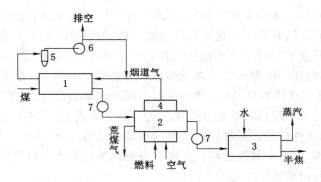

图 2-17　MRF 工艺流程

1——干燥炉；2——热解炉；3——熄焦炉；4——加热炉；5——除尘器；6——引风机；7——排料阀

原料煤在干燥炉经直接干燥脱出 70% 的水分；原料煤热解在外热式热解炉内进行，避免荒煤气被其他气体稀释，热解温度 550～750 ℃，热解得到的荒煤气经除尘冷却后回收煤气和焦油；热半焦经水力熄焦后排出。辅助工艺包括原料煤储备、焦油分离储存、煤气净化、半焦筛分及储存、锅炉房和质量检验等单元。热解加热炉可以单独或同时使用气体燃料和固体燃料。

（3）循环流化床煤分级转化多联产技术

75 t/h 循环流化床煤分级转化多联产工业示范装置由浙江大学与淮南矿业集团合作建立。示范装置主要由 2 部分组成：流化床气化（热解）炉和循环流化床锅炉半焦燃烧发电系统，75 t/h 循环流化床多联产装置工艺流程见图 2-18。

原料煤进入气化炉后与来自锅炉旋风分离器的高温循环灰混合，在 600 ℃ 左右的温度下进行热解，产生的粗煤气、焦油雾及细灰渣经气化炉旋风分离器除尘进入急冷塔和电捕焦

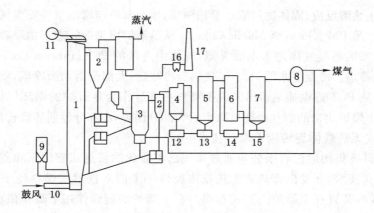

图 2-18   75 t/h 循环流化床多联产装置工艺流程

1——锅炉;2——分离器;3——热解炉;4——激冷塔;5——电捕焦油器;6——间冷器;7——二次电捕;

8——缓冲罐;9——煤斗;10——点火器;11——汽包;12——水封槽;13——焦油池;14——循环水池;

15——轻油池;16——除尘器;17——烟囱

油器,冷却捕集焦油和轻油后由煤气排送机送入缓冲罐,部分煤气送回气化炉作为流化介质,其余进入脱硫等设备净化后再利用。热解半焦和循环灰经返料机构进入锅炉燃烧,高温物料随高温烟气一起通过炉膛出口进入旋风分离器,分离后的烟气进入锅炉尾部烟道,先后经过热器、再热器、省煤器及空气预热器等受热面产生蒸汽用于供热和发电。分离下来的高温灰进入返料机构,部分高温灰进入气化炉,其余则直接送回锅炉炉膛。

(4) LCC 工艺

LCC 工艺由大唐华银电力股份有限公司和中国五环工程有限公司联合开发,主要过程分为 3 步:干燥、轻度热解和精制。LCC 技术工艺流程见图 2-19。

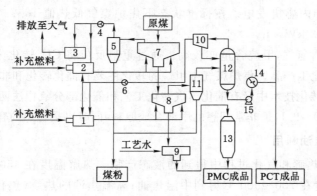

图 2-19   LCC 技术工艺流程

1——热解热风炉;2——干燥热风炉;3——烟气脱硫;4——干燥循环风机;5——干燥旋风除尘器;

6——热解循环风机;7——干燥炉;8——热解炉;9——激冷盘;10——PCT 静电捕集器;

11——热解旋风除尘器;12——激冷塔;13——精制塔;14——PCT 冷却器;15——激冷塔循环泵

原料煤在干燥炉内被来自干燥热风炉的热气流加热脱除水分。在热解炉内,来自热解热风炉的热循环气流将干燥煤加热,煤发生轻度热解反应析出热解气态产物。在激冷盘中引入工艺水迅速终止热解反应,固体物料输送至精制塔,预冷却后与增湿空气发生氧化反应和水合反应得到固体产品 PMC(Process Middle Coke)。从热解炉出来的气态产物经旋风除尘后进入激冷塔,塔顶出来的不凝气体进入电除雾器,气体中夹带的 PCT(Process Coal Tar)被捕集下来,并回流至激冷塔。冷凝下来的 PCT 经换热器冷却后,大部分返回激冷塔,剩余部分为初步的 PCT 产品。从 PCT 静电捕集器出来的不凝气一部分作为热解炉的循环气体,剩余部分作为一次燃料。干燥炉出来的烟气经旋风除尘后大部分循环,小部分经脱硫后排放。

(5) 蓄热式无热载体旋转床干馏新技术

北京神雾科技集团股份有限公司通过集成已工业化的蓄热式旋转床和蓄热式辐射管燃烧器等多项专利技术,开发出蓄热式无热载体旋转床干馏新技术。煤料经干燥器干燥后进入煤仓,通过装料装置在干馏炉内完成布料。在干馏炉的旋转作用下煤料依次经过预热区、加热区、均热区和冷却区。低温干馏所得半焦在气封条件下出炉,进入干熄焦器进行余热回收,回收的热量用于煤料的预干燥,冷却后的半焦输入焦仓;干馏气进入煤气净化系统,分离出煤气、焦油等。

2.5　煤炭中低温热解产品与应用

2.5.1　煤气的组成与应用

中低温热解煤气与高温热解(炼焦)的焦炉煤气在组成分布上有明显差异。煤气的主要成分为 H_2、CH_4、CO、少量的 CO_2 和氮气,以及 $C_2 \sim C_4$ 烃类,由于氢气和甲烷含量较高,因此热值较高,是一种理想的燃料气。由于氢含量高,可以从中提取纯氢。

焦炉煤气可以作为燃料用作工业用燃气和城市居民燃气,还可以采用变压吸附装置从焦炉煤气中提取高纯度的氢气。同时焦炉煤气还可用于发电,一般有三种方式,即蒸汽发电、燃气轮机发电和内燃机发电。按标准状态下焦炉煤气低热值 16.72 MJ/m³ 计算,1 m³焦炉煤气可发电 1.3 kW·h。

焦炉煤气中富含氢气,甲烷含量亦较高。通过重整反应将 CH_4 转化为 H_2 和 CO(即合成气),进而用于生产化工产品。焦炉煤气中甲烷的转化主要有催化转化和非催化部分氧化转化两大类工艺。催化转化技术中又有催化蒸汽转化工艺和催化部分氧化法两种工艺。转化后的气体中氢碳比为 1.9~2.1,是非常理想的甲醇合成原料,同时也是理想的合成油原料。

2.5.2　中低温煤焦油利用

煤焦油是煤在热解和气化过程中得到的液态产物。热解温度在 450~600 ℃ 可以得到低温焦油;热解温度在 700~900 ℃ 得到中温焦油;高温焦油的热解(焦化)温度在 1 000 ℃左右。

低温焦油和高温焦油在组成上有很大差别,低温焦油中酚类化合物以低级酚(苯酚、甲酚)为主,中性化合物为多烷基芳烃衍生物、脂肪族链状烷烃和烯烃。因此,可以从焦油提取酚类化工原料或将其加工成各种燃料油。

煤焦油化工在化学工业中占有重要的地位,在提供多环芳烃和高碳原料方面具有不可替代的作用。这里简要讨论煤焦油的利用,后面将会进一步对煤焦油的加工和利用进行深入讨论。

（1）低温煤焦油的利用

低温焦油中的酚类化合物以低级酚为主，主要集中在 170～210 ℃ 与 210～230 ℃ 的两个馏分中，大约占焦油总量 13.7%，可以采用化学提取法提取低级酚作为化工原料。芳烃组成分散，且多为芳烃烷基取代衍生物。脂肪族长链烷烃、烯烃含量较高，大约 13.4%，是低温焦油的主要特征，故提取低级酚后的馏分是加氢制取高十六烷值柴油的优良原料。

低温煤焦油的综合利用，一般包括生产低温沥青、制作防腐防水用的环氧煤焦油和油毛毡、代替重油炼钢等。将低温煤焦油加氢精制后，可得到馏分油，深加工可以得到环烷油等。

低温煤焦油有巨大的经济价值，在我国还没有被充分利用。所以，对低温煤焦油的综合利用应给予相当的重视。

（2）高温煤焦油的利用

高温煤焦油的化学组成大致有以下几个特点：

① 主要是芳香族化合物，而且大多是两个环以上的稠环芳香族化合物，烷烃、烯烃和环烷烃化合物很少；

② 含氧化合物主要是呈弱酸性的酚类，还有一些中性含氧化合物，如氧茚和氧芴等；

③ 含氮化合物主要是具弱碱性的吡啶和喹啉类化合物，还有吡咯类化合物如吲哚和咔唑等，还有少量胺类和腈类；

④ 含硫化合物主要是噻吩类化合物，如噻吩和硫茚等，还有硫酚类化合物；

⑤ 不饱和化合物有茚和氧茚类化合物，以及环戊二烯和苯乙烯等；

⑥ 芳香环的烷基取代基主要是甲基；

⑦ 蒸馏残渣沥青的含量很高，一般在 50% 以上，其相对分子质量在 2 000～30 000 之间。

高温煤焦油中很多化合物是塑料、合成纤维、染料、台成橡胶、农药、医药、耐高温材料及国防工业的贵重原料，也有一部分多环芳烃化合物是石油加工业无法生产和替代的。我国的煤焦油主要用来加工生产轻油、酚油、萘油、甲基萘油、洗油、Ⅰ蒽油、Ⅱ蒽油及煤沥青，各馏分再经深加工后制取苯、萘、酚、蒽等多种芳烃类化工原料中间体。少量煤焦油被用作筑路油、防腐剂及炭黑原料油、燃料油等。近年也有人利用合成树脂、合成橡胶对煤焦油进行改性，制造高档次防锈涂料。占煤焦油 50% 的煤沥青用途十分广泛，可用作电极黏结剂，制造碳素纤维等。

随着经济和技术的发展，不仅传统的煤焦油加工产品开发出了新的用途，而且应用新技术提取或进一步加工生产的煤焦油馏分产品更具市场竞争力。因此，应用新技术、新工艺，从煤焦油中提取市场急需的各类贵重化工产品，不仅可实现资源综合利用，提高产品附加值，而且经济效益、环境效益和社会效益明显，对有机化工的发展具有重要意义。

2.5.3 半焦的应用

煤热解的固体产物主要为半焦，高温炼焦的固体产品主要为冶金焦，通常称焦炭。这里主要介绍半焦。

（1）半焦的结构

半焦中有微晶层片状结构，但不像石墨那样具有完全有规则的排列，微晶中的碳原子呈六角形排列，形成层片体但平行的层片体对共同的垂直轴不完全定向，一层对另一层的角位移紊乱，各层无规则地垂直于垂直轴，这是与石墨不同的地方，这种排列称为乱层结构。半焦的化学组成与原煤的煤阶、显微组分含量及热加工过程有直接联系。煤中元素组成主要是碳、氧和氮,原煤中大部分的氮和硫在热解过程中已经逸出,少量的氮、硫元素以杂环化合物的形式存在于半焦中。半焦中碳的比例达 95%,构成了半焦的骨架,大部分的氢原子和氧原子与碳原子以化学键相结合,氧含量为 3%~4%,主要以羟基、羰基和醚氧基的形式存在,氢原子的含量一般小于 1%,主要是与碳原子直接结合。半焦中的有机官能团主要是含氧官能团,它对半焦的性质有很大影响。一般认为,半焦表面的含氧官能团主要有羰基、酚羟基、醌型羰基、醚、过氧化物、酯、荧光素内酯、二羧酸酐和环状过氧化物等。在半焦的表面上同时存在着酸式的和碱式的活性中心。酸式中心是半焦表面化学吸附氧后形成的某种含氧官能团。表面存在的羧基、酚类、内酯和酸酐等结构被认为是表面酸性的来源。碱中心的数量较酸中心要少,且半焦样品中含有的酸中心数目越多,其碱中心数目就越少。

(2) 半焦利用

半焦的性质和质量决定了半焦的用途,半焦具有比电阻高、反应性和可磨性好、无爆炸性及燃点和强度低等特点,另外其价格低廉,原料煤资源丰富,因此,具有广阔的应用前景。半焦的主要用途如下:

① 作为工业和民用燃料

半焦仍含有一定量的挥发分(9%~15%),具有活性好、燃点低、易于点火、燃烧性能优良等优点,可以在锅炉中稳定燃烧,所以半焦作为电站锅炉的燃料是很有前途的。半焦的硫含量低于原煤,用于电站会减少 50% 的二氧化硫排放量,可减轻对环境的污染。

半焦也可制成半焦油浆和半焦水浆。有资料报道,美国碳化燃料公司开发了半焦燃料工艺(charfuel process),生产出的半焦和烃类物质混合的乳胶体,可与 6♯ 燃料油及水煤浆相比,不需搅拌和保温,运输成本较低,市场和经济效益较好。另据报道,褐煤经低温热解得到半焦后再制成半焦水浆,其成浆性能有较大改善,浆浓度提高 10% 左右。半焦制成液体浆状燃料将是半焦的重要用途之一。另外半焦也可以作为蜂窝煤的引燃剂、高炉喷吹和烧结燃料及水泥陶瓷等煅烧炉窑的燃料。

② 作为冶金和化工原料

年轻煤半焦的反应性能特别好,气化率高,气化温度低。半焦气化产生的气体绝大部分为 CO 和 H_2,它们是优质的合成气,是碳一化工的原料,可以生产优质的液体燃料和化工产品。

低灰分的半焦是优质的还原剂。铁合金、结晶硅、碳化硅、电石的冶炼要求还原剂的比电阻和反应性高、杂质少。目前我国除结晶硅的冶炼尚未用年轻煤焦炭作为还原剂外,铁合金、碳化硅和电石的冶炼均有厂家在使用这种年轻煤焦炭。另外半焦也可以作为生产海绵铁的原料。

由于低温半焦具有较丰富的官能团和发达的孔结构,作为吸附剂半焦可直接用于污水处理,当吸附的污物达到饱和后,再作为燃料烧掉。半焦也可以活化制成活化焦,年轻煤半焦易于活化,且活化时间短。活化半焦吸附性能好,中孔发达,可作为活性炭的廉价代用品。半焦经制粉、成型、炭化和活化后可制成活性炭,其机械强度、碘值指标都很好。

弱黏结煤热解后所得半焦经物理或化学方法活化后可以用作脱除烟气中 SO_2 的吸附剂。半焦的比表面积虽然比活性炭小,但因其未热解完全,内部含有较多的氢和氧,且具有较丰富的孔隙和表面结构,故化学改性比较容易,价格也低。活性半焦脱除烟气中 SO_2 主要是利用活性半焦吸附烟道中的 SO_2 并将其氧化为硫酸而储存在活性半焦孔隙内的烟气净化技术,其优点在于二次污染较轻,目前该工艺已发展为成熟的工业应用技术。

由上可见,半焦种类多、用途广,应根据半焦本身的性质选择最合理、最经济的利用途径,以提高其利用价值。

思 考 题

1. 什么是煤炭热解?热解过程主要包括哪几个阶段?

2. 列表简要归纳煤炭热解的分类,并指出每种热解的发展方向。

3. 简要分析讨论煤炭热解和催化加氢热解的机理。

4. 简要分析不同热解工艺的原理、特点及存在问题和解决对策。

5. 简要论述低阶煤中低温热解技术发展现状、存在问题和发展前景。

6. 研究讨论影响焦油品质的因素及其解决对策。

7. 试分析归纳本章所述工艺过程可能存在哪些污染源?应采取哪些防治措施?

第3章 炼 焦

3.1 概 述

以烟煤、沥青或其他液体碳氢化合物等为原料,在焦炉中,隔绝空气条件下,加热至 950~1 150 ℃,经过干燥、热解、熔融、黏结、固化与收缩生产固体产物(称之为焦炭,约占 78%,质量分数),焦炉气(占 15%~18%)、粗苯、氨和煤焦油(占 2.5%~4.5%)的过程,称之为高温干馏或高温炼焦。焦炉煤气和煤焦油中含有大量化工原料,可广泛应用于医药、染料、化肥、合成纤维和橡胶等生产部门。回收这些化工原料,不仅可实现煤的综合利用,而且可减少环境污染。

焦炭按用途分为冶金焦(高炉焦、铸造焦、合金焦),化工焦(气化焦、电石焦、高硫焦),铝阳极焦,电极焦,高强度低灰低硫焦,炭素焦(石油焦、沥青焦、针状焦)等。焦炭主要用于高炉炼铁和用于铜、铅、锌、钛、锑、汞等有色金属的鼓风炉冶炼,起还原剂、发热剂和料柱骨架作用。炼铁高炉采用焦炭代替木炭,为现代高炉的大型化奠定了基础,是冶金史上的一个重大里程碑。为使高炉操作达到较好的技术经济指标,冶炼用焦炭(冶金焦)必须具有适当的化学性质和物理性质,包括冶炼过程中的热态性质。焦炭除大量用于炼铁和有色金属冶炼(冶金焦)外,还用于铸造、化工、电石和铁合金,其质量要求有所不同。如铸造用焦,一般要求粒度大、气孔率低、固定碳高和硫分低;化工气化用焦,对强度要求不严,但要求反应性好,灰熔融性较好;电石生产用焦要求尽量提高固定碳含量。几种典型焦炭的用途如下:

3.1.1 高炉焦

高炉焦是指供高炉炼铁用的冶金焦。高炉焦的质量要求取决于焦炭在高炉中的行为。高炉的基本功能是将铁矿石加热、还原、造渣、脱硫、熔化、渗碳得到合格的铁水。焦炭在高炉中则起着供热、还原剂、骨架和供碳四个作用。

3.1.2 铸造焦

铸造焦是根据冲天炉熔铁对焦炭的要求生产的铸造专用焦炭。

铸造焦是冲天炉熔铁的主要燃料,用于熔化炉料,并使铁水过热,还起支撑料柱、保证良好透气性和供碳等作用。

铁水流过焦炭层还会发生渗碳作用,由于渗碳是吸热反应,温度愈高愈有利于渗碳。铁的初始含碳量愈低,渗碳愈多,增加焦比也使渗碳增加,渗碳有利于炉料中废钢的熔化。

3.1.3　铁合金焦

铁合金焦可作为冶炼过程的一种碳质还原剂,是用于矿热炉冶炼铁合金的专用焦炭。铁合金的种类很多,有硅铁、锰铁、铬铁等,当铁合金焦用作炼钢的脱氧剂时,以硅铁合金用焦量最多,且对焦炭质量要求最高。

3.1.4　气化焦

气化焦是专用于生产发生炉煤气或水煤气的焦炭,一般用于固定床煤气发生炉。焦炭的气化是一个热化学过程,以氧、空气、水蒸气做气化剂,当其通过焦炭的高温层时,转变为以 H_2 和 CO 为主要可燃成分的煤气。

3.1.5　电石用焦

电石用焦是电石生产的碳素材料,每生产 1 t 电石约需焦炭 0.5 t。

3.2　焦炭的结构与性质

3.2.1　焦炭的宏观结构

焦炭是一种质地坚硬、多孔、呈银灰色,并有不同粗细裂纹的碳质固体块状材料,其真相对密度为 1.80~1.95,堆积密度为 400~520 kg/m³。用肉眼观察在炭化室内已经成熟的焦饼,可以看到明显的纵横裂纹。由焦炉内推出的焦炭,经熄焦、转运,沿粗大的纵、横裂纹碎成仍含有某些纵、横裂纹的块焦,块焦内含有微裂纹,将焦块沿微裂纹分开,即得焦炭多孔体,也称焦体,焦体由气孔和气孔壁构成,气孔壁又称焦质,其主要成分是碳和矿物质。

焦炭的性质取决于上述结构的各部分,且各部分彼此间有一定联系,因此对焦炭性质的全面评价,必须建立在对焦炭结构不同层次的研究基础上,并以此作为指导焦炭生产过程的依据。

对不同层次焦炭的性质,目前采用的主要评定和研究方法为:

① 块焦。用转鼓或落下方法评定机械强度,用粒度组成、堆积密度和透气性等研究粒度性质,用反应性研究物理化学性质,此外还有各种热性质的研究。

② 焦炭多孔体。可通过抗拉强度、显微强度、显微硬度、杨氏模量等材料力学性质研究其材料强度。

③ 裂纹。可用单位面积上纵、横裂纹投影的总长度或单位面积上裂纹的面积表示的裂纹率评定裂纹的多少。

④ 气孔。可用气孔率、气孔平均直径、孔径分布、比表面积等参数来描述焦炭气孔特征。

⑤ 气孔壁。可用光学组织、反射率、石墨化度等光学性质以及在测量气孔结构参数时得到的气孔壁厚度等评价焦炭气孔壁的性质。

3.2.2　焦炭的化学组成

(1) 焦炭的工业分析

焦炭的工业分析是按照《焦炭工业分析测定方法》(GB/T 2001—2013)测定焦炭的工业分析指标,主要包括水分(M)、灰分(A)、挥发分(V)和固定碳(FC)。

焦炭的水分是焦炭试样在一定温度下干燥后的失重占干燥前焦样的百分率,分全水分(M_t)和分析试样(即空气干燥基)水分(M_{ad})两种。焦炭全水分因熄焦方式而异,并与焦炭块度、焦粉含量、采样地点、取样方法等因素有关。湿熄焦时,焦炭全水分为4%～6%;干熄焦时,焦炭在贮运过程中也会吸附空气中水,使焦炭水分达0.5%～1.0%。焦炭用于各种用途时,水分过大会引起热耗增大;用于电石生产时,水分过大还会引起生石灰消化;用于铸造时,焦炭水分也不宜过低,以防冲天炉顶部着火。小粒级焦炭有较大的比表面,故粒级愈小的焦炭,水分愈大。

焦炭的灰分是焦炭分析试样在850 ℃±10 ℃下灰化至恒重,其残留物占焦样质量的百分率,用A_{ad}表示。灰分是焦炭中的有害杂质,主要成分是高熔点的SiO_2和Al_2O_3。焦炭灰分在高炉冶炼中要用CaO等熔剂使之生成低熔点化合物,并以熔渣形式排出。灰分高,就要适当提高高炉炉渣碱度。此外,焦炭在高炉中被加热到高于炼焦温度时,由于焦质和灰分热膨胀性不同,灰分颗粒周围产生裂纹,使焦炭加速碎裂或粉化。灰分中的碱金属还会加速焦炭同CO_2的反应,也使焦炭的破坏加剧。一般,焦炭灰分每增1%,高炉焦比约提高2%,石灰石用量约增加2.5%,高炉产量约下降2.2%。焦炭用于铸造生产时,焦炭灰分每减少1%,铁水温度约提高10 ℃,还能提高铁水含碳量。焦炭用于固定床煤气发生炉时,焦炭灰分提高将降低发生炉生产能力,焦炭的灰熔点较低时,还会影响发生炉正常排渣。

挥发分是焦炭分析试样在900±10 ℃下隔绝空气快速加热后的失重占原焦样的百分率,并减去该试样的水分得到的数值。挥发分是焦炭成熟度的标志,它与原料煤的煤化程度和炼焦最终温度有关,一般成熟焦炭的空气干燥基挥发分V_{ad}为1%～2%。

固定碳是焦炭挥发分测定后残留的固态可燃性物质,由下式计算得出:

$$FC_{ad} = 100 - M_{ad} - A_{ad} - V_{ad} \tag{3-1}$$

或

$$FC_d = 100 - A_d - V_d \tag{3-2}$$

上述分析基(空气干燥基)可换算成干基(X_d)或干燥无灰基(X_{daf})。

(2)元素分析

焦炭的元素分析通常包括C、H、O、N、S、P等元素的分析。此外,还包括焦炭中钾和钠,以及钒、钡、锰、钛、硼等元素。

3.2.3 焦炭的机械力学性质

焦炭的机械力学性质是指焦炭在机械力作用下发生变形、碎裂和磨损的特性。

(1)焦炭落下强度

焦炭落下强度按《焦炭机械强度落下强度测定方法》(GB/T 4511.2—1999)测定。用一定块度以上、数量一定的焦炭,在固定高度处下落一定次数后,测定大于某粒级焦炭占试验前焦样质量的百分率来表示块焦的机械强度。落下强度仅检验焦炭经受冲击作用的抗破碎能力,由于铸造焦在冲天炉内主要经受铁块的冲击力,故落下强度特别适用于评定铸造焦的强度。

(2)焦炭转鼓强度

焦炭转鼓强度按《焦炭机械强度的测定方法》(GB/T 2006—2008)测定。以定量焦炭在一定规格和试验条件的转鼓内,旋转一定转数,鼓内焦炭之间及焦炭与鼓壁之间相互撞击、摩擦,造成焦炭开裂和磨损,用转后某一粒级的焦炭量占入鼓焦炭质量的百分率评定焦炭强度。一般用 M_{10}，即粒度小于 10 mm 的碎焦数量占试验样的质量分数表示耐磨强度，也有用 M_{20}，M_{25}，M_{40} 表示的。高炉实践认为焦炭 M_{10} 指标比 M_{40} 对高炉操作的影响更重要。

（3）焦炭筛分组成

焦炭筛分组成可根据《冶金焦炭的焦末含量及筛分组成的测定方法》（GB/T 2005—1994）测定。用一套具有标准规格和规定孔径的筛子将焦炭筛分，然后分别称量各级筛上焦炭和最小筛孔的筛下焦炭质量，算出各级焦炭的质量百分率或各筛级以上焦炭质量累积百分率，即焦炭的筛分组成，用来表述焦炭的粒度分布状况。

筛分试验用的筛孔有方孔筛和圆孔筛两种，我国冶金焦（高炉焦）国标规定＞40 mm 焦炭的筛分组成用四层方孔筛测定（80 mm、60 mm、40 mm 和 25 mm），＜25 mm 的焦炭百分含量作为冶金焦的焦末含量，焦末含量高，对高炉生产不利。

各国均有相应的筛分试验标准，国际标准允许使用圆孔或方孔筛进行试验。

方孔筛以边长 L 表示孔的大小，圆孔筛以直径 D 表示孔的大小，相同尺寸的两种筛，其实际大小不同，试验得出两者的关系为 $D/L=1.135\pm0.04$，即如圆孔筛直径为 40 mm 时，对应的方孔筛 $L=40/1.135=35.2$ mm。

3.2.4 焦炭的材料力学性质

为评定焦体和焦质的强度，通常采用材料力学的测定方法。焦体是不含宏观裂纹但带微裂纹和气孔的多孔体，它的强度一般用抗压强度、抗拉强度、结构强度和弹性模量等来评定。焦质是不含微裂纹和宏观气孔（直径＞10～20 nm）、过渡气孔（直径 2～10 nm），但仍含有微气孔（直径＜2 nm）的焦炭气孔壁，它的强度可用显微强度和显微硬度评定。

（1）抗拉强度

焦炭多孔体的抗压强度（12～30 MPa）比抗拉强度（4～10 MPa）大得多，因此焦炭多孔体的破坏和断裂主要取决于拉应力。如将焦炭制成方截面长条状试样，直接用拉力试验机测定拉应力，这在试样制作上十分困难，因此焦炭的抗拉强度一般用径向压缩法间接测定，即将焦炭制成直径 10～20 mm、高 6～10 mm 的圆柱形试样，在材料试验机上进行径向压缩，然后按下式计算抗拉强度：

$$\sigma = \frac{2W}{\pi Dl} \ (kN/cm^2) = \frac{20W}{\pi Dl} \ (MPa) \tag{3-3}$$

式中 w——试样断裂时加载的力，kN；

　　　D，l——试样的直径和高度，cm。

由于不同焦块的结构，外形很不均一，因此应从炭化室不同部位及沿焦块不同方向上切取片状焦样，再用涂有金刚砂的空心钻头钻取圆柱形试样，经清洗、干燥后试验，最后经统计处理获得相应结果。

焦炭多孔体的抗拉强度与材料的基质强度（或显微强度）、气孔率和视密度等有关。

（2）杨氏模量

当焦炭作为一种弹性体，在单向拉伸或压缩时，试样单位截面上受到的正应力 σ 与相应产生的应变 ε 之比值，即杨氏模量 $E=\sigma/\varepsilon$。它标志材料对受力下产生变形以抵抗的能力，其测量方法和原理均参考金属材料力学方面。

工业焦炭的杨氏模量一般为 1～10 MPa，因煤料、炼焦条件而异，随焦炭气孔率增大而降低。

利用杨氏模量可以作为评定焦炭不同层次强度的统一标志,因此研究焦炭的杨氏模量被研究工作者所重视,但由于制取合格焦样难度较大,以及仪器精度、操作水平等方面的原因,限制了这种指标在工业上的应用。

(3) 显微强度与结构强度

将粉碎到一定粒度的焦样置于一定尺寸的钢管中,管内置有一定数量的钢球,然后使钢管沿管长中心为轴进行旋转,转一定转数后,测量焦样大于或小于某一粒级的焦粒占焦样的百分率,用以评定焦样的强度。因焦样的粒度、数量及试验参数的不同,所测得强度分别定义为显微强度和结构强度。

由于试样粒度较小,显微强度被作为测定焦炭气孔壁(焦质)强度的一种方法。结构强度测量方法与显微强度类同,但试样粒度较大,是测量焦炭多孔体强度的一种方法。

焦炭的显微强度与原料煤性质、焦炭光学组织及炼焦条件等因素有关。中等煤化程度结焦性好的煤制成的焦炭具有较高的显微强度。焦炭显微强度随焦炭光学组织中各向同性组织含量提高而降低;同一煤种制成的焦炭,随炼焦温度提高,显微强度增大。

焦炭气孔壁强度也可用显微强度表示,它是在焦炭的磨光表面上选定测点,用金刚石锥体在其上施加一定压力,在显微镜下观察并确定焦炭表面留下的刻痕大小来衡量。由于取样代表性不足和焦炭组织结构的不均一性,影响显微强度测量的精度,故限制了这种方法的使用。

3.2.5 焦炭的热性质

焦炭的热性质是指它经过二次加热的物理性质、化学性质和机械力学性质,分别称热物理性质、热化学性质和热强度。

3.2.5.1 焦炭受热过程的变化

(1) 组成变化

焦炭使用过程中,当温度超过炼焦终温时,由于残留挥发分的进一步脱除和无机组分的高温分解,灰分和杂原子(S,N,P)含量减少。焦炭中的硫有硫化铁硫、有机硫和元素硫三种形态,其中硫化铁硫最易脱除,当焦炭加热到 1 300 ℃时,约可脱除 50%;有机硫较难脱除,加热到 1 600 ℃仅约脱除 20%;元素硫含量不足 0.1%,加热到 1 600 ℃可脱除 50%。焦炭中含氮 0.4%～1.5%,高温下在脱硫同时发生脱氮反应,加热到 1 700 ℃约可脱氮 75%。焦炭二次加热时,由于脱挥发分、脱硫、脱氮和脱灰,质量减少,高于 1 300 ℃时,每升高 100 ℃质量减轻 1%～2%。

(2) 结构变化

焦炭属于乱层结构,高温下由于分子的热运动,结构逐步定向,向石墨结构方向转移,即石墨化。根据石墨化的难易程度,焦炭可分为易石墨化和难石墨化两类,随生产焦炭的原料煤性质而异,中挥发强黏结煤生产的焦炭比低挥发弱黏结煤生产的焦炭易石墨化,高挥发弱黏结煤生产的焦炭基本上不能石墨化。焦炭的石墨化一般是在 1 400 ℃以上逐步发生,直至 2 300～3 000 ℃才能完成石墨转化的全过程。焦炭的石墨化度可由 X 射线衍射图谱得到的晶格尺寸确定(见焦炭的结构性质),易石墨化碳,经高温处理,晶格尺寸明显增大,而难石墨化碳,即使温度升至 1 500 ℃以上,晶格尺寸也无明显变化。

(3) 膨胀与收缩

焦炭二次加热时,在 20～1 000 ℃范围内随温度升高而膨胀,加热温度超过炼焦终温

时,由于挥发分析出、无机组分分解、重量减轻而呈现出某些收缩。焦炭的热膨胀性质可用热膨胀系数 α 表示:

$$\alpha = \frac{\Delta l}{l_0(t - t_0)}, \, ℃^{-1} \tag{3-4}$$

式中 Δl——焦炭从原始温度 t_0℃升温至 t ℃的伸长量,m;

  l_0——焦炭在 t_0℃时的原始长度,m。

焦炭热膨胀系数随加热温度提高而增大,到 $800 \sim 900$ ℃时达最大,继续升温热膨胀系数则降低。此外,焦炭热膨胀系数还因原料煤的煤化程度和所取焦样在炭化室内的取向而异。当测量焦样取与炭化室内热流方向平行时,随原料煤的煤化程度提高,热膨胀系数增加;取与炭化室内热流方向垂直的焦样时则相反。

焦炭从 1 000 ℃继续加热到 1 400 ℃的平均收缩率,随原料煤的煤化程度降低而增大,为 $0.6\% \sim 1.5\%$。

(4) 强度变化

焦炭二次加热时,对强度产生正负两方面的影响,当焦炭加热温度高于 1 000 ℃时,随结构的进一步致密,显微强度有所提高,但同时由于焦炭内部膨胀和收缩不匀产生的热应力会导致裂纹的扩展,使焦炭转鼓强度随温度升高而降低。焦炭的抗拉强度在 1 300 ℃前由于正效应为主导,故随温度升高而增大,1 300 ℃后则因负效应为主导而抗拉强度降低。

3.2.5.2　焦炭热应力与热强度

(1) 热应力

焦炭二次加热时,焦块表面与中心间因温度梯度引起的膨胀收缩差异而在焦炭内部产生的应力为热应力。若焦块表面与中心温度之差为 Δt ℃,焦炭受热时的热应力随 Δt 增加而增大,增大焦块时热应力也随之加大。在高炉内,从炉顶至风口区的 Δt 一般可达 $100 \sim 300$ ℃,据此估算,焦块在高炉内的热应力可达 $0.3 \sim 2.9$ MPa。热应力导致焦炭气孔壁产生大量微裂纹,长度达几个微米,这是使焦炭在高温下强度降低的主要原因。

(2) 热强度

热强度是指焦炭在高温下测量的强度或经高温处理后在室温下测得的强度,工业上常用的是高温转鼓强度。转鼓按热源分有电热和煤气加热两类,并可分为内热式或外热式。目前,倾向于采用以碳化硅为鼓材,用电加热温度可达 1 500 ℃左右的内热式转鼓。热转鼓试验可以反映出焦炭的热破坏,与常温转鼓试验相比,更接近高炉内情况。但一般冷态强度好的焦炭,其热转鼓强度也好。当热转鼓试验中同时向鼓内通入 CO_2 时,则可同时测得热强度和 CO_2 反应后强度,因此以 CO_2 为气氛的内热式高温转鼓成为热转鼓形式的发展趋势。

3.2.5.3　焦炭的高温反应性

焦炭的高温反应性按照《焦炭反应性及反应后强度试验方法》(GB/T 4000—2017)进行测定。焦炭的高温反应性测定分块焦反应性和粒焦反应性测定。块焦反应性测定是将块状焦炭在一定尺寸的反应器中,在模拟生产的条件下进行的反应性试验的一种方法。根据研究目的不同,其在试样粒度大小、试样数量、反应温度、反应气组成和指标表示方式等方面各有不同。块焦反应性所用焦样量较多,装置尺寸较大,反应时间较长。因此,提出了用粒度 <6 mm 的粒焦,在耐热合金或刚玉反应管中进行反应性试验的方法,称之为粒焦反应性测

定方法。我国采用《煤对二氧化碳化学反应性的测定方法》(GB/T 220—2018)进行粒焦反应性测定。影响焦炭反应性的因素主要包括原料煤的性质、炼焦工艺及工艺参数、反应速率参数等。

3.2.6 焦炭的质量评价

焦炭是高温干馏的固体产物,主要成分是碳,是具有裂纹和不规则的孔孢结构体(或孔孢多孔体)。裂纹的多少直接影响到焦炭的粒度和抗碎强度,其指标一般以裂纹度(指单位体积焦炭内的裂纹长度的多少)来衡量。孔孢结构的指标主要用气孔率(指焦炭气孔体积占总体积的百分数)来表示,它影响焦炭的反应性和强度。一般冶金焦气孔率要求在40%~45%,铸造焦要求在35%~40%,出口焦要求在30%左右。

焦炭裂纹度与气孔率的高低,与炼焦所用煤种有直接关系,如以气煤为主炼得的焦炭,裂纹多,气孔率高,强度低;而以焦煤作为基础煤炼得的焦炭裂纹少,气孔率低,强度高。

焦炭强度通常用落下强度和耐磨强度两个指标来表示。焦炭的抗碎强度是指焦炭能抵抗外来冲击力而不沿结构的裂纹或缺陷处破碎的能力,用 M_{40} 值表示。焦炭的耐磨强度是指焦炭能抵抗外来摩擦力而不产生表面玻璃形成碎屑或粉末的能力,用 M_{10} 值表示。

焦炭的裂纹度影响其落下强度 M_{40} 值,焦炭的孔孢结构影响耐磨强度 M_{10} 值。M_{40} 和 M_{10} 值的测定方法很多,我国多采用德国米贡转鼓试验的方法。

焦炭的技术指标主要包括:灰分、硫分、机械强度(落下强度、耐磨强度)、反应性、反应后强度、挥发分、水分、焦末含量等,不同用途的焦炭其质量要求存在一定差别。依据焦炭的种类不同,国家制定了相应质量标准,如冶金焦质量标准《冶金焦炭》(GB/T 1996—2017)、铸造焦质量标准《铸造焦炭》(GB/T 8729—2017),以及相关行业的质量标准,如铁合金焦执行黑色冶金行业标准《铁合金用焦炭》(YB/T 034—2015)等。衡量焦炭质量的主要指标如下:

① 硫分:硫是生铁冶炼的有害杂质之一,使生铁质量降低。在炼钢生铁中硫含量大于0.07%即为废品。

炉料带入炉内的硫有11%来自矿石,3.5%来自石灰石,82.5%来自焦炭。焦炭硫分的高低直接影响到高炉炼铁生产。

当焦炭硫分大于1.6%,硫分每增加0.1%,焦炭使用量增加1.8%,石灰石加入量增加3.7%,矿石加入量增加0.3%,高炉产量降低1.5%~2.0%。

冶金焦的含硫量规定不大于1%,大中型高炉使用的冶金焦含硫量小于0.4%~0.7%。

② 磷分:炼铁用的冶金焦含磷量应在0.02%~0.03%以下。

③ 灰分:焦炭灰分增加1%,焦炭用量增加2%~2.5%。

④ 挥发分:根据焦炭的挥发分含量可判断焦炭成熟度,如挥发分大于1.5%,则表示生焦;挥发分小于0.5%~0.7%,则表示过火。一般成熟的冶金焦挥发分为1%左右。

⑤ 水分:水分波动会使焦炭计量不准,从而引起炉况波动。此外,焦炭水分提高会使 M_{40} 偏高,M_{10} 偏低,给转鼓指标带来误差。

⑥ 筛分组成:焦炭粒度在40~25 mm为好。

3.3 黏结理论及炼焦用煤

3.3.1 黏结理论

上一章中已介绍了煤的热解过程。图 3-1 为黏结性烟煤的热解过程。黏结煤的热解过程也分为干燥脱气阶段,胶质体形成及半焦生成阶段和焦炭形成阶段,各阶段的特征在图中已清晰描述。

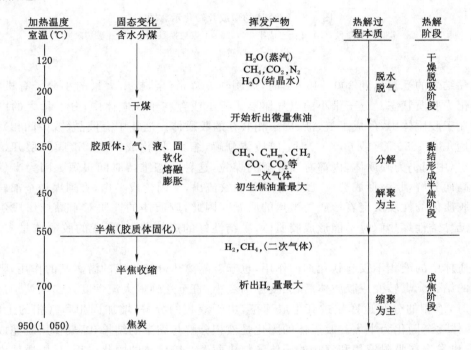

图 3-1　黏结性烟煤的热解过程

3.3.1.1 煤的黏结和成焦机理

具有黏结性的煤,在高温热解时,从粉煤分解开始,经过胶质状态到生成半焦的过程称为煤的黏结过程。而从粉煤开始分解到最后形成焦块的整个过程称为结焦过程。

（1）胶质体液相的来源

胶质体中的液相是形成胶质体的基础。胶质体液相的来源是多方面的:① 煤大分子结构单元之间各种桥键断裂形成的自由基碎片,其中分子量不太大的、含氢较多的生成液态产物,且以芳香族化合物居多;② 脂肪化合物的分解,其中分子量较大的那部分形成液态产物,分子量小的部分生成气态析出,液相产物中,以脂肪化合物居多;③ 基本结构单元周围的脂肪族侧链和各官能团脱落,其中小部分可形成液体,而绝大部分则形成气态产物析出。残留煤(未分解的煤)在胶质体液相中部分溶解,使胶质体液相增加。

（2）胶质体的形成与转化过程

在热解过程中,胶质体的液相经历生成、分解、缩聚和固化等过程生成半焦,如图 3-2 所示。

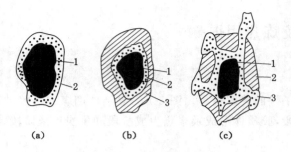

图 3-2 胶质体的形成及转化示意图
（a）软化开始阶段；（b）开始形成半焦阶段；（c）煤粒强烈软化和半焦破裂阶段
1——煤；2——胶质体；3——半焦

当黏结煤的受热达到 300～450 ℃时，煤剧烈分解，解聚，析出大量的小分子有机物，黏结煤转化为胶质状态。分子量小的以气体形式析出或存在于胶质体中，分子量大的以固体状态存在于胶质体中，形成了气、液、固三相共存的胶质体。液相中有液晶（或中间相）存在。温度到达 450～550 ℃（或 600 ℃）时，胶质体分解，缩聚，固化成半焦。液膜外层开始固化生成半焦，中间仍为胶质体，内部有没分解的煤粒，这种状态维持时间很短。因为半焦随着温度升高而分解，收缩形成裂纹，胶质体顺着裂纹流出，又固化成半焦，直到煤粒全部转变成半焦。胶质体的性质决定着形成的半焦的质量。因此，胶质体的性质对于黏结煤成焦非常重要。无黏结性煤热解时不能形成胶质体，黏结性好的煤热解时，形成的胶质体量多、稳定性好。

胶质体中的液相不仅起软化剂的作用，也起着隔离热分解生成的游离基的作用，阻止它们之间的结合。煤转变成胶质体后，黏度逐渐变小，直至达到最大流动度。当煤处于最大软化状态时，液相的分解速率超过其生成速率，由于液相的分解，增加固相和气相的生成，此时，胶质体逐渐固化为半焦。胶质体的固化是液相分解与缩聚的结果，缩聚作用既完成于液相之中，也发生在吸附液相和气相的固体颗粒表面上。胶质体的固化过程，是胶质体中的化合物因脱氢、脱烃基和其他热解反应而引起的芳构化和碳化的过程。

格良兹罗夫通过研究配煤半焦光片和煤热解过程中放射性照相，认为煤粒热解所产生的液相，其相互扩散只限于煤粒表面。由于液相扩散，分散的煤粒黏在一起，为煤粒间的缩聚作用创造了条件。也可以认为煤粒的黏结发生在煤粒之间的接触交界面上，是一个复杂的物理和化学过程。

胶质体的性能主要表现在以下几个方面：

① 热稳定性：胶质体开始固化温度（$t_{固}$）与煤开始软化温度（$t_{软}$）之间的范围为胶质体的温度间隔（Δt），即

$$\Delta t = t_{固} - t_{软}$$

温度间隔表示煤粒处在胶质体状态所停留的时间，也反映了胶质体的热稳定性。如果温度间隔大，则胶质体停留时间长，其热稳定性好，煤粒间有充分的时间互相接触，有利于黏结。反之，胶质体停留时间短，很快分解，煤粒间的黏结性也差。

② 透气性：煤热解的挥发产物，通过胶质体时克服所受到的阻力而析出的能力，表示胶质体的透气性。透气性对煤的黏结性影响较大，若透气性差，则膨胀压力大，有利于黏结。

反之,若胶质体的透气性好或液相少,液相不能充满颗粒之间,气体容易析出,则膨胀压力小,不利于黏结。

③ 流动性:煤在胶质状态下的流动性,对黏结性影响较大,常以胶质体的流动度来衡量。如果胶质体的流动性差,不利于煤粒间或与惰性物质之间的相互接触,则煤的黏结性差。反之则有利于煤的黏结。

④ 膨胀性:煤在胶质状态下,由于气体析出和胶质体的不透气性,胶质体产生膨胀。若体积膨胀不受限制,则称自由膨胀;若体积膨胀受到限制,就会产生一定的压力,称为膨胀压力。一般膨胀性大的煤,黏结性好,反之则较差。

胶质体的性质主要是由胶质体中的液相的数量和性质所决定的,它直接影响煤的黏结。同时,胶质状态下气体析出量及析出的速率,以及固相产物数量等均对煤的黏结性有重要的影响。

(3) 煤的黏结性

关于煤的黏结性主要有以下两个假说:

假说 1:具有黏结性的煤中存在着某种"黏结要素"或沥青质,当加热时沥青熔化,形成胶质体。根据大分子结构学说(阿罗诺夫),液体产物是煤的大分子结构上的侧链和官能团的脱落所产生的。

假说 2:在 550 ℃前热分解放出的挥发分,主要是大分子结构上脱落下来的侧链和官能团,提出以下两个由元素含量表示的指标:$\sum(C+H+O)$ 和 $\sum(C+H)/\sum O$,若两个指标都大,则说明总挥发分高,能生成热稳定性好的液态产物,其黏结性能好;若 $\sum(C+H+O)$ 大而 $\sum(C+H)/\sum O$ 小,生成的气态产物多,而液体产物少,故黏结性差;若 $\sum(C+H+O)$ 小而 $\sum(C+H)/\sum O$ 大,热解时产生的气态、液态产物都少,故黏结性差。

3.3.1.2 中间相理论

黏结煤热解过程的中间相理论认为煤的成焦过程有液晶相出现。液晶是指某些分子量较高、分子结构较长的芳烃化合物。它们既有液体的流动性和表面张力,又具有晶体的光学各向异性。如当温度高于液晶相的上限,则液晶就变成液体,光学异性消失,成为各向同性的液体;如温度低于液晶相的下限,则液晶就变成晶体,失去流动性。液晶的这种转变是可逆的物理过程。具有黏结性的煤和沥青等加热至 350~500 ℃时,能在胶质体的液相中形成由聚合液晶构成的各向异性流动相态,这种新的相态称为中间相。这种中间相存在的时间很短,很快就固化为半焦。中间相由向列型聚合液晶构成,它具有某些液晶的性质,如可塑性、各向异性等,但又和液晶不完全相同,如中间相形成和演变是不可逆的。

中间相的形成和发展变化过程不断发生化学变化。有黏结性的煤和沥青等加热到 350 ℃左右时,开始发生分解和缩聚反应,低分子气体析出,同时生成游离基缩聚成稠环芳烃;约在 400 ℃,缩聚稠环芳烃的平均分子数增加到 1 500 个左右(其中约有十几至几十个稠环芳烃)。由于温度的升高,胶质体流动性增加,稠环芳烃大分子在胶质体热扩散的作用下,平行堆砌,在各向同性的液相中形成各向异性的新相,呈现出球状、蝌蚪状、棒状的可塑性物质,这就是初生的中间相。初生中间相进一步随热解温度升高,发生熔并、重排,最后固化形成半焦。

中间相的发展可分为以下 9 个阶段,如图 3-3 所示。

① 热缩聚:煤热裂解产生大量不饱和化合物和游离基,同时,它们之间缩聚形成平面稠

环大分子。

②成球：稠环大分子由于热扩散，在液相中迁移而平行堆砌，形成新相小球体。

③小球体长大：每个小球体不断吸附周围的流动相而使其体积增大。

④接触：新的小球体不断产生，原来的小球体不断长大，使系统中小球体的浓度增加，球体间距缩小，直到球体与球相接触。

⑤融并：两个接触的单球或多个单球合并成一个复球，也可能多个单球与融合后的新球融并成为中间相体。

⑥重排：中间相体和复球内部的层片分子，不断重排变形而规则化。

⑦增黏：中间相进一步吸收周围的流动相而长大，待各相同性基质消耗将尽时，系统的黏性迅速增加。

⑧变形：在析出气体的压力和剪切力的作用下，使高度聚集的弯曲层面分子排列进一步顺序化，并因此而变形。

⑨固化：因温度升高而层片分子数迅速增大，形成不同尺寸的结构单元，系统固化形成各种类型的光学结构体（不同的焦炭显微结构体）。

图 3-3　中间相发展示意图

3.3.2 炼焦用煤

对炼焦用煤而言，结焦性和黏结性是最重要的指标，也就是炼焦用煤首先要有较好的结焦性和黏结性。1/2 中黏煤、气煤、气肥煤、1/3 焦煤、肥煤、焦煤、瘦煤、贫瘦煤均属炼焦煤范畴，可作为炼焦（配）煤来使用。

世界煤炭资源中，炼焦煤资源总量约 1.14 万亿 t，肥煤、焦煤和瘦煤约占 1/2，其经济可采储量为 3 500 亿 t～4 000 亿 t，其中低灰、低硫的优质炼焦煤资源大约仅有 600 亿 t。世界炼焦煤资源中，约有 1/2 分布在亚洲地区，1/4 分布在北美洲地区，其余 1/4 则分散在世界其他地区。中国炼焦煤资源量约占世界炼焦煤总资源量的 13%，可采储量约占 16.5%。

我国煤炭资源虽很丰富，但地区及煤种的分布却很不均衡。据中国煤田地质总局组织的第三次煤田预测结果，在已发现的炼焦煤资源量中，气煤占 46.9%，肥煤、焦煤、瘦煤分别占 13.6%、24.3%、15.1%。山西省炼焦煤资源量中气煤的资源量占 48.6%，肥煤、焦煤、瘦煤的资源量分别占 10.9%、20.9%、19.6%。炼焦用煤的主力煤种肥煤、焦煤和瘦煤等三煤种为稀缺煤种，它们的资源量分别只有 373 亿 t、695 亿 t 和 445 亿 t。结焦性和黏结性均很好的肥煤和焦煤中又有很大一部分属于高灰、高硫、难选煤。因此，充分合理地利用我国现有的炼焦煤资源十分必要。

（1）冶金焦用煤质量要求

炼焦精煤的灰分 A_d 应尽可能低,一般应控制在 10.00% 以下,最高不应超过 12.50%;全硫 $S_{t,d}$ 一般应在 1.50% 以下,个别稀缺煤种(如肥煤)最高也不应超过 2.50%;全水分 M_t 应低于 12.00%;挥发分 V_{daf} 控制在 $28.00\%\sim32.00\%$;黏结指数 G 控制在 $58\sim72$(或胶质层最大厚度 $Y=17\sim22$ mm)。具体请参考 GB/T 397—2009。

(2)铸造焦用煤质量要求

铸造焦用煤的灰分 A_d 应尽可能低,控制在 10.00% 以下;硫含量 $S_{t,d}$ 一般控制在 1.00% 以下,最高也不应超过 1.50%;全水分亦不应高于 12.00%。

在实际生产中,大多采取配煤炼焦。在保证焦炭质量的前提下,对配煤中的单煤,特别是结焦性和黏结性均较好的焦煤和肥煤的要求可适当放宽些,以解决炼焦煤源不足的问题。

3.3.3 配煤技术

炼焦配煤是炼焦工艺的重要工序之一。为了生产符合质量要求的焦炭,必须把不同种类原煤按适当的比例配合起来。配煤就是将两种以上的单种煤料,按适当比例均匀配合,以求制得满足各种用途所需质量要求的焦炭。配煤指标主要有灰分、硫分、磷含量、黏结性、煤岩组分、水分、细度、堆积密度等。

配煤中挥发分为 $20\%\sim30\%$ 强黏结性煤比例一般为 $55\%\sim60\%$,这是配煤的基础煤,其余煤可据配入煤的性质和相关指标要求配入相应比例。

目前,研究和应用较多是互换性配煤原理,如图 3-4 所示。根据煤岩学原理,煤的有机质可分为活性组分和非活性组分(惰性组分)两大类。日本城博提出用黏结组分和纤维质组分来指导配煤,按照他的观点,评价炼焦配煤的指标,一是黏结组分(相当于活性组分)的数量,这标志煤黏结能力的大小;另一是纤维质组分(相当于非活性组分)的强度,它决定焦质的强度。

煤的吡啶抽出物为黏结组分,残留部分为纤维质组分。将纤维质组分与一定量的沥

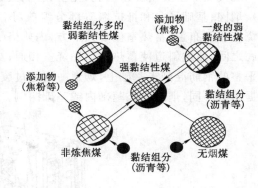

图 3-4　互换性配煤原理图

青混合成型后干馏,所得固块的最高耐压强度表示纤维质组分强度。要制得强度好的焦炭,配合煤的黏结组分和纤维质组分应有适宜的比例,而且纤维质组分应有足够的强度。当配合煤达不到相应要求时,可以用添加黏结剂或瘦化剂的办法加以调整。

对于高强度焦炭的配煤要求是提高纤维质组分的强度(用线条的密度表示),并保持合适的黏结组分(用黑色的区域表示)和纤维质组分比例范围。对黏结组分多的弱黏结煤,由于纤维质组分的强度低,要得到强度高的焦炭,需要添加瘦化组分或焦粉之类的补强材料。一般的弱黏结煤,不仅黏结组分少,且纤维质组分的强度低,需同时增加黏结组分(或添加黏结剂)和瘦化组分(或焦粉之类的补强材料),才能得到强度好的焦炭。

3.4 焦炉结构

3.4.1 焦炉炉型的分类

现代焦炉因火道结构、加热煤气种类及其入炉方式、实现高向加热均匀性的方法不同等分成许多型式。

因火道结构形式的不同,焦炉可分为二分式焦炉、双联火道焦炉及少数的过顶式焦炉。

根据加热煤气种类的不同,焦炉可分为单热式焦炉和复热式焦炉。

根据煤气入炉的方式不同,焦炉可分为下喷式焦炉和侧入式焦炉。

3.4.2 现代焦炉的结构

现代焦炉虽有多种炉型,但都有共同的基本要求:

① 焦饼长向和高向加热均匀,加热水平适当,以减轻化学产品的裂解损失。

② 劳动生产率和设备利用率高。

③ 加热系统阻力小,热工效率高,能耗低。

④ 炉体坚固、严密、衰老慢,炉龄长。

⑤ 劳动条件好,调节控制方便,环境污染少。

现代焦炉主要由炉顶区、炭化室、燃烧室、斜道区、蓄热室、烟道区(小烟道、分烟道、总烟道)、烟囱、基础平台和抵抗墙等部分组成(图 3-5)。蓄热室以下为烟道与基础。炭化室与燃烧室相间布置,蓄热室位于其下方,内放格子砖以回收废热;斜道区位于蓄热室顶和燃烧室底之间,通过斜道使蓄热室与燃烧室相通;炭化室与燃烧室之上为炉顶;整座焦炉砌在坚固平整的钢筋混凝土基础上,烟道一端通过废气开闭器与蓄热室连接,另一端与烟囱连接;根据炉型不同,烟道设在基础内或基础两侧。下面简要介绍现代焦炉各部分的结构特征。

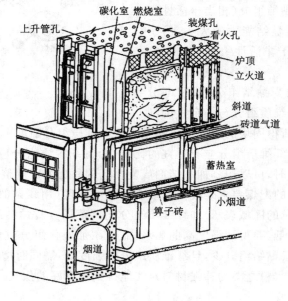

图 3-5 焦炉结构示意图

（1）炭化室

炭化室是煤隔绝空气干馏的地方，是由两侧炉墙、炉顶、炉底和两侧炉门合围起来的。炭化室的有效容积是装煤炼焦的有效空间部分；它等于炭化室有效长度、平均宽度及有效高度的乘积。炭化室的容积、宽度与孔数对焦炉生产能力、单位产品的投资及机械设备的利用率等均有重大影响。炭化室顶部还设有 1 个或 2 个上升管口，通过上升管、桥管与集气管相连。

为了推焦顺利，焦侧宽度大于机侧宽度，两侧宽度之差叫作炭化室锥度。炭化室锥度随炭化室的长度不同而变化，炭化室越长，锥度越大。在长度不变的情况下，其锥度越大越有利于推焦。生产几十年的炉室，由于其墙面产生不同程度的变形，此时锥度大就比锥度小利于推焦，从而可以延长炉体寿命。

（2）燃烧室

双联式燃烧室每相邻火道连成一对，一个是上升气流，另一个是下降气流。双联火道结构具有加热均匀、气流阻力小、砌体强度高等优点，但异向气流接触面较多，结构较复杂，砖形多，我国大型焦炉均采用这种结构。每个燃烧室有 28 个或 32 个立火道。相邻两个为一对，组成双联火道结构。每对火道隔墙上部有跨越孔，下部除炉头一对火道外都有废气循环孔。砖煤气道顶部灯头砖稍高于废气循环孔的位置，使焦炉煤气火焰拉长，以改善焦炉高向加热均匀性和减少废气氮氧化物含量，还可防止产生短路。

（3）斜道区

燃烧室与蓄热室相连接的通道称为斜道。斜道区位于炭化室及燃烧室下面、蓄热室上面，是焦炉加热系统的一个重要部位。进入燃烧室的焦炉煤气、空气及排出的废气均通过斜道，斜道区是连接蓄热室和燃烧室的通道区。由于通道多、压力差大，因此斜道区是焦炉中结构最复杂，异形砖最多，在严密性、尺寸精确性等方面要求最严格的部位。斜道出口处设有火焰调节砖及牛舌砖，更换不同厚度和高度的火焰调节砖，可以调节煤气和空气接触点的位置，以调节火焰高度。移动或更换不同厚度的牛舌砖可以调节进入火道空气。

（4）蓄热室

蓄热室位于斜道下部，通过斜道与燃烧室相通，是废气与空气进行热交换的部位。蓄热室预热煤气与空气时的气流称为上升气流，废气称为下降气流。在蓄热室里装有格子砖，当由立火道下降的炽热废气经过蓄热室时，其热量大部分被格子砖吸收，每隔一定时间进行换向，上升气流为冷空气，格子砖便将热量传递给冷空气。通过上升与下降气流的换向，不断进行热交换。

（5）小烟道

小烟道位于蓄热室的底部，是蓄热室连接废气盘的通道，上升气流时进冷空气，下降气流时汇集废气。

（6）炉顶区

炼焦炉炭化室盖顶砖以上的部位称为炉顶区，在该区有装煤孔、上升管孔、看火孔、烘炉孔、拉条沟等。

烘炉孔是设在装煤孔、上升管座等处连接炭化室与燃烧室的通道。烘炉时，燃料在炭化室两封墙外的烘炉炉灶内燃烧后，废气经炭化室、烘炉孔进入燃烧室。烘炉结束后，用塞子砖堵死烘炉孔。

（7）分烟道、总烟道、烟囱、焦炉基础平台

蓄热室下部设有分烟道，来自各下降蓄热室的废气流经废气盘，分别汇集到机侧或焦侧分烟道，进而在炉组端部的总烟道汇合后导向烟囱根部，借烟囱抽力排入大气。烟道用钢筋混凝土浇灌制成，内砌黏土衬砖。分烟道与总烟道连接部位之前设有吸力自动调节翻板，总烟道与烟囱根部连接部位之前设有闸板，用以分别调节吸力。焦炉基础平台位于焦炉地基之上、炉体的底部，它支撑整个炉体设施和机械的重量，并把重量传到地基上去。

3.4.3　焦炉机械

焦炉机械包括：装煤车、拦焦车、推焦车和熄焦车、电机车，用以完成炼焦炉的装煤出焦任务。这些机械除完成上述任务外，还要完成许多辅助性工作，主要有：① 装煤孔盖和炉门的开关，平煤孔盖的开闭。② 炭化室装煤时的平煤操作。③ 平煤时余煤的处理回收。④ 炉门、炉门框、上升管的清扫。⑤ 炉顶及机、焦侧操作平台的清扫。⑥ 装备水平高的车辆还设有消烟除尘的环保设施。

为完成这些工作设有各种机械和机构，它们都顺轨道沿炉组方向移动。使用这些车辆和机械，基本上使焦炉的操作实现全部机械化。

全套焦炉机械是按一定的推焦串序进行操作，采用单元程序控制，并带有手控装置。推焦机和电机车之间设有事故连锁装置。各司机室设有载波电话，可提高设备运行的安全性和可靠性。

3.5　焦化过程及其影响因素

3.5.1　炭化室内的结焦过程

焦炉的炭化室是一个带锥度的窄长空间，煤料通过两侧炉墙传递的热量加热。其基本特点一是单向供热、成层结焦，二是结焦过程中的传热性能随炉料的状态和温度而变化。因此，炭化室内各部位焦炭质量与特征有所差异。下面通过分析炼焦过程及其特点，以讨论炭化室内各部位焦炭质量与特征。

（1）成层结焦与温度变化

黏结性煤加热过程中，经历了干燥、热分解、形成塑性体、转化为半焦和焦炭的过程。过程所需要的热量由两侧炉墙提供。因煤和塑性层导热系数低，因此在整个成焦过程的大部分时间内，炭化室内与炉墙垂直方向上炉料的温度梯度较大（图 3-6 左）。这样在结焦过程的大部分时间内，离炭化室墙面不同距离的各层炉料因所受到的温度不同而处于热解过程的不同阶段，整个炭化室内炉料的状态随时间而变化（图 3-6 右）。靠近炉墙附近的煤先结成焦炭，而后焦炭层逐渐向炭化室中心推移，这就是常指的"成层结焦"。炭化室中心面上的炉料温度始终最低，因此以结焦末期炭化室中心面的温度（焦饼中心温度）作为焦饼成熟度的标志，称之为炼焦最终温度。

如图 3-7 所示，由于各层炉料距炉墙的距离不同，传热条件也就各不相同，最靠近炉墙的煤料升温速率最快，约 5 ℃/min 以上，而位于炭化室中心部位的炉料升温速率最慢，约 2 ℃/min 以下，这种温度变化的差别必然导致焦炭质量的差异。

常规炼焦采用湿煤装炉，结焦过程中湿煤层被夹在两个塑性层之间，这样湿煤层内

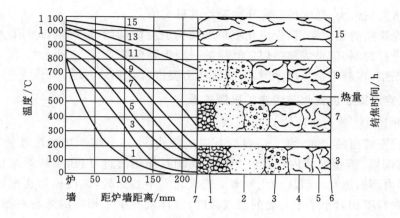

图 3-6　不同结焦时间炭化室内各层煤料的温度与状态

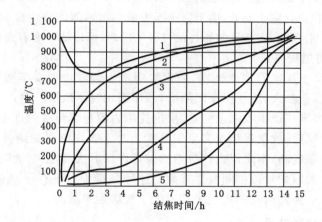

图 3-7　炭化室内各层煤料的温度变化

1——炭化室表面温度；2——炭化室墙附近煤料温度；3——距炉墙 50～60 mm 处煤料温度；

4——距炉墙 130～140 mm 处的煤料温度；5——炭化室中心部位的煤料温度

的水汽不易透过塑性层向两层外流出，致使大部水汽窜入内层湿煤中，并因内层温度低而冷凝下来，这样内层湿煤水分增加，加之煤的导热系数小，使得炭化室内中心煤料升温速率缓慢，长时间停留在水的蒸发温度以下，煤料水分愈多，结焦时间就愈长，炼焦的耗热量也就愈大。

（2）炭化室内膨胀压力

焦炉炭化室内产生膨胀压力的原因是成层结焦的结果。两个大体上平行于两侧炉墙面的塑性层从两侧向炭化室中心移动，炭化室底面温度和顶部温度也很高，在炭化室内煤料的上层和下层同样也形成塑性层，围绕中心煤料形成的塑性层如同一个膜袋，膜袋内的煤热解产生气体由于塑性层的不透气性使得膜袋产生膨胀的趋势，塑性层又通过外侧的半焦层和焦炭层将压力施加于炭化室的炉墙，这种压力称之为膨胀压力。

膨胀压力的大小在结焦过程中随时间而变化，当两个塑性层面在炭化室中心处会合时，由于外侧焦炭和半焦层传热好、需热少，致使塑性层内的温度升高加快，气态产物迅速增加，此时的膨胀压力值最大，通常的膨胀压力是指其最大值。

对于常规炼焦的焦炉来讲，受炭化室炉墙结构强度的制约，应控制膨胀压力的大小，可以选择煤料进行控制，这是炼焦备煤（配煤）的一项重要任务。

炼焦生产中，在制定推焦串序时，对膨胀压力要进行合理的考虑。

3.5.2 炭化室内层温度变化与焦炭的质量关系

（1）炭化室内位置与质量的关系

靠近炭化室墙面的焦炭，由于煤料的升温速率快，煤热分解产生的塑性体的流动性能好，塑性温度间隔宽，塑性体内煤热解产物之间相互作用改善，因而焦炭熔融良好，结构致密，质量优于内侧的焦炭。但从炭化室墙面到炭化室中心面处，温度梯度逐渐减小，因而靠墙面处的焦炭粒度相对小于中心处的焦炭粒度，这样就产生了相同的煤料在相同的炼焦条件下结焦，其焦炭质量由于上述原因，不同的块度具有不同的质量。

炭化室内，接近炉墙的煤层在形成塑性层之后，面向炉墙的焦面扭曲"鼓泡"，外形如同菜花，称为"焦花"。而在炭化室中心处，由于膨胀压力最终将两侧的焦饼推向两侧，从而沿炭化室中心面形成焦饼中心裂缝，在炭化室推焦前打开炉门时，可以清楚地看到焦饼中心裂缝。

（2）煤的性质与焦炭质量

焦炭的块度取决于焦炭的裂纹性质，而焦炭中产生裂纹主要受半焦收缩系数的影响。挥发分高的煤料收缩系数大，塑性温度间隔窄，因而固化时半焦层较薄，半焦气孔率大，半焦层的强度低，这样，当半焦产生收缩差时，本层内拉应力超过半焦层的许可应力，则半焦层开裂，这种裂纹垂直于墙面，故气煤焦炭多呈细条状。对于肥煤等强黏结性煤，由于塑性温度间隔宽，半焦层厚且强度高，本层层内拉应力的破坏作用居次要地位，此时，相邻层之间因温度梯度差存在，产生的收缩导致层间发生开裂。这种焦饼中以平行于炭化室墙面的横裂纹居多。但是相比之下，强黏结煤的焦炭块度要大于气煤焦炭块度。

3.5.3 二次热解与化学产品

（1）炼焦终温与化学产品

高温炼焦的化学产品产率、组成与低温干馏有明显差别，这是因为高温炼焦的化学产品不是煤热分解直接生成的一次热解产物，而是一次热解产物在析出途径中受高温作用后的二次热解产物。高温炼焦的化学产品，其产率主要决定于装炉煤的挥发分产率，其组成主要决定于粗煤气在析出途径上所经受的温度、停留时间及装炉煤水分。

（2）气体析出途径与二次热解反应

煤结焦过程的气态产物大部分在塑性温度区间，特别是固化温度以上产生。炭化室内干煤层热解生成的气态产物和塑性层内产生的气态产物中的一部分从塑性层内侧和顶部流经炭化室顶部空间排出，这部分气态产物称"里行气"（图 3-8），占气态产物的 $10\%\sim25\%$。塑性层内产生的气态产物中的大部分和半焦层内的气态产物，则穿过高温焦炭层缝隙，沿焦饼与炭化室墙之间的缝隙向上流经炭化室顶部空

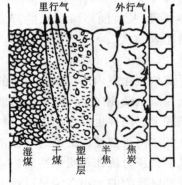

里行气　　外行气

湿煤　干煤　塑性层　半焦　焦炭

图 3-8　化学产品析出途径示意图

间而排出,这部分气态产物称"外行气",占气态产物的 75%~90%。

从干煤层、塑性层和半焦层内产生的气态产物称一次热解产物,在流经焦炭层、焦饼与炭化室墙间隙(外行气)及炭化室顶部空间(外行气和里行气)时,受高温作用发生二次热解反应,生成二次热解产物。主要的二次热解反应有裂解、脱氢、缩合、脱烷基等反应。里行气和外行气由于析出途径、二次热解反应温度和反应时间不同,以及两者的一次热解产物也因热解温度而异,故两者的组成差别很大(表 3-1),出炉煤气是该两者的混合物。由于外行气占 75%~90%,且析出途径中经受二次热解反应温度高、时间长,因此外行气的热解深度对炼焦化学产品的组成起主要作用。凡同外行气析出途径有关的温度(火道温度、炉顶空间温度)和停留时间(炉顶空间高度,炭化室高度,单、双集气管等)均影响炼焦化学产品的组成。一般炉顶空间温度宜控制在 750~800 ℃,过高将降低甲苯、酚等贵重的炼焦化学产品产率,且会提高焦油中游离碳、萘、蒽和沥青的产率。炼焦化学产品的产量和组成还随结焦时间而变。

表 3-1 里行气与外行气的组成比较

项目	煤气组成/%									烃及衍生物组成/%						
	H_2	CH_4	C_2H_6	C_2H_4	C_3H_8	C_3H_6	CO	CO_2	N_2	初馏分	苯	甲苯	二甲苯	酸性化合物	碱性化合物	其他
里行气	20	53	10	2	3	3	2	5	5	40	4	7	10	9	5	25
外行气	60	27	1	2.5	0.2	0.3	5	2	2	3.5	73	17	4.5	—	—	2

影响化学产品的因素主要包括原料煤性质、岩相组成、煤的粒度,以及外界条件的影响如加热条件(升温速率、热解最终温度、压力)、装煤条件(散装、型煤、捣固、预热等)、添加剂和预处理(氧化、加氢、水解和溶剂抽提)等因素。

3.5.4 影响焦炭质量的因素

焦炭质量主要取决于装炉煤性质,也与备煤及炼焦条件有密切关系。在装炉煤性质既定的条件下,对室式炼焦,备煤与炼焦条件是影响结焦过程的主要因素。

(1)装炉煤堆密度

增大堆密度可以改善焦炭质量,特别对弱黏结煤尤为明显。在室式炼焦条件下,增大堆密度的方法,如捣固、配型煤、煤干燥等,均已在工业生产中应用。装炉煤的粒度组成对堆密度影响很大,配合煤细度高则堆密度减小,且装炉烟尘多。

(2)装炉煤水分

装炉煤水分对结焦过程有较大影响,水分增高将使结焦时间延长,通常水分每增加1%,结焦时间约延长 20 min,不仅影响产量,也影响炼焦速率。国内多数厂的装炉煤水分为 10%~11%。装炉煤水分还影响堆密度,煤料水分低于 6%~7% 时,随水分降低堆密度增高。水分大于 7%,堆密度也增高,这是由于水分的润滑作用,促进煤粒相对位移所致,但水分增高同时使结焦时间延长和炼焦耗热量增高,故装炉煤水分不宜过高。

(3)炼焦速率

炼焦速率通常是指炭化室平均宽度与结焦时间的比值,例如炭化室平均宽度为450 mm、407 mm、350 mm 时,结焦时间为 17 h、15 h、12 h,则炼焦速率分别为 26.5 mm/h、

27.1 mm/h 和 29.2 mm/h。炼焦速率反映炭化室内煤料结焦过程的平均升温速率。根据结焦机理,提高升温速率可使塑性温度间隔变宽,流动性改善,有利于改善焦炭质量。但是在室式炼焦条件下,炼焦速率和升温速率的提高幅度有限,所以其效果仅使焦炭的气孔结构略有改善,而对焦炭显微组分的影响则不明显。提高炼焦速率使焦炭裂纹率增大,降低焦炭块度。因此,炼焦速率的选择应多方权衡,例如:

① 若原料煤黏结性较差,而用户对焦炭粒度下限要求不严时,宜采用窄炭化室,以使炼焦速率较大。

② 若原料煤黏结性较强,膨胀压力较高,宜采用较低的炼焦速率,即采用较宽炭化室。

③ 高炉焦要求耐磨强度和反应后强度高,平均粒度约 50 mm,粒度范围为 25~75 mm,所以结焦速率可以提高一些,当采用较宽炭化室时,可通过采用热导率较大的致密硅砖,并减薄炉墙等措施,提高炼焦速率。这样,不仅可改善焦炭质量,还可提高生产能力。

(4) 炼焦终温与焖炉时间

提高炼焦最终温度与延长焖炉时间,使结焦后期的热分解与热缩聚程度提高,有利于降低焦炭挥发分和含氢量,使气孔壁材质致密性提高,从而提高焦炭显微强度、耐磨强度和反应后强度。但气孔壁致密化的同时,微裂纹将扩展,因此落下强度则有所降低(表 3-2)。

表 3-2 　　　　　　　　　　　　　　　**炼焦终温对焦炭质量影响**

炼焦终温 /℃	强度/%		筛分组成/%					平均粒度/mm		反应性能/%	
	M_{40}	M_{10}	25~40	40~60	60~80	80~110	25~80	25~80	25~110	块焦反应率	反应后强度
944	10.9	79.5	6.1	34.9	25.5	30.3	66.5	56.0	68.1	40.6	37.3
1 075	70.4	9.3	7.3	38.4	34.0	16.9	79.7	57.0	63.5	33.4	49.9

除上述因素外,影响焦炭质量的因素还有焦化过程的升温速率、煤料的硫分和灰分等。

3.6 焦炉的热平衡及热工评定

3.6.1 焦炉的物料平衡及热平衡

焦炉的物料平衡计算是设计焦化厂最基本的依据,也是确定各种设备操作负荷和经济估算的基础。而焦炉的热平衡是在物料平衡和燃烧计算的基础上进行的。通过热平衡计算,可具体了解焦炉热量的分配情况,从理论上求出炼焦耗热量,并得出焦炉的热效率和热工效率,因此对于评定焦炉热工操作和焦炉炉体设计得是否合理都有一定的实际意义。为了进行物料衡算,必须取得如下的原始数据:

① 精确称量装入每个炭化室的原料煤量,取 3~5 昼夜的平均值,同时在煤塔取样测定平均配煤水分。干煤和配煤水分为焦炉物料衡算的入方。

以下为焦炉物料平衡的出方:

② 各级焦炭产量。标定前要放空焦台和所有焦槽的焦炭,标定期间应准确计量冶金焦、块焦和粉焦(要计入粉焦沉淀池内的粉焦量)的产量。并对各级焦炭每班取平均试样以测定焦炭的水分,并考虑到水分蒸发的损失量,然后计算干焦产量。

③ 无水焦油、粗苯、氨的产量,通常按季度或年的平均值确定,不需标定。

④ 水汽量按季或年的多余氨水量的平均值确定。

⑤ 干煤气产量由洗苯塔后(全负压操作流程为鼓风机后)的流量表读数确定,并进行温度压力校正。

在计算时,一般以 1 000 kg 干煤或湿煤为基准。以下列出某厂焦炉炭化室物料平衡的实际数据,如表 3-3 所示。

表 3-3 某焦炉炭化室的物料平衡

入方				出方			
项目	名称	kg	含量/%	项目	名称	kg	占干煤量/%
1	干煤	920	92	1	焦炭	689	74.9
2	水分	80	8	2	焦油	34.5	3.75
				3	氨	2.45	0.26
				4	粗苯	9.85	1.07
				5	煤气	84.8	15.74
				6	化合水	39.4	4.28
					配煤水	80.0	—
	共计	1 000	100.0		共计	1 000	100.0

根据物料平衡和温度制度,计算出各种物料带入焦炉和带出焦炉的显热和潜热,然后作出焦炉的热平衡计算。具体计算方法可参考有关资料。现列出根据表 3-3 的物料平衡所作的热平衡计算,得如表 3-4 所示的数据,并加以分析。

表 3-4 某焦炉热平衡

入 方				出 方			
序号	项目	kJ	%	序号	项目	kJ	%
1	煤的显热	26 294	0.97	1	焦炭带走的显热	1 021 628	37.6
2	加热煤气显热	17 166	0.66	2	化产带走的显、潜热	100 488	3.6
3	空气的显热	14 236	0.55	3	煤气带走的显、潜热	385 204	14.2
4	煤气的燃烧热	2 663 854	97.82	4	水汽带走的显、潜热	435 448	16.0
				5	废气带走的热	506 627	18.6
				6	周围空间的热损失	272 155	10.0
	共计	2 721 550	100		共计	2 721 550	100

由热平衡可知,供给焦炉的热量有 97.8% 来自煤气的燃烧热,故在近似计算中可认为煤气的燃烧热为热量的唯一来源,这样可简化计算过程。在热量出方中,传入炭化室的有效热 1~4 项占 71.4%,而其中焦炭带走的热量占 37.6%,换算到每吨赤热焦炭带走的热量为 1.483×10^6 kJ,此值相当可观。采用干法熄焦此热量可大部分回收。降低焦饼中心温度和提高焦饼加热均匀性可降低此热量。

由水蒸气带走的热量占 16%,故降低配煤水分可以降低此热量。

此外,采取降低炉顶空间温度、上升管加水夹套回收余热等方法可以减少或部分回收煤气、化学产品和水汽带走的热量。

由废气带走的热量也很大,约占 18.6%,因此改善蓄热室的操作条件,提高蓄热效率,是降低热量消耗的重要途径之一。

一般散失于周围空间的热量,对于大焦炉约为 10%,而小焦炉由于表面积大,故散热损失大于 10%。

3.6.2 焦炉的热效率和热工效率

根据焦炉的热平衡,可进行焦炉的热工评定。由表 3-4 可见,只有传入炭化室的热量(出方 1~4 项)是有效的,称为有效热。为了评定焦炉的热量利用程度,以有效热($Q_{效}$)占供入总热量($Q_{总}$)的百分比称为焦炉的热工效率($\eta_{热工}$)即:

$$\eta_{热工} = \frac{Q_{效}}{Q_{总}} \times 100\% \tag{3-5}$$

因 $Q_{效}$ 等于供入焦炉总热量减去废气带走的热量 $Q_{废}$ 和散失周围空间的热量 $Q_{散}$,所以:

$$\eta_{热工} = \frac{Q_{总} - Q_{废} - Q_{散}}{Q_{总}} \times 100\% \tag{3-6}$$

由于计算 $Q_{散}$ 比较困难,也可以采用热效率($\eta_{热}$)的方式来评定焦炉的热量利用情况。

$$\eta_{热} = \frac{Q_{总} - Q_{废}}{Q_{总}} \times 100\% \tag{3-7}$$

它表示理论上可被利用的热量占供入总热量的百分比。

通常对于现代大型焦炉 $\eta_{热工}$ 为 70%~75%,$\eta_{热}$ 为 80%~85%。

由于进行热量衡算需要做大量的繁琐的测量、统计和计算工作,通常生产上不进行,而是根据燃烧计算来估算 $\eta_{热工}$ 和 $\eta_{热}$,方法如下:

① 计算以 1 m³ 加热煤气为基准。

② 在热量入方中,由于煤气的燃烧热(低发热值)$Q_{低}$和煤气、空气的显热($Q_{煤}$、$Q_{空}$)已占总热量 99%以上,因此可以近似看作为 $Q_{总}$。煤气低发热值按其组成计算,煤气和空气的显热则根据燃烧计算所得的 $L_{实}$ 和烟道走廊的温度计算。

③ 由蓄热室进入废气盘的废气所带出的热量 $Q_{废}$ 和废气中不完全燃烧产物的燃烧热 $Q_{不}$,可通过取样分析得出的废气组成和测定的废气温度来求得。焦炉的散热损失一般按供入总热量的 10%计,则:

$$\eta_{热} = \frac{Q_{低} + Q_{煤} + Q_{空} - Q_{废} - Q_{不}}{Q_{低} + Q_{煤} + Q_{空}} \times 100\% \tag{3-8}$$

$$\eta_{热工} = \frac{Q_{低} + Q_{煤} + Q_{空} - Q_{废} - Q_{不} - Q_{散}}{Q_{低} + Q_{煤} + Q_{空}} \times 100\% \tag{3-9}$$

3.6.3 炼焦耗热量

由焦炉热平衡作热工评定比较麻烦,因此生产上广泛采用炼焦耗热量对焦炉进行热工评定。炼焦耗热量是表示焦炉结构的完善程度、焦炉热工操作及管理水平和炼焦消耗定额的重要指标,也是确定焦炉加热用煤气量的依据。

炼焦耗热量是将 1 kg 煤在炼焦炉内炼成焦炭所需供给焦炉的热量。为统一基准,便于比较,提出了相当耗热量这一概念。它是在湿煤炼焦时,以 1 kg 干煤为基准需供给焦炉的热量,包括水分加热和蒸发所需热量。焦炉用高炉煤气加热时,相当耗热量高于用焦炉煤气加热。这是因为高炉煤气与焦炉煤气相比,热辐射强度低,废气量大,废气密度高,故废气带走的热量多,通过炉墙和设备的漏损量也大。由于煤料水分常有波动,各厂煤料水分也不相同,故耗热量也不相同。为便于比较,必须将炼焦耗热量换算为同一基准。

用炼焦耗热量评定焦炉热工操作的主要缺点是:当炭化室墙漏气时,由于荒煤气在燃烧室内燃烧,使加热用煤气量减少,计算的耗热量降低,实际耗热量未能真实地反映出来。

3.6.4 提高焦炉热工效率的途径

可采取下列措施以降低炼焦耗热量,并提高焦炉的热工效率。

(1)降低焦饼中心温度

焦炭带走的热量占供入总热量的 37.6%,是热量出方中最大的部分。焦饼中心温度由 1 050 ℃降到 1 000 ℃,炼焦耗热量可以降低约 46 kJ/kg。但降低焦饼中心温度必须以保证焦炭质量为前提。调节好炉温,使焦饼同时均匀成熟,正点推焦是降低炼焦耗热量的重要途径。

(2)降低炉顶空间温度

这就要求装满煤,减少煤气在炉顶空间的停留时间,并在保证焦饼高向加热均匀的前提下,尽可能降低焦饼上部温度。

(3)降低配合煤水分

配煤水分每变化 1% 时,热量将相应增减 59～67 kJ/kg。配煤水分的变化,不仅对耗热量影响很大,而且还影响焦炉加热制度的稳定和焦炉炉体的使用寿命。水分的波动也会引起煤料堆密度的变化,从而影响焦炉的生产能力,同时水分波动频繁时,调火工作就跟不上,易造成焦炭过火或不熟,并且还可能发生焦饼难推的现象。故稳定配煤水分是焦炉正常操作条件之一。

(4)选择合理的空气过剩系数

当焦炉用高炉煤气加热而空气过剩系数(α)较低时,煤气由于燃烧不完全,废气中含有 CO。如废气中含有 1% 的 CO,则煤气由于不完全燃烧而引起的热损失为 127 kJ/m³(废气),相当于 6.13% 的热量没有被利用而浪费掉了。虽然提高空气过剩系数会使废气带走的热量增加,但它和不完全燃烧而损失的热量相比是很小的。如废气中每增加 1% 的氧气,则相当于随废气带走的热损失为 19.4 kJ/(m³ 废气)。由此可见,在一定的条件下提高空气过剩系数可使耗热量降低。但当 α 增加到足以使煤气完全燃烧时,再增加 α 就会使废气带走的热量增加,导致炼焦耗热量增加,同时,α 的变化还会引起火焰长短的变化,从而影响焦炉高向加热均匀性。因此在焦炉的热工操作中,选择适宜的空气过剩系数十分重要,并应力求保持稳定。

(5)降低废气排出温度

降低废气排出温度,可以提高焦炉的热工效率,降低炼焦耗热量。废气温度的高低与火道温度、蓄热室的蓄热面积、气体沿格子砖方向的分布、换向周期、炭化室墙和蓄热室墙的严密性等因素均有关。搞好调火,使全炉加热火道温度均匀,就可以降低火道温度的规定值,从而降低废气温度。增加蓄热面积也可降低废气温度。

关于焦炉传热、焦炉的流体力学基础及其应用等内容读者可阅读其他相关参考书。

3.7　炼焦新技术

世界炼焦工业近几十年来取得了长足发展。大容积焦炉、捣固焦炉、干法熄焦等开发较早的先进工艺技术在工业化实际生产运行中日臻完善;日本的型焦工艺、德国的巨型炼焦反应器、美国的无回收焦炉、苏联的立式连续层状炼焦工艺等近30年来开发的新工艺、新技术则加快了工业化进程。

我国炼焦工业近年来发展较快:以宝钢二期工程6 m焦炉为代表的中国焦炉技术,达到国际水平;捣固炼焦技术及装置、干熄焦技术、配型煤炼焦技术正在加快推广;铸造型焦和热压型焦装置已建成。可以说我国目前炼焦工业水平与国际先进水平的差距正逐渐缩小。

3.7.1　无回收焦炉

针对传统的焦炉煤气处理及回收装置环保控制费用较高等问题,美国和澳大利亚在20世纪80年代后期相继推出了新设计的无回收焦炉,将废热用于生产蒸汽和发电。

无回收焦炉的优点:① 工艺流程简单,设计和基建投资费用低;② 无煤气回收装置,没有焦油和酚水等污染物;③ 负压操作,解决了炉门漏气,使其废物放散能降到最低水平;④ 废热发电。

从炼焦生产的普遍规律和无回收焦炉生产特点出发,无回收焦炉存在如下缺点:① 煤耗高,炼焦煤煤源变窄。由于炉顶空间很大,煤在塑性阶段能自由膨胀,造成炉子上部焦炭结构疏松、质量差。这需要用挥发分低、结焦性好的煤料消除这种影响。② 部分煤和焦炭被烧损,成焦率下降。③ 仍有大气污染。④ 加热控制手段简单,焦炭均匀性差。⑤ 维修量大。⑥ 蒸汽和电能的利用也需要考虑。

3.7.2　大容积焦炉

大容积焦炉的最大优点是基建投资省,但焦炉并非越大越好,6 m焦炉与4.3 m捣固焦炉相比,基建投资、改善焦炭质量,以及煤种适用范围上并无优势而言。美国的大容积焦炉出现了砌体过早损坏的现象。美国黑色冶金设计院确定炭化室高6 m及以上焦炉平均使用寿命15年;炭化室高7 m的焦炉必须供应配煤组成较好的煤料,以保护砌体和保证正常生产操作;大容积焦炉不适用煤预热。

显然,大容积焦炉在各方面要求都比常规炭化室焦炉要高。因此,虽然大型焦炉是发展方向,但各国要根据国情、技术水平和设备制造水平来确定焦炉规模和尺寸。

3.7.3　巨型炼焦反应器

巨型炼焦反应器是为了克服传统室式焦炉大型化所受的多种因素限制,特别是炉墙变形等问题而开发的。20世纪80年代后期,以德国为主的欧洲炼焦专家提出了单室式巨型炼焦反应器和煤预热及干熄焦相结合的方案。

巨型炼焦反应器商业化进程受以下诸因素制约:① 随着单个巨型炼焦反应器装置变为由多个巨型炼焦反应器单元组成的炉组,就必须将推焦和出焦操作的机械设计为移动式,将会大幅度增加该机械重量;② 随着煤预热装置能力的大幅度提高,对系统的可靠性要求也随之提高;③ 干熄焦与煤预热联合的大型生产装置还有待于进一步开发。有关专家认为解决上述问题不存在技术障碍,主要问题是需要大量资金并需依托大规模的工程才能实施。

3.7.4　日本 SCOPE21 的炼焦技术

该技术的特点是将配入 50％ 的非黏结性煤,在入炉前快速预热到 350～400 ℃,使煤接近热分解温度,以改善煤的黏结性,预热煤中的细粉热压成型,而后与粗粒煤混合装炉。故装炉煤的堆密度提高(约 850 kg/m³),焦炉用高导热性的 70～75 mm 的炉墙砖,在焦炉中加热到 700～800 ℃ 的焦饼,放入干熄焦预存段进行再加热使焦饼最终温度达 1 000 ℃ 左右。

3.7.5　捣固焦炉

捣固焦炉的诸多优点,这里不再详述。捣固焦炉过去费用高,现已通过将捣固机操作效率提高一倍和在捣固焦炉上采用大容积炭化室得到补偿。捣固工艺的改进可通过捣固箱进一步现代化来减少捣固工艺流程的能耗,缩短捣固压实时间和提高整个煤饼密度的均匀性。

3.7.6　干法熄焦

干法熄焦技术特点如下:① 节能效果显著;② 环保效益好;③ 提高焦炭质量,优化高炉生产。干法熄焦技术首先盛行于苏联。

与传统的直接式干熄焦技术相异,美国克雷斯公司开发了世界上第一台间接式干熄焦装置,并在伯利恒钢铁公司进行了试验样机的操作示范。装置主要部分是由车辆运载的外冷式密封贮焦箱,推焦时焦箱与炭化室对准并密封,推出的焦存放在箱内,然后由运载车辆送往冷却台冷却,冷却后的焦箱再送到密封的焦炭贮库,由此将焦炭卸到胶带机上。整个过程在密封状态下进行,据称能降低 90％ 以上推焦粉尘和碳氢化合物排放物。

苏联东方煤化所曾提出在一套设备中同时完成炼焦煤预热和红焦干熄,此工艺可完全杜绝向大气中排放污染物,所得冶金焦块度、强度、磨损性、堆密度等指标有所改善。

3.7.7　型焦工艺

开发型焦工艺目的:① 扩大炼焦煤源。试验表明,型焦工艺可使非黏结性煤和弱黏结性煤使用量达 60％～100％。② 使炼焦在密闭的连续装置中运行,彻底解决污染问题。

高炉试验结果表明,型焦在高炉上最多可使用到 30％,换句话说,型焦不能完全取代常规焦炭。为此,1994 年以来,日本钢铁联盟公司开发了新型焦工艺。新型焦工艺特点:① 通过将煤快速加热以及粉煤高温成型,可以改善煤的黏结性,并可使装炉煤的堆密度提高到 850 kg/m³,以改善焦炭质量。在保证焦炭质量前提下,非黏结煤的配入可达 50％;② 通过提高炉墙热传导率、装炉煤高温预热等措施,焦炉生产能力提高到 300％;③ 煤炭中温干馏及干馏产品在干熄焦装置的预存室进行高温加热改质,比常规焦炉节能 20％;④ 对焦炉所有开口进行密封,红焦密闭输送及预热煤脉冲式输送,可使环境污染大幅度减轻。

新型焦工艺要实现工业化需解决以下问题:① 型焦的透气阻力比室式炉焦炭约高 2 倍,在高炉中大量使用型焦受到限制;② 型焦生产的能耗比室式炉高。

3.7.8　配型煤炼焦

在炼焦煤中配入型煤炼焦的方法,在国际上已有几十年的应用历史。由于提高了入炉煤料的密度,加之型煤中黏结剂对煤料黏结性能有所改善,因此在提高焦炭质量或在不降低焦炭质量前提下可少配用优质炼焦煤。

3.7.9 立式连续层状炼焦工艺

从 20 世纪 70 年代起,苏联乌克兰煤化所开始了立式炉连续炼焦新工艺的研究。实验经历了三个阶段:实验室试验阶段,半工业试验阶段和工业性试验阶段。装置主要工艺参数:垂直炭化室数(包括熄焦段)2 个,推焦行程 300 mm,推焦周期 20～30 min,一次装煤量 400～420 kg,炼焦时间 7～8 h,能力 30 t/d。该装置对中国一批气煤的试验表明,单种气煤在连续层状炼焦装置上能生产出质量符合要求的冶金焦。

工艺特点:煤料经压实(堆密度可达 1 000 kg/m³)和分阶段控制加热速率可改善煤的黏结性能,改善焦炭质量,有效拓宽了炼焦用煤范围,与传统工艺相比,可节约 70％肥煤和焦煤;系统密闭连续,自动化程度高。从各阶段试验结果看,该工艺具有很好的推广应用前景,但要达到大规模工业化生产,在装煤操作、顺利排焦和装置大型化方面还需进一步改进完善。

3.7.10 煤预热

利用煤预热技术,不仅能将炼焦用煤范围扩大到高挥发分煤,还能扩大到半无烟煤和石油焦等低挥发分惰性物料。

目前,俄罗斯年产 107 万 t 焦炭的第一台煤预热工业装置,正在西伯利亚钢厂 7 号焦炉上使用,系采用气体热载体预热煤料。焦炉用预热煤料炼焦时生产能力提高 40％左右,可多配入 20％～25％弱黏煤,炼焦热耗降低 10％～12％;美国和英国、日本都使用煤预热装置;波兰登赛斯科焦化厂建造了 40 t/h 煤预热装置,还将根据试验结果建造 100 t/h 装置。但是使用煤预热装置的美国大容积焦炉和英国钢铁公司两座焦炉都出现了焦炉砌体过早损坏现象。

思 考 题

1. 查阅资料,了解我国的焦炭生产需求状况及利用现状。
2. 总结焦炭的主要性质指标及对利用过程的影响。
3. 简述焦炉结构及主要机械。
4. 简述炼焦过程中炭化室内物料的变化过程?
5. 影响焦化产品质量的因素都有哪些? 是如何影响的?
6. 降低炼焦耗热量,提高焦炉热工效率的途径有哪些?
7. 简述燃烧室内采用废气循环技术的原理及意义。
8. 查阅资料,了解炼焦新技术及应用情况。
9. 试分析归纳本章所述工艺过程可能存在哪些污染源? 应采取哪些防治措施?

第 4 章　炼焦化学产品回收与精制

4.1　概　　论

炼焦过程析出的挥发性产物,称之为粗煤气。粗煤气中含有许多化合物,包括常温下的气态物质,如氢气、甲烷、一氧化碳和二氧化碳等;烃类;含氧化合物,如酚类;含氮化合物,如氨、氰化氢、吡啶类和喹啉类等;含硫化合物,如硫化氢、二硫化碳和噻吩等。粗煤气中还含有水蒸气。粗煤气的产率和组成与原料煤性质和炼焦热工条件有关。焦炉煤气净化的目的是将粗煤气进行各种工艺处理,除去杂质得到净煤气,同时将煤气中各种化学产品进行回收和精制。回收化学产品和净化后的煤气称之为净煤气,也称为回炉煤气。

4.1.1　粗煤气的组成及产率

粗煤气组成复杂,影响其组成和产率的因素较多。主要影响因素为炼焦温度和二次热解作用。提高炼焦温度和增加在高温区停留时间,都会增加粗煤气中气态产物产率及氢的含量,也会增加芳烃的含量和杂环化合物的含量。低温(400～450 ℃)进行的煤热解,生成含氧化合物较多。氨、吡啶和喹啉等在高于 600 ℃时,出现在粗煤气中。

煤焦生成的粗煤气由煤气、焦油、粗苯和水构成。由于粗苯含量少,在粗煤气中分压低,故于 20～40 ℃,常压下不凝出,一般条件下凝结的是焦油。

不同焦化厂焦炉生产的粗煤气组分没有什么差别。这是由于二次热解作用强烈,导致组分中主要为热稳定的化合物,故其中几乎无酮类、醇类、羧酸类和二元酚类。在低温干馏焦油中含有带长侧链的环烷烃和芳烃,高温炼焦的焦油则为多环芳烃和杂环化合物的混合物。低温焦油的酚馏分含有复杂的烷基酚混合物,而高温焦油的酚馏分中主要为酚、甲酚和二甲酚。低温干馏煤气中几乎没有氨,而炼焦煤气中氨含量为 8～12 g/m^3。炼焦粗煤气的组成和净煤气的组成分别见表 4-1 和 4-2。表 4-2 中的重烃主要是指乙烯,净化煤气的密度为 0.48～0.52 kg/m^3。工业生产条件下,炼焦化学产品的产率见表 4-3。

表 4-1　　　　　　　　　　　　　炼焦粗煤气的组成　　　　　　　　　　　　　g/m^3

水蒸气	焦油气	粗苯	氨	硫化氢	氰化物	轻吡啶碱	萘	氮
250～450	80～120	30～45	8～16	6～30	1.0～2.8	0.4～0.6	10	2～2.5

表 4-2			净煤气的组成			g/m³
氢气	甲烷	重烃	一氧化碳	二氧化碳	氧气	氮气
54～59	23～28	2.0～3.0	5.5～7.0	0.5～2.5	0.3～0.7	3.0～5.0

表 4-3			炼焦化学产品的产率(以配煤为基准)					
产品	焦炭	净煤气	焦油	化合水	粗苯	氨	硫化氢	氰化氢	吡啶类
产率/%	70～78	15～19	3～4.5	2～4	0.8～1.4	0.25～0.35	0.1～0.5	0.05～0.07	0.015～0.025

4.1.2 炼焦化学产品的回收与精制

自焦炉出来的粗煤气温度为 650～800 ℃,并含有许多杂质,必须按一定顺序进行处理和净化,不能直接使用。焦炉粗煤气化产回收和净化主要包括初冷、脱萘、脱硫脱氰、回收氨、终冷、回收粗苯等工序。

一般正压操作的焦炉煤气化产回收与精制的流程如图 4-1 所示。自煤气中回收各种化学品多用吸收法,其优点是单元设备能力大,适合于大规模生产要求。也可以用吸附法或冷冻法,但需要的设备多、能量消耗高。

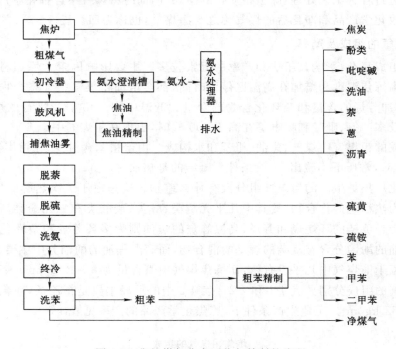

图 4-1 焦炉煤气化产回收与精制的流程

为简化工艺和降低能耗,可采用全负压回收净化系统,这种回收系统发源于德国和法国等国家,其工艺流程如图 4-2 所示。

在采用水洗氨的系统中,因洗氨塔操作温度以 25～28 ℃ 为宜,故鼓风机可以设在煤气净化系统的最后面。全负压操作流程入口压力为 −7～10 kPa,机后压力为 15～17 kPa。

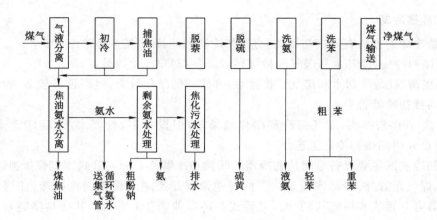

图 4-2　焦炉煤气负压处理系统

4.2　焦炉煤气初冷、输送及初净化

在炼焦过程中,从焦炉炭化室出来的粗煤气温度为 650～800 ℃。此时煤气中含有水蒸气、焦油雾、苯族烃、硫化物、氰化物、氨、萘及其他化合物。为回收和处理这些化合物,并使煤气体积变小,便于输送,首先应将煤气进行冷却。煤气初冷一般分为集气管冷却和初冷器冷却两个步骤。

4.2.1　集气管冷却

来自焦炉炭化室的高温粗煤气(露点为 65 ℃左右)在桥管和集气管内用压力为 0.15～0.2 MPa、温度为 70～75 ℃的循环氨水通过喷头强烈喷洒,如图 4-3 所示。部分氨水吸收大量显热迅速蒸发,煤气温度由 650～800 ℃降至 80～85 ℃,并为水气所饱和。随着煤气的冷却,煤气中 50%～60% 的煤焦油被冷凝下来,其中一小部分与煤气中的煤、焦微粒混合成为焦油渣。

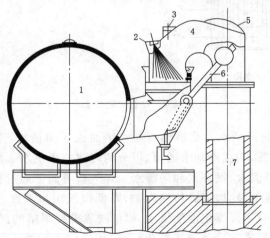

图 4-3　上升管、桥管和集气管

1——集气管;2——氨水喷嘴;3——无烟装煤用蒸汽入口;4——桥管;5——上升管盖;6——水封阀翻板;7——上升管

4.2.2 初冷器冷却

初冷器冷却的方法有间接初冷法、直接初冷法和间接-直接初冷法三种：

① 间接初冷法：冷却水和煤气间接接触，煤气冷却和净化效果好；

② 直接初冷法：冷却水和煤气直接接触，有较好的净化效果，但因设备较多，投资较大，应用不如间接初冷器普遍；

③ 间接-直接初冷法：煤气初冷和净化效果好，但设备多，投资大，未能广泛采用。因此，这里重点介绍间接初冷法工艺。

间接初冷法的主要设备是间接初冷器。间接初冷器是一种列管式固定管板换热器。在初冷器内，煤气走管外，冷却水走管内。两者逆流或错流通过管壁间接换热，使煤气冷却。间接初冷器有立管式和横管式两种。立管式初冷器如图 4-4 所示。其换热器竖直放置，壳体截面有圆形、长圆形和方形。换热器管径有 38 mm、45 mm、57 mm 和 76 mm 几种。折流板与管子同向，折流板间距由热端至冷端逐渐减小，以使煤气流速基本不变。水箱隔板与折流板对应放置，构成图 4-4 所示立管式初冷器冷却水与煤气逆流间接换热。上水箱敞开，冷却水自流通过冷却器。这种初冷器结构简单，管内结的水垢便于清扫；但冷却水流速低，传热效果差，煤气中萘的净化不好。

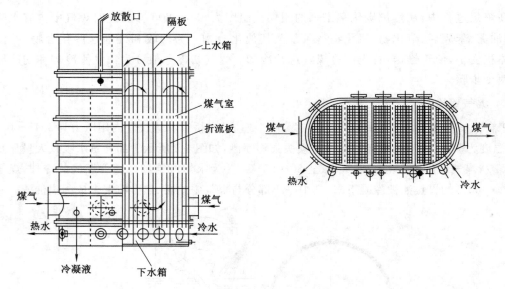

图 4-4 立管式初冷器

横管式初冷器如图 4-5 所示。其换热管与水平面成 3°角横放，壳体截面为矩形。管板外侧管箱与冷却水管连通，构成冷却水通道，可分两段或三段供水。两段供水是供低温水和循环水，三段供水则供低温水、循环水和采暖水。煤气自上而下通过初冷器。冷却水由每段下部进入，低温水供入最下段，以提高传热温差，降低煤气出口温度。在冷却器壳程各段上部，设置喷洒装置，连续喷洒含煤焦油的氨水，以清洗管外壁集结的焦油和萘，同时可以从煤气中吸收一部分萘。横管式初冷器结构复杂，管内积结的水垢难于清扫；但冷却水流速高，且冷却水管在冷却器断面上水平密集布设，使与之成错流的煤气产生强烈湍动，冷却效果好，冷却后的煤气含萘低，净化好。

间接初冷法的工艺流程如图 4-6 所示。

粗煤气与喷洒氨水、冷凝焦油等沿煤气主管,首先进入气液分离器,煤气与焦油、氨水、焦油渣等在此处分离。分离下来的焦油、氨水和焦油渣一起进入焦油氨水澄清槽。

经气液分离后的煤气进入数台并联的立管式间接初冷器内用水间接冷却。煤气走管间,冷却水走管内。煤气与冷却介质不直接接触,气液两相只是间接传热而不发生传质过程。在初冷器内,煤气中焦油气、水气和萘大部分都冷凝下来,煤气中一部分氨、硫化氢和氰化氢等溶解于冷凝液中,煤气则被净化。粗煤气通过间接初冷器,温度从 80~85 ℃降至 25~35 ℃,经鼓风机送入电捕焦油器除去煤气中的焦油雾后,送往煤气净化的后续工艺装置。由初冷器、鼓风机和电捕焦油器排出的冷凝液亦送入焦油氨水澄清槽。经过澄清分成三层:上层为

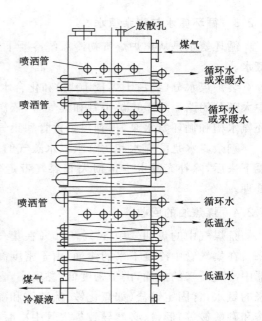

图 4-5　横管式初冷器

氨水,中层为焦油,下层为焦油渣。沉淀下来的焦油渣由刮板输送机连续刮送至漏斗处排出槽外,回配入装炉煤。焦油则通过液面调节器流至焦油中间槽,由此用泵送至焦油贮槽,经初步脱水后,再用泵送往焦油车间。氨水由澄清槽的上部满流到氨水中间槽,再用循环氨水泵送回焦炉集气管喷洒以冷却粗煤气。这部分氨水称为循环氨水。剩余氨水送溶剂脱酚装置。冷却后的煤气中焦油含量降至 1.5~2 g/m³,经鼓风机和电捕焦油器进一步分离后,最终降至 0.05 g/m³。

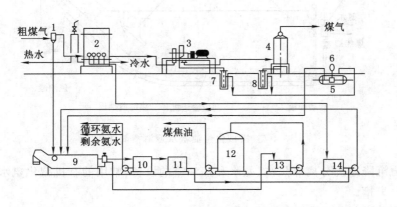

图 4-6　间接初冷法工艺流程

1——气液分离器;2——间接初冷器;3——焦炉煤气鼓风机;4——电捕焦油器;5——冷凝液槽;
6——冷凝液液下泵;7,8——水封槽;9——焦油氨水澄清槽;10——氨水中间槽;11——事故氨水槽;
12——焦油贮槽;13——焦油中间槽;14——冷凝液中间槽

4.2.3　循环氨水与剩余氨水

循环氨水是从焦炉煤气初冷系统冷凝下来后又送回焦炉集气管用以喷洒冷却荒煤气的氨水。

装炉煤水分(约占干煤量10％)和化合水(占干煤量2％～4％)是循环氨水的来源。其中大部分闭路循环于焦炉桥管和集气管,依次经煤气主管、气液分离器、焦油氨水澄清槽、循环氨水槽和循环氨水泵,再到焦炉桥管和集气管。

剩余氨水是配煤水和化合水以水蒸气的形式随荒煤气一起逸出炭化室,经初冷系统冷凝下来后,除补充氨水少量损失和煤气带走外,其余部分则为剩余氨水。剩余氨水需脱氨处理。

4.2.4　煤焦油的回收

荒煤气中的焦油气中50％～60％在集气管中被冷凝下来,其余在初冷器中被冷凝下来。在集气管中冷凝下来的焦油,由于密度高,黏度大,含焦油渣多,故称重质焦油。在初冷器中冷凝下来的焦油,由于密度低,黏度小,含焦油渣少,故称轻质焦油。在集气管中冷凝下来的氨水,含固定铵盐(如氯化铵、硫酸铵和硫氰化铵等)高,含挥发性铵盐(如硫化铵、氰化铵和碳酸铵等)低,这必然导致集气管中冷凝的焦油含固定铵盐高,初冷器冷凝下来的焦油含固定铵盐低。

为了使焦油与氨水分离的好,希望焦油黏度小,固定铵盐含量低;为了使焦油与焦油渣分离的好,希望焦油密度低,因此,多采用重质焦油和轻质焦油混合分离的方法。图4-7所示即为混合分离流程,集气管和初冷器的冷凝液都进入机械化氨水澄清槽,在此分离出的脱水脱渣焦油再进入焦油分离器进一步脱渣。另外,电捕焦油器和鼓风机等回收下来的焦油也全部进入焦油氨水澄清槽。

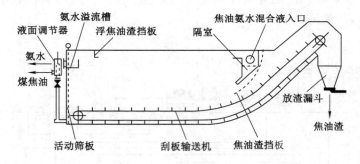

图 4-7　机械化焦油氨水澄清槽简图

利用重力沉降原理分离煤焦油、氨水和焦油渣的设备,常用的有机械化氨水澄清槽和立式焦油氨水分离槽。

(1)机械化氨水澄清槽

槽体截面有船形和矩形。从气液分离器来的焦油氨水混合液从澄清槽头部入口进入,氨水经尾部浮焦油渣挡板和氨水溢流槽流出。分出渣和氨水的焦油从尾部经液位调节器压出。焦油液位由液位调节器调节,以保证焦油有足够的分离时间。一般焦油层厚为1.3～1.5 m的部位应在外部保温,以维持油温和稳定其黏度。焦油渣由槽底刮板输送机经槽的头部斜面上端刮出。焦油渣经过氨水层时被洗去焦油,露出水面后澄干水。刮板线速率为 $1.74\sim13.5$ m/h,速率过高易带出焦油和氨水。也有将液位调节器设置在机械化氨水澄清槽里面的,这样可以防止焦油因温度降低,黏度增大,流动性变差。

(2) 立式焦油氨水分离器

如图 4-8 所示,立式焦油氨水分离器上边为圆柱形,下边为圆锥形,底部由钢板制成(有的又称为锥形底氨水澄清槽)。冷凝液和煤焦油氨水混合液由中间或上边进入,经过扩散管,利用静置分离的办法,将分离的氨水通过器边槽子接管流出。上边接一挡板,以便将轻煤焦油由上边排出。煤焦油渣为混合物中最重部分,沉于器底。立式焦油氨水分离器下部设有蒸汽夹套,器底设闸阀,间歇地放出煤焦油渣至带蒸汽夹套的管段内,并设有直接蒸汽进口管,通入适量蒸汽通过闸阀将煤焦油渣排出。

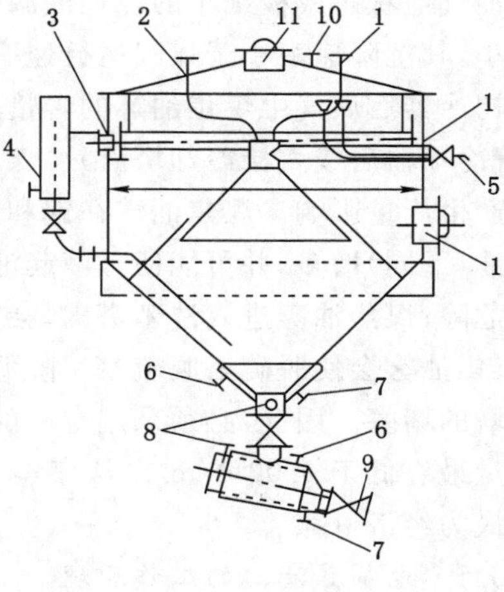

立式焦油氨水分离器由于容积较小,一般适用于小型焦化厂的煤焦油氨水分离。

图 4-8　立式焦油氨水分离器
1——氨水入口;2——冷凝液入口;
3——氨水出口;4——煤焦油出口;
5——轻油出口;6——蒸汽入口;
7——冷凝液出口;8——直接蒸汽入口;
9——煤焦油渣出口;
10——放散管;11——人孔

4.2.5　煤气的输送

从焦炉炭化室出来的煤气,经集气管、初冷器、电捕焦油器回收氨、苯和硫化氢系统的一系列设备,然后被送至贮罐或用户。在这一过程中煤气要克服管道和各种设备的阻力,并要具有足够的剩余压头,才能到达用户的地点。另外,为了使焦炉内的荒煤气按规定的压力制度抽出,要使煤气管线中具有一定的吸力。综上,在煤气输送系统中必须设置鼓风机。另外,鼓风机在运行时也有清除焦油的作用,在焦化厂具有重要地位,人们把它称作焦化厂的"心脏"。

煤气输送系统的阻力,因回收工艺流程及所用设备的不同而有较大差异,同时也因煤气净化程度的不同及是否有堵塞情况而有较大波动。

鼓风机一般设置在初冷器后面。这样,鼓风机吸入的煤气体积小,负压下操作的设备和煤气管道少。有的焦化厂将油洗萘塔及电捕焦油器设在鼓风机前,进入鼓风机的煤气中煤焦油、萘含量少,可减轻鼓风机及以后设备堵塞,有利于化学产品回收和煤气净化。

4.2.6　煤气的初净化

从初冷器出来的煤气,在回收有用化学品之前,需要进行脱焦油雾、脱萘和脱硫等净化处理。这里重点讨论脱焦油雾,脱萘在煤气终冷及脱萘一节中讨论。脱硫方法在煤气化一章中讨论。焦化煤气的脱硫原理与气化煤气相同。

煤气中的煤焦油雾是在煤气冷却过程中形成的。荒煤气中含煤焦油气 $80\sim120$ g/m³,在初冷过程中,除绝大部分冷凝下来形成煤焦油液体外,还会形成煤焦油雾,以内充煤气的煤焦油气泡状态或极细小的煤焦油滴(直径 $1\sim17~\mu m$)存在于煤气中。由于煤焦油雾滴又轻又小,其沉降速率小于煤气运行速率,因而悬浮于煤气中并被煤气带走。

初冷器后煤气中煤焦油雾的含量一般为 $2\sim5~g/m^3$(竖管初冷器后)或 $1.0\sim2.5~g/m^3$(横管冷却器后或直接冷却塔后)。煤气中煤焦油雾需较彻底地清除,否则对化学产品回收操作产生严重影响。煤焦油雾在饱和器凝结下来,会使硫酸铵质量变坏,酸(煤)焦油(简称酸焦油,下同)增多,并可能使母液起泡沫,降低母液密度,而使煤气有从饱和器满流槽中冲出的危险;煤焦油雾进入洗苯塔内,会使洗油质量变坏,影响粗苯的回收;当煤气脱除硫化氢时,煤焦油雾会使脱硫塔脱硫效率降低;对水洗氨系统,煤焦油雾会造成煤气脱萘效果差和洗氨塔的堵塞。因此,必须采用专门的设备予以清除,化学产品回收工艺要求煤气中所含煤焦油量最好低于 $0.02~g/m^3$。从煤焦油雾滴的大小及所要求的净化程度来看,采用电捕焦油器最为经济可靠。

4.2.6.1 电捕焦油器的工作原理

在金属导线和金属管壁之间施加高压直流电,以维持足以使气体产生电离的电场,使阴阳两极之间形成电晕区,正离子吸附于带负电的电晕极,负离子吸附于带正电的沉淀剂,所有被电离的正负离子均充满在整个空间,当焦油雾滴的杂质气体通过时,吸附了负离子和电子的杂质转移到沉淀极放电。

在电场强度小的地方,离子运动速率小,具有的动能不能使相遇的分子离子化,所以绝缘电阻不会在整个电场被击穿,只有在导线附近电场强度最大的地方被击穿。这种不完全的煤气火花放电,在不均匀电场产生的电击叫电晕放电。出现粉红略带蓝色的电晕微光,并发出轻微的咝咝声的区域叫电晕区,其内部的导线叫电晕极。此时两极间的电压称为临界电晕电压或起晕电压。

这样在电晕区内产生了大量带电微粒,它们与电极之间具有同性相斥、异性相吸的关系。由于电子运动速率比正离子大,所以电晕极总是取为负极,金属管为正极。正离子向导线移动,负离子向管壁移动。电晕区占的体积要比总体积小得多,所以在电晕区外的大部分区域只有负离子。

煤气夹带着悬浮的焦油雾滴经过电场,在电晕区焦油雾滴与正离子或负离子相遇,分别结合成为带正电荷与带负电荷的雾滴,在电晕区外只有与负离子结合成为带负电荷的雾滴,分别向正、负极移动,放出电子或者与电子结合而成为中性焦油雾滴,顺着电晕极和管壁往下流。但由于电晕区正离子被负离子相互碰撞中和了一部分,数量不多,而在电晕区外都是负离子,不存在中和作用。所以在电晕极上沉积的焦油量不多,而主要在正极管壁上沉积下来,所以正极也叫沉淀极。

4.2.6.2 电捕焦油器的构造

(1)管式电捕焦油器

管式电捕焦油器构造见图 4-9。其外壳为圆柱形,底部为带有蒸汽夹套的锥形底或凸形底。沉降管管径为 250 mm,长 3 500 mm,在每根沉降管的中心处悬挂着电晕极导线,由上部吊架和下部吊架拉紧,并保持偏心度不大于 3 mm。电晕极可采用强度高的 $3.5\sim4$ mm 的碳素钢丝或 2 mm 的镍铬钢丝制作。煤气自底部进入,通过两块气体分布筛板均匀分布到各沉降管中。净化后的煤气从顶部出口逸出。从沉降管捕集下来的焦油集于器底排出,因焦油黏度大,故底部设有蒸汽夹套,以利于排放。

电捕焦油器顶部设有三个绝缘箱,高压电源由此引入。为了防止煤气中焦油萘及水气等在绝缘子上冷凝沉积,一是将压力略高于煤气压力的氮气充入绝缘箱底部,使煤气不能接触绝缘子内表面;二是在绝缘箱内设有蛇管蒸汽加热器或电加热器,使箱内空间温度保持在90～110 ℃之间(即比煤气露点温度高出 50 ℃),并在绝缘箱顶部设调节温度用的排气阀,在绝缘箱底设有与大气相通的气孔,这样既能防止结露,又能调节绝缘箱的温度;三是定期擦拭电捕焦油器的绝缘子表面,以清除焦油和萘等污垢,防止绝缘性能降低,导致在高电压下发生表面放电而被击穿,甚至引起绝缘箱爆炸和着火。

电捕焦油器的工作电压与工艺流程、工艺参数、整流器性能和安装精度等有关。如入口煤气中焦油雾含量高(电捕焦油器配置在鼓风机前),工作电流偏小,为了保证捕焦油效率,工作电压就会高些,反之,入口煤气中焦油雾含量低(电捕焦油器配置在鼓风机后),工作电流偏大,出口煤气中焦油雾含量容易达到要求,相应的工作电压就会低些。一般电捕焦油器的工作电压在 2.5 万 V～4 万 V。

(2) 蜂窝式电捕焦油器

它的沉淀极由许多正六边形组成,沉淀极的极间距略有不同。与管式沉淀极相比,它的拉杆不占据沉淀极管内电晕极位置,整个蜂窝体内没有电场空穴,有效空间利用率高,净化效率可达 99.8%～99.9%。

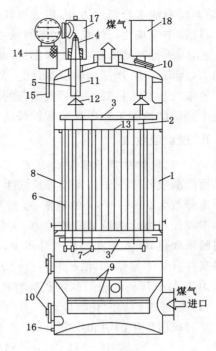

图 4-9　电捕焦油器

1——壳体;2——下吊杆;3——上、下吊架;
4——支承绝缘子;5——上吊杆;
6——电晕线;7——重锤;8——沉降极管;
9——气体分布板;10——人孔;11——保护管;
12——阻气罩;13——管板;14——蒸汽加热器;
15——高压电缆;16——焦油氨水出口;
17——馈电箱;18——绝缘箱

4.3　煤气中氨和粗轻吡啶的回收

在高温炼焦过程中,煤中所含的氮有 10%～12%变为氮气,约 60%的氮残留于焦炭中,有 15%～20%的氮生成氨,有 1.2%～1.5%的氮转变为吡啶盐基。所生成的氨与赤热的焦炭反应则生成氰化氢。

这些含氮化合物在煤气初冷时,一些高沸点吡啶盐溶于煤焦油氨水,沸点较低吡啶盐基几乎全部留在煤气中,氨则分配在煤气和剩余氨水中。初冷器后煤气含氨为 $4\sim 6\ g/m^3$,氨是一种制造氨肥的原料,但合成氨工业规模很大,焦炉煤气中的氨回收与否对氨生产与使用的平衡影响不大。不过焦炉煤气中的氨必须回收,因为焦炉煤气中含有水蒸气,冷凝液中必含氨,为保护大气和水体,含氨的水溶液不能随便排放;焦炉煤气中的氨与氰化氢、硫化氢化合,加剧了腐蚀作用,煤气中氨在燃烧时会生成氧化氮;氨在粗苯回收中能使洗油和水形成乳化物,影响油水分离。为此,焦炉煤气中的氨含量不允许大于 0.03 g/m³。

目前,中国焦化厂炼焦时生成的氨主要通过生产硫酸铵,也有用磷酸吸收氨制取无水氨的工艺,因所得产品质量高,技术先进,此工艺得到应用和发展。生产浓氨水工艺,因氨易挥发损失,污染环境,产品运输困难,此工艺在小型焦化厂仍有采用。

轻吡啶盐基的重要用途是做医药的原料和合成纤维的溶剂,在焦化厂粗轻吡啶盐基都是在生产硫酸铵的工艺中从硫酸铵母液中提取回收的。

4.3.1 硫酸吸收法

4.3.1.1 硫酸铵生产原理与方法

用硫酸吸收煤气中的氨即可反应生成硫酸铵。焦化厂生产硫酸铵不用纯硫酸,通常采用质量分数为 75%～76% 的硫酸,或质量分数为 90%～93% 的硫酸。此外,也可使用少量精苯车间经过净化的质量分数约为 40% 的再生酸。浓硫酸含有的杂质少,加入饱和器时有较高的稀释热,带入饱和器的水分也少,因而可以省去或减少煤气预热器的负荷。但浓硫酸价格高并且冬季易结冻,浓硫酸还会使煤气中的不饱和组分聚合而污染硫酸铵产品。质量分数为 75%～76% 的硫酸与浓硫酸有相反的利弊,在硫酸铵生产中应用较多。

(1)硫酸铵生成的化学原理

氨与硫酸发生的中和反应为

$$2NH_3 + H_2SO_4 \longrightarrow (NH_4)_2SO_4 \quad \Delta H = -275 \text{ kJ/mol}$$

上述反应是不可逆放热反应,当用硫酸吸收煤气中的氨时,实际的热效应较小。

用适量的硫酸和氨进行反应时,生成的是中式盐 $(NH_4)_2SO_4$;当硫酸过量时,则生成酸式盐 NH_4HSO_4,其反应为

$$NH_3 + H_2SO_4 \xrightarrow{\text{酸过量}} NH_4HSO_4 \quad \Delta H = -165 \text{ kJ/mol}$$

随溶液被氨饱和的程度,酸式盐又可转变为中性盐

$$NH_4HSO_4 + NH_3 \longrightarrow (NH_4)_2SO_4$$

溶液中酸性盐和中性盐的比例取决于母液中游离硫酸的含量,这种含量以质量分数表示,称之为酸度。当酸度为 1%～2% 时,主要生成中性盐。酸度升高时,酸式盐的含量也随之提高。

饱和器中同时存在两种盐时,由于酸式盐较中式盐易溶于水或稀硫酸中,故在酸度不大的情况下,从饱和溶液中析出的只有硫酸铵结晶。

由硫酸铵和硫酸氢铵在不同含量的硫酸溶液(60 ℃)内的溶解度比较可知,在酸度小于 19% 时,析出的固体结晶为硫酸铵;当酸度大于 19% 而小于 34% 时,则析出的是硫酸铵和硫酸氢铵两种盐的混合物;当酸度大于 34% 时,得到的固体结晶全为硫酸氢铵。

饱和器中被硫酸铵和硫酸氢铵所饱和的硫酸溶液称为母液。母液的密度是随母液的酸度增加而增大的。

(2)硫酸铵生成的结晶原理

在饱和器内硫酸铵形成晶体需经过两个阶段:第一阶段是在母液中细小的结晶中心——晶核的形成;第二阶段是晶核(或小晶体)的长大。通常晶核的形成和长大是同时进行的。在一定的结晶条件下,若晶核形成速率大于晶体成长速率,当达到固液平衡时,得到的硫酸铵晶体粒度较小;反之,则可得到大颗粒结晶体。显然,如能控制这两种速率,便可控

制产品硫酸铵的粒度。

溶液的过饱和度既是硫酸铵分子由液相向结晶表面扩散的推动力,也是硫酸铵晶核生成的推动力。当溶液的过饱和度低时,这两个过程都进行得很慢,晶核生成的速率相对更慢一些,故可得到大颗粒硫酸铵。当过饱和度过大时,这两个过程进行得较快,硫酸铵晶核生成的速率要更快一些,因而得到的是小颗粒硫酸铵。因此,为了制得大颗粒硫酸铵,必须控制溶液的过饱和度在一定范围内,并且要控制足够长的结晶时间使晶体长大。

图 4-10 表示了晶核在溶液中自发形成与溶液温度、浓度之间的关系。由图 4-10 可见,AB 溶解度曲线与 CD 超溶解度曲线大致平行。在 AB 曲线的右下侧,因溶液未达到饱和,在此区域内不会有硫酸铵晶核形成,称之为稳定区或不饱和区。AB 与 CD 间区域称为介稳区,在此区域内,晶核不能自发形成。在 CD 线的左上侧为不稳区,此区域内能自发形成大量晶核。在饱和器内,母液温度可认为是不变的。如母液原浓度为 E,由于连续进行的中和反应,母液中硫酸铵分子不断增多,其浓度逐渐增至 F,硫酸铵达到饱和。此时理论上可以形成结晶,但实际上还缺乏必要的过饱和度而无晶核形成。当

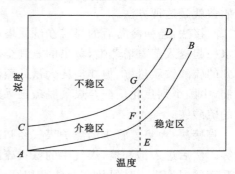

图 4-10　溶解温度、浓度和结晶
过程之间的关系
AB——溶解度曲线;CD——超溶解度曲线

母液浓度提高到介稳区时,溶液虽已处于过饱和状态,但在无晶种的情况下,仍形不成晶核。只有当母液浓度提高至 G 点后才能形成大量晶核,母液浓度也随之降至饱和点 F。在上述过程中,晶核的生成速率远比其成长速率大,因而所得晶体很小。在饱和器刚开工生产和在加酸后易出现这种情况。

实际生产中,母液中总有细小结晶和微量杂质存在,即存在着晶种,此时晶核形成所需的过饱和度远较无晶核时为低,因此在介稳区内,主要是晶体在长大,同时亦有新晶核形成。因此,为生产粒度较大的硫酸铵结晶,必须控制适宜的过饱和度使母液处于介稳区内。

硫酸铵晶体长大的过程属于硫酸铵分子由液相向固相扩散的过程,其长大的推动力由溶液的过饱和度决定,扩散阻力主要是晶体表面上的液膜阻力。故增大溶液的过饱和度和减少扩散阻力,均有利于晶体的长大。但考虑到过饱和度高会促使晶核形成速率过大,所以溶液过饱和度必须控制在较小的(介稳区)范围内。

正常操作条件下,硫酸铵结晶的介稳区很小。母液的结晶温度比其饱和温度平均降低 3.4 ℃。在温度为 30~70 ℃的范围内,温度每变化 1 ℃时,盐的溶解度约变化 0.09%。所以,溶液的过饱和程度即为 0.09% × 3.4 = 0.306%。也就是说,在母液内结晶的生成区域(即介稳区)是很小的。在控制介稳区很小的情况下,当母液中结晶的生成速率与反应生成的硫酸铵量相平衡时,晶核的生成量最少,即可得到大的结晶颗粒。

优质硫酸铵要求结晶颗粒大,色泽好,强度高,这主要取决于硫酸铵在母液中成长的速率及形成的结晶形状,对硫酸铵结晶有影响的因素很多,主要有:母液酸度和浓度、母液中的杂质、母液的搅拌等。

(3)硫酸铵的生产方法

硫酸铵的生产方法按煤气中氨与硫酸母液接触的方式不同分为三种:半直接法、间接法和直接法,其中应用最广泛的是半直接法。

半直接法:将焦炉煤气首先冷却至25～35 ℃,经鼓风机加压后,再经电捕焦油器除去煤焦油雾,然后进入硫酸铵饱和器内与硫酸母液充分接触生成硫酸铵,同时将初冷时生产的剩余氨水进行蒸馏,蒸出的氨也通入饱和器内与硫酸接触,氨被硫酸吸收生成硫酸铵。此法工艺过程简单,生产成本低,在国内外焦化厂已得到广泛应用。通常人们所说的饱和器法生产硫酸铵就是这种方法。

间接法:经初冷器后的煤气在洗氨塔内用水洗氨,将得到的稀氨水与冷凝工段来的剩余氨水一起送入蒸氨塔蒸馏,蒸出的氨气全部进入饱和器被硫酸吸收生成硫酸铵。这种方法得到的硫酸铵质量好,但要消耗大量的蒸汽,而且蒸馏设备较庞大,生产上应用受到一定的限制,中国个别焦化厂配合煤气脱硫已采用此法,并在负压下回收工艺系统中生产出了高质量的硫酸铵。

直接法:由集气管来的焦炉煤气经初冷器冷却到60～70 ℃,进入电捕焦油器除去煤焦油雾。然后进入饱和器,煤气中的氨被硫酸吸收而生成硫酸铵。煤气离开饱和器后,再冷却到适宜的温度进入鼓风机。此法在初冷器得到的冷凝氨水正好全部补充到循环氨水中,由于没有剩余氨水产生,因而可省去蒸氨设备和节省能量。但由于处于负压状态下的设备太多,在生产上不够安全,故在工业生产上暂未被采用。

硫酸铵生产按采用的设备不同有饱和器法和酸洗塔法。饱和器法是生产硫酸铵的主要方法,过去多用鼓泡式饱和器,现在新建和改建焦化厂多用喷淋式饱和器。

4.3.1.2 硫酸铵生产工艺流程

(1)饱和器法

① 鼓泡式饱和器法

鼓泡式饱和器法硫酸铵生产工艺流程如图4-11所示。

由鼓风机来的焦炉煤气,经电捕焦油器后进入煤气预热器1。在预热器内用间接蒸汽加热煤气到60～70 ℃或更高的温度,目的是为了使煤气进入鼓泡式饱和器2蒸发饱和器内多余的水分,保持饱和器内的水平衡。预热后的煤气沿饱和器中央煤气管进入饱和器,经泡沸伞从酸性母液中鼓泡而出,同时煤气中的氨被硫酸所吸收。煤气出饱和器后进入除酸器3,捕集其夹带的酸雾后,被送往粗苯工段。鼓泡式饱和器后煤气含氨一般小于0.03 g/m³。

冷凝工段的剩余氨水经蒸氨后得到的氨气,在不生产吡啶时,直接进入饱和器;当生产吡啶时将此氨气通入吡啶中和器。氨在中和器内与母液中的游离酸及硫酸吡啶作用,生成硫酸铵,又随中和器回流母液返回饱和器。

饱和器母液中不断有硫酸铵生成,在硫酸铵含量高于其溶解度时,就析出结晶,并沉淀于饱和器底部。其底部结晶被抽送到结晶槽4,在结晶槽内使结晶长大并沉降于底部。结晶槽底部硫酸铵结晶放到离心机5内进行离心分离,滤除母液,并用热水洗涤结晶,以减少硫酸铵表面上的游离酸和杂质。离心分离的母液与结晶槽满流出的母液一同自流回饱和器中。从离心机分离出的硫酸铵结晶经螺旋输送机6,送入沸腾干燥器内,用热空气干燥后送入硫酸铵储斗16,经称量包装入成品库。

为了使饱和器内煤气与母液接触充分,必须使煤气泡沸伞在母液中有一定的液封高度,并保证饱和器内液面稳定,为此在饱和器上还设有满流口,从满流口溢出的母液经插入液封

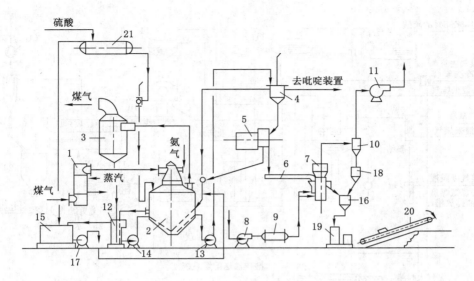

图 4-11 鼓泡式饱和器法硫酸铵生产工艺流程

1——煤气预热器;2——鼓泡式饱和器;3——除酸器;4——结晶槽;5——离心机;6——螺旋输送机;
7——沸腾干燥器;8——送风机;9——热风机;10——旋风分离器;11——排风机;12——满流槽;
13——结晶泵;14——循环泵;15——母液储槽;16——硫酸铵储斗;17——母液泵;
18——细粒硫酸铵储斗;19——硫酸铵包装机;20——胶带运输机;21——硫酸高置槽

内的满流管流入满流槽 12,以防止煤气逸出。满流槽下部与循环泵 14 连接,将母液不断地抽送到饱和器底部的喷射器。因有一定的喷射速率,故饱和器内母液被不断循环搅动,以改善结晶过程。

由煤气带入饱和器的煤焦油雾,在饱和器内与硫酸作用生成所谓的酸煤焦油,泡沫状酸煤焦油漂浮在母液面上,并与母液一起流入满流槽。漂浮于满流槽液面上的酸煤焦油应及时捞出,或引入一分离处理装置与母液分离,以回收母液。

饱和器内所需补充的硫酸,由硫酸仓库送至高置槽,再自流入饱和器,正常生产时,应保持母液酸度为 4%～6%,硫酸加入量为中和煤气中氨的需要量;当不生产粗轻吡啶时,硫酸加入量要大一些,还要中和随氨气进入饱和器的氨。

饱和器在操作一定时间后,由于结晶的沉积将使其阻力增加,严重时会造成饱和器的堵塞。所以操作中必须定期进行酸洗和水洗。当定期大加酸、补水、用水冲洗饱和器及除酸器时,所形成的大量母液由满流槽满流至母液储槽。在正常生产时又将这些母液抽回饱和器以做补充。饱和器是周期性连续操作设备,为了防止结晶堵塞,定期大加酸和水洗,从而破坏了结晶生成的正常条件,加之结晶在饱和器底部停留时间短,因而结晶颗粒较小,平均直径在 0.5 mm。这些都是鼓泡式饱和器存在的缺点。

② 喷淋式饱和器法

喷淋式饱和器法生产硫酸铵工艺流程如图 4-12 所示。

喷淋式饱和器分为上段和下段,上段为吸收室,下段为结晶室。

由脱硫工序来的煤气经煤气预热器预热至 60～70 ℃或更高温度,目的是为了保持饱和器水平衡。

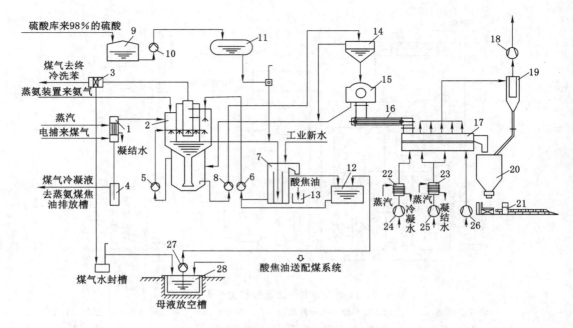

图 4-12　喷淋式饱和器法生产硫酸铵工艺流程

1——煤气预热器；2——喷淋式饱和器；3——捕雾器；4——煤气水封槽；5——母液循环泵；6——小母液循环泵；
7——满流槽；8——结晶泵；9——硫酸储槽；10——硫酸泵；11——硫酸高位槽；12——母液储槽；13——渣箱；
14——结晶槽；15——离心机；16——胶带输送机；17——振动式流化床干燥器；18——尾气引风机；
19——旋风除尘器；20——硫酸铵储斗；21——称重包装机；22,23——空气热风器；
24,25——空气热风机；26——空气冷风机；27——自吸泵；28——母液放空槽

煤气预热后，进入喷淋式饱和器 2 的上段，分成两股沿饱和器水平方向沿环形室做环形流动，每股煤气均经过数个喷头用含游离酸量 3.5%～4% 的循环母液喷洒，以吸收煤气中的氨，然后两股煤气汇成一股进入饱和器的后室，用来自小母液循环泵 6（也称二次喷洒泵）的母液进行二次喷洒，以进一步除去煤气中的氨。煤气再以切线方向进入饱和器内的除酸器，除去煤气中夹带的酸雾液滴，从上部中心出口管离开饱和器再经捕雾器 3 捕集下煤气中的微量酸雾后到终冷洗苯工段。喷淋式饱和器后煤气含氨一般小于 $0.05\ \mathrm{g/m^3}$。

饱和器的上段与下段以降液管连通。喷洒吸收氨后的母液从降液管流到结晶室的底部，在此晶核被饱和母液推动向上运动，不断地搅拌母液，使硫酸铵晶核长大，并引起颗粒分级。用结晶泵将其底部的浆液送至结晶槽 14。含有小颗粒的母液上升至结晶室的上部，母液循环泵从结晶室上部将母液抽出，送往饱和器上段两组喷洒箱内进行循环喷洒，使母液在上段与下段之间不断循环。饱和器的上段设满流管，保持液面并封住煤气，使煤气不能进入下段。满流管插入满流槽 7 中也封住煤气，使煤气不能外逸。饱和器满流口溢出的母液流入满流槽内的液封槽，再溢流到满流槽，然后用小母液泵送至饱和器的后室喷洒。冲洗和加酸时，母液经满流槽至母液储槽，再用小母液泵送至饱和器。此外，母液储槽还可供饱和器检修时储存母液之用。

结晶槽的浆液经静置分层，底部的结晶排入离心机 15，经分离和水洗的硫酸铵晶体由胶带输送机 16 送至振动式流化床干燥器 17，并用被空气热风机 24、25 加热的空气干燥，再

经冷风冷却后进入硫酸铵储斗,然后称量、包装送入成品库。离心机滤出的母液与结晶槽满流出来的母液一同自流回饱和器的下段。干燥硫酸铵的尾气经旋风除尘器后由排风机排放至大气。

为了保证循环母液一定的酸度,连续从母液循环泵入口管或满流管处加入质量分数为90%～93%的浓硫酸,维持正常母液酸度。

由油库送来的硫酸送至硫酸储槽,再经硫酸泵抽出送到硫酸高置槽内,然后自流到满流槽。

喷淋式饱和器法生产硫酸铵工艺,采用喷淋式饱和器,其材质为不锈钢,设备使用寿命长,集酸洗吸收、结晶、除酸、蒸发为一体,具有煤气系统阻力小,结晶颗粒较大,平均直径在0.7 mm,硫酸铵质量好,工艺流程短,易操作等特点。新建改建焦化厂多采用此工艺回收煤气中的氨。

(2) 无饱和器法

无饱和器法生产硫酸铵的工艺,从生产设备上看,用不饱和的酸性母液作为吸收液,采用吸收塔(也称酸洗塔)代替饱和器,在酸洗塔内生成硫酸铵。硫酸铵结晶过程在单独的真空蒸发设备中进行,所生产的硫酸铵结晶颗粒大,平均直径在1.0 mm以上。这种生产硫酸铵的方法称之为无饱和器法即酸洗塔法。酸洗塔法生产硫酸铵的工艺流程如图4-13所示。

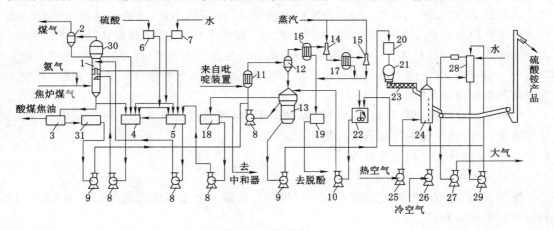

图 4-13　酸洗塔法生产硫酸铵的工艺流程

1——空喷酸洗塔;2——旋风除酸器;3——酸焦油分离槽;4——下段母液循环槽;5——上段母液循环槽;
6——硫酸高位槽;7——水高位槽;8——循环母液泵;9——结晶泵;10——滤液泵;11——母液加热器;
12——真空蒸发器;13——结晶器;14,15——第一及第二蒸汽喷射器;16,17——第一及第二冷凝器;
18——满流槽;19——热水池;20——供料槽;21——连续式离心机;22——滤液槽;23——螺旋输送器;
24——干燥冷却器;25——干燥用送风机;26——冷却用送风机;27——排风机;
28——净洗塔;29——泵;30——雾沫分离器;31——澄清槽

由脱硫塔来的煤气与蒸氨工段来的氨气一同进入空喷酸洗塔1下段,煤气入口处及下段用酸度为2%～3%的循环硫酸铵母液进行喷洒。酸洗塔下段设有四个不同高度的单喷头喷洒母液,煤气中的大部分氨在此被硫酸吸收。此段得到的硫酸铵含量约为40%,尚未达到饱和,这样可使蒸发水分所耗的蒸汽量较小,又可防止堵塞设备。煤气进入第二段后,受到五个不同高度单喷头的硫酸铵母液喷洒,在此段喷洒的母液酸度为3%～4%,用此母液来吸收煤气中剩余的氨及轻吡啶盐基。酸洗塔后煤气含氨低于 $0.1\ g/m^3$。如果上段母液酸度控制在 10%，可使塔后煤气含氨量低于 $0.03\ g/m^3$。

从酸洗塔顶部出来的煤气经旋风除酸器 2 或经塔内顶部的雾沫分离器 30 脱除酸雾后送洗苯工序。

酸洗塔的上下两段各有独自的母液循环系统。下段来的母液，一部分先进入酸焦油分离槽 3，经分离煤焦油后去澄清槽 31；另一部分母液进入下段母液循环槽 4，由母液循环槽用泵送往酸洗塔下段进行喷洒，母液循环量可按 $1\ 000\ m^3$ 煤气 $3.5\ m^3$ 计。由酸洗塔上段引出的母液经上段母液循环槽 5 用于上段喷洒，其循环喷洒量约为每 $1\ 000\ mL$ 煤气 $2.6\ m^3$。循环母液中需要补充的硫酸由硫酸高位槽 6 补入。

澄清槽内母液用结晶泵 9 送往母液加热器 11，连同结晶器来的母液一起在加热器内加热至约 $60\ ℃$ 后进入真空蒸发器 12。蒸发器内由两级蒸汽喷射器形成约 $87\ kPa$ 的真空度，母液沸点降至 $55\sim60\ ℃$。在此，母液因水分蒸发而得到浓缩，浓缩后的过饱和硫酸铵母液流入结晶器 13，结晶长大下沉，仅含少量细小结晶的母液用循环母液泵 8 送至加热器进行循环加热。由结晶器顶溢流的母液入满流槽 18 后泵回循环母液槽。

由蒸发器顶部引出的蒸汽在冷凝器 16 冷凝后，去生化脱酚装置处理。

结晶器内形成含硫酸铵达 70% 以上的硫酸铵母液晶浆，用泵送至供料槽 20 后卸入连续式离心机 21 进行离心分离。分离母液经滤液槽 22 返回结晶器，硫酸铵结晶由螺旋输送机送至干燥冷却器 24，使之沸腾干燥并经管式间冷装置冷却，然后由胶带输送机送往仓库。由干燥冷却器排出的气体在洗净塔用水洗涤，部分洗液送入滤液槽，以补充母液蒸发所失去的水分。满流槽 18 上部引出的部分母液送往吡啶回收装置，已脱除吡啶并经净化的母液又返回结晶母液循环系统。

中和硫酸吡啶的氨气可由氨水蒸馏系统供给，也可以用液氨气化经氨气压缩机供给。使用液氨，可防止中性油等物质混入粗轻吡啶中。

4.3.1.3 硫酸铵生产的主要设备

（1）饱和器

饱和器是生产硫酸铵最主要的设备，按煤气与硫酸母液接触的方式不同分为鼓泡式饱和器和喷淋式饱和器。

① 鼓泡式饱和器

鼓泡式饱和器结构见图 4-14，有内部带除酸器、中央带机械搅拌等形式。常用的外部除酸式饱和器是用钢板焊制成的具有顶盖和锥底的圆筒形设备，内壁衬有防酸层。目前采用的防酸层是先在内壁上涂一层石油沥青，铺两层油毡纸，再砌 $2\sim3$ 层耐酸砖。也有的厂应用玻璃钢做内衬，均有较好的效果。饱和器顶盖及中央煤气管均需衬铅或酚醛树脂玻璃钢。

在中央煤气管道下端安装有煤气分配伞（也称煤气泡沸伞），结构见图 4-15。沿分配伞圆周，焊有 28 个弯成一定弧度的导向叶片，构成 28 个弧形通道，使煤气均匀分布并呈泡沸状穿过母液，同时增大了气液接触面积。导向叶片有左旋和右旋两种导流形式，应根据使回流母液在饱和器内有较长的流动路线来选用。泡沸伞可用硬铅（85% 铅和 15% 锑合金）浇铸，也可用镍、铬、钛不锈钢焊制，用石棉酚醛树脂或酚醛玻璃钢制作较经济。

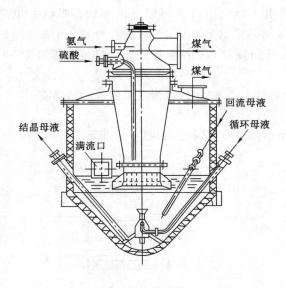

图 4-14　饱和器

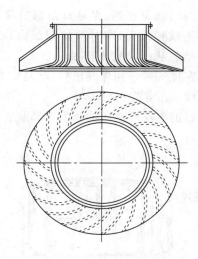

图 4-15　煤气泡沸伞

煤气泡沸伞浸入母液深度（又称浸没深度或孔上高度），是指泡沸伞煤气出口上缘至饱和器满流口下缘的垂直距离。一般的浸没深度为 $200 \sim 300 \ \text{mm}$，目的是使煤气和母液有足够的接触体积和时间，使饱和器后煤气含氨量低于 $0.03 \ \text{g/m}^3$。而影响吸收效率和饱和器阻力的主要因素是饱和器内的液封高度。液封高度是泡沸伞浸没深度与满流口内液面高度之和。满流口内液面高度与母液循环量和饱和器结构有关。母液循环量增加，满流口内液面高度增大，液封高度增大，气液吸收效率提高，器底的结晶母液搅拌剧烈程度增加，造成结晶成长的条件也会愈好，但煤气阻力增大，一般控制母液循环量为饱和器有效容积的 $2 \sim 3$ 倍，饱和器阻力一般为 $5 \sim 6 \ \text{kPa}$。用母液循环泵将母液循环溶液打入饱和器内通过喷嘴强制喷出进行循环搅拌，沉积于饱和器底的硫酸铵晶体用结晶泵抽送至结晶槽，分离出结晶后的母液再经回流槽返回至饱和器内。

饱和器煤气进口速率为 $12 \sim 15 \ \text{m/s}$，在中央煤气管内最大速率为 $7 \sim 8 \ \text{m/s}$，煤气穿过母液层进入液面上的环形空间速率降为 $0.7 \sim 0.9 \ \text{m/s}$，以防止煤气夹带过多的酸滴。煤气最后由设于顶盖的导出管引出。

目前中国焦化厂常用饱和器规格有：$\phi 4\,500 \ \text{mm}$（60 万 t 厂用）和 $\phi 6\,250 \ \text{mm}$（90 万 t 厂用）等。

② 喷淋式饱和器

喷淋式饱和器结构如图 4-16 所示。喷淋式饱和器全部采用不锈钢制作，喷淋式饱和器由上部的喷淋（吸收）室、除酸器和下部的结晶室组成，体外有整体保温层。吸收室由本体、环形室、母液喷淋管组成。煤气进入吸收室后分成两股，在本体与内筒体间形成环形室内流动，与喷淋管喷出的母液接触，然后两股汇成一股进到饱和器的后室，被喷洒管喷出的二次母液喷淋，进一步吸收煤气中的氨，再沿切线方向进入内筒体——内置除酸器，旋转向下进入内套筒，由顶部煤气出口排出。煤气阻力为 $2 \sim 2.0 \ \text{kPa}$。外套筒与内套筒间形成旋风式除酸器，起到除去煤气中夹带的液滴的作用。在煤气入口和煤气出口间分隔成两个弧形分配箱，其内设置喷嘴数个，朝向煤气流。在吸收室的下部设有母液满流管,控制吸收室下部的液面,促使煤气由入口向出口在环形室内流动。吸收室以降液管与结晶室连通,循环母液通过降液管从结晶室的底部向上返,搅拌母液,硫酸铵晶核不断生成和长大,同时颗粒分级,最小颗粒升向顶部,从结晶室上部出口接到循环泵,大颗粒结晶从结晶室下部抽出。

在煤气入口和煤气出口、结晶室上部设有温水喷淋装置,以清洗吸收室和结晶室。

(2)真空蒸发结晶器

目前各厂所使用的蒸发结晶装置是一个整体设备,其构造如图 4-17 所示。

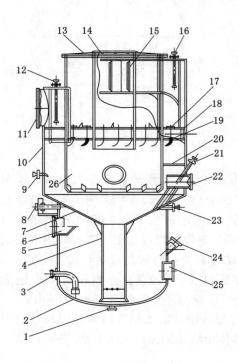

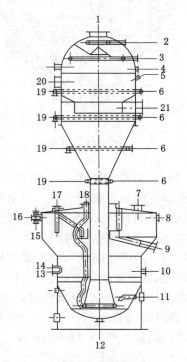

图 4-16 喷淋式饱和器结构

1——放空口;2——椭圆形封头;
3——结晶抽出管;4——降液管;
5——下筒体;6——循环母液出口;
7——锥体;8——焦油出口;
9——水入口管;10——外筒体;
11——气入口;12——水入口;
13——筋板;14——气出口;
15——筋板;6——母液喷淋管;
17——孔环;18——母液入口管;
19——母液喷洒管;20——板;
21——温水入口 22——满流口;
23——温水入口;24——母液回流口;
25——人孔;26——内筒体

图 4-17 蒸发结晶器结构

1——真空蒸发器;2——循环母液入口;
3——布液器;4——热水清扫口;
5——备用口;6——压力计插口;
7——保温伴随管;8——人孔;
9——降液管;10——结晶槽;
11——滤液及母液入口;12——蒸汽入口;
13——清洗水口;14——去满流槽满流口;
15——密度计口;16——溢流口满流至循环泵口;
17——温度计口;18——结晶抽出口;
19——放空口;20——人孔;21——蒸气出口

真空蒸发结晶器上部是蒸发器,下部是结晶槽,这两部分可以是分体,也可以是整体,均由不锈钢制作。蒸发器中部设有锥筒形布液器,经过加热后的结晶母液从布液器下面筒形部分以切线方向进入蒸发器后,沿器壁旋转而形成一定蒸发面积。由于蒸发过程是在 90 kPa 的真空度下进行,所以母液中大部分水分被迅速蒸出。蒸出的水汽经布液器上升,并经气液分离器分离出液滴后从器顶逸出。经浓缩后的过饱和结晶母液中含有微小结晶颗粒,该母液沿着蒸发器沉降管沉降到结晶槽最底部,因其密度较小,又上升穿过悬浮的结晶层而逐步长大,长大的部分又沉降下来,沉积在槽底,未长大部分则继续上升,在结晶槽内形成一个大、中、小结晶的分布带,为获得均匀粗大硫酸铵结晶体创造了良好条件。在结晶槽的最上层是只含少量细小结晶的母液,自流入满流槽;中上层含少量较小结晶颗粒的母液,经母液结晶泵在系统中连续循环操作;沉积在结晶槽底部的含有大颗粒结晶的母液,形成密度最大的硫酸铵母液晶浆,用晶浆泵将此硫酸铵晶浆送离心分离。

根据结晶原理,为使结晶母液形成适宜的过饱和度并使结晶长大,要控制结晶槽内过饱和结晶母液的浓度,最适宜的过饱和度(以密度计)为 $2.0 \sim 2.5 \ kg/m^3$。

4.3.2　磷酸吸收法

以磷酸二氢铵溶液吸收煤气中氨生成磷酸氢二铵溶液,然后加热将被吸收的氨解吸出来,获得纯度极高的无水氨的工艺,即弗萨姆法氨回收工艺。

4.3.2.1　生产工艺原理

磷酸是中等强度的三元酸,它在水溶液中能离解为磷酸二氢根离子($H_2PO_4^-$)、磷酸一氢根离子(HPO_4^{2-})和磷酸根离子(PO_4^{3-})。磷酸在水中发生电离,其第一级电离常数为 7.51×10^{-3},在水溶液中主要电离成 H^+ 和 $H_2PO_4^{2-}$;其第二级电离常数为 6.23×10^8,主要离解成 H^+ 和 HPO_4^{2-};其第三级电离常数为 4.8×10^{-18},主要电离成 H^+ 和 PO_4^{3-}。由于磷酸的水溶液存在上述各种离子,所以用磷酸吸收焦炉煤气中的氨,能生成磷酸一铵($NH_4H_2PO_4$)、磷酸二铵[$(NH_4)_2HPO_4$]和磷酸三铵[$(NH_4)_3PO_4$]。

纯净的磷酸一铵、磷酸二铵和磷酸三铵均是白色结晶物质,其主要性质如表 4-4 所示。

表 4-4　　　　　　　　　　　　　　　磷酸铵盐主要性质

名称	分子式	晶型	生成热 /(kJ/kmol)	氨蒸气压/Pa			0.1 mol/L 溶液的 pH	25 ℃在水中溶解度/%
				50 ℃	100 ℃	125 ℃		
磷酸一铵	$NH_4H_2PO_4$	正方晶系	121 417	0.0	0.49	0.49	4.4	41.6
磷酸二铵	$(NH_4)_2HPO_4$	单斜晶系	203 060	26.5	49	294	7.8	72.1
磷酸三铵	$(NH_4)_3PO_4$	三斜晶系	244 509	—	6 305	11 549	9.0	24.1

由表 4-4 可知,当磷酸铵溶液加热到 125 ℃时磷酸一铵的氨蒸气压很低,表明磷酸一铵是十分稳定的;在 50 ℃时磷酸二铵已产生明显的氨蒸气压,当温度达 70 ℃即开始放出氨变成磷酸一铵,说明磷酸二铵不太稳定;磷酸铵最不稳定,在室温下就能分解放出氨而变成磷酸二铵。因此,弗萨姆法所用磷酸铵溶液主要由磷酸一铵和磷酸二铵组成。

磷酸与焦炉煤气接触发生的吸收反应具有选择性,只吸收煤气中的碱性组分氨,而不吸收酸性组分二氧化碳、硫化氢和氰化氢等。因此,焦炉煤气无需化学净化,便可生产出极纯的磷酸二铵。根据磷酸的这种性质,在焦化厂常利用磷酸一铵溶液作为吸氨剂来回收焦炉煤气中的氨,于 $40 \sim 60$ ℃温度下,溶液中部分磷酸一铵能很快地吸收煤气中的氨而生成磷酸二铵。而在高温下对吸收了氨的富液加热解吸时，溶液中部分磷酸二铵受热分解放出所吸收的氨并还原为磷酸一铵，所得贫液又重新返回吸收塔循环使用。上述过程的反应为

$$NH_4H_2PO_4 + NH_3 \xrightleftharpoons[解析]{吸收} (NH_4)_2HPO_4$$

采用磷酸铵溶液吸收煤气中氨时，吸收塔后煤气含氨量，主要取决于在吸收操作温度下入吸收塔磷酸铵溶液（贫液）液面上的氨气分压，即取决于磷酸铵溶液中的磷酸二铵含量。所以，在一定的吸收温度下，入塔贫液中的总铵量、一铵和二铵盐之间的质量比是十分重要的。一般喷洒贫液中含磷酸铵量约为 41%，$n(NH_3)/n(H_3PO_4)$ 为 $1.1\sim1.3$，当吸收操作温度为 $40\sim60\ ℃$ 时，煤气中 99% 以上的氨将被吸收下来，吸氨富液中 $n(NH_3)/n(H_3PO_4)$ 为 $1.7\sim1.9$。

由于磷酸吸氨具有选择性，既然可生成纯度很高的磷酸二铵，在较高温度下将其分解便能得到纯度很高的氨气，经冷凝后就可生产出纯度很高的液态氨，称之为无水氨。

4.3.2.2 无水氨生产工艺流程

无水氨的生产有两种形式：一是用磷酸一铵贫液在吸收塔内直接吸收煤气中的氨而形成磷酸二铵富液，富液经过解吸及精馏生产无水氨；二是用磷酸一铵贫液在吸收塔内吸收来自蒸氨装置送来的氨蒸气中的氨而形成磷酸二铵富液，富液通过解吸及精馏生产无水氨。这两种形式的无水氨生产工艺流程除原料气不同外，其余基本相同。以含氨煤气为原料的无水氨生产工艺流程见图 4-18。

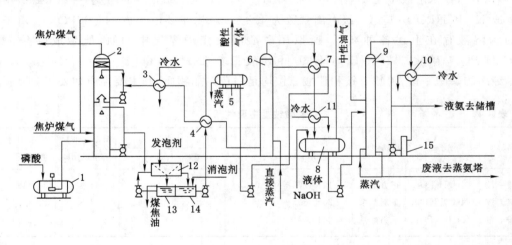

图 4-18　无水氨生产工艺流程

1——磷酸槽；2——空喷吸收塔；3——贫液冷却器；4——贫富液换热器；5——蒸发器；6——解吸塔；
7——部分冷凝器；8——精馏塔给料槽；9——精馏塔；10——精馏塔冷凝器；11——氨气冷凝冷却器；
12——泡沫浮选除煤焦油器；13——煤焦油槽；14——溶液槽；15——活性炭吸附器

由图 4-18 可知，清除了煤焦油的焦炉煤气由空喷吸收塔 2 底部进入塔内，来自解吸塔 6底并经贫液冷却器 3 冷却至 $50\sim55\ ℃$ 的贫液作为塔顶喷洒液由塔顶喷下，在塔内与塔底来的焦炉煤气逆向充分接触，煤气中 98% 以上的氨被吸收下来，出塔煤气送洗苯工序。

由吸收塔底排出的吸氨富液，大部分用作喷洒液循环喷洒，循环量约为送去解吸溶液量

的 30 倍。少部分富液送至泡沫浮选除煤焦油器 12 中,在空气鼓泡的作用下,将煤焦油泡沫分离出,而后送去解吸处理。

清除了煤焦油的富液经贫富液换热器 4 升温至约 118 ℃后进入蒸发器 5,在此设备中用直接蒸汽将溶液中的酸性气体二氧化碳、硫化氢和氰化氢等蒸出后返回吸收塔。由蒸发器底排出的富液,用泵加压至约 1 300 kPa,经部分冷凝器 7 加热,升高温度至 175 ℃后进入解吸塔 6 上部进行喷洒,在塔内与解析塔底通入压力约为 1 600 kPa 的直接过热蒸汽逆流接触,将富液中所含的氨部分地解吸出来。塔底排出的贫液温度约为 196 ℃,经与富液在贫富液换热器换热及用水间接冷却后循环回吸收塔再进行吸氨。

由解吸塔顶排出的含氨量为 18%～20% 的氨气,温度约 187 ℃,在部分冷凝器与富液换热被冷凝冷却至 130～140 ℃,经氨气冷凝冷却器 11 得氨水,在精馏塔给料槽 8 用泵加压至 1.7 MPa 送精馏塔分离,精馏塔底通入过热直接蒸汽,塔顶得到 99.98% 纯氨气,经精馏塔冷凝器 10 冷却得无水氨,部分液态无水氨作为回流送至塔顶,用以控制塔顶温度为 38～40 ℃,回流比约为 2,其余部分作为产品送往氨储槽。精馏塔 9 排出的废液温度约为 200 ℃,含氨量约为 0.1%,送往蒸氨装置进行处理。

在精馏塔原料槽内加入质量分数为 30% 的氢氧化钠溶液,与氨水中残存的微量 CO_2、H_2S 等酸性气体反应,生成的钠盐溶于精馏塔底排出的废水中,以防止酸性气体腐蚀设备。

另外,在用磷酸铵溶液吸收焦炉煤气中氨时,焦炉煤气中含的乙烯、苯、甲苯等有机物被磷酸铵母液微量吸收,随磷酸铵母液进入精馏塔内。为防止精馏塔聚积过量的油,需由塔中部侧线管引出并送回吸收塔。

4.3.2.3　主要设备

无水氨生产工艺过程使用的主要设备有吸收塔、解吸塔和精馏塔等,其基本构造和操作要点如下。

(1) 空喷吸收塔

空喷吸收塔是用磷酸铵溶液吸收煤气中氨的吸收设备。吸收塔一般设计为两段空喷塔,两段之间用带有升气管的断塔板分开,在断塔板上装有溢流和集液槽。每个吸收段上部均安装有多个喷嘴的环状喷洒装置。塔顶并设有捕雾层。

影响吸收操作的主要因素如下。

① 吸收液中氨与磷酸的物质的量比。在一定吸收温度下,入空喷吸收塔贫液中的总铵量,磷酸一铵和磷酸二铵的质量比[可用 $n(NH_3)/n(H_3PO_4)$ 表示]对吸氨操作是十分重要的。一般喷洒贫液中含磷酸铵约为 41%,$n(NH_3)/n(H_3PO_4)$ 为 1.1～1.3,在吸收塔内煤气中 98% 以上的氨可被吸收下来,塔后煤气含氨量约 0.1 g/m³。如进一步降低塔后煤气含氨,则需要增加解吸塔的直接蒸汽量,降低贫液 $n(NH_3)/n(H_3PO_4)$ 比,这种操作显然是不经济的。在正常操作条件下,富液中含磷酸铵量约为 44%,$n(NH_3)/n(H_3PO_4)$ 为 1.7～1.9。富液 $n(NH_3)/n(H_3PO_4)$ 比过大会吸收过量酸性气体。

② 吸收液的水平衡。吸收液的水平衡是影响吸收塔正常操作的重要因素之一。一般通过调节入吸收塔贫液温度来控制煤气温度,同时控制煤气带出的水量,以此维持吸收液的水平衡。吸收塔煤气出口温度一般控制为 48～51 ℃。

③ 循环液量及取出量。吸收塔上下段循环液量为 7～9 L/m³(煤气),下段 3%～4% 的

循环液量送至解吸塔进行再生并循环使用。

（2）解吸塔

解吸塔是将富液中所吸收的氨分离出来再生为贫液的压力设备。一般采用的为具有40 层固定阀式塔板的解吸塔。

解吸塔操作要点如下：

① 控制解吸塔塔顶温度在 187 ℃左右，压力为 1 233 kPa，使塔顶产品氨水含氨量大于18％，以保证作为精馏原料的要求。

② 控制吸收塔塔底温度在 196 ℃左右，供入蒸汽量约为 0.2 kg/kg（吸收液），以保证贫液中 $n(NH_3)/n(H_3PO_4)$ 比，使吸收塔后煤气含量达到要求。

③ 解析塔进料富液的温度一般为 175 ℃左右，它对解析塔塔顶氨气带出的水量有影响，故该温度对维持吸收液的水平衡有一定的作用。

（3）精馏塔

精馏塔是以高纯度浓氨水为原料制取无水氨的蒸馏设备。常用的精馏塔的类型有筛板塔、泡罩塔和填料塔。

精馏塔操作要点如下：

① 要求进精馏塔浓氨水中酸性气体含量小于 0.15％，以减少设备的腐蚀，保证无水氨质量。为此在精馏塔原料槽中加入氢氧化钠溶液，与氨水中的酸性气体反应生成不挥发性钠盐，进一步除去其中的酸性气体。

② 为了防止精馏塔聚积过量的中性油，在塔侧管线排出少部分液体，送至吸收塔。

③ 要求维持第 30 层塔板以上几乎是纯氨，以保证无水氨质量，故第 30 层塔板温度应接近塔顶温度。一般控制第 30 层塔板温度约 40 ℃，塔压约 1 450 kPa，回流比为 2。

④ 为了保证氨的回收率，要求塔底废水含氨量小于 0.1％，一般塔底通入的直接蒸汽量为每生产 1 kg 液氨需要 10～11 kg 蒸汽。

4.3.3 制取粗轻吡啶

在炼焦过程中，煤中的氮有 1.2％～1.5％与芳香烃发生化合反应生成吡啶盐基。其生成量主要取决于煤中氮含量及炼焦温度。一般在煤气初冷器后煤气含吡啶盐基为 0.4～0.6 g/m³，其中轻吡啶盐基占 75％～85％。氨水中含吡啶盐基含量为 0.2～0.5 g/L，其中轻吡啶盐基约占 25％。回炉煤气中吡啶盐基含量为 0.02～0.05 g/m³，即回收率达90％～95％。

粗轻吡啶最重要的用途是精制后做医药原料，如生产磺胺药类、维生素、雷米封等。此外，粗轻吡啶类产品还可用作合成纤维的高级溶剂。

4.3.3.1 粗轻吡啶的性质和组成

粗轻吡啶是一种具有特殊气味的油状液体，沸点范围为 115～116 ℃，轻吡啶盐基易溶于水。粗轻吡啶所含主要组分的性质如表 4-5 所示。

粗轻吡啶的主要组成（以无水计）：吡啶 40％～50％；一甲基吡啶 10％～15％；2,4-二甲基吡啶 5％～10％；含有残油（中性油）15％～20％。粗轻吡啶的质量规格：粗吡啶含量不小于 60％；水分不大于 15％；酚盐含量为 4％～5％；20 ℃时相对密度不大于 1.012。

表 4-5　　　　　　　　　　　　　　**粗轻吡啶主要组分的性质**

组分	分子式	结构式	密度(15 ℃)/(g/mL)	沸点/℃
吡啶	C_5H_5N		0.979	115.3
α-甲基吡啶	C_6H_7N		0.946	129
β-甲基吡啶	C_6H_7N		0.958	144
γ-甲基吡啶	C_6H_7N		0.974	143
2,4-二甲基吡啶	C_7H_9N		0.946	156

4.3.3.2　从硫酸铵母液中制取粗轻吡啶的工艺原理

吡啶是粗轻吡啶中含量最多、沸点最低的组分,故以吡啶为例来阐述回收的基本原理。

吡啶具有弱碱性,与酸发生中和反应生成相应的盐。在饱和器或酸洗塔中,吡啶与母液中的硫酸作用生成酸式盐或中式盐,发生的化学反应分别为

生成酸式盐　　　　　$C_5H_5N + H_2SO_4 \longrightarrow C_5H_5NH \cdot HSO_4$

生成中式盐　　　　$2C_5H_5N + H_2SO_4 \longrightarrow (C_5H_5NH)_2SO_4$

当提高母液酸度时,有利于生成硫酸吡啶的反应,会有更多的吡啶被吸收下来。硫酸吡啶不稳定,在母液中主要以酸式硫酸吡啶盐形式存在,此盐在温度升高时极易离解,并与硫酸铵反应而生成游离吡啶,化学反应式如下:

$$C_5H_5NH \cdot HSO_4 + (NH_4)_2SO_4 \longrightarrow 2NH_4HSO_4 + C_5H_5N$$

当母液温度提高或母液中硫酸铵含量增多,均能促使酸式硫酸吡啶发生离解,使吡啶游离出来。在一定温度下母液液面上总有相应压力的吡啶蒸气,使吡啶被煤气带走而形成损失。只有当母液面上的吡啶蒸气压小于煤气中吡啶分压时,煤气中的吡啶才会被母液吸收下来。这两个分压之差愈大,吸收反应就进行得愈好,则随煤气损失的吡啶就愈少。因此,只有连续提取母液中的吡啶,使母液中吡啶含量低于与煤气中吡啶分压相平衡的含量,才能使吸收过程不断进行。

由以上分析可知,吸收过程好坏主要取决于母液液面上吡啶蒸气压的大小、母液的酸度、温度及其中吡啶的含量等。当母液中吡啶含量和母液酸度一定时,母液面上吡啶蒸气压随温度升高而增加。当母液温度高于 60 ℃时,吡啶蒸气压急剧上升;当母液酸度增加时,吡啶蒸气压则降低;当母液中吡啶含量增加时,吡啶蒸气压显著增加。还应指出的是,粗轻吡啶是与硫酸铵工艺净化煤气中的氨同时进行的,而硫酸铵工艺中必须考虑温度对水平衡的影响。因此,温度、酸度等的可调范围不是很大。表 4-6 为不同温度下母液中粗轻吡啶允许含量。

表 4-6 不同温度下母液中粗轻吡啶允许含量

母液温度/℃	50	55	60	65
母液中粗轻吡啶含量/(g/L)	32.1	15.2	9.8	4.0

上述母液温度及酸度主要是考虑了硫酸铵生产的需要,在此条件下,氨的回收率可达 90% 以上,而吡啶的回收率仅为 70%~80%。为了提高吡啶的回收率,应使母液中粗轻吡啶含量不低于 16 g/L。

为了从母液中提取吡啶盐基,将氨气通入中和器中,中和母液中的游离酸,使酸式硫酸铵变为中式盐,然后再反应分解硫酸吡啶,反应式如下:

$$2NH_3 + H_2SO_4 \longrightarrow (NH_4)_2SO_4$$
$$NH_3 + NH_4HSO_4 \longrightarrow (NH_4)_2SO_4$$
$$2NH_3 + C_5H_5NH \cdot HSO_4 \longrightarrow (NH_4)_2SO_4 + C_5H_5N$$
$$2NH_3 + (C_5H_5NH)_2SO_4 \longrightarrow (NH_4)_2SO_4 + 2C_5H_5N$$

因此,当需回收的粗轻吡啶的数量一定时,母液中粗轻吡啶含量愈高,则需中和的母液量愈少,可有较多的氨用于分解硫酸吡啶。但如前所述,母液温度高时,母液中吡啶盐基含量不能过高,否则回收率将降低。

4.3.3.3 工艺流程

目前国内从饱和器中回收吡啶制取粗轻吡啶的工艺流程常用的有两种流程形式,即文氏管反应器法和中和器法。

(1) 文氏管反应器提取粗轻吡啶

用文氏管反应器提取粗轻吡啶流程如图 4-19 所示。

如图 4-19 所示,硫酸铵母液从沉淀槽 1 连续进入文氏管反应器 2,与由蒸氨分凝器来的氨气在喉管处混合反应,使吡啶从母液中游离出来,同时因反应热而使吡啶从母液中气化,气液混合物一起进入旋风分离器 3 进行分离,分出的母液去脱吡啶母液净化装置,气体进入冷凝冷却器 4 进行冷凝冷却。被冷却到 30~40 ℃的冷凝液进入油水分离器 5,分离出的粗轻吡啶流经计量槽 6 后进入储槽分离器 7,分离水则返回反应器。

在文氏管反应器内,氨气与母液接触时间很短,中和反应的好坏,除与设备结构设计有关外,主要取决于氨气由喷嘴喷出的速率和碱度的控制。因此必须使氨气流量稳定在规定的范围内,有条件时可采用碱度自动控制装置,及时调节进入文氏管的母液量来稳定脱吡啶后母液的碱度。

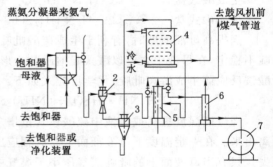

图 4-19 用文氏管反应器从母液中
提取粗轻吡啶

1——母液沉淀槽;2——文氏管反应器;
3——旋风分离器;4——冷凝冷却器;
5——油水分离器;6——计量槽;
7——储槽分离器;

文氏管中和器具有体积小、制造简单,检修方便等优点。因此,近年来在国内的一些大型焦化厂普遍受到重视。

（2）中和器法提取粗轻吡啶

图 4-20 为采用母液中和器，从饱和器母液中生产粗轻吡啶的工艺流程。

由图 4-20 可见，母液从饱和器结晶槽连续流入母液沉淀槽 1 中，进一步析出硫酸铵结晶，并除去浮在母液液面上的煤焦油，然后进入母液中和器 2 中。同时从蒸氨分凝器来的 10%～12% 的氨气，进入中和器泡沸穿过母液层，与母液接触而分解出吡啶。大量的反应热及氨气的冷凝热使中和器内母液温度升至 95～99 ℃。在此温度下，吡啶蒸气、氨气、硫化氢、氰化氢、二氧化碳，水汽以及少量油气和酚等物质从中和器逸出，进入冷凝冷却器 3 中冷却到 30 ℃ 左右。冷凝液进入油水分离器 4，上层的粗吡啶流入计量槽 5，然后放入储槽

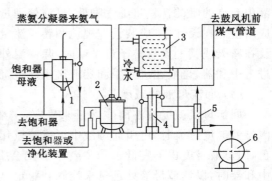

图 4-20　从饱和器母液中生产
粗轻吡啶的流程
1——母液沉淀槽；2——中和器；3——冷凝冷却器；
4——油水分离器；5——计量槽；6——储槽

6，下层的分离水则返回中和器。中和母液所消耗的氨并没有损失，而以硫酸铵的形式随脱吡啶母液由中和器满流而出，经母液净化装置净化后流至饱和器母液系统。

因为吡啶的溶解度比其同系物大得多，故分离水中主要含的是吡啶。分离水返回反应器，既可增大水溶液中铵盐浓度，又可减少吡啶损失。吡啶蒸气有毒，并含有硫化氢、氰化氢等有毒物，故提取吡啶系统要在负压下操作。

吡啶盐基易溶于水，其所以能与分离水分开，是因为分离水中溶有大量的碳酸铵，具有使吡啶盐基从水中盐析出来的作用，并使分离水与粗轻吡啶的密度差增大。因此，分离水必须返回中和器。

在正常操作下，分离水的特性如表 4-7 所示。

表 4-7		分离水的特性		
密度（20 ℃）/（kg/L）	$\rho(NH_3)$/（g/L）	$\rho(CO_2)$/（g/L）	$\rho(H_2S)$/（g/L）	吡啶盐基含量/（g/L）
1.02～1.035	100～150	80～120	4 060	5～10

4.3.3.4　影响粗轻吡啶生产的因素

（1）温度

当饱和器内吡啶浓度及母液酸度一定时，母液液面上吡啶的蒸气压将随温度升高而增大。当温度高于 60 ℃ 时，吡啶蒸气压急剧上升，随之急剧降低了吡啶吸收过程的推动力。因此，饱和器内母液温度不应高于 60 ℃，还应考虑水平衡与硫酸铵生产互相兼顾。

（2）母液酸度

增大饱和器内母液酸度，有利于生成硫酸吡啶中性盐及母液液面上吡啶蒸气压下降，吡啶的回收率可得到提高。但母液酸度过大，将影响硫酸铵的粒度和质量。所以，母液酸度的控制应服从硫酸铵生产的需要。

(3) 饱和器母液中吡啶含量

如前所述,55 ℃母液中吡啶的最大含量不大于 15.2 g/L。当母液温度高于 55 ℃时,母液中允许的吡啶含量将随之降低,母液处理量随之增大,用于中和其中游离酸的氨气量也相应增多。在设计中,应装设窥视镜和转子流量计以控制进入中和器的母液量;当母液管道架设在露天或其上设有转子流量计时,除保温外,还需设置套管加热器。为了防止结晶随母液进入中和器,母液在进入中和器前必须通过沉淀槽。

(4) 回流母液的碱度

回流母液碱度按游离酸含量来确定,一般控制在 0.35~0.8 g/L,最好低于 0.5 g/L。因母液碱度过大时,可引起母液中形成硫氰化物,强烈腐蚀设备并形成铁盐,致使硫酸铵着色,但母液碱度也不宜低于 0.2 g/L,否则会引起硫酸吡啶不能完全分解。当氨气全部加入中和器时,以调节母液处理量来控制和稳定母液碱度。

(5) 氨气温度和氨气含量

控制氨气分凝器后的氨气温度小于或等于 98 ℃,从而将氨气含量控制在 10%~12%。温度的控制除采用自动调节阀外,在分凝器给水管道的设计上,还应考虑人工调节的可能;生产中如氨气浓度过低时,则因带入中和器的水汽量增多,而使从中和器出来的吡啶蒸气含有大量水汽,增加了冷凝水量。这将增加粗轻吡啶产品中的含水量,同时会冲淡分离水中的铵盐浓度,从而使分离操作恶化。故在操作中应严格控制氨分缩器后的氨气浓度。

(6) 中和器的操作温度

中和器内溶液温度对生产操作非常重要,这可从中和器出口吡啶蒸气温度反映出来。此温度一般控制在 98~100 ℃。当温度过低时说明回流母液碱度过大,过高时说明回流母液碱度过低。因此在生产操作中,要经常注意检查并及时进行调节就可使中和器的操作正常稳定。

(7) 吡啶油水分离器的操作及分离水的处理

吡啶之所以能在吡啶油水分离器中与分离水分开,是因为分离水中溶解了大量的碳酸铵,增大了分离水与吡啶的密度差,产生了使吡啶盐基从水溶液中盐析出来的作用。为增大分离水中铵盐的浓度并减少吡啶的损失,需将分离水返回中和器。

因吡啶的溶解度比其同系物大得多,所以分离水中主要含的是吡啶。可见分离水返回中和器后,除可增大挥发性铵盐在水溶液中的浓度外,还可减少吡啶的损失。

(8) 吡啶装置的工作压力

吡啶蒸气有毒,此外尚有硫化氢、氰化氢等有毒气体,故吡啶回收系统操作均应在负压下进行生产。中和器内吸力保持在 500~2 000 Pa。负压的产生是靠设备的放散管集中一起连接到鼓风机前的负压煤气管道上形成的。为防止管道被碳酸盐类堵塞,各设备放散管和放散主管除保温外,还需定期用蒸汽清扫。有条件时,可设置空喷水洗装置,将放散气体中盐类洗除。为保持负压和避免放散管堵塞使各设备内部压力不一致,影响正常生产,进入吡啶装置各设备的管道应设置水封。

4.3.3.5 粗轻吡啶生产的主要设备

粗轻吡啶生产的主要设备有中和器、冷凝冷却器、母液沉淀槽、油水分离器、计量槽等。

母液中和器结构如图 4-21 所示。母液中和器的筒体一般用钢板焊制,内衬防腐层,或用硬铅制成;氨气引入管和泡沸伞可用不锈钢焊制或用硬铅铸成。它是一个直径为 1.2~

1.8 m,带有锥底的直立圆柱体,中央设有氨气引入管和鼓泡伞,可使氨气鼓泡而出与母液充分接触。母液中和器结构较为复杂,由于母液具有较强的腐蚀作用,需经常停产检修。

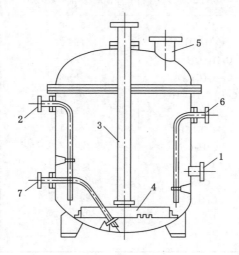

图 4-21　母液中和器

1——满流口;2——母液引入管;3——氨气引入管;4——鼓泡伞;
5——蒸汽逸出口;6——分离水回流口;7——放空管

国内焦化厂常用的 3.5 m³ 的母液中和器规格为:直径 1 800 mm,全高 2 604 mm,筒体高 1 790 mm,设备质量 2 366 kg,保温面积 13.3 m²。

4.4　粗苯的回收

粗苯和煤焦油是炼焦化学产品回收中最重要的两类产品。在石油工业中曾被称为基础化工原料的八种烃类有四类(苯、甲苯、二甲苯、萘)从粗苯和煤焦油产品中提取。目前,中国年产焦炭超过 4 亿 t,可回收的粗苯资源达 400 多万吨。虽然从石油化工可生产这些产品,但焦化工业仍是苯类产品的重要来源,因此,从焦炉煤气中回收苯族烃具有重要的意义。

焦炉煤气一般含苯族烃 30～45 g/m³,经回收苯族烃后降到 2～4 g/m³。

4.4.1　粗苯的组成和性质

粗苯是由多种芳烃和其他化合物组成的复杂混合物。粗苯中主要含有苯、甲苯、二甲苯和三甲苯等芳香烃,此外,还含有不饱和化合物、硫化物、饱和烃、酚类和吡啶碱类。当用洗油回收煤气中的苯族烃时,粗苯中尚含有少量的洗油轻质馏分。粗苯各组分的平均含量见表 4-8。

粗苯的组成取决于炼焦配煤的组成及炼焦产物在炭化室内热解的程度。在炼焦配煤质量稳定的条件下,在不同的炼焦温度下所得粗苯中苯、甲苯、二甲苯和不饱和化合物在 180 ℃前馏分中含量见表 4-9。

表 4-8   粗苯各组分的平均含量

组分	分子式	含量(质量分数)/%	备　注
苯	C_6H_6	55~80	
甲苯	$C_6H_5CH_3$	11~22	
二甲苯	$C_6H_4(CH_3)_2$	2.5~8	同分异构物和乙基苯总和
三甲苯	$C_6H_3(CH_3)_3$	1~2	同分异构物总相
乙基甲苯	$C_2H_5C_6H_4CH_3$	7~12	
环戊二烯	C_5H_6	0.5~1.0	
苯乙烯	$C_6H_6CHCH_2$	0.5~1.0	
苯并呋喃	C_8H_6O	1.0~2.0	包括同系物
茚	C_9H_8	1.5~2.5	包括同系物
硫化物	CS_2	0.3~1.8	按硫计
二硫化碳	C_4H_4S	0.3~1.5	
噻吩		0.2~1.6	
饱和物		0.6~2.0	

表 4-9   不同炼焦温度下粗苯(180 ℃前馏分)中主要组分的含量

炼焦温度/℃	粗苯中主要组分的含量(质量分数)/%			
	苯	甲苯	二甲苯	不饱和化合物
950	50~60	18~22	6~7	10~12
1 050	65~75	13~16	3~4	7~10

此外,粗苯中酚类的含量通常为 0.1%~1.0%,吡啶碱类的含量一般不超过 0.5%。当硫酸铵工段从煤气中回收吡啶碱类时,则粗苯中吡啶碱类含量不超过 0.01%。

粗苯是黄色透明的油状液体,比水轻,微溶于水。在储存时,由于低沸点不饱和化合物的氧化和聚合所形成的树脂状物质能溶解于粗苯中,使其着色变暗。粗苯易挥发易燃,闪点为 12 ℃,初馏点 40~60 ℃。粗苯蒸气在空气中的体积分数达到 1.4%~7.5% 范围时,能形成爆炸性混合物。

4.4.2　回收苯族烃的方法

从焦炉煤气中回收苯族烃采用的方法有洗油吸收法、固体吸附法和深冷凝结法。其中洗油吸收法工艺简单经济,得到广泛应用。

洗油吸收法依据操作压力分为加压吸收法、常压吸收法和负压吸收法。加压吸收法的操作压力为 800~1 200 kPa,此法可强化吸收过程,适于煤气远距离输送或作为合成氨厂的原料气。常压吸收法的操作压力稍高于大气压,是各国普遍采用的方法。负压吸收法应用于全负压煤气净化系统。

固体吸附法是采用具有大量微孔组织和很大吸收表面积的活性炭或硅胶作为吸附剂,活性炭的吸附表面积为 1 000 m^2/g,硅胶的吸附表面积为 450 m^2/g。用活性炭等吸附剂吸收煤气中的粗苯,该法在中国曾用于实验室分析测定。例如煤气中苯含量的测定就是利用这种方法。

深冷凝结法是把煤气冷却到 $-40 \sim -50$ ℃，从而使苯族烃冷凝冷冻成固体，将其从煤气中分离出来，该法中国尚未采用。

吸收了煤气中苯族烃的洗油称为富油。富油的脱苯按操作压力分为常压水蒸气蒸馏法和减压蒸馏法，按富油加热方式又分为预热器加热富油的脱苯法和管式炉加热富油的脱苯法。各国多采用管式炉加热富油的常压水蒸气蒸馏法。

本节重点介绍洗油常压吸收法回收煤气中的苯族烃和管式炉加热富油的水蒸气蒸馏法脱苯工艺。

4.4.3　煤气的终冷和除萘

在生产硫酸铵的回收工艺中，饱和器后的煤气温度通常为 55 ℃左右，而回收苯族烃的适宜温度为 25 ℃左右，因此，在回收苯族烃之前将煤气再次进行冷却，称为最终冷却（终冷）。在终冷前煤气含萘为 $1 \sim 2$ g/m³，大大超过终冷温度下的饱和含萘量。因此，煤气最终冷却同时还有除萘作用。早些年，煤气净化流程中普遍采用直接式最终冷却兼水洗萘工艺，即用水直接喷洒进入终冷塔的煤气，在煤气冷却的同时，萘析出并被水冲洗下来。混有萘的冷却水通过机械化萘沉淀槽将萘分离出去，或用热煤焦油将萘萃取出来。这种方法洗萘效率低，终冷塔出口煤气含萘高达 $0.6 \sim 0.8$ g/m。循环水所夹带的萘或煤焦油容易沉积于凉水架上，凉水架的排污气和排污水严重污染环境，因此水洗萘法已被淘汰。比较有前途的方法是油洗萘法和横管式煤气终冷除萘流程。

目前焦化厂采用的煤气终冷和除萘工艺流程主要有横管式煤气终冷除萘工艺流程、油洗萘和煤气终冷工艺流程以及煤气预冷油洗萘和煤气终冷工艺流程。

（1）横管式煤气终冷除萘

横管式煤气终冷除萘工艺流程见图 4-22。来自硫酸铵工段 55 ℃左右的煤气，进入横管式煤气终冷器进行最终冷却，煤气和轻质煤焦油走管间，冷却水走管内。终冷器分上、下两段。

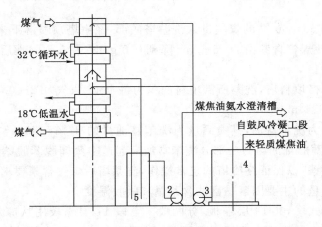

图 4-22　横管式煤气终冷除萘工艺流程

1——横管终冷器；2——含萘煤焦油泵；3——轻质煤焦油泵；4——轻质煤焦油槽；5——水封槽

煤气自上而下流动，终冷器上段用 32 ℃循环水间接冷却煤气，下段用 18 ℃低温水间接冷却煤气，经终冷后煤气被冷却至 25 ℃，然后到洗苯塔脱除其中的苯族烃。

轻质煤焦油与煤气并流直接接触,自上而下分两段喷洒,轻质煤焦油含水量控制在 10% 以下,喷淋密度控制在 4.5～5 m³/(m²·h)。含萘的轻质煤焦油用泵送鼓风冷凝工段与初冷器冷凝液混合,混合分离出的轻质煤焦油循环使用。

为降低终冷器煤气系统阻力,终冷上段设氨水喷洒管,定期喷洒以清除横管外壁的油垢。该流程的特点是:轻质煤焦油为工厂自产;轻质煤焦油吸萘能力强;与鼓风冷凝装置紧密结合,流程简单投资省;煤气不与低温水、循环水直接接触,不会造成大气污染和废水处理。

(2) 油洗萘和煤气终冷

油洗萘和煤气终冷工艺流程见图 4-23。

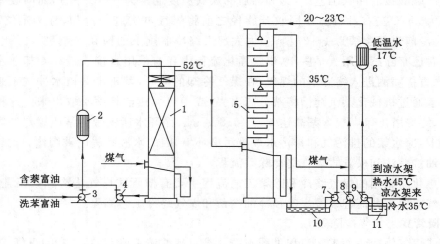

图 4-23　油洗萘和煤气终冷工艺流程

1——洗萘塔;2——加热器;3——富油泵;4——含萘富油泵;5——煤气终冷塔;6——循环水冷却器;

7——热水泵;8,9——循环水泵;10——热水池;11——冷水池

从饱和器来的 55～60 ℃的煤气进入洗萘塔底部,经由塔顶喷淋下来的 55～57 ℃的洗苯富油洗涤后,可使煤气含萘由 2～5 g/m³ 降到 0.5 g/m³ 左右。除萘后的煤气于终冷塔内冷却后送往洗苯塔。

洗萘塔常用木格填料塔,洗萘所需填料面积为每 1 m³ 煤气 0.2～0.3 m²。塔内煤气的空塔速率为 0.8～1.0 m/s。

洗萘用的洗油为洗苯富油,其喷洒量为洗苯富油量的 30%～35%,入塔富油含萘要求小于 8%。吸收了萘的富油与另一部分洗苯富油一起送去蒸馏脱苯脱萘。为了防止在终冷塔内从煤气中析出萘,以保证终冷塔的正常操作,洗萘塔后煤气含萘要求 ≤0.5 g/m³。影响洗萘塔后煤气含萘量的主要因素是富油含萘量和吸收温度。

终冷塔为隔板式塔,共 19 层隔板,分两段。下段 11 层隔板用从凉水架来的循环水喷淋,将煤气冷却至 40 ℃左右。上段 8 层隔板,用温度为 20～23 ℃的低温循环水喷淋,将煤气再冷却至 25 ℃左右。热水从终冷塔底部经水封管流入热水池,然后用泵送至凉水架,经冷却后自流入冷水池,再用泵送到终冷塔的下段,送往上段的水尚需于间冷器中用低温水冷却。由于终冷器只是为了冷却煤气而无需冲洗萘,故终冷循环水量可减少至 2.5～3 t/1 000 m³(煤气)。

（3）煤气预冷油洗萘和终冷

煤气预冷油洗萘和终冷工艺流程见图 4-24。煤气先进入预冷塔，被冷却水冷却到 40～45 ℃（萘露点为 30～35 ℃）。由于煤气温度高于萘露点温度，故在塔中无萘析出。预冷后的煤气进入油洗萘塔，靠调节洗苯富油温度使塔内煤气温度保持在 40～45 ℃。洗萘后的煤气再经最终冷却塔冷却至 25 ℃左右。此流程由于洗萘温度低，故经洗萘后的煤气含萘量可降至 0.4～0.5 g/m³。若采用含萘<5% 的洗苯贫油洗萘，可使煤气含萘降至 0.2 g/m³ 以下。此流程操作的关键是保证预冷塔煤气出口温度比煤气的萘露点高 5～10 ℃，以保证萘不在预冷塔析出。

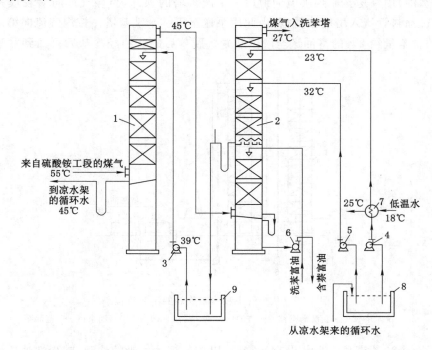

图 4-24　煤气预冷油洗萘和终冷工艺流程

1——煤气预冷塔；2——油洗萘向煤气终冷塔；3,4,5——终冷水泵；6——油泵；7——循环水冷却器；
8——循环水池；9——中间水池

油洗萘和煤气终冷流程与水洗萘相比，除了洗萘效果好之外，突出的优点是所需终冷水量仅为水洗萘用水量的一半，故可以减少污水排放量，并有可能采用终冷水闭路循环系统，取消凉水架，避免对大气的污染。

通过以上几种煤气洗萘和终冷流程的讨论可以看到：

① 煤气终冷是为了降低硫酸铵工艺装置排出煤气的温度和湿度，以有利于粗苯的回收而必须设立的一道工序；

② 洗萘则是因为煤气在初冷器中冷却温度不够低而留下的缺陷。

为了弥补这些缺陷，上述横管终冷除萘工艺中，几乎完全重复了煤气横管初冷的设备和操作。因此，焦化界人士的共识是：煤气初冷（含除煤焦油、除萘）是化学产品回收与煤气净化的基础，在初冷工序多投入一些是值得的。使初冷器后煤气温度低一些，再在电捕（煤）焦油器中除去煤焦油雾,即可打好基础。

4.4.4 粗苯吸收

4.4.4.1 工艺流程

用洗油吸收煤气中的苯族烃所采用的洗苯塔虽有多种形式,但工艺流程基本相同。填料塔吸收苯族烃的工艺流程见图 4-25。

来自饱和器后的煤气经最终冷却器冷却到 25～27 ℃ 后(或从洗氨塔后来的 25～28 ℃煤气),依次通过两个洗苯塔,塔后煤气中苯族烃含量一般为 2～4 g/m³。温度为 27～30 ℃循环洗油(贫油)用泵送至顺煤气流向最后一个洗苯塔的顶部,与煤气逆向沿着填料向下喷洒,然后经过油封管流入塔底接受槽,由此用泵送至下一个洗苯塔。按煤气流向第一个洗苯塔底流出的含苯量约 2% 的富油送至脱苯装置。脱苯后的贫油经冷却后再回到贫油槽循环使用。

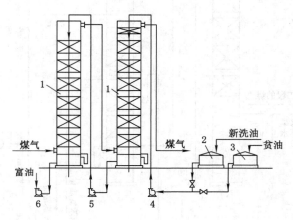

图 4-25　从煤气中吸收苯族烃的工艺流程

1——洗苯塔;2——新洗油槽;3——贫油槽;4——贫油泵;5——半富油泵;6——富油泵

在最后一个洗苯塔喷头上部设有捕雾层,以捕集煤气夹带的油滴,减少洗油损失。洗苯塔下部设置的油封管(也叫 U 形管)起防止煤气随洗油窜出作用。

4.4.4.2 影响苯族烃吸收的因素

煤气中的苯族烃在洗苯塔内被吸收的程度称为回收率,可用下式表示:

$$\eta = 1 - \frac{a_2}{a_1}$$

式中　η——粗苯回收率,%;

a_1,a_2——洗苯塔入口煤气和出口煤气中苯族烃的含量,g/m³。

回收率是一项重要技术经济指标,当 a_1 一定,煤气量一定时,a_2 愈小,回收率愈大,粗苯产量愈高,销售收入也愈多;但相对而言,基建投资和运行费用也愈高,最佳的 a_2 值(或最佳的粗苯回收率),应是纯效益最高。确定最佳塔后煤气含苯(即 a_2 值)时,需要建立投入产出数学模型,采用最优化的方法解决。对于已投产的焦化厂粗苯回收率,则是评价洗苯操作好坏的重要指标,一般为 93%～95%。

回收率的大小取决于下列因素:煤气和洗油中苯族烃的含量,吸收温度,洗油循环量及其相对分子质量,洗苯塔类型和构造,煤气流速及压力等。

（1）吸收温度

吸收温度系指洗苯塔内气液两相接触面的平均温度。它取决于煤气和洗油的温度，也受大气温度的影响。

吸收温度是通过吸收系数和吸收推动力的变化而影响粗苯回收率的。提高吸收温度，可使吸收系数略有增加，但不显著，而吸收推动力却显著减小。

当煤气中苯族烃的含量一定时，温度愈低，洗油中与其平衡的粗苯含量愈高；温度愈高，洗油中与其平衡的粗苯含量则显著降低。

当入塔贫油含苯量一定时，洗油液面上苯族烃的蒸气压随吸收温度升高而增高，吸收推动力则随之减小，致使洗苯塔后煤气中的苯族烃含量 a_2（塔后损失）增加，粗苯的回收率 η 降低。

当吸收温度超过 30 ℃时，随温度的升高，a_2 显著增加，η 显著下降。因此，吸收温度不宜过高，但也不宜过低。当低于 15 ℃，洗油的黏度将显著增加，使洗油输送及其在塔内均匀分布和自由流动都发生困难。当洗油温度低于 10 ℃时，还可能从油中析出固体沉淀物。因此适宜的吸收温度为 25 ℃左右，实际操作温度波动于 20～30 ℃之间。

为了防止煤气中的水汽冷凝而进入洗油中，操作中洗油温度应略高于煤气温度。一般规定洗油温度在夏季比煤气温度高 2 ℃左右，冬季高 4 ℃左右。

为保证适宜的吸收温度，自硫酸铵工段来的煤气进洗苯塔前，应在最终冷却器内冷却至 18～28 ℃，贫油应冷却至低于 30 ℃。

（2）洗油的吸收能力及循环油量

同类液体吸收剂的吸收能力与其相对分子质量成反比，吸收剂与溶质的相对分子质量愈接近，则愈易相互溶解，吸收愈完全。在回收等量粗苯的情况下，如洗油的吸收能力强，使富油的含苯量高，则循环洗油量也可相应减少。但洗油的相对分子质量也不宜过小，否则洗油在吸收过程中挥发损失较大，并在脱苯蒸馏时不易与粗苯分离。

增加循环洗油量，则可降低洗油中粗苯的含量，增加吸收推动力，从而可提高粗苯回收率。但循环洗油量也不宜过大，以免过多地增加电、蒸汽的耗量和冷却水用量。

在塔后煤气含量一定的情况下，随着吸收温度的升高，所需要的循环洗油量也随之增加。

当装入煤挥发分不超过 28%时，循环洗油量可取为 1 t 干煤 0.5～0.55 m^3；当装入煤挥发分不超过 28%时，则循环洗油量宜按 1 m^3 煤气 1.6～1.8 L 确定，此值称为油气比。

由于石油洗油的相对分子质量比煤焦油洗油大，因此当用石油洗油从煤气中吸收同一数量的苯族烃时，所需循环洗油量要比煤焦油洗油约大 30%。

（3）贫油含苯量

贫油含苯量是决定塔后煤气含苯族烃量的主要因素之一。当其他条件一定时，入塔贫油中粗苯含量愈高，则塔后损失愈大。

实际上，由于贫油中粗苯的组成中，苯和甲苯含量少，绝大部分为二甲苯和溶剂油，其蒸气压仅相当于同一温度下煤气中所含苯族烃蒸气压的 20%～30%，故实际贫油含粗苯量可允许达到 0.4%～0.6%，此时仍能保证塔后煤气含苯族烃在 2 g/m^3 以下。如进一步降低贫油中的粗苯含量，虽然有助于降低塔后损失，但将增加脱苯蒸馏时的水蒸气耗量，使粗苯产品的 180 ℃前馏出率减少，即相应增加了粗苯中溶剂油的生成量，并使洗油的耗量增加。

近年来，有些焦化厂将塔后煤气含苯量控制在 4 g/m^3 左右，甚至更高。如前所述，这一指标的确定，严格说来，应根据市场需要及本厂实际，建立投入产出数学模型，用最优化方法解决。目前仍处于经验或半经验法确定。另外由回炉煤气中得到的苯族烃,硫含量比一般粗苯高 3.5 倍,比不饱和化合物含量高 1.1 倍。由于这些物质很容易聚合,会增加粗苯回收和精制操作的困难,故塔后煤气含苯量控制高一些也是合理的。

（4）吸收表面积

为使洗油充分吸收煤气中的苯族烃,必须使气液两相之间有足够的接触表面积（即吸收面积）和接触时间。对于填料塔,吸收面积是塔内被洗油润湿的填料表面积。接触时间是上升煤气在塔内与洗油淋湿的填料表面接触的时间。被洗油润湿的填料表面积愈大,则煤气与洗油接触的时间愈长,回收过程进行得也愈完全。

根据生产实践,当塔后煤气含苯量要求达到 2 g/m³ 时,每小时 1 m³ 煤气所需的吸收面积一般是木格填料洗苯塔为 1.0～1.1 m²,钢板网填料塔为 0.6～0.7 m²,塑料花环填料塔为 0.2～0.3 m²;当减少吸收面积时,粗苯的回收率将显著降低。适宜的吸收面积应既能保证一定的粗苯回收率,又使设备费和操作费经济合理。

（5）煤气压力和流速

当增大煤气压力时,扩散系数 D 将随之减小,因而使吸收系数有所降低。但随着压力的增加,煤气中的苯族烃分压将成比例地增加,使吸收推动力显著增加,因而吸收速率也将增大。在加压下进行粗苯的回收时,可以减少塔后苯族烃的损失、洗油耗用量、洗苯塔的面积等,所以加压回收粗苯是强化洗苯过程的有效途径之一。但加压煤气要耗用较多的电能和设备费,而苯族烃的回收率提高的实际收效却不大。因此,通常在常压下操作。

增加煤气流速可提高气膜吸收系数,增强两相的湍动接触程度,从而提高吸收速率,强化吸收过程。但煤气速率也不宜过大,以免使洗苯塔阻力和雾沫夹带量过大。对木格填料塔,空塔气速以不高于载点气速的 0.8 倍为宜。

4.4.4.3 洗油的质量要求

为满足从煤气中回收和制取粗苯的要求,洗油应具有如下性能:

① 常温下对苯族烃有良好的吸收能力,在加热时又能使苯族烃很好地分离出来。

② 具有化学稳定性,即在长期使用中其吸收能力基本稳定。

③ 在吸收操作温度下不应析出固体沉淀物。

④ 易与水分离,且不生成乳化物。

⑤ 有较好的流动性,易于用泵抽送并能在填料上均匀分布。

焦化厂用于洗苯的主要有煤焦油洗油和石油洗油。煤焦油洗油是高温煤焦油中 230～300 ℃的馏分,容易得到,为大多数焦化厂所采用。其质量指标见表 4-10。

表 4-10　　　　　　　　　　　　煤焦油洗油质量指标

项　目	指　标	项　目	指　标
密度（20 ℃）/(g/mL)	1.03～1.06	萘含量/%	≤15
馏程（1.013×10⁵ Pa）:		水分/%	≤1.0
≤300 ℃前馏出量/%	≥90	黏度（E_{50}）	1.5
酚含量/%	≤0.5	≤15 ℃结晶物	无

要求洗油的萘含量小于 15%，苊含量不大于 5%，以保证在 10～15 ℃时无固体沉淀物析出。因为萘熔点 80 ℃，苊熔点 95.3 ℃，在常温下易析出固体结晶，因此，应控制其含量。但萘与苊、芴、氧芴及洗油中其他高沸点组分混合共存时，能生成熔点低于有关各组分的低共熔点混合物。因此，在洗油中存在一定数量的萘，有助于降低从洗油中析出沉淀物的温度。洗油中甲基萘含量高，洗油黏度小，平均相对分子质量小，吸苯能力较大。所以，在采用洗油脱萘工艺时，应防止甲基萘成分随之切出而造成损失。同理，在脱苯蒸馏操作中要严格控制脱苯塔顶部温度和过热蒸汽用量及温度。

洗油含酚高易与水形成乳化物，破坏洗苯操作。另外，酚的存在还易使洗油变稠。因此，应严格控制洗油中的含酚量。

石油洗油系指轻柴油，是石油精馏时在馏出汽油和煤油后所切取的馏分。生产实践表明：用石油洗油洗苯，具有洗油耗量低，油水分离容易及操作简便等优点。现国内某些煤焦油洗油来源不便的焦化厂采用石油洗油。石油洗油的质量指标见表 4-11。

表 4-11　　　　　　　　　　　　　　石油洗油的质量指标

项　目	指　标	项　目	指　标
密度(20 ℃)/(g/mL)	≤0.89	350 ℃前馏出量/%	≥95
黏度(E_{50})	≤1.5	凝固点/℃	<20
初馏点/℃	≥265	含水量/%	≤0.2
		固体杂质	无

石油洗油脱萘能力强，一般在洗苯塔后可将煤气中萘脱至 $0.15\ \mathrm{g/m^3}$ 以下，但吸苯能力弱，故循环油量比用煤焦油洗油时大，因而脱苯蒸馏时的蒸汽耗量也大。

石油洗油在循环使用过程中会形成不溶性物质——油渣，并堵塞换热设备，因而破坏正常的加热制度。另外，含有油渣的洗油与水还会形成稳定的乳浊液，影响正常操作。故在洗苯流程中增设沉淀槽，控制含渣量不大于 20 mg/L。

洗油的质量在循环使用过程中将逐渐变坏，其密度、黏度和相对分子质量均会增大，300 ℃前馏出量降低。这是因为洗油在洗苯塔中吸收苯族烃的同时还吸收了一些不饱和化合物，如苯乙烯、环戊二烯、古马隆、茚、丁二烯等，这些不饱和化合物在煤气中硫醇等硫化物的作用下，或在加热脱苯条件下，会聚合成高分子聚合物并溶解在洗油中，因而使洗油质量变坏，冷却时析出沉淀物。此外，在循环使用过程中，洗油的部分轻质馏分被出塔煤气、粗苯和分离水带走，也会使洗油中高沸点组分含量增多，黏度、密度及平均相对分子质量增大。

循环洗油的吸收能力比新洗油约下降 10%，为了保证循环洗油的质量，在生产过程中，必须对洗油进行再生处理。

4.4.4.4　洗苯塔

焦化厂采用的洗苯塔类型主要有填料塔、板式塔和空喷塔。

（1）填料塔

填料洗苯塔是应用较早、较广的一种塔。塔内填料常用整砌填料如木格、钢板网等，也可用乱堆填料如金属螺旋、泰勒花环、鲍尔环及鞍型填料等。相对来说，在相同条件下，乱堆填料阻力较大，且易堵塞。因此，普遍采用的是整砌填料。

木格填料洗苯塔阻力小,一般每米高填料的阻力为 20～40 Pa,操作弹性大,不易堵塞,稳定可靠,曾广为应用。但木格填料塔存在处理能力小,设备庞大笨重、基建投资和操作费用高、木材耗量大等缺点。因此,木格填料塔已被新型高效填料塔如钢板网、泰勒花环、金属螺旋等取代。

钢板网填料是用 0.5 mm 厚的薄钢板,在剪拉机上剪出一排排交错排列的切口,再将口拉开,板上即形成整齐排列的菱形孔。将钢板网立着一片片平行叠合起来,相邻板间用厚为 20 mm 长短不一、交错排列的木条隔开,再用长螺栓固定起来,就形成了钢板网填料。钢板网填料比木格填料孔隙率(或自由截面积)大,在同样操作条件下,阻力更小,更不易堵塞,可允许较大的空塔气速,传质速率也比木格填料塔大,达到同样的塔后煤气含苯 2 g/m³ 需要的吸收面积可比木格填料洗苯塔减少 36%～40%。为了保证洗油在塔的横截面上均匀分布,在塔内每隔一定距离安装一块带有煤气涡流罩的液体再分布板。煤气涡流罩按同心圆排列在液体再分布板上,弯管出口方向与圆周相切,在同一圆周上的出口方向一致,相邻两圆周上的方向相反。由于弯管的导向作用,煤气流出涡流罩时,形成多股上升的旋风气流,因而使煤气得到混合,以均一的浓度进入上段填料汇聚。在液体再分布板上的洗油,经升气管内的弯管流到设于升气管中心的圆棒表面,再流到下端的齿形圆板上,借重力喷溅成液滴而淋洒到下段填料上,从而可消除洗油沿塔壁下流及分布不均的现象。

金属螺旋填料系用钢带或钢丝绕成,其比表面积大,且较轻,由于形状复杂、填料层的持液量大,因此吸收剂与煤气接触时间较长,又由于煤气通过填料时搅动激烈,因此,吸收效率较高。泰勒花环填料是由聚丙烯塑料制成的,它由许多圆环绕结而成。该填料无死角,有效面积大、线性结构空隙率大、阻力小,填料层中接触点多,结构呈曲线形状,液体分布好,填料的间隙处滞液量较高,气液两相的接触时间长,传质效率高,结构简单、质量轻、制造安装容易。

(2)穿流式筛板塔

穿流式筛板塔是一种孔板塔,容易改善塔内的流体力学条件,增加两相接触面积,提高两相的湍流程度,迅速更新两相界面以减小扩散阻力。这种塔板结构简单、容易制造、安装检修简便、生产能力大,投资省,金属材料耗量小,但塔板效率受气液相负荷变动的影响较大。影响穿流式筛板塔塔板效率的因素有小孔速率、液气比和塔板结构。

(3)空喷塔

空喷塔与填料塔相比具有投资省、处理能力较大、阻力小、不堵塞及制造安装方便等优点,但是单段空喷效率低,多段空喷动力消耗大。

4.4.5 富油脱苯

4.4.5.1 富油脱苯的方法

富油脱苯是典型的解吸过程,实现粗苯从富油中解吸的基本方法是:提高富油的温度,使粗苯的饱和蒸气压大于其气相分压,使粗苯由液相转入气相。为提高富油的温度,有两种加热方法,即采用预热器蒸气加热富油的脱苯法和采用管式炉煤气加热富油的脱苯法。前者是利用列管式换热器用蒸气间接加热富油,使其温度达到 135～145 ℃后进入脱苯塔。后者是利用管式炉用煤气间接加热富油,使其温度达到 180～190 ℃后进入脱苯塔。后者由于富油预热温度高,与前者相比具有以下优点:脱苯程度高,贫油含苯量可达 0.1% 左右,粗苯回收率高,蒸气耗量低,每生产 1 t,180 ℃前粗苯蒸气耗量为 1～1.5 t,仅为预热器加热富油脱苯蒸气耗量的 1/3；产生的污水量少，蒸馏和冷凝冷却设备的尺寸小等。因此，各国广泛采用管式炉加热富油的脱苯工艺。

富油脱苯按其采用的塔设备分为只设脱苯塔的一塔法、设脱苯塔和两苯塔的二塔法和再增设脱水塔和脱萘塔的多塔法。

富油脱苯按原理不同可采用水蒸气蒸馏和真空蒸馏两种方法。由于水蒸气蒸馏具有操作简便、经济可靠等优点，因此中国焦化厂均采用水蒸气蒸馏法。

富油脱苯按得到的产品不同分有生产粗苯一种苯的流程，生产轻苯和重苯二种苯的流程，生产轻苯、重质苯及萘溶剂油三种产品的流程。

4.4.5.2　富油脱苯的原理

富油是洗油和粗苯完全互溶的混合物，通常将其看作理想溶液，气液平衡关系服从拉乌尔定律，因富油中苯族烃各成分的摩尔分数很小（粗苯的质量分数在 2% 左右），在较低的温度下很难将苯族烃的各种组分从液相中较充分地分离出来。用一般的蒸馏方法，从富油中把粗苯较充分地蒸出来，且达到所需要的脱苯程度，需将富油加热到 250～3 000 ℃，在这样高的温度下，粗苯损失增加，洗油相对分子质量增大，质量变坏，对粗苯吸收能力下降，这在实际上是不可行的，为了降低富油的脱苯温度采用水蒸气蒸馏。

所谓水蒸气蒸馏就是将水蒸气直接加热置于蒸馏塔中的被蒸馏液（与水蒸气完全或几乎不互溶）中，而使被蒸馏物中的组分得以分离的操作。

当加热互不相溶的液体温合物时，若各组分的蒸气分压之和达到塔内总压时，液体就开始沸腾，故在脱苯塔蒸馏过程中通入大量直接水蒸气，可使蒸馏温度降低。当塔内总压一定时，气相中水蒸气所占的分压愈高，则粗苯和洗油的蒸气分压愈低，即在较低的脱苯蒸馏温度下，可将粗苯较完全地从洗油中蒸出来。因此，直接蒸汽用量对于脱苯蒸馏操作有极为重要的影响。

若只有一个液相由挥发度不同的油类组分组成，用过热水蒸气通过该油类溶液，即可降低油类各组分的气相分压，从而促进不同挥发度的油分的分离。这种使用过热蒸汽分离油类溶液的操作，又叫作汽提操作。实际上富油脱苯操作中使用的正是过热水蒸气。在汽提操作中过热蒸汽又叫作夹带剂。

4.4.5.3　富油脱苯工艺流程

（1）生产一种苯的工艺流程

生产一种苯的工艺流程见图 4-26。

来自洗苯工序的富油依次与脱苯塔顶的油气和水汽混合物、脱苯塔底排出的热贫油换热后温度达 110～130 ℃进入脱水塔。脱水后的富油经管式炉加热至 180～190 ℃进入脱苯塔。脱苯塔顶逸出的 90～92 ℃的粗苯蒸气与富油换热后温度降到 75 ℃左右进入冷凝冷却器，冷凝液进入油水分离器。分离出水后的粗苯流入回流槽，部分粗苯送至塔顶作回流，其余作为产品采出。脱苯塔底部排出的热贫油经贫富油换热器进入热贫油槽，再用泵送贫油冷却器冷却至 25～30 ℃后去洗苯工序循环使用。脱水塔顶逸出的含有萘和洗油的蒸气进入脱苯塔精馏段下部，在脱苯塔精馏段切取萘油。从脱苯塔上部断塔板引出液体至油水分离器分出水后返回塔内。脱苯塔用的直接蒸汽是经管式炉加热至 400～450 ℃后，经由再生器进入的，以保持再生器顶部温度高于脱苯塔底部温度。

为了保持循环洗油质量，将循环油量的 1%～1.5% 由富油入塔前的管路引入再生器进

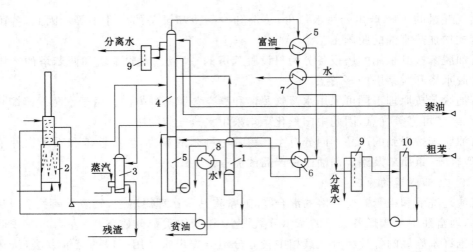

图 4-26　生产一种苯的工艺流程

1——脱水塔;2——管式炉;3——再生器;4——脱苯塔;5——热贫油槽;6——换热器;

7——冷凝冷却器;8——冷却器;9——分离器;10——回流槽

行再生。在此用蒸汽间接将洗油加热至 160～180 ℃,并用过热蒸汽直接蒸吹,其中大部分洗油被蒸发并随直接蒸汽进入脱苯塔底部。残留于再生器底部的残渣油,靠设备内部的压力间歇或连续地排至残渣油槽。残渣油中 300 ℃前的馏出量要求低于 40%。洗油再生器的操作对洗油耗量有较大影响。在洗苯塔捕雾,油水分离及再生器操作正常时,每生产 1 t 180 ℃前粗苯的煤焦油洗油耗量可在 100 kg 以下。

应当指出,上述流程是一种十分稳定可靠的工艺流程。一些操作经验丰富的工人,经过精心操作表明:该流程中的脱水塔可以省略;脱苯塔精馏段可不切取萘油也不会造成萘的积累;脱苯塔上部不会出现冷凝水,因此断塔板和油水分离器可以省略,从而使脱苯装置、管线、阀门大大简化,操作简捷方便,并进一步降低了洗油消耗。实际上用计算机对脱苯塔作模拟计算从理论上也为此提供了支撑。实现萘在贫油中不积累的关键是:脱苯装置操作稳定;脱苯塔顶温度、直接蒸汽温度和用量及富油入脱苯塔温度等指标适宜等;煤气在初冷器和电捕焦油器将萘和煤焦油脱出得较好。

（2）生产两种苯的工艺流程

生产两种苯的工艺流程见图 4-27。

与生产一种苯流程不同的是脱苯塔逸出的粗苯蒸气经分凝器与富油和冷却水换热,温度控制为 88～92 ℃后进入两苯塔。两苯塔顶逸出的 73～78 ℃的轻苯蒸气经冷凝冷却并分离出水后进入轻苯回流槽,部分送至塔顶作回流,其余作为产品采出。塔底引出重苯。

脱苯塔顶逸出粗苯蒸气是粗苯、洗油和水的混合蒸气。在分凝器冷却过程中生产的冷凝液称之为分缩油,分缩油的主要成分是洗油和水。密度比水小的称为轻分缩油,密度比水大的称为重分缩油。轻、重分缩油分别进入分离器,利用密度不同与水分离后兑入富油中。通过调节分凝器轻、重分缩油的采出量或交通管(轻、重分缩油引出管道间的连管)的阀门开度可调节分离器的油水分离状况。

从分离器排出的分离水进入控制分离器,进一步分离水中夹带的油。

（3）生产三种产品的工艺流程

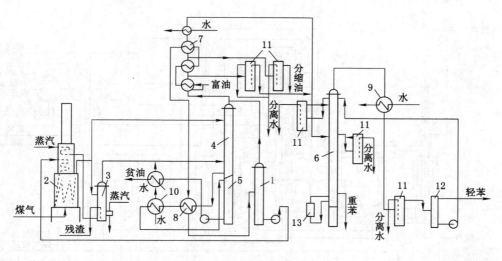

图 4-27　生产两种苯的工艺流程

1——脱水塔;2——管式炉;3——再生器;4——脱苯塔;5——热贫油槽;6——两苯塔;7——分凝器;
8——换热器;9——冷凝冷却器;10——冷却器;11——分离器;12——回流柱;13——加热器

生产三种产品的工艺流程有一塔式和两塔式流程。

① 一塔式流程

一塔式流程即轻苯、精重苯和萘溶剂油均从一个脱苯塔采出,见图 4-28。自洗苯工序来的富油经油气换热器及二段贫富换热器、一段贫富换热器与脱苯塔底出来的 170~175 ℃热贫油换热到 135~150 ℃,进入管式炉加热到 180 ℃进入脱苯塔,在此用再生器来的直接蒸气进行汽提和蒸馏。脱苯塔顶部温度控制在 73~78 ℃,逸出的轻苯蒸气在油气换热器、轻苯冷凝冷却器经分别与富油、16 ℃低温水换热冷凝冷却至 30~35 ℃,进入油水分离器,在与水分离后进入回流槽,部分轻苯送至脱苯塔顶作回流,其余作为产品采出。

脱苯塔底部排出的热贫油经一段贫富油换热器后进入脱苯塔底部热贫油槽,再用泵送经二段贫富油换热器、一段贫油冷却器、二段贫油冷却器冷却到 27~30 ℃至洗苯塔循环使用。

精重苯和萘溶剂油分别从脱苯塔侧线引出至各自的储槽。从脱苯塔上部断塔板上将塔内液体引至分离器与水分离后返回塔内。

从管式炉后引出 1%~1.5% 的热富油,送入再生塔内,用经管式炉过热到 400 ℃的蒸汽蒸吹再生。再生残渣排入残渣槽,用泵送油库工段。

系统消耗的洗油定期从洗油槽经富油泵入口补入系统。

各油水分离器排出的分离水,经控制分离器排入分离水槽送鼓风工段。

各储槽的不凝气集中引至鼓风冷凝工段初冷前吸煤气管道。

② 两塔式流程

两塔式流程即轻苯、精重苯和萘溶剂油从两个塔采出。与一塔式流程不同之处是脱苯塔顶逸出的粗苯蒸气经冷凝冷却与水分离后流入粗苯中间槽。部分粗苯送至塔顶作回流,其余粗苯用作两苯塔的原料。脱苯塔侧线引出萘溶剂油,塔底排出热贫油。热贫油经换热器、贫油冷却器冷却后至洗苯工序循环使用。粗苯经两苯塔分馏,塔顶逸出的轻苯蒸气经冷凝冷却及油水分离后进入轻苯回流槽,部分轻苯送至塔顶作回流,其余作为产品采出。重质

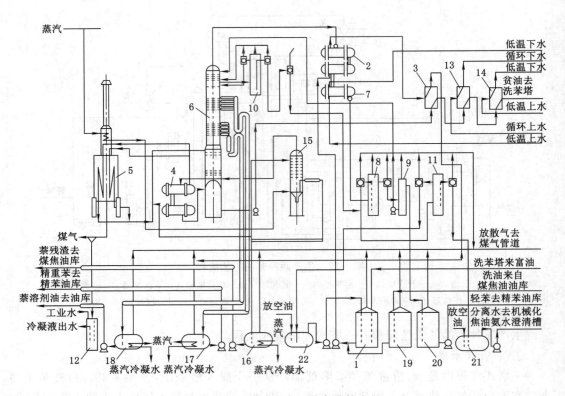

图 4-28　一塔式生产三种产品的流程

1——富油槽；2——油气换热器；3——二段贫富油换热器；4——一段贫富油换热器；5——管式炉；6——脱苯塔；
7——粗苯冷凝冷却器；8——轻苯油水分离器；9——轻苯回流槽；10——脱苯塔油水分离器；11——控制分离器；
12——管式炉用煤气水封槽；13——一段贫油冷却器；14——二段贫油冷却器；15——再生器；
16——残渣槽；17——精重苯槽；18——萘溶剂油槽；19——新洗油槽；20——轻苯储槽；
21——分离水放空槽；22——油放空槽

苯(也称之为精重苯)、萘溶剂油分别从两苯塔侧线和塔底采出。

在脱苯的同时进行脱萘的工艺,可以解决煤气用洗油脱萘的萘平衡,省掉了富萘洗油单独脱萘装置。同时因洗油含萘低,又可进一步降低洗苯塔后煤气含萘量。

4.4.5.4 富油脱苯产品及质量

粗苯工段的产品即富油脱苯产品,依工艺过程的不同而异。一般生产轻苯和重苯,也可以生产粗苯一种产品或轻苯、重质苯及萘溶剂油三种产品。各产品质量指标如表 4-12、表4-13、表 4-14 所示。

表 4-12　　　　　　　　　　　　　　　**重苯质量指标**

指 标 名 称	一 级	二 级
馏程(1.103×10^5Pa):初馏点/℃	≥150	≥150
200 ℃前馏出物(质量分数)/%	≥50	≥35
水分/%	≤0.5	≤0.5

注:水分只做生产操作中控制指标,不做质量考核指标。

表 4-13　　　　　　　　　　　**粗苯和轻苯质量指标**

指 标 名 称	粗 苯		轻 苯
	加工用	溶剂用	
外　观	黄色透明液体		
密度(20 ℃)/(g/mL)	0.871~0.900	≤0.900	0.870~0.880
馏程($1.013×10^5$ Pa)			
75 ℃前馏出量(体积分数)/%	—	—	—
180 ℃前馏出量(质量分数)/%	≥93	≥91	—
馏出96%(体积分数)温度/ ℃	—	—	≤150
水　分	室温(18~25 ℃)下目测无可见不溶解水		

注:加工用粗苯,如石油洗油做吸收剂时,密度允许不低于 0.865 g/mL。

表 4-14　　　　　　　　　　　**重质苯质量指标**

指 标 名 称	一 级	二 级
密度(20 ℃)/(g/mL)	0.930~0.960	0.930~0.980
馏程($1.013×10^5$ Pa):		
初馏点/℃	≥160	≥160
200 ℃前馏出量(体积分数)/%	≥85	≥85
水分/%	≤0.5	≤0.5
古马隆-茚含量/%	≥40	≥30

4.4.5.5　富油脱苯主要设备

（1）脱苯塔

焦化厂使用的脱苯塔有泡罩塔和浮阀塔等,其材质一般采用铸铁,也有用不锈钢的。国内多采用铸铁泡罩塔,塔板泡罩为条形或圆形,条形泡罩应用较多。根据富油脱苯加热方式,脱苯塔一般分为预热器加热富油的脱苯塔和管式炉加热富油的脱苯塔。

预热器加热富油的脱苯塔见图 4-29,一般采用 12~18 层塔板。从预热器来的富油由上数第三层塔板引入,塔顶不打回流,富油中的粗苯完全是在提馏段(也称之为汽提段)被上升的蒸汽蒸吹出来的,塔底排出的即为贫油。小部分直接蒸汽由浸入贫油中的蒸汽鼓泡器鼓泡而出,连同由再生器来的大部分直接蒸汽(总量大于 75%)及油气一齐沿塔上升,经各层塔板蒸吹富油后,又于塔顶部两层塔板将蒸汽所夹带的洗油滴捕集下来,然后由塔顶逸出。

由塔顶逸出的蒸气是粗苯蒸气、油气和水蒸气的混合物。通入塔内的直接蒸汽为过热蒸汽,全部由塔顶逸出。

一般在脱苯生产操作中,塔板层数为一定,循环洗油量及塔内操作总压力变动不大,因而对各组分蒸出率影响最大的是富油预热温度和直接蒸汽用量。

富油预热温度对于苯的蒸出程度影响很小,因为苯的挥发度大,在较低的预热温度下,几乎可全部蒸出。富油预热温度对于甲苯以后各组分的蒸出率影响较大。当甲苯的蒸出率随预热温度升高而增大时,贫油内粗苯中甲苯的残留量相对降低,煤气中甲苯的回收率即可提高。

提高直接蒸汽用量,也可显著提高粗苯蒸出率和降低贫油中粗苯含量,但往往受到蒸汽供应情况及脱苯塔和分凝器生产能力的限制。另外,从节省蒸汽用量来看,直接蒸汽用量不宜过高。但是,直接蒸汽用量是调节脱苯塔蒸馏操作的有效手段。在条件允许的情况下,为降低贫油中的粗苯含量,可适当加大直接蒸汽量。而在富油中水分含量增多,造成富油预热温度降低,分凝器顶部温度升高的现象时,除采取其他措施外,还应及时适当减少直接蒸汽量,以保证粗苯质量。

在正常操作情况下,从煤气中回收的苯族烃在脱苯蒸馏时均应从富油中蒸出。同时还有相当数量的洗油低沸点组分被蒸出,蒸出的洗油量一般为粗苯产量的2~3倍,其中绝大部分在分缩器内冷凝下来,即为分缩油。

管式炉加热富油的脱苯塔见图4-30,一般采用30层塔板。

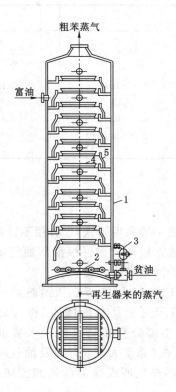

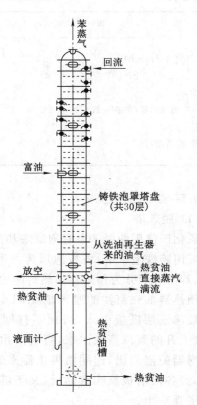

图 4-29　预热器加热脱苯塔

1——塔体;2——蒸汽鼓泡器;
3——液面调节器;4——条形泡罩;5——溢流板

图 4-30　管式炉加热脱苯塔

　　从管式炉来的富油由下数第 14 层塔板引入,塔顶打回流。塔体设有油水引出口和萘油出口。塔板上的油水混合物由下数第 29 层断塔板引出,分离后的油返回到第 28 层塔板。该塔除了要保证塔顶粗苯产品和塔底贫油的质量外,还要控制侧线引出的萘油质量,操作较复杂。近年来发展了一种 50 层塔板并带萘油侧线出口的脱苯塔。塔顶产品为粗苯,塔底为优质低萘贫油。各组分的蒸出率取决于下列诸因素:塔底油温下各组分的饱和蒸气压,塔内操作总压力,提馏段的塔板数,直接蒸汽量和温度、循环洗油量、富油出管式炉温度等。

　　(2) 两苯塔

　　两苯塔主要有泡罩塔和浮阀塔两种类型。

　　泡罩塔的构造见图 4-31。两苯塔上段为精馏段,下为提馏段两段。精馏段设有 8 块塔板,每块塔板上有若干个圆形泡罩,板间距为 600 mm。精馏段的第二层塔板及最下一层塔板为断塔板,以便将塔板上混有冷凝水的液体引至油水分离器,将水分离后再回到塔内下层塔板,以免塔内因冷凝水聚集而破坏精馏塔的正常操作。

　　提馏段设有三块塔板,板间距约为 1 000 mm。每块塔板上有若干个圆形高泡罩及蛇管加热器,在塔板上保持较高的液面,使之能淹没加热器。重苯由提馏段底部排出。

　　由分凝器来的粗苯蒸气进入精馏段的底部,塔顶用轻苯打回流。在提馏段底部通入直接蒸汽。轻苯和重苯的质量靠供给的轻苯的回流量和直接蒸汽量控制。

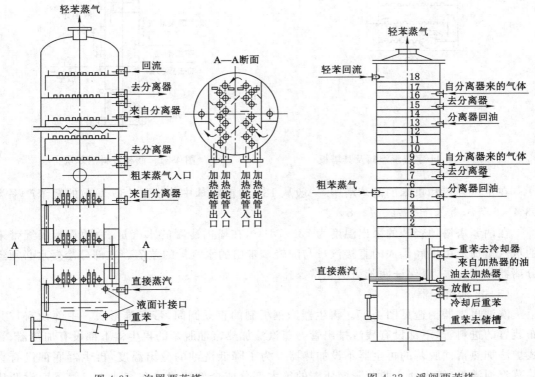

图 4-31　泡罩两苯塔　　　　　　　　图 4-32　浮阀两苯塔

气相进料浮阀两苯塔的构造见图 4-32。精馏段设有 13 层塔板,提馏段为 5 层。每层塔板上装有若干个十字架形浮阀,其构造及在塔板上的装置情况见图 4-33。

浮阀两苯塔的塔板间距为 300～400 mm。空塔截面的蒸汽流速可取为 0.8 m/s。采用设有 30 层塔板的精馏塔,将粗苯分馏为轻苯、精重苯和萘溶剂油三种产品,以利于进一步加工精制。

液相进料的两苯塔见图 4-34。一般设有 35 层塔盘,粗苯用泵送入两苯塔中部。塔体外侧有重沸器,在重沸器内用蒸汽间接加热从塔下部引入的粗苯,气化后的粗苯进入塔内。塔顶引出轻苯气体,顶层有轻苯回流入口。塔侧线引出精重苯,底部排出萘溶剂油。

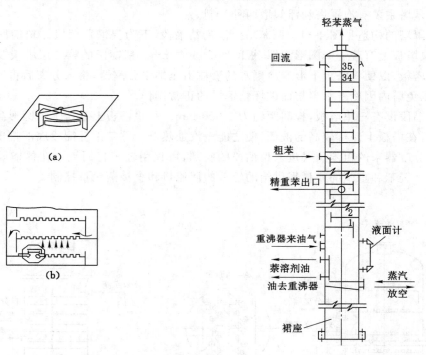

图 4-33　十字架形浮阀及其塔板　　　　图 4-34　液相进料两苯塔

在生产轻苯和重苯的两苯塔中,一般从 180 ℃前粗苯中蒸出的 150 ℃前的轻苯产率为 93％～95％,重苯产率为 5％～8％。

在两苯塔塔顶轻苯的采出温度为 73～78 ℃,在塔内冷凝的水汽量,为随粗苯蒸气带来的水汽量加上由塔底供入的直接汽量与随轻苯带出的水汽量的差值。这部分冷凝水必须经分离器分离出去,以保证两苯塔的正常操作。

(3) 洗油再生器

洗油再生器构造见图 4-35。再生器为钢板制的直立圆筒,带有锥形底。中部设有带分布装置的进料管,下部设有残渣排出管。蒸汽法加热富油脱苯的再生器下部设有加热器,管式炉法加热富油脱苯的再生器不设加热器。为了降低洗油的蒸出温度,再生器底部设有直接蒸汽泡沸管,管内通入脱苯蒸馏所需的绝大部分或全部蒸汽。在富油入口管下面设两块弓形隔板,以均布洗油,提高再生器内洗油的蒸出程度。在富油入口管的上面设三块弓形隔板,以捕集油滴。

一般情况下,洗油在再生器内的蒸出程度约为75%。为了提高洗油的蒸出程度,有的焦化厂采用了在设备上部装有两层泡罩塔板的洗油再生器,当所用蒸汽参数及数量能满足要求时,有较好的效果。

再生器可以再生富油也可再生贫油。富油再生的油气和过热水蒸气从再生器顶部进入脱苯塔的底部,作为富油脱苯蒸气。该蒸汽中粗苯蒸气分压与脱苯塔热贫油液面上粗苯蒸气压接近,很难使脱苯贫油含苯量再进一步降低,贫油含苯质量分数一般在 0.4% 左右。如将富油再生改为热贫油再生,这样可使贫油含苯量降到 0.2%,甚至更低,使吸苯效率得以提高。

再生器加热面积的计算,可按每 1 m³ 洗油需要加热面积 0.3 m³ 确定。中国的焦化厂采用的再生器直径分别有 600 mm、1 200 mm、1 600 mm、1 800 mm 等多种,可供选用。

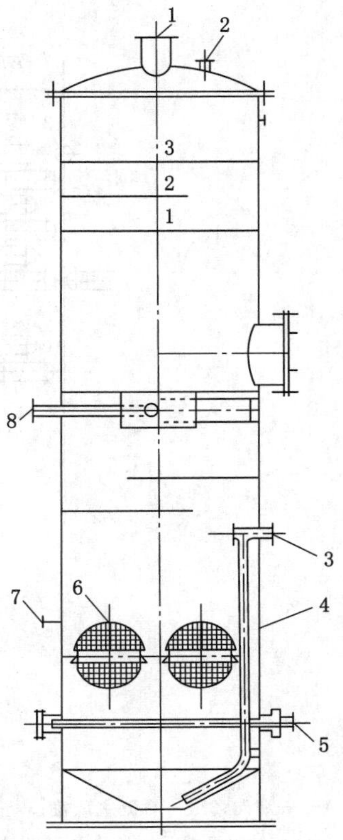

（4）管式加热炉

管式加热炉的炉型有几十种,按其结构形式可分为箱式炉、立式炉和圆筒炉。按燃料燃烧的方式可分为有焰炉和无焰炉。

中国焦化厂脱苯蒸馏用的管式加热炉均为有焰燃烧的圆筒炉。圆筒炉的构造如图 4-36 所示,圆筒炉由圆筒体的辐射段、长方体的对流段和烟囱三大部分组成。外壳由钢板制成,内衬耐火砖。辐射管是耐热钢管,沿圆筒体的炉墙内壁周围竖向排列(立管),分为两程。火嘴设在炉底中央,火焰向上喷射,与炉管平行,且与沿圆周排列的各炉管等距离,因此沿圆周方向各炉管的热强度是均匀的。

沿炉管的长度方向热强度的分布是不均匀的。一般热负荷小于 $1\,675 \times 10^4$ kJ/h 的圆筒炉,在辐射室上部设有一个由高铬镍合金钢制成的辐射锥,它的再辐射作用,可使炉管上部的热强度提高,从而使炉管沿长度方向的受热比较均匀。

对流段置于辐射段之上,对流管水平排放。其中紧靠辐射段的两排横管为过热蒸汽管,用于将脱苯用的直接蒸汽过热至 400 ℃ 以上。其余各排管用于富油的初步加热。

温度为 130 ℃ 左右的富油分两程先进入对流段,然后再进入辐射段,加热到 180～200 ℃ 后去脱苯塔。

炉底设有 4 个煤气燃烧器(火嘴),每个燃烧器有 16 个喷嘴,煤气从喷嘴喷入,同时吸入所需要的空气。由于有部分空气先同煤气混合尔后燃烧,故在较小的过剩空气系数下,可达到完全燃烧。在炉膛内燃烧的火焰具有很高的温度,能辐射出大量能量给辐射管,同时,也依靠烟气的自然对流来获得一部分热量。

进入对流段的烟气温度约为 500 ℃,离开对流段的烟气温度低于 300 ℃。在对流段主

图 4-35　再生器
1——油气出口;2——放散口;
3——残渣出口;4——电阻温度计接口;
5——直接蒸汽人口;6——加热器;
7——水银温度计接口;8——油人口

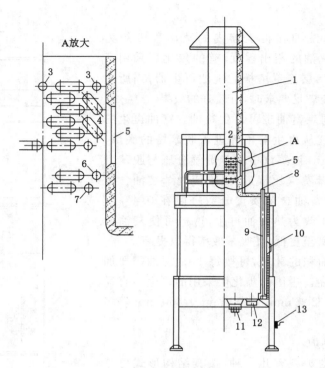

图 4-36　圆筒炉

1——烟囱;2——对流室顶盖;3——对流室富油入口;4——对流室炉管;5——清扫门;6——饱和蒸汽入口;

7——过热蒸汽出口;8——辐射段富油出口;9——辐射段炉管;10——看火门;

11——火嘴;12——人孔;13——调节闸板的手摇鼓轮

要以烟气强制对流的方式将热量传给对流管。为了提高对流段的传热效果,尽量提高烟气的流速,所以对流管布置得很紧密,排成错列式,并与烟气流动的方向垂直。

煤气在管式炉内燃烧时所产生的总热量 Q,大部分用在加热及蒸发炉内物料和使水蒸气过热上,称为有效热量 $Q_{有效}$;另一部分则穿过炉墙损失于周围介质中,为 $(0.06\sim0.08)Q$;第三部分热量则随烟气自烟囱中带走,其值随烟气的温度和空气过剩系数大小而定。

(5) 分凝器和油气换热器

富油脱苯两塔式流程和蒸气加热富油脱苯一塔式流程采用分凝器,管式炉加热富油脱苯一塔式流程采用油气换热器。

分凝器结构如图 4-37 所示,多采用 3～4 个卧式管室组成的列管式换热器。

从脱苯塔来的蒸气由分凝器下部进入其管外空间。在下面三组管室内,蒸气由管内的富油冷却,在上部的小管组用循环冷水冷却,随之有绝大部分的油气和水汽冷凝下来。在分凝器内未凝结的粗苯蒸气和水汽的混合物,由分凝器顶逸出粗苯蒸气,进入冷凝冷却器(生产粗苯产品)或进入两苯塔(两塔式流程生产轻、重苯或三种产品)。

由富油泵送来的冷富油进入分凝器下部管组,自下而上通过三个管组后,可加热至70～80 ℃。可见,分凝器的作用是将来自脱苯塔的混合蒸气进行冷却和部分冷凝,使绝大部分洗油气和水蒸气冷凝下来,并通过控制分凝器出口的蒸气温度,使出口蒸气中粗苯的质量符合要求。同时,还用蒸气的冷凝热与富油进行换热。

分凝器内传热过程可分为以下三个阶段：

① 油气冷凝阶段,将热传给洗油;

② 油气及水汽共凝阶段,将热传给洗油;

③ 油气及水汽共凝阶段,将热传给水。

180 ℃前的粗苯馏出量愈高,则分凝器出口蒸气的温度愈低。

在图 4-37 中,富油和蒸气并流流动,而有些厂分凝器采用逆流流动,即富油进入上数第二个管组,并自上而下通过三个管组。在同样的温度条件下,逆流时的传热推动力比并流时为大。但在不同流向时,所产生的轻、重分缩油数量及密度是不同的,因而在分离器中分离情况也不一样。究竟应选择哪种流向,主要依据在粗苯工段生产的具体条件下,使分缩油易于与水分离和获得合格的粗苯产品而定。

油气换热器和冷凝冷却器结合使用,将图 4-37 所示的卧式管室组成的列管式换热器改动位置后使用,即将水冷却管组放在最下面。上面 2～3 组是油气换热器,下面 1 组是冷凝冷却器。

脱苯塔顶逸出的粗苯(或轻苯)蒸气,自上而下通过油气换热器与冷凝冷却器的管间,洗苯塔来富油自下而上进入油气换热器的管内与苯蒸气逆流(也有错流)间接换热,富油被加热到 70～80 ℃,苯蒸气在进入冷凝冷却器与自下而上的 16 ℃低温水间接换热冷凝冷却至 30 ℃。

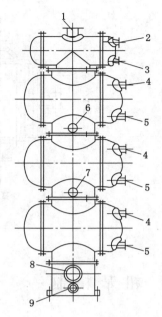

图 4-37　分凝器

1——苯蒸气出口;2——水出口;

3——水入口;4——富油出口;

5——富油入口;6,7——轻馏分出口;

8——粗苯蒸气入口;9——重馏分出口

（6）换热器

贫富油热交换器可采用列管式和螺旋板式换热器。

过去多用四程卧式列管式换热,从脱苯塔底出来的热贫油自流入热交换器的管外空间,富油走管内,热贫油走管间,通过管壁进行热量传递和交换。

现在多用螺旋板式换热器,螺旋板式贫富油换热器结构见图 4-38。它是由焊在中心隔板上的两块金属薄板卷制而成,两薄板之间形成螺旋形通道,两板之间焊有一定数量的定距支撑以维持通道间距,两端用盖板焊死。两流体分别在两道内流动,隔着薄板进行换热。其中一种流体由外层的一个通道流入,顺着螺旋通道流向中心,最后由中心的接管流出;另一种流体则由中心的另一个通道流入,沿螺旋通道反方向向外流动,最后由外层接管流出。两流体在换热器内作逆流流动。

螺旋板式换热器的优点是结构紧凑;单位体积设备提供的传热面积大,约为列管换热器的 3 倍;流体在换热器内作严格的逆流流动,可在较小的温差下操作,能充分利用低温能源;由于流向不断改变,且允许选用较高流速,故传热系数大,为列管换热器的 1～2 倍;又由于流速较高,同时有惯性离心力的作用,污垢不易沉积。其缺点是制造和检修都比较困难;流动阻力大,在同样物料和流速下,其流动阻力为直管的 3～4 倍;操作压力和温度不能太高,一般压力在 2 MPa 以下,温度则不超过 400 ℃。

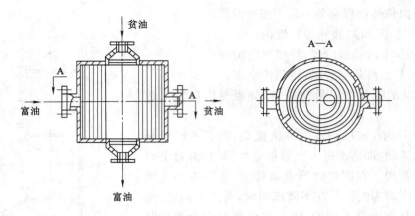

图 4-38　螺旋板式贫富油换热器

4.5　粗 苯 精 制

焦化粗苯中芳烃含量一般大于 85％，而其中苯、甲苯、二甲苯又占芳烃含量的 95％以上。以焦化粗苯为原料生产芳香烃的工艺可分为两大类：酸洗法和加氢精制法。

传统的粗苯加工方法，采用硫酸洗涤净化，其优点是常温常压、流程简单、操作灵活、设备简单。但由于不饱和化合物及硫化物在硫酸作用下，生成黑褐色的深度聚合物（酸焦油），至今无有效治理方法，另外不能有效分离甲苯、二甲苯，产品质量、产品收率无法和加氢精制相比，正逐步被取代。

粗苯加氢根据其催化加氢反应温度不同可分为高温加氢和低温加氢。在低温加氢中，由于加氢油中非芳烃与芳烃分离方法的不同，又分为萃取蒸馏法和溶剂萃取法。

4.5.1　高温加氢精制法

（1）加氢原理

高温加氢比较有代表性的工艺有由美国胡德利公司开发、日本旭化成改进的高温热裂解法生产纯苯的莱托（Litol）法技术。

在高温（600～630 ℃）、高压（5.5 MPa）、催化剂（Co-Mo 和 Cr_2O_3-Al_2O_3）作用下进行气相催化两段加氢的过程，将轻苯中的烯烃、环烯烃、含硫化合物、含氮化合物转化成相应的饱和烃，同时发生苯的同系物加氢和脱烷基反应，转化成苯与低分子烷烃。高温加氢的产品只有苯，没有甲苯和二甲苯，另外还要进行脱硫、脱氮、脱氧的反应，脱除原料有机物中的 S、N、O，以 H_2S、NH_3、H_2O 的形式除去。对加氢油的处理可采用一般精馏方法，最终得到苯产品。通过精制生产高纯苯，苯回收率可达 114％。由于高温催化加氢脱除的烷基制氢作为氢源，不需要外界给其提供氢气。

（2）加氢工艺

粗苯先经预分馏塔分出轻、重苯。重苯作为生产古马隆树脂的原料或者重新进入焦油中，轻苯去加氢工序。加氢油经高压分离器分出循环氢后在苯塔内分离出纯苯。塔底残油返回加氢精制系统继续脱烷基。循环氢经 MEA 脱硫后大部分返回加氢系统循环使用，少部分送到制氢单元,制得的氢气作为加氢系统的补充氢。高温高压加氢精制工艺对设备的要求高,制氢系统的温度和压力较高,流程也很复杂,操作难度大,产品品种少,选择的厂家少。工艺流程见图 4-39。

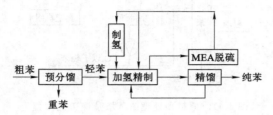

图 4-39　粗苯高温高压加氢工艺流程

4.5.2　低温加氢精制法

4.5.2.1　加氢原理

低温加氢代表性的工艺有美国 Axens 低温气液两相加氢和德国伍德(Uhde)K.K 低温气相加氢技术。

该工艺是在低温(280~350 ℃)、低压(2.4 MPa)、催化剂(Co-Mo 和 Ni-Mo)作用下进行气相催化或液相两段加氢的过程,将轻苯中的烯烃、环烯烃、含硫化合物、含氮化合物转化成相应的饱和烃。对于加氢油的处理,萃取蒸馏低温加氢工艺采用萃取精馏方法,把非芳烃与芳烃分离开。而溶剂萃取低温加氢工艺是采用溶剂液液萃取方法,把非芳烃与芳烃分离开,芳烃之间的分离可用一般精馏方法实现,最终得到苯、甲苯、二甲苯。低温加氢工艺由加氢精制和萃取蒸馏工艺组成。低温法加氢精制主要包括三个关键单元:制纯氢(纯度大于99.9%);催化加氢精制过程(预加氢和主加氢);产品提纯过程(萃取或萃取蒸馏)。

4.5.2.2　加氢工艺

粗苯经预处理、加氢、萃取、精馏等过程可得到纯苯、甲苯、二甲苯,在这些过程中前 3 个过程可采取的方法很多,以下作详细介绍。工艺流程见图 4-40。

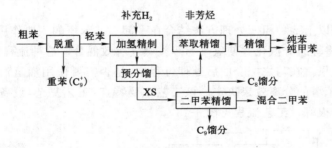

图 4-40　粗苯低温低压加氢工艺流程

（1）原料预处理

原料预处理是除去原料中的重组分,为加氢过程做准备。其包括三种工艺:二苯塔工艺、预蒸发工艺和混合流程。

① 二苯塔工艺

粗苯在两苯塔中以 C_8 和 C_9 为界分离。与这种工艺配套的后处理过程不需要加氢油的预蒸馏塔和二甲苯蒸馏塔。其主要特点:工艺简单,设备少;两苯塔减压操作,要求操作精度高,三苯损失多;对原料要求不高。工艺流程见图 4-41。

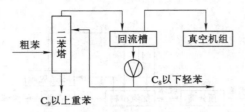

图 4-41　原料预处理二苯塔蒸馏工艺流程

② 预蒸发工艺

粗苯中沸点较低的组分在预蒸发器中降膜蒸发,沸点较高的组分在喷嘴中靠氢气高速流动形成的局部低压而蒸发,最终在多段蒸发器中将轻重组分分离,在轻重组分分离过程中氢气与苯进行了有效混合。喷嘴起两个作用,一是促使苯类的蒸发;二是促使氢气和苯类蒸气的有效混合。与这种工艺配套的后处理过程中,需要加氢油的预蒸馏塔和二甲苯蒸馏塔。该工艺主要特点:粗苯处理过程中,没有将 C_8 和 C_9 严格分开,三苯损失少;由于用了特殊的喷嘴,在不用真空机组的情况下,蒸发温度较低,还能促使氢气和苯类蒸气的有效混合;对原料要求较高。原料预蒸发工艺流程见图 4-42。

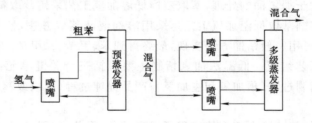

图 4-42　原料预蒸发工艺流程

③ 混合流程

混合流程是将以上 2 种粗苯处理方法结合在一起。二苯塔的主要作用是将轻重组分分离,预蒸发系统是将轻组分汽化并使氢气与苯类蒸气有效混合。这种流程比较复杂,如果设计合理会有很好效果。在与之配套的后处理过程中,是否需要使用加氢油的预蒸馏塔和二甲苯蒸馏塔,由二苯塔的分离效果决定。该工艺主要特点:工艺复杂,设备多,操作难度大;设计合理时效果会很好。工艺流程见图 4-43。

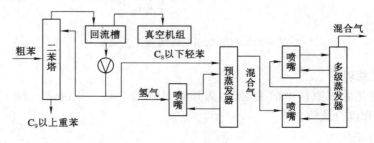

图 4-43　原料混合预处理流程

（2）加氢

粗苯加氢处理可分为 2 种方法：液相加氢（Axens）和气相加氢（K.K），区别在于物料的预反应过程，反应物流全是气相的称为气相加氢，反应物流有 40%～50% 是液相的称为液相加氢。液相加氢和气相加氢的工艺流程基本相同。加氢工艺包括预反应部分和主反应部分。预反应过程中原料中的不饱和物被加氢饱和，主反应是通过加氢除去原料中的 S、N、O。工艺流程见图 4-44。

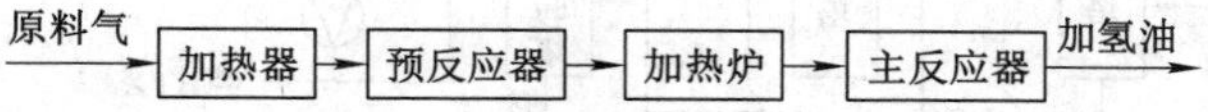

原料气 → 加热器 → 预反应器 → 加热炉 → 主反应器 → 加氢油

图 4-44　加氢工艺流程

① 液相加氢特点

预反应温度相对较低且有液相存在，减少了聚合反应的产生；预反应温度低，易造成加氢饱和反应不充分；保持反应物流在预反应器中 40%～50% 是液相，温度压力匹配要求严格、操作难度大。

② 气相加氢特点

预反应温度范围宽，容易控制；预反应温度高，加氢饱和反应充分，但有聚合反应产生。

（3）萃取

芳烃精制技术包括萃取蒸馏和液液萃取工艺，其中的最大区别是在萃取过程中有没有蒸馏。

① 萃取蒸馏

萃取蒸馏是指在萃取剂中由于芳烃和非芳烃的沸点变化幅度不同，使芳烃和非芳烃的沸点拉开，通过蒸馏的方式将其分离。萃取蒸馏工艺包括：萃取蒸馏塔、汽提塔、溶剂再生系统。萃取蒸馏塔的作用是将原料 BTX 中的非芳烃分离；汽提塔的作用是将溶剂与芳烃分离；溶剂再生系统的作用是保持溶剂的质量。该工艺主要特点：工艺简单，设备少，容易控制；三苯收率高，原料适应能力强，能耗低；甲苯纯度较低。工艺流程见图 4-45。

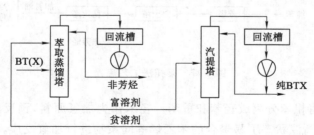

图 4-45　萃取蒸馏工艺流程

② 液液萃取

液液萃取是指利用萃取剂对 BTX 芳烃溶解度高，而对非芳烃基本不溶解的特性将芳烃与非芳烃分开。液液萃取工艺包括：芳香抽提和汽提部分、抽余液洗涤和水汽提部分、溶剂回收和溶剂再生部分。在芳香抽提和汽提部分，原料 BTX 中的非芳烃被分离；在抽余液洗涤和水汽提部分，非芳烃中的溶剂和水中的芳烃被回收；在溶剂回收和溶剂再生部分，将溶剂与芳烃分离,溶剂被再生。液液萃取工艺分为采用单一萃取剂和在萃取剂中添加助剂,两者的工艺路线和设备是相同的。该工艺主要特点:工艺复杂,设备多,操作难度大;三苯收率低,原料中非芳烃含量低时需回配,能耗高;甲苯纯度高。工艺流程见图4-46。

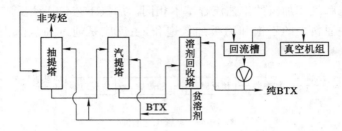

图 4-46　液液萃取工艺流程

4.5.3　典型工艺介绍

目前已工业化的粗苯加氢工艺有莱托(Litol)法、萃取蒸馏低温加氢(K.K)法和溶剂萃取低温加氢法,第一种为高温加氢,后两种为低温加氢。

(1)莱托法

莱托法是上海宝钢于20世纪80年代由国外引进的第一套高温粗苯加氢工艺,也是目前国内唯一的焦化粗苯高温加氢工艺,工艺流程见图4-47。

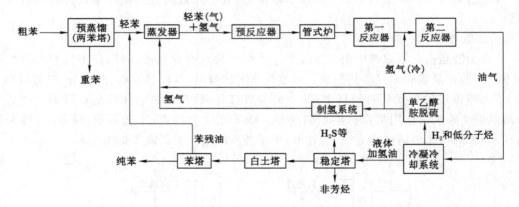

图 4-47　莱托法工艺流程

粗苯预蒸馏是将粗苯分离成轻苯和重苯。轻苯作为加氢原料,预反应器是在较低温度下(200~250 ℃)把高温状态下易聚合的苯乙烯等同系物进行加氢反应,防止其在主反应器内聚合,使催化剂活性降低,在2个主反应器内完成加氢裂解、脱烷基、脱硫等反应。由主反应器排出的油气经冷凝冷却系统,分离出的液体为加氢油,分离出的氢气和低分子烃类脱除H_2S后,一部分送往加氢系统,一部分送往转化制氢系统制取氢气。预反应器使用Co-Mo催化剂,主反应器使用Cr系催化剂。稳定塔对加氢油进行加压蒸馏,除去非芳烃和硫化氢。白土塔利用SiO_2-Al_2O_3为主要成分的活性白土,吸附除去少量不饱和烃。经过白土塔净化后的加氢油,在苯塔内精馏分离出纯苯和苯残油,苯残油返回轻苯贮槽,重新进行加氢处理。

制氢系统将反应系统生成的氢和低分子烃混合循环气体通过单乙醇胺(MEA)法脱除

硫化氢。利用一氧化碳变换系统制取纯度 99.9％的氢气,不需要外来焦炉煤气制氢。

莱托法只生产纯苯,纯苯的收率可达 110％以上,这是由于原料中的甲苯、二甲苯加氢脱烷基转化成苯造成的。该法总精制率 91.5％,偏低,原因是大部分苯环上烷基被作为制氢原料,导致加氢油有所减少。纯苯的质量指标见表 4-15。该法能耗见表 4-16。

表 4-15　　　　　　　　　　　　　　　莱托法生产的纯苯质量指标

项目	指标	项目	指标
颜色(铂-钴)	≯20°	非芳烃/％	≯0.10
密度(20 ℃)/(g/cm³)	0.878~0.881	全硫/(mg/kg)	≯1
结晶点/℃	≮5.45	噻吩/(mg/kg)	≯1
酸洗比色 $K_2Cr_2O_7$/(g/L)	≯0.05	中性试验	中性
苯/％	≮99.9	水分(20 ℃)(自测)	无
甲苯/％	≯0.05		

表 4-16　　　　　　　　　　　　　　　　　莱托法能耗(t 粗苯)

焦炉煤气/m³	高压蒸汽/t	低压蒸汽/t	电/(kW·h)	循环水/m³	氮气/m³	溶剂
300.5	0.433	0.540	95.6	76.6	15.6	不用

(2) 萃取蒸馏低温加氢法(K.K 法)

萃取蒸馏低温加氢法是石家庄焦化厂于 20 世纪 90 年代由国外引进的第一套粗苯低温加氢工艺,并在国内得到推广应用,工艺流程见图 4-48。

粗苯与循环氢气混合,然后在预蒸发器中被预热,粗苯被部分蒸发,加热介质为主反应器出来的加氢油,气液混合物进入多级蒸发器,在此绝大部分粗苯被蒸发。只有少量的高沸点组分从多级蒸发器底部排出,高沸点组分进入闪蒸器,分离出的轻组分重新回到粗苯原料中,重组分作为重苯残油外卖。多级蒸发器由高压蒸汽加热,被气化的粗苯和循环氢气混合物经过热器过热后,进入预反应器,预反应器的作用与莱托法的预反应器相同,主要除去二烯烃和苯乙烯,催化剂为 Ni-Mo;预反应器产物经管式炉加热后,进入主反应器,在此发生脱硫、脱氮、脱氧、烯烃饱和等反应,催化剂为 Co-Mo;预反应器和主反应器内物料状态均为气相。从主反应器出来的产物经一系列换热器、冷却器被冷却,在进入分离器之前,被注入软水,软水的作用是溶解产物中沉积的盐类。分离器把主反应器产物最终分离成循环氢气、液态的加氢油和水,循环氢气经预热器补充部分氢气后,由压缩机送到预蒸发器前与原料粗苯混合。

加氢油经预热器预热后进入稳定塔,在稳定塔中由中压蒸汽进行加热,稳定塔实质就是精馏塔,把溶解于加氢油中的氨、硫化氢以尾气形式除去,含 H_2S 的尾气可送入焦炉煤气脱硫脱氰系统,稳定塔出来的苯、甲苯、二甲苯混合馏分进入预蒸馏塔,在此分离成苯、甲苯馏分(BT 馏分)和二甲苯馏分(XS 馏分),二甲苯馏分进入二甲苯塔,塔顶采出少量 C_8 非芳烃和乙苯,侧线采出二甲苯,塔底采出二甲残油即 C_9 馏分,由于塔顶采出量很小,所以通常塔顶产品与塔底产品混合后作为二甲残油产品外卖。

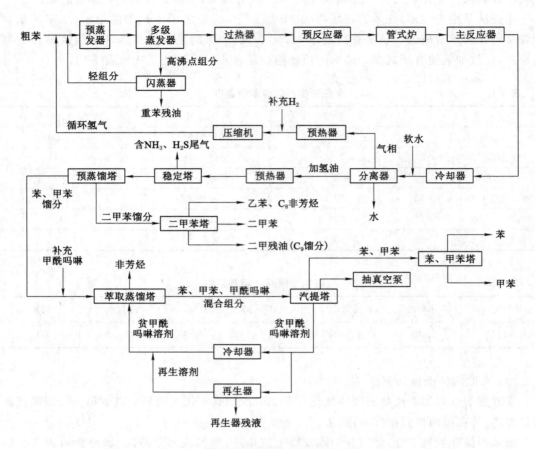

图 4-48　萃取蒸馏低温加氢(K.K)工艺流程

　　苯、甲苯馏分与部分补充的甲酰吗啉溶剂混合后进入萃取蒸馏塔,萃取蒸馏塔的作用是利用萃取蒸馏方式,除去烷烃、环烷烃等非芳烃,塔顶采出非芳烃作为产品外卖,塔底采出苯、甲苯、甲酰吗啉的混合馏分,此混合馏分进入汽提塔。汽提塔在真空下操作,把苯、甲苯馏分与溶剂甲酰吗啉分离开。汽提塔顶部采出苯、甲苯馏分,苯、甲苯馏分进入苯、甲苯塔精馏分离成苯、甲苯产品。汽提塔底采出的贫甲酰吗啉溶剂经冷却后循环回到萃取精馏塔上部,一部分贫溶剂被间歇送到溶剂再生器,在真空状态下排出高沸点的聚合产物,再生后的溶剂又回到萃取蒸馏塔。制氢系统与莱托法不同,是以焦炉煤气为原料,采用变压吸附原理把焦炉煤气中的氢分离出来,制取纯度达 99.9％ 的氢气。萃取蒸馏低温加氢法可生产苯、甲苯、二甲苯。苯、甲苯、二甲苯产率及总精制率分别为98.5％、98％、117％、99.8％。

　　二甲苯收率超过 100％ 是由于在预反应器中,苯乙烯被加氢转化成乙苯,而二甲苯中含有乙苯。该法总精制率达 99.8％,比莱托法的要高。苯的主要质量指标设计值见表 4-17。该法能耗见表 4-18。

表 4-17　萃取蒸馏低温加氢苯质量指标

项目	指标	项目	指标
颜色	无色透明	环戊烷含量/(mg/kg)	≯50
苯含量/%	≮99.5	正己烷含量/(mg/kg)	≯50
结晶点/℃	≮5.5	甲基环戊烷含量/(mg/kg)	≯50
全硫/(mg/kg)	≯0.5		

表 4-18　萃取蒸馏低温加氢能耗(t 粗苯)

循环冷却水 /m³	高压蒸汽 /t	中压蒸汽 /t	电 /(kW·h)	焦炉煤气 /m³	溶剂消耗 /kg	软水 /m³	氮气 /m³	仪表空气 /m³	氢气 /m³
63.3	0.739	0.686	32.2	31.6	0.010 6	0.005 28	10.56	21.1	36.9

二甲苯质量受原料粗苯中苯乙烯含量大小的影响较大。如果粗苯中苯乙烯含量小于1%，才能生产馏程最大为 5 ℃的二甲苯,否则只能生产馏程最大为 10 ℃的二甲苯。

（3）溶剂萃取低温加氢法

溶剂萃取低温加氢法在国内外得到广泛应用,大量被应用于以石油高温裂解汽油为原料的加氢过程,目前在焦化粗苯加氢过程中也得到应用。

在苯加氢反应工艺上,与萃取蒸馏低温加氢法相近,而在加氢油的处理上则不同,是以环丁砜为萃取剂采用液液萃取工艺,把芳烃与非芳烃分离开来。工艺流程见图 4-49。

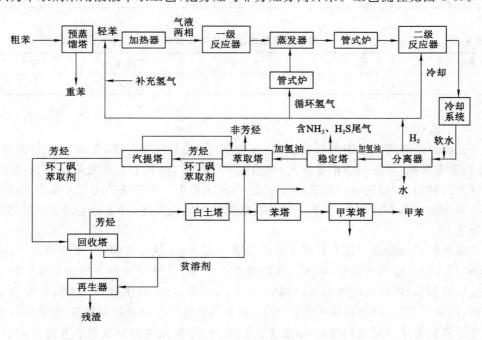

图 4-49　溶液萃取低温加氢工艺流程

粗苯经预蒸馏塔分离成轻苯和重苯,然后对轻苯进行加氢,除去重苯的目的是防止 C₉

以上重组分使催化剂老化。

轻苯与补充氢气和循环氢气混合,经加热器加热后以气液两相混合状态进入一级反应器,一级反应器的作用与莱托法和 K.K 法的预反应器相同,使苯乙烯和二烯烃加氢饱和,一级反应器中保持部分液相的目的是防止反应器内因聚合而发生堵塞。一级反应器出来的气液混合物在蒸发器中与管式炉加热后的循环氢气混合被全部气化,混合气体经管式炉进一步加热后进入二级反应器,在二级反应器中发生脱硫、脱氮、烯烃饱和反应。一级反应器催化剂为 Ni-Mo 型。二级反应器催化剂为 Co-Mo 型,二级反应器结构是双催化剂床层,使用内床层循环氢气冷却来控制反应器温度。二级反应器产物经冷却后被注入软水,然后进入分离器,注水的目的与 K.K 法相同,溶解生成的 NH_4HS、NH_4Cl 等盐类,防止其沉积。分离器把物料分离成循环氢气、水和加氢油,加氢油经稳定塔排出 NH_3、H_2S 后进入萃取塔。萃取塔的作用是以环丁砜为萃取剂把非芳烃脱除掉,汽提塔进一步脱除非芳烃,回收塔把芳烃与萃取剂分离开,回收塔出来的芳烃经白土塔除去微量的不饱和物后,依次进入苯塔、甲苯塔,最终得到苯、甲苯、二甲苯。

制氢系统与 K.K 法一致,可生产 3 种苯产品。苯的主要质量指标设计值分别见表4-19。该法能耗见表 4-20。

表 4-19　　　　　　　　　　　溶剂萃取低温加氢苯质量指标

项目	指标	项目	指标
外观	无色透明	结晶点/℃	⩽5.5
苯含量/%	⩽99.95	含硫/(mg/kg)	⩾0.5

表 4-20　　　　　　　　　　　溶剂萃取低温加氢能耗(t 粗苯)

循环冷却水/m³	电/(kW·h)	高压蒸汽/t	焦炉煤气/m³	软水/m³
101.9	30.5	1.98	22.6	0.167

（4）工艺对比

莱托法粗苯加氢工艺加氢反应温度、压力较高,又存在氢腐蚀,对设备的制造材质、工艺、结构要求较高,设备制造难度较大,只能生产 1 种苯,制氢工艺较复杂,采用转化法。以循环气为原料制氢,总精制率较低,但莱托法占地面积小。由于莱托法与低温加氢工艺相比较有很多不足,在国内除宝钢投产 1 套莱托法高温加氢装置外,其他企业粗苯加氢都采用低温加氢工艺。

萃取蒸馏低温加氢方法和溶剂萃取低温加氢方法,加氢反应温度、压力较低,设备制造难度小,很多设备可国内制造,可生产 3 种苯(苯、甲苯、二甲苯),生产操作容易。制氢工艺采用变压吸附法,以焦炉煤气为原料制氢,制氢工艺简单,产品质量好。两种低温加氢方法相比较,前者工艺简单,可对粗苯直接加氢,不需先精馏分离成轻苯和重苯,但粗苯在预蒸发器和多级蒸发器中容易结焦堵塞;后者工艺较复杂,粗苯先精馏分成轻苯和重苯,然后对轻苯加氢,但产品质量较高。表 4-21 为粗苯精制各工艺参数比较。

表 4-21　　　　　　　　　　　　　粗苯精制各工艺参数比较

项目		酸洗法	高温加氢法	低温加氢技术	
				低温气相加氢 （K.K 法）	低温气液 两相加氢
处理不饱和杂质		硫酸洗涤	加氢	加氢	加氢
蒸馏方式		简单蒸馏	简单蒸馏	N-甲酰吗啉萃取蒸馏	环丁砜萃取蒸馏
催化剂	预反应器		Co-Mo	Ni-Co	Ni-Co
	主反应器		Cr 系	Co-Mo	Co-Mo
洗涤剂		浓硫酸、氢氧化钠	无	无	无
反应温度 /℃	预反应器		260	190～210	80
	主反应器		620	280～350	320～380
反应压力 /MPa	预反应器		5.5	2.5	3.5～4.0
	主反应器		5.4	2.4	3.4～4.0
纯苯质量	结晶点/℃	5.0～5.2	≮5.50	≮5.50	≮5.50
	全硫/×10^{-6}	200～500	<0.5	≤0.5	≤0.5
	纯度/%	≮99.5	99.95	99.95	99.95
芳烃收率/%		91	114	98	
产品品种		苯、甲苯、二甲苯	苯	苯、甲苯、二甲苯、非芳烃	
工艺污染物		酸焦油 3%～8%	无	无	
		再生酸 5%～6%			

思 考 题

1. 简述煤气初冷的目的和意义。

2. 简述煤气中氨和吡啶回收的方法及原理。

3. 粗苯回收工段的主要构成是什么？简述粗苯回收原理及影响因素。

4. 粗苯精制的方法有哪些？各有何特点？应用情况如何？

5. 查阅资料，了解煤气的脱硫方法及工艺。

6. 试分析归纳本章所述工艺过程可能存在哪些污染源？应采取哪些防治措施？

第 5 章 煤焦油的加工与利用

5.1 概 述

煤焦油是煤在热解（干馏）、气化等过程中副产的具有刺激性臭味、黑色或黑褐色、黏稠状液体产品。根据干馏温度和方法的不同煤焦油可分为低温（450～650 ℃）立式炉焦油、中低温（600～800 ℃）发生炉焦油、中温（900～1 000 ℃）立式煤焦油、高温（1 000 ℃）炼焦焦油。煤焦油是非常重要的化工原料，高温煤焦油是制取芳烃的优质原料，低温煤焦油是制取萘和酚类的重要原料，目前世界上 95％以上的 2～4 环芳香物和杂环化合物以及 15％～25％的 BTX 来自煤焦油（包括粗苯），其中大多数的芳香物单体难以直接从石油中获得，因此对于煤焦油的深度加工具有重要意义。

煤焦油的实验室研究始于 1820 年，其后相继发现了萘（1824 年）、苯酚（1830 年）、蒽（1833 年）、苯胺和喹啉（1834 年）、苯（1845 年）、甲苯（1849 年）和吡啶（1854 年）等一系列主要化合物，为有机化学的发展奠定了基础。1822 年英国首先建立了世界上第一个煤焦油蒸馏工厂，直到 20 世纪中叶，沥青、化学原料等只能通过煤焦油加工获得。19 世纪后半叶，英国发明了从煤焦油中提取染料的工艺技术。随着合成染料和药物研究发展，煤焦油中的苯、萘和蒽在 19 世纪后期成为德国有机化学工业的主要原料。没有煤焦油，便没有近代有机合成。德国的主要化学公司，如 BASF、Bayer 和 Hoechst 等都是从煤焦油起家。直至第二次世界大战结束，工业用苯、甲苯、萘、蒽、苯酚和杂酚油、吡啶和喹啉等几乎全部来自煤的焦化副产品粗苯和煤焦油。在石油化工高度发展的今天，虽然单环芳烃的主要来源已不再是煤，但多环芳烃和炭素工业的沥青仍主要来自煤焦油。

高温煤焦油的组成复杂，为从煤焦油中分离加工出高附加值的化学产品，首先应对其组分进行初步分离，包括加工前处理和焦油蒸馏，以切割分离成一系列窄馏分，然后进一步进行分离和深加工，以得到各类煤焦油相关化学品。低阶煤（褐煤、长焰煤、不黏煤、弱黏煤）热解生成的产物主要是低温煤焦油和中温煤焦油，目前主要采用加氢、蒸馏、萃取、裂解、脂化等加工方法，生产汽油、柴油、酚类产品、盐基类产品、溶剂、石脑油、渣油等燃料油和化学品。

5.2 煤焦油及其馏分的组成和性质

煤焦油的组成和物理性质波动范围大，主要取决于炼焦煤组成和炼焦操作的工艺条件。表 5-1 是不同最终温度下获得的低温（600 ℃）、中温（800 ℃）、高温（1 000 ℃）和中低温

（700 ℃）煤焦油的基本性质。

表 5-1　　　　　　　　　　　不同最终温度下获得的煤焦油的基本性质

项　　目		低温煤焦油	中温煤焦油	高温煤焦油	中低温煤焦油
密度(20 ℃)/(g/cm³)		0.942 7	1.029 3	1.120 4	0.974 2
运动黏度(100 ℃)/(mm²/s)		59.6	124.3	159.4	114.6
馏程/℃	初馏点	205	208	235	210
	10%	250	252	288	250
	30%	329	331	350	329
	50%	368	372	398	370
	70%	429	433	452	430
	90%	486	498	534	496
	终馏点	531	542	556	539
总氮/%		0.69	0.75	0.72	0.71
总硫/%		0.29	0.32	0.36	0.31
总氧/%		8.31	7.43	6.99	8.11
水分/%		2.13	2.46	3.82	2.54
烷烃/%		25.12	22.68	17.33	22.71
芳烃/%		28.43	27.96	27.64	22.99
胶质/%		28.49	27.12	31.41	30.94
沥青质/%		17.96	22.24	23.62	23.36
机械杂质/%		2.35	2.61	3.42	2.55
金属/×10⁻⁶	铁	37.42	64.42	52.72	55.84
	钠	4.04	3.96	4.21	4.12
	钙	86.7	90.58	88.41	91.43
	镁	4.12	3.64	3.94	4.96

5.2.1　煤焦油的组成

组成煤焦油的主要元素中，碳占 90% 左右，氢占 5% 左右，此外还含有少量的氧、硫、氮及微量的金属元素等。

高温煤焦油和中温煤焦油是低温煤焦油在高温下经二次裂解的产物。高温煤焦油主要是芳香烃所组成的复杂混合物，其成分上万种，已从中分离出来的单体化合物约 500 种，约占总量的 55%，主要含有苯、甲苯、二甲苯、萘、蒽等芳烃，以及芳香族含氧化合物（苯酚、氧芴、古马隆等），含氮（咔唑、吲哚等）、含硫（硫杂茚、硫杂芴等）的杂环化合物等多种有机物；中低温煤焦油主要组分为脂肪烃、烯烃、酚属烃、环烷烃、碱类、芳香族和类树脂物，其中以脂肪烃、酚属烃为主，酚属烃中以高级酚为主。

5.2.2　煤焦油的性质

煤焦油的闪点为 96～105 ℃，自燃点为 580～630 ℃，燃烧热为 35 700～39 000 kJ/kg。

煤焦油的蒸发潜热 λ 可用下式计算:

$$\lambda = 495.1 - 0.67t \tag{5-1}$$

式中　t——煤焦油的温度,℃。

煤焦油馏分相对分子质量可按下式计算:

$$M = \frac{T_K}{B} \tag{5-2}$$

式中　M——煤焦油馏分相对分子质量;

　　　T_K——蒸馏馏分馏出 50% 时的温度,K;

　　　B——系数,对于洗油、酚油馏分为 3.74,对于其余馏分为 3.80。

煤焦油的相对分子质量可按各馏分相对分子质量进行加和计算确定,煤焦油、煤焦油馏分和煤焦油组分的理化性质参数也可查阅有关图表。

5.2.3　煤焦油馏分的组成和性质

蒸馏是煤焦油加工处理的第一阶段。以提取煤焦油中化工产品为目的的加工过程,通常需要将煤焦油按蒸馏温度和用途的不同蒸馏成多个窄馏分。表 5-2 是煤焦油馏分表。

表 5-2　　　　　　　　　　　　煤焦油馏分表

馏分名称	切取温度范围/℃	产率/%	密度/(kg/L)	主要组成
轻油	<170	0.4~0.8	0.88~0.90	主要苯族烃,含酚小于 5% 及少量古马隆、茚等不饱和化合物
酚油	170~210	1.0~2.5	0.98~1.01	酚和甲酚 20%~30%,萘 5%~20%,吡啶碱 4%~6%
萘油	210~230	10~13	1.01~1.04	萘 70%~80%,酚类 4%~6%,砒啶类 3%~4%
洗油	230~300	4.5~6.5	1.04~1.06	酚类 3%~5%,萘小于 15%,重吡啶类 4%~5%
一蒽油	300~360	16~22	1.05~1.10	蒽 16%~20%,萘 2%~4%,高沸点酚类 1%~3%,重吡啶类 2%~4%
二蒽油	310~400 ℃(馏出 50% 时)	4~6	1.08~1.12	多环化合物,如荧蒽等
沥青	残液	54~56	—	多环化合物

（1）轻油馏分

轻油馏分为 170 ℃之前的馏分,产率为无水焦油的 0.4%~0.8%。常规的焦油连续蒸馏工艺,轻油馏分来源主要有两处:一处是蒸发器焦油脱水的同时得到的轻油馏分,简称一段轻油;另一处是馏分塔顶得到的轻油馏分,简称二段轻油。轻油馏分一般并入洗苯后的洗油或并入粗苯中进一步加工,分离出来苯类产品、溶剂油等。

（2）酚油馏分

酚油馏分是在 170~210 ℃之间的馏分,产率为 1.0%~2.5%。酚类化合物是煤热分解的产物,其组成和产量与煤料所含的总氧量、配煤质量及炼焦温度有关。酚类化合物主要存在于酚油、萘油和洗油馏分中。从焦油馏分中提取酚类化合物的工艺包括馏分碱洗脱酚、粗酚钠的净化和净酚钠的分解等。

（3）洗油馏分

洗油馏分为 280～360 ℃馏分,产率一般为无水焦油的 4.5％～6.5％。洗油馏分主要用于洗涤吸收煤气中的苯族烃和从中提取喹啉类化合物、酚类化合物、甲基萘、二甲基萘、萘、吲哚、联苯、芘、氧芴和芴等产品。

（4）萘油馏分

萘油馏分为 210～230 ℃馏分。萘在煤焦油中的含量与炼焦温度,煤热解产物在焦炉炭化室顶部空间的停留时间、温度有关,一般萘在高温炼焦焦油中的含量约为 10％。

（5）蒽油馏分

蒽油馏分为 280～360 ℃的馏分,产率为 16％～22％。二蒽油馏分初馏点 310 ℃,馏出 50％时为 400 ℃,产率为 4％～6％。粗蒽是蒽油馏分或一蒽油馏分经冷却、结晶和离心分离后得到的一种黄绿色结晶物。

（6）煤焦油沥青

煤焦油沥青是煤焦油蒸馏提取馏分后的残余物,按照软化点的高低可分为低温、中温和高温沥青。煤焦油沥青是煤焦油加工过程中分离出的大宗产品,占煤焦油的 50％～60％,其加工利用水平对整个煤焦油加工工艺至关重要。煤焦油沥青不能用蒸馏而只能用萃取进一步分级。目前,煤焦油沥青主要用于生产沥青焦、电极与阳极糊的黏结剂（改质沥青）、型煤黏结剂、筑路沥青、各种沥青防腐漆等。中温沥青经改质处理可生产改质沥青,进而生产电解铝行业预焙阳极块及电炉炼钢石墨电极等。

5.3 煤焦油的蒸馏

高温煤焦油和中低温煤焦油在组成上存在很大差异,但是相同类型煤焦油性质相近组分较多,在加工利用过程中,往往首先采用蒸馏方法切取各种馏分,使欲提取或加工的产品集中到相应馏分中,再进一步利用物理和化学的方法进行分离和深加工。

5.3.1 煤焦油的预处理

煤焦油加工厂的煤焦油来源较广,为了保证煤焦油加工操作的正常稳定,提高设备的生产能力和安全运行,煤焦油蒸馏前必须进行预处理,主要包括煤焦油的储存及运输、煤焦油质量的均合、煤焦油脱水及脱盐、煤焦油的脱灰和脱渣等。

5.3.1.1 煤焦油的储存和运输

焦化厂回收车间所生产的粗煤焦油,可储存在钢筋混凝土的地下储槽或钢板焊制成的直立圆柱形储槽中,多数工厂用后者,其容量按储备 10～15 昼夜的煤焦油量计算。通常设置储槽数目至少为三个,一个槽送油入炉,一个槽用作加温静置脱水,另一个接受煤焦油,三槽轮换使用,以保证煤焦油质量的稳定和蒸馏操作的连续。

煤焦油储槽结构如图 5-1 所示。储槽内设有加热用蛇形管,管内通以蒸汽,在储槽外壳包有绝热层以

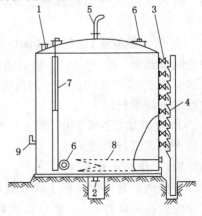

图 5-1 煤焦油储槽

1——煤焦油入口;2——煤焦油出口;
3——放水旋塞;4——放水竖管;
5——放散管;6——人孔;
7——液面计;8——蛇管;
9——温度计

减少散热,使煤焦油保持 85~95 ℃,在此温度下煤焦油容易和水分分离。分离出来的水可沿槽高方向安设的带有阀门的溢流管流放出,收集到收集罐中,并使之与氨水混合,以备加工。储槽外设有浮标式液面指示器和温度计,槽顶设有放散管。

对于回收车间生产的煤焦油,含水往往在 10% 左右,可经管道用泵送入煤焦油储槽。经静置脱水后含水约 3%~5%。外购的商品煤焦油,则需用铁路槽车输送进厂。槽车有下卸口的,可从槽车自流入敞口溜槽,然后用泵泵入煤焦油储槽中。如槽车没有下卸口,则用泵直接泵入煤焦油储槽。外销煤焦油需脱水至 4% 以下才能输送到外厂加工。为了适于长途输送,槽车上应装置蒸汽加热管,以防煤焦油在冬天因气温低而难于卸出。

5.3.1.2 煤焦油质量的均合

在煤焦油加工过程中,煤焦油的喹啉不溶物(QI)、水、灰分含量等指标会直接影响煤焦油蒸馏操作的稳定性和蒸馏残液沥青的质量。煤焦油含萘量波动 1%,将严重影响各馏分的质量变化;QI 含量波动大于 1.5%,中温沥青 QI 含量波动在 3% 左右,对其应用和生产改质沥青带来不利影响。大型煤焦油加工厂需外购煤焦油进行集中处理,这些煤焦油在组成、密度、QI、水和灰分含量等方面存在较大差异,需预先对其进行均匀混合,使其组成和 QI 含量相对稳定,以保障安全稳定生产和产品质量。

5.3.1.3 煤焦油脱水

煤焦油脱水分为初步脱水和最终脱水。初步脱水一般采用加热静置脱水法,即煤焦油在储槽内用蛇管加热保温在 80 ℃ 左右,静置 36 h 以上,煤焦油与水因密度不同而分离。静置脱水可使煤焦油中水分初步脱至 4% 以下。此外,初步脱水的方法还有离心脱水法和加压脱水法等。最终脱水的方式依据生产规模不同而不同,主要包括:

① 间歇釜脱水:间歇蒸馏系统中专设脱水釜进行煤焦油最终脱水。釜内煤焦油温度加热至 100 ℃ 以上,使水分蒸发脱除。脱水釜容积与蒸馏釜相同,一釜脱水煤焦油供一釜蒸馏用。脱水釜蒸汽管温度加热至 130 ℃ 时,最终脱水完成,釜内煤焦油水分可降至 0.5% 以下。

② 管式炉脱水:连续煤焦油蒸馏工艺应用管式炉脱水。经初步脱水的煤焦油送入管式炉连续加热至 120~130 ℃,然后送入一次蒸发器(脱水塔)脱除部分轻油和水。此时煤焦油含水量降至 0.3%~0.5%。国内的连续式管式炉焦油蒸馏工艺中,最终脱水一般是在管式炉的对流段进行。

③ 蒸汽加热脱水:初步脱水后的煤焦油送入蒸汽加热器连续加热至 125~130 ℃,再进入脱水塔来进行最终脱水。

5.3.1.4 煤焦油脱盐

煤焦油中含的水实际上就是氨水,其中一部分氨以 $NH_3 \cdot H_2O$ 的形式存在,另一部分以固定铵盐形式存在,主要是氯化铵。它们在最后脱水阶段仍留在煤焦油中,当被加热至 220~250 ℃ 时,固定铵盐会分解成游离酸和氨:

$$NH_4Cl \xrightleftharpoons{200 \sim 250 \text{ ℃}} HCl + NH_3$$

产生的 HCl 存在于煤焦油中,会严重腐蚀管道和设备,同时铵盐还会使馏分与水起乳化作用,对萘油馏分的脱酚操作十分不利。因此,煤焦油必须在蒸馏前进行脱盐处理。煤焦油脱盐是在焦油最终脱水前加入 8%~12% 的碳酸钠溶液,使固定铵盐转化为稳定的钠盐:

$$2NH_4Cl + Na_2CO_3 \longrightarrow 2NH_3 + CO_2 + 2NaCl + H_2O$$
$$2NH_4CNS + Na_2CO_3 \longrightarrow 2NH_3 + CO_2 + 2NaCNS + H_2O$$
$$(NH_4)_2SO_4 + Na_2CO_3 \longrightarrow 2NH_3 + CO_2 + 2Na_2SO_4 + H_2O$$

这些钠盐在煤焦油蒸馏时完全残留在沥青中变成灰分,若除去 0.1 g/kg(焦油)中的固定铵盐,沥青的灰分约增加 0.08%,故碳酸钠的加入量要适当。

5.3.1.5　煤焦油脱灰、脱渣

煤焦油中含有少量的机械杂质,其主要来源于炼焦时炭化室的耐火材料、煤粉、焦粒等,在煤焦油蒸馏时全部残留在沥青中,对煤焦油蒸馏操作和沥青应用是不利的。煤焦油蒸馏前使用超级离心机进行脱灰、脱渣处理,同时也脱除了大量的水分和铵盐,对煤焦油蒸馏的稳定操作非常有利。

5.3.2　煤焦油的蒸馏

煤焦油蒸馏分为间歇式、连续式两种蒸馏方式。目前煤焦油蒸馏均选择连续式蒸馏,有常压蒸馏、减压蒸馏、常减压蒸馏。

5.3.2.1　煤焦油的间歇蒸馏

煤焦油间歇蒸馏有常压蒸馏和减压蒸馏(图 5-2)两种流程,为装料、加热、分馏和排放沥青等操作依次周期性进行的蒸馏过程。将脱水焦油装入蒸馏釜,缓慢加热升温,依次从蒸馏柱顶切取各种馏分油,釜底残渣为沥青。

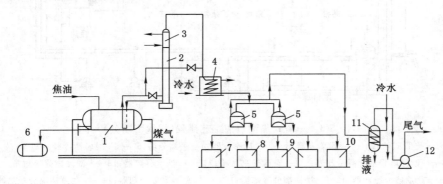

图 5-2　减压间歇式焦油蒸馏的工艺流程

1——蒸馏釜;2——蒸馏柱;3——分缩器;4——冷凝冷却器;5——真空计量槽;6——沥青接收槽;
7——蒽油槽;8——洗油槽;9——中油槽;10——轻油槽;11——捕集器;12——真空泵

间歇蒸馏由于物料保温时间长,生产的中温沥青比连续蒸馏生产的中温沥青 β-树脂含量更高,沥青产率亦可高达 60%。间歇蒸馏结束后,可对蒸馏釜残渣(中温沥青)继续进行加热处理,直接得到软化点为 100～115 ℃的改质沥青。虽然间歇焦油蒸馏设备比较简单、投资少,但是存在各馏分质量不易控制、酚和萘的提取率低、能耗高、劳动条件差、难以采用自动控制及自动调节装置等缺点,已很少采用。

5.3.2.2　煤焦油的连续蒸馏

(1)常压焦油蒸馏工艺

根据生产规模和技术装置水平情况,按照一次气化所有馏分,然后逐渐冷凝馏分的原则建立焦油蒸馏流程,依据精馏塔台数不同,分为一塔式、二塔式和多塔式流程;依据馏分的切

取数量不同,分为切取窄馏分和切取混合馏分流程。

① 一塔式和二塔式焦油蒸馏流程

一塔式和二塔式焦油蒸馏流程切取窄馏分工艺分别见图 5-3 和图 5-4。一塔式焦油蒸馏工艺中,馏分塔可以开一个侧线,将酚油馏分、萘油馏分和洗油馏分合并在一起切取称作三混馏分;二塔式焦油蒸馏工艺中,在馏分塔将萘油馏分和洗油馏分合并在一起切取称作二混馏分,此时塔底油苊含量大于 25%,称作苊馏分。这两种切取馏分的方法,可使萘集中度提高,从而提高了工业萘产率。

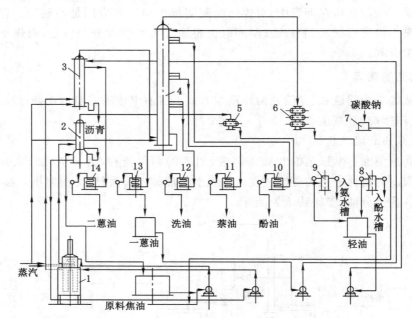

图 5-3 一塔式焦油蒸馏工艺流程(切取窄馏分)

1——管式炉;2——一段蒸发器;3——二段蒸发器;4——馏分塔;5——一段轻油冷凝冷却器;

6——馏分塔轻油冷凝冷却器;7——碳酸钠高位槽;8,9——油水分离器;10——酚油馏分冷却器;

11——萘油馏分冷却器;12——洗油馏分冷却器;13——一蒽油馏分冷却器;14——二蒽油馏分冷却器

我国普遍采用一塔式和二塔式焦油蒸馏工艺,生产规模小的装置切取混合馏分(二混馏分或三混馏分),生产规模大的装置一般切取窄馏分。根据产品种类和质量要求的不同,焦油蒸馏的工艺路线也有所不同。

② 多塔式焦油蒸馏流程

无水焦油经管式炉加热后进入蒸发器,在蒸发器汽化的所有馏分气依次进入 4 个精馏塔,各塔均采用热回流(图 5-5),得到的馏分馏程为:酚油馏分 175~210 ℃,萘油馏分 209~230 ℃,洗油馏分 220~300 ℃,蒽油馏分 240~350 ℃。

(2) 减压焦油蒸馏流程

为提高馏分油收率,降低焦油蒸馏过程的能耗,防止焦油在管式炉管中因温度过高而结焦,可采用减压焦油蒸馏工艺,如图 5-6 所示。

原料焦油经焦油预热器(开工时用)和软沥青换热器后进入预脱水塔,在塔内闪蒸出大部分水分和少量轻油,预脱水塔底的焦油自流入脱水塔。由两个脱水塔顶部逸出的蒸气和

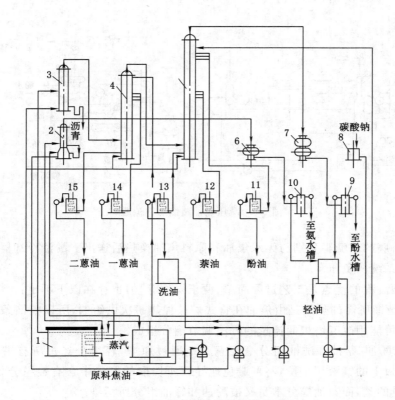

图 5-4　二塔式焦油蒸馏工艺流程

1——管式炉;2——一段蒸发器;3——二段蒸发器;4——蒽塔;5——馏分塔;

6——一段轴油冷凝冷却器;7——馏分塔轻油冷凝冷却器;8——碳酸钠高位槽;9,10——油水分离器;

11——酚油馏分冷却器;12——萘油馏分(或萘洗两混馏分)冷却器;13——洗油馏分(或蒽油馏分)冷却器;

14——一蒽油馏分冷却器;15——二蒽油馏分冷却器

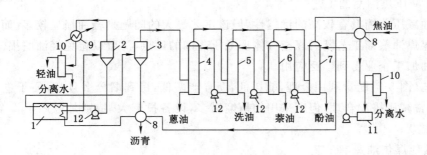

图 5-5　多塔式焦油蒸馏工艺流程

1——管式炉;2——一次蒸发器;3——二次蒸发器;4——蒽油塔;5——洗油塔;6——萘油塔;

7——酚油塔;8——换热器;9——轻油冷凝冷却器;10——油水分离器;11——轻油中间槽;12——泵

轻油气经冷凝冷却器和分离器得到氨水和轻油,一部分轻油用作脱水塔的回流。脱水塔底的无水焦油一部分经重沸器循环加热,供给脱水塔所需热量,另一部分经软沥青换热器和管式炉加热后进入主塔。主塔是减压精馏塔,从主塔得到酚油、萘油、洗油和蒽油馏分。为充分利用热能,洗油和蒽油出塔后经蒸汽发生器,利用它们的热量产生 0.3 MPa 蒸汽,供装置

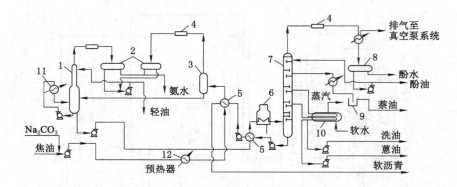

图 5-6　减压焦油蒸馏工艺流程

加热用。主塔底的软沥青分别与无水焦油和原料焦油换热后送出。酚油冷却器与真空系统连接，以形成系统的负压。

这种类型流程的优点是工艺过程简单、便于操作等，但也存在以下不足：

① 由于精馏所需的热量是由焦油在管式炉被加热一次供给的，所以精馏条件受到严格限制，几乎不可能用改变塔板回流量的方法调节馏分组成。

② 轻油、酚油、萘油和洗油组分毫无意义地通过原塔，轻组分经过所有塔板后分离出来，由于在塔板上的气液相平衡，不可避免地导致所切取的馏分中含有轻组分如萘，在蒽油中有一定数量的萘，而萘油馏分本身又被酚油和轻油组分所污染。

③ 所有馏分通过一次蒸发器和蒽塔，导致设备负荷增大，效率降低。

④ 常压焦油蒸馏为了降低一次气化温度，在蒸发器和精馏塔内通入占焦油量5％的过热蒸汽，不但降低了设备的生产能力，而且恶化馏分蒸馏的精确性，增加废水量。

⑤ 加热制度不合理，能耗高。

（3）常减压焦油蒸馏工艺

煤焦油减压蒸馏具有较高的优越性，但该工艺最大的问题是轻油损失较多，而与常减压相结合的煤焦油蒸馏工艺既可以充分体现减压蒸馏的优点，又可以避免轻油的损失，这在德国的煤焦油加工企业得到广泛应用。

该工艺（图 5-7）能量利用合理，能耗低，沥青产率低，得到馏分多且窄，便于进一步的分离和精制，常减压搭配合理，但所采用的精馏塔多，设备投资大，特别是采用了 4 个管式炉，使得流程复杂。

（4）其他煤焦油蒸馏工艺

① 日本钢管公司煤焦油蒸馏工艺

该工艺产生于 1988 年 11 月，单套处理能力为 25 万 t/a。其蒸馏过程为：脱水（2 次）＋馏分蒸馏。其蒸馏操作就是在馏分分馏塔中从上到下分馏出各种馏分（轻油、酚油、萘油、洗油、软沥青）。其工艺流程如图 5-8 所示。

② 吕特格焦油公司煤焦油蒸馏工艺

该工艺是德国吕特格焦油公司开发的多塔式蒸馏工艺，能够获得更多馏分，使这些馏分的浓度增大。其工艺流程如图 5-9 所示。

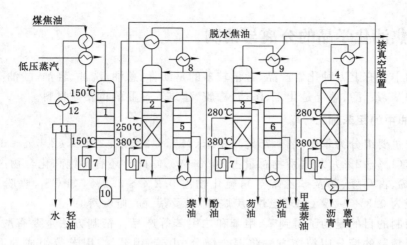

图 5-7 常减压焦油蒸馏工艺流程

1——脱水塔；2——酚油塔；3——甲基萘塔；4——蒽油塔；5——萘油副塔；6——洗油副塔；7——管式炉；
8——冷凝器；9——蒸汽发生器；10——脱水焦油槽；11——油水分离器；12——冷却器

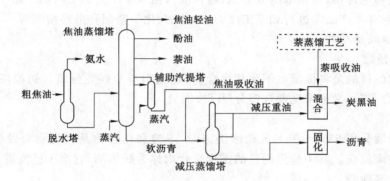

图 5-8 日本钢管公司焦油蒸馏工艺流程

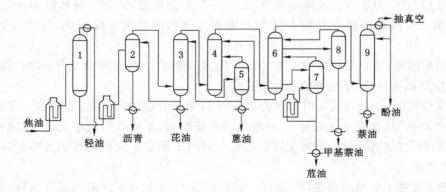

图 5-9 德国吕特格焦油公司常减压焦油蒸馏工艺流程

1——轻油塔；2——沥青塔；3——芘油塔；4——蒽油主塔；5——蒽油副塔；6——苊油主塔；
7——苊油副塔；8——甲基萘副塔；9——甲基萘油塔

5.4 煤焦油化学品的分离与精制

煤焦油中含有上万种化学产品,含量较多的是沥青、蒽油、洗油、轻油、酚油等,经深加工后的产品如苯、萘、酚、蒽等是化工、医药、橡胶、建筑等行业的重要原材料。

5.4.1 轻油中的粗苯加工

粗苯中主要组分为苯($55\%\sim75\%$)、甲苯($11\%\sim22\%$)、二甲苯($2.5\%\sim6\%$)、三甲苯和乙基甲苯($1\%\sim2\%$),苯同系物总量占$80\%\sim95\%$,此外还有不饱和化合物占$5\%\sim15\%$(如环戊二烯、古马隆、茚及苯乙烯等),硫化物占$0.2\%\sim2.0\%$(如CS_2,噻吩及其同系物等),饱和烃为$0.3\%\sim2\%$(如环己烷、庚烷等)以及萘、酚、吡啶等。

粗苯精制的目的是为了得到苯、甲苯和二甲苯等产品。精制方法主要有酸洗精制和加氢精制。经精制的馏分用精馏方法将混合馏分(由苯、甲苯、二甲苯等组成的混合物,简称BTX馏分)分离成单一产品,同时进行初馏分中环戊烯及高沸点馏分中古马隆和茚的加工。

从焦油蒸馏工序切取得到轻油馏分,经碱洗脱酚后,主要含有苯族烃,还有少量的古马隆和茚等不饱和化合物,与粗苯组分类似,通常混入粗苯中一同加工精制。由于粗苯组分复杂,为分离得到有关产品需进行如下工序:初步精馏、化学精制和最终精馏等。

5.4.1.1 粗苯酸法精制

(1)初步精馏

初步精馏的目的是将低沸点不饱和化合物、硫化物与苯族烃分离。初馏塔塔顶得初馏分,塔底得混合馏分,又称未洗混合馏分(BTX馏分)。

(2)硫酸洗涤

未洗混合馏分用$93\%\sim95\%$的硫酸洗涤时,不饱和化合物及硫化物会发生聚合反应、脱硫反应和共聚反应。其中呈黑褐色的深度聚合物称为酸焦油,它溶于已洗混合馏分中,在蒸馏时转入釜底残液。

酸洗净化的工艺条件如下:

① 反应温度:最适宜的反应温度为$35\sim45$ ℃。温度过低,达不到所需的净化程度;温度过高,由于苯族烃的磺化反应及其与不饱和化合物的共聚反应加剧,使苯族烃的损失增加。

② 硫酸浓度:适宜的硫酸浓度为$93\%\sim95\%$。浓度太低,达不到应有的净化效果;浓度过高,会加剧磺化反应,增加苯族烃的损失。

③ 反应时间:一般将反应时间定为10 min左右。反应时间不足,要达到一定的洗涤效果,必须增加酸量,这样不仅酸耗大,且酸焦油产量增加,苯族烃损失增大;反应时间如果过长,会加剧磺化反应。因此,需根据适宜的反应时间来确定反应器的容积及数量,以达到预期的洗涤效果。

在酸洗过程中硫酸的用量(折合100%硫酸)大约为47 kg/t(未洗混合馏分)。大部分硫酸可用加水洗涤再生的方法回收,再生酸的回收量因原料的性质及洗涤条件的不同而波动于$65\%\sim80\%$之间,其浓度为$40\%\sim50\%$。

分离出再生酸与已洗混合馏分的剩余物即为酸焦油,它是精苯工艺过程中造成苯族烃损失的重要原因。酸焦油的生产量与未洗混合馏分的性质及操作条件有关,当混合馏分中二硫化碳含量较高时,黏稠的酸焦油生成量会增加;反之,则易于生成同酸和苯易分离的烯酸焦油。

（3）已洗混合馏分的精馏

带微碱性的已洗混合馏分首先进行蒸吹,即吹苯,然后对吹出的苯进行最终精馏。

吹苯的目的是把酸洗时溶于混合馏分中的各种聚合物作为吹苯残渣排出,该残渣可用作生产古马隆树脂的原料。在酸洗过程中,不饱和化合物和硫酸发生加成反应,生成含硫的中性酯。这种酯在吹苯的高温下分解出 SO_2 等酸性物,故吹出的蒸气需用 $12\% \sim 16\%$ 的 NaOH 溶液喷洒。已洗混合馏分吹苯产率为 97.5%,残渣产率为 2.5%。

对于大规模的精苯车间,一般可采用吹出苯的全连续精馏流程,连续在精馏装置中提取纯苯、甲苯和二甲苯,甚至在足够大的处理量下,还可从二甲苯残油中再提取二甲苯。在全连续精馏工艺中,一般采用热油进料,即上一精馏装置的残油不经冷却直接用热油泵送入下一工序作为精馏原料,减少了中间储槽及冷却设备,节省了水蒸气,提高了产品收率。但工艺中必须保证各塔原料组成、进料量、回流比、蒸气压力、塔顶温度及塔底液面等的相对稳定。一旦产品质量不合格,必须进行大循环重蒸(循环至吹出苯槽),同时适当减少吹苯塔进料量或停塔,以免造成物料不平衡。

5.4.1.2　粗苯加氢精制

将轻苯或BTX混合馏分进行催化加氢净化,然后对加氢油再精制处理得到高纯度苯类产品的过程称为粗苯加氢精制。它不仅可产出噻吩含量小于 0.000 1%、结晶点温度高于 5.4 ℃ 的纯苯,而且苯类产品收率高,无环境污染,大大优于硫酸精制法,现国内外已广泛使用此法。

催化加氢精制过程的实质即为轻苯蒸气与氢气在一定温度压力下,通过相应的溶剂进行化学反应,使其中所含的烯烃、硫化物及氮化物等杂质转变为相应的饱和烃、硫化氢及氨等气体,从而达到除去这些杂质的目的。

加氢工艺主要有:

① 鲁奇法:采用 Co-Mo 催化剂,反应温度 360~380 ℃,压力 4~5 MPa,以焦炉煤气或纯氢为氢源,加氢油通过精馏分离,得到苯、甲苯、二甲苯和溶剂油,产品收率可达 97%~99%;

② 莱托法(Litol法):采用三氧化铬为催化剂,反应温度 600~650 ℃,压力 6.0 MPa。通过苯的同系物加氢脱烷基转化为苯可制得合成用苯,其纯度达 99.9%。

两种工艺中,前者为低温加氢,后者属高温加氢。

目前粗苯催化加氢精制主要选择低温加氢工艺,其装置特点如下:

① 原料的适应性强。用焦化粗苯做原料时,无需进行预处理,即不必先将粗苯分成轻苯和重苯,然后再对轻苯加氢。该装置既可处理轻苯,也可处理粗苯。原料中的初馏分和沸点高于二甲苯的馏分可在加氢装置中一起处理。

② 加氢温度和操作压力低。加氢温度约为 360 ℃,加氢操作的压力约为 3.6 MPa,材料易解决,工程投资低。

③ 产品品种多。该装置可生产优质的纯苯、硝化级甲苯、高纯甲苯、二甲苯等产品,市场适应性强,而莱托法只能生产一种纯苯。

④ 加氢采用两段加氢,蒸馏采用萃取蒸馏。

⑤ 用导热油做热载体,热效率高,温度控制稳定。

⑥ 可用换热的方法回收利用产品及中间产品的热量,以减少热损失,提高热效率。

⑦ N-甲酰吗啉萃取剂具有选择性高、萃取率高、热稳定性好、化学稳定性高及无毒性等优点。

5.4.2 酚类化合物的提取与精制

苯酚是 1834 年由隆格(Runge)在煤焦油中发现的,甲酚是 1854 年由 Alexander 在煤焦油中发现的,直到现在煤焦油仍是酚类化合物的主要来源之一。一般高温炼焦酚类化合物的含量占焦油的 1%～2.5%。

焦油酚类化合物根据沸点的不同,分为低级酚和高级酚,低级酚是指、甲酚和二甲酚,高级酚是指三甲酚、乙基酚、丙基酚、丁基酚、苯二酚、萘酚、菲酚及蒽酚等。高级酚含量低,很难提取分离。按焦油酚类化合物能否与水共沸并和水蒸气一起挥发而分为挥发酚和不挥发酚。苯酚、甲酚和二甲酚均属挥发酚,二元酚和多元酚属不挥发酚。

焦油酚类化合物与水部分互溶,其在焦油和氨水之间的分布,在很大程度上取决于冷凝的工艺条件和氨水生成量,一般有 13%～37%转入氨水中,其余转入焦油中。低沸点酚易溶于水,所以在氨水中提取的酚类化合物低沸点酚约占 80%以上。

酚类化合物主要存在于酚油、萘油和洗油馏分中。酚油馏分主要含有苯酚和甲酚,萘油馏分主要含有甲酚和二甲酚,洗油馏分中高沸点酚占一半以上,一蒽油中主要是高沸点酚。根据馏分产率和低沸点酚含量,采取从酚油、萘油和洗油馏分中提取酚类化合物。

酚类化合物是有机化学工业的基本原料之一,应用十分广泛,如在合成纤维、工程塑料、医药、农药、增塑剂、抗氧化剂、染料中间体及炸药等生产中得到广泛使用。酚在煤焦油中分布范围很宽,各种低级酚在煤焦油各馏分中都可以发现,如苯酚的沸点为 181.8 ℃,但在沸点 300 ℃ 以上的萘油馏分中仍能发现,这是由于酚类可以通过分子缔合,主要是氢键作用而混入更高沸点的馏分中。

5.4.2.1 酚类化合物的提取

(1)脱酚工艺原理

酚类化合物含有酚羟基,具有弱酸性,能同碱反应生成酚钠盐,因而可以用氢氧化钠水溶液将酚从焦油馏分中萃取出来,工业上粗酚的提取均采用氢氧化钠水溶液洗涤焦油馏分得到酚钠盐。酚钠盐经蒸吹除油后用酸性物中和分解得到粗酚。

① 碱洗脱酚:当馏分以质量分数为 10%～15%的氢氧化钠溶液洗涤时,酚类化合物与碱发生如下反应:

$$C_6H_5OH + NaOH \longrightarrow C_6H_5ONa + H_2O$$
$$C_6H_4CH_3OH + NaOH \longrightarrow C_6H_4CH_3ONa + H_2O$$

② 酚钠盐的分解:酚钠盐经过蒸吹除油后,用酸性物中和分解。采用的酸性物有硫酸和二氧化碳气体。二氧化碳气体可利用高炉煤气、焦炉烟道废气或石灰窑气,用质量分数为 60%～75%的硫酸分解酚钠盐,1 kg 粗酚需要 100% 硫酸 0.6 kg。该法产生的硫酸钠废液,既污染水体又损失酚。用二氧化碳分解酚钠盐的反应生成碳酸钠,经石灰乳苛化后得到氢氧化钠和碳酸钙,分离除去碳酸钙渣可回收氢氧化钠溶液,再用于脱酚,从而形成氢氧化钠的闭路循环。

(2)脱酚工艺流程

① 碱洗脱酚：包括酚钠蒸吹工艺和粗酚钠脱油工艺。

② 酚钠精制：碱洗脱酚得到的中性酚钠含有 1%～3% 的中性油、萘和吡啶碱等杂质，在用酸性物分解前必须除去，以免影响粗酚精制的产品质量。酚钠精制工艺有蒸吹法和轻油洗净法。

③ 精制酚钠的分解：包括连续式硫酸分解酚钠工艺和烟道气分解酚钠工艺。

5.4.2.2 粗酚的精制

粗酚的精制是利用酚类化合物的沸点差异，采用精馏方法加工以获得酚产品的工艺。粗酚精制的主要产品有苯酚、工业酚、邻甲酚、工业邻甲酚、间对混合甲酚、三混甲酚和二甲酚等。粗酚精制工艺流程有减压间歇精馏和减压连续蒸馏。

（1）减压间歇精馏

减压间歇精馏工艺包括脱水、脱渣和精馏。脱水和脱渣的目的是为了缩短精馏时间和避免高沸点树脂状物质热聚合。粗酚在脱水釜内，采用蒸汽间接加热脱水，脱出的酚水和少量轻馏分经冷凝冷却和油水分离后，轻馏分送回粗酚中，当脱水填料柱温度达到 140～150 ℃时，脱水结束。如不脱渣即停止加热，釜内粗酚作为精馏原料。如需脱渣，则在脱水后启动真空系统，当釜顶真空度达 70 kPa 和釜顶上升管温度达到 165～170 ℃时，脱渣结束，馏出的全馏分作为精馏原料。

脱水粗酚或全馏分的间歇精馏在减压下进行。蒸馏釜热源为中压蒸汽或高温热载体，间接加热，先蒸出残余的水分，然后按所选的操作制度切取不同的馏分。由真空泵抽出的气体通过真空捕集器内的碱液层，脱除酚后经真空罐排入大气。主要产品（对无水粗酚）的产率为苯酚 31.1%、工业邻甲酚 8.1%、间对混合甲酚 31.7%、二甲酚 10.8%、酚渣 15.3%。

（2）减压连续蒸馏

粗酚经预热器预热到 55 ℃进入脱水塔，塔底由重沸器供热，塔顶逸出的水汽经凝缩器冷凝成酚水流入回流槽，部分作为回流进入脱水塔顶，多余部分经隔板满流入液封罐排出。脱水粗酚从塔底送入初馏塔，在初馏塔中分馏为甲酚以前的轻馏分和二甲酚以后的重馏分。从初馏塔顶逸出的轻馏分蒸气经凝缩器进入回流槽，部分作为回流进入初馏塔顶，其余经液封槽送入苯酚馏分塔。在苯酚馏分塔中将轻馏分分馏为苯酚馏分和甲酚馏分。从苯酚馏分塔顶逸出的苯酚馏分蒸气经凝缩器进入回流槽，部分回流，另一部分经液封罐流入接收槽。甲酚馏分一部分经重沸器循环供热，一部分从塔底送入邻甲酚塔。邻甲酚塔顶采出邻甲酚产品，塔底残油送入间甲酚塔精馏。间甲酚塔顶采出间甲酚产品，塔底排出残油。各塔内热源均采用蒸汽加热，通过重沸器循环向塔内供热。

初馏塔底得到的重馏分和间甲酚塔底的残油，其组分主要是二甲酚以后的高沸点酚，可以通过减压间歇精馏装置生产二甲酚。

5.4.2.3 酚类同系物的分离

酚类化合物是重要的化工原料和高附加值产品，从焦油中提取的酚类同系物主要是甲酚和二甲酚，其中间甲酚和对甲酚的沸点相近，难以用常规的精馏方法分离，可实施的分离方法包括甲酚叔丁基化法、络合法、结晶法、酚醛缩合法和吸附分离法。

① 甲酚叔丁基化法：间对混合甲酚在酸催化下，与异丁烯进行可逆的叔丁基化反应，所生成的化合物沸点相差很大，通过精馏将其分离，然后分别进行脱丁基，再通过蒸馏得到纯的对甲酚或间甲酚。异丁烯回收循环使用。

② 络合法：在间甲酚和对甲酚的混合物中加入一种化合物与其中一种甲酚形成固体络合物，进而达到分离的目的。常用的化合物有尿素、草酸和苄胺等。

③ 结晶法：包括冷却结晶法、重结晶法和加成结晶法。

④ 吸附分离法：利用吸附剂选择性地吸附甲酚同系物。吸附分离对甲酚可采用 KY 型固体吸附剂，甲酚能进入微孔而被吸附，但对不同的异构体吸附能力不同。要求解吸剂既能溶解甲酚又要与甲酚的沸点相差大，以便解吸后采用简单蒸馏法获得纯产品。可达到此效果的解吸剂有戊醇、苯酚-甲苯及正己醇-甲苯等混合解吸剂。吸附分离法的工艺按采用设备不同，分为固定床法和模拟移动床法。分离混合甲酚的效果如下：对甲酚纯度可达 99.0%～99.6%，间甲酚的纯度可达 99.0%～99.6%，收率大于 90%。

5.4.3 萘及其同系物的分离与精制

萘是由 A. Garden 等于 1820 年在煤焦油馏分中发现的，1821 年 K. Phil 从裂解煤焦油中分离出纯萘，直到现在煤焦油仍是萘化合物的主要来源。萘是有机化学工业主要的芳香族原料之一，广泛应用在合成纤维、橡胶、树脂、染料、表面活性剂、医药和农药中间体或产品的生产中。

萘主要来自焦化萘和石油萘，就其质量来说石油萘大大超过焦化萘，但从数量来说，焦化萘具有很大的优势。

工业萘一般是指结晶点不小于 77.5 ℃，萘含量不小于 95.13%，其他指标符合国家质量指标的萘产品。我国生产的工业萘主要用于生产苯酐，再以苯酐为原料制取各种纤维、塑料、增塑剂、树脂和油漆。精萘是指结晶点不低于 79.3 ℃，萘含量不小于 98.94% 的萘产品。精萘主要用于萘酚、甲萘胺、H 酸等化工产品的生产。目前，除少数厂根据需要生产精萘外，大部分企业均生产工业萘产品。

5.4.3.1 萘的性质

萘在常温下为固体，容易升华成无色片状物或单斜晶体。萘中含有杂质时，其结晶温度下降，因此通常用测结晶点的方法，即可知道萘的纯度。在焦油蒸馏过程中萘集中在萘油馏分而被提取出来，萘在萘油馏分的集中度依工艺流程不同而异。含萘馏分主要用来制取工业萘，并可进一步加工成精萘。

5.4.3.2 精馏法生产工业萘和精萘

目前 90% 的萘来自煤焦油，其中大部分用于生产纯度 95% 的工业萘，其余用于生产结晶点不低于 79.3 ℃ 的精萘。

焦油蒸馏得到的萘油馏分（或混合馏分）是生产工业萘的原料。一般加工步骤是：含萘馏分—碱洗—酸洗—碱洗—精馏—工业萘。碱洗去除酚类，酸洗脱除吡啶碱类，最后碱洗去除游离酸和其他杂质。生产工业萘的蒸馏工艺主要有双炉双塔、单炉单塔和单炉双塔加压连续精馏。

（1）双炉双塔连续精馏

经静置脱水后的含萘混合馏分，经工业萘换热器进入初馏塔。初馏塔顶逸出的酚油蒸气经冷凝冷却和油水分离后进入回流槽，在此大部分作初馏塔的回流，少部分从回流槽满流入酚油成品槽。已脱除酚油的萘洗塔底油用热油泵送往初馏塔管式炉，加热后回初馏塔底，以供给初馏塔热量。同时在热油泵出口分出一部分萘洗油打入精馏塔。精馏塔顶逸出的工业萘蒸气在热交换器中与原料油换热后进入气化冷凝冷却器，液态的工业萘流入回流槽，一部分作精馏塔回流,一部分经转鼓结晶机冷却结晶得到工业萘片状结晶,即工业萘产品。

(2) 单炉单塔连续精馏

已洗含萘馏分经原料槽加热、静置脱水后,送往管式炉对流段,然后进入工业萘精馏塔。塔底的洗油用热油循环泵送至管式炉辐射段加热后返回塔底,以此供给精馏塔热量。工业萘由精馏塔侧线采出,经气化冷凝冷却器冷却后进入工业萘高位槽,然后放入转鼓结晶机。

(3) 单炉双塔加压连续精馏

脱酚后的萘油经换热后进入初馏塔。初馏塔底液被分成两路,一部分用泵送入萘塔,另一部分用循环泵抽送入重沸器,与萘塔顶逸出的萘气换热后返回初馏塔,以供初馏塔热量。为了利用萘塔顶萘蒸气的热量,萘塔采用加压操作。从萘塔顶逸出的萘蒸气经初馏塔重沸器,冷凝后入萘塔回流槽。回流槽的未凝气体插入排气冷却器冷却后,用压力调节阀减压至接近大气压,再经过安全阀喷出气经凝缩器进入排气洗净塔。在排气冷却器冷凝的萘液流入回流槽。萘塔底的甲基萘油,一部分与初馏原料换热,再经冷却排入储槽;另外大部分通过加热炉加热后返回萘塔,以供精馏所需的热量。

5.4.3.3　熔融结晶法生产工业萘或精萘

熔融结晶法生产工业萘或精萘的原理是基于混合物中各组分在相变时有重分布的现象。具有代表性的几种工艺有 20 世纪 60 年代法国 Proad 公司开发的间歇式分步结晶法(Proad 法),70 年代澳大利亚联合碳化物公司研制的连续式多级分步结晶精制法(Brodie 法),80 年代末瑞士开发的立管降膜结晶法(MWB 法),80 年代初德国开发的鼓泡式熔融结晶法,70 年代末日本新日铁化学公司开发的连续结晶法(BMC 法)等。

(1) 间歇式分步结晶法

间歇式分步结晶法分步结晶过程设有 8 个结晶箱,分 4 个步骤进行。结晶箱的升温和降温是通过一台泵、一台加热器和一台冷却器与结晶箱串联起来而实现的。

(2) 连续式多级分步结晶精制法

连续式多级分步结晶精制法,又称萘区域熔融精制法,主要设备是区域熔融精制机。该工艺在操作控制上最重要的是:

① 合理的温度分布。沿结晶管的长度方向,热介质入口侧温度高,出口侧温度低,以确保结晶管内物料能析出结晶和液体对流;沿结晶管的横截面方向,转动轴部位温度高,靠近管内壁部位温度低,这样既能保证固液正常对流,又能使夹套冷却面处结晶不熔化。结晶管冷热端温度差约为 4 ℃。

② 适宜的回流量。这部分萘液与下降的结晶进行对流接触时,可以将结晶表面熔化,使杂质从结晶表面排出,从而纯化了结晶。一般回流量与进料量的比值控制在 0.5 左右,过小不利于结晶的纯化,过大易产生偏流短路现象。

③ 较慢的冷却速率。为获得较大颗粒的结晶,减少不纯物在结晶表面的吸附,晶析母液的过饱和度以小为好,这样就必须控制精制管的冷却速率慢些。一般沿着精制机长度方向,应确保每一截面流体冷却速率不超过 3 ℃/h。

(3) 立管降膜结晶法

立管降膜结晶法是指由工业萘装置来的液态工业萘经工业萘馏分槽用泵送入降膜结晶器收集槽,启动物料循环泵,使液态萘从结晶器顶端沿管内壁呈降膜状流下,传热介质沿管外壁也呈降膜状流下。管内外壁之间存在着一定的温度梯度,使物料在结晶器中完成冷却结晶、加热发汗和熔化三个过程。降膜结晶器直径 4 m,高 14 m,内设 1 000 多根立管,管内外的物料由泵送入,要求每根管的内外壁上保证均匀地形成降膜流动。

（4）新日铁连续结晶法

新日铁连续结晶法主体设备是直立圆筒结晶塔（BMC 装置）,由上至下依次为冷却段、精制段和熔融段。原料以液态加入,沿塔上升到冷却段,该段从外部进行冷却,使萘结晶析出,析出的晶体一面与上升的母液逆流接触,一面在重力作用下沿塔下降到熔融段,这一过程因两相逆流接触形成了良好的传质条件,加上晶体本身熔融再结晶的作用,从而达到了精制目的。精制后的结晶到达熔融段被加热而成为液体,一部分作为产品采出,其余作为回流液沿塔上升对下降的结晶起精制作用。塔顶采出晶析残液。通过调节冷却温度、加热量和产品采出量,使结晶层的上端保持在冷却端下部的位置。

5.4.4　蒽、咔唑和菲的分离与精制

蒽、咔唑和菲同属于多环芳烃,蒽和菲是同分异构体,咔唑结构中有一个五元含氮杂环（吡咯环）。它们均是高沸点和高熔点烃类,存在于煤焦油的蒽油馏分中,在煤焦油中蒽占 1.2%～1.8%,咔唑占 1.5%,菲占 4.5%～5.0%。它们在煤焦油中含量不小于 1.0% 的 12 个化合物中占了 3 个,可见其在煤焦油加工中的重要性。

蒽、咔唑和菲沸点高且比较接近,熔点也高,所以分离是比较困难的。目前采用的是溶剂洗涤结晶法或蒸馏与溶剂相结合的方法。这三个化合物都是有机化学工业的主要原料,特别是蒽,占有举足轻重的地位,咔唑在染料和塑料工业中也有多种用途。迄今为止,只有菲还没有找到特别重要的用途,它在煤焦油中是含量仅次于萘的第二大组分,所以开发菲的利用技术仍是一项紧迫的任务。

5.4.4.1　蒽、咔唑和菲的物理化学性质与分离精制原理

蒽、咔唑和菲的分离精制主要是根据它们在不同溶剂下溶解度不同和蒸馏时相对挥发度的差异。

在所有溶剂中,蒽的溶解度均低于咔唑和菲。咔唑的特点是在极性溶剂丙酮、糠醛和吡啶中的溶解度显著高于蒽,这是蒽和咔唑溶剂分离工艺的基础。总体来看,在各类溶剂中,菲的溶解度最高,特别易溶于苯类溶剂和吡啶类溶剂中,而且溶解度随温度升高急剧增加,所以常利用这一性质先从粗蒽中分出菲。

5.4.4.2　蒽、咔唑和菲分离精制的基本原理

（1）基于溶解度不同的溶剂洗涤结晶法

根据蒽、咔唑和菲在不同溶剂中溶解度的差异,对粗蒽进行加热溶解（抽提）、冷却结晶和离心过滤,将易溶成分富集到滤液中,难溶成分富集在结晶里,主要是溶剂对粗蒽的洗涤或抽提作用,也包括重结晶作用。

如要从粗蒽中先除去菲,可用苯系溶剂,如苯、甲苯、二甲苯、重苯或溶剂油等;从粗蒽中同时除去菲和咔唑的溶剂有丙酮、溶剂油-吡啶或溶剂油-糠醛等;从蒽和咔唑混合物中除去咔唑的溶剂有吡啶、糠醛以及苯乙酮等;这些溶剂一般都是易挥发、易燃、易爆和有毒的有机化合物,选择时应尽可能避开这些缺点,同时在操作中注意安全。

用于粗蒽分离精制的溶剂种类很多,各有特点,洗涤效果亦不同。糠醛与吡啶相比,毒性较小,气味较小;沸点高,挥发性小,回收率高,性质比较稳定。丙酮对脱除菲和咔唑效果良好,产品收率较高,缺点是蒽在丙酮中溶解度小,重结晶时丙酮与原料质量比一定要大;丙

酮沸点低,损失大,同时易燃易爆,给操作带来不便。总之,选择价格便宜、来源易得、选择性与溶解性能好、气味与毒性小和容易回收的溶剂对发展精蒽生产是十分重要的,现有溶剂各有优缺点,不能令人满意。

（2）基于沸点不同的精馏分离法

上述溶剂法需要使用大量有机溶剂,虽然可回收,但损失仍很大。溶剂费用在生产成本中占较大份额,能否不用溶剂单靠精馏法分离提纯呢? 蒽、菲和咔唑在常压下的沸点分别为339.9 ℃、328.4 ℃、354.76 ℃,蒽与菲沸点相近,与咔唑相差较大。由于它们不但沸点高,熔点也高,所以蒸馏分离比较困难。除此之外,还有以下几点原因造成蒸馏分离困难:多环芳烃易产生缩聚反应,原料在蒸馏釜内受热时间长或局部过热很容易结焦,既浪费原料,又损坏设备;冷凝冷却器易被结晶物堵塞,特别是减压条件下,物料的沸点与熔点之差大幅度降低;蒸馏釜加热温度不能太高,故蒸馏塔高度和塔板数受到限制,与分离效果相矛盾。

为了发挥蒸馏的优势,克服其缺点,可采取下述措施:小规模的间歇蒸馏釜方式原料受热时间长,易结焦,采用管式炉加热连续蒸馏,可提高热效率和避免结焦,故集中加工比分散加工经济效益高;减压蒸馏可降低沸点,增加相对挥发度,有益于分离,同时可降低加热温度,减少结焦;加入共沸溶剂进行共沸蒸馏可降低加热温度和提高回收率;加入低沸点溶剂起汽提作用,也能降低蒸馏温度和增加相对挥发度。

因为蒽与菲的沸点十分接近,完全用蒸馏法不能得到合格的精蒽或其他产品,先进的工艺是把蒸馏法与溶剂法结合起来——共沸蒸馏法。蒽和菲与乙二醇等溶剂能形成共沸混合物,而咔唑不能则留在蒸馏残液中。因为通常是先用重苯去除粗蒽中的菲,而共沸蒸馏的目标是从粗蒽中提取蒽。

（3）化学分离法

咔唑是含氮杂环化合物,氮原子上有一未共用电子对,具有给电子性和弱碱性。它可与硫酸反应生成硫酸咔唑而溶于硫酸中,其杂环氮原子上的氢可被碱金属取代,咔唑与氢氧化钾在一起熔融加热,生成咔唑钾和水。蒽和菲不能产生以上反应,故能得到分离。

（4）其他进一步提纯的方法

有机化学制备中常用到的一些提纯的方法如区域熔融精制、重结晶精制和升华精制等也可用于蒽、菲和咔唑的精制。

5.4.4.3　粗蒽的生产

生产蒽、咔唑和菲的原料通常是粗蒽,是蒽油馏分或一蒽油馏分经冷却结晶和过滤分离而得到的。粗蒽是黄绿色结晶,除供生产精蒽外,还可做炭黑原料,其组成一般是蒽 30%～34%、菲 25%～30%、咔唑 13%～17%。粗蒽有一定的毒性,对人有刺激性,易引起皮肤发痒、过敏、怕光和水肿等。分出粗蒽后剩下的油称为脱晶蒽油,是配制木材防腐油的主要成分,也是生产炭黑的原料。粗蒽生产的原料一般为一蒽油,视焦油蒸馏流程的不同,有时也用蒽油馏分。

粗蒽的生产工艺:一蒽油传统的加工工艺是结晶-真空过滤离心法,工序长,劳动条件差。现已改用结晶-离心法,并采用卧式刮刀卸料离心机代替间歇式离心机。将一蒽油馏分装入机械化结晶机,搅拌过程中先自然冷却再喷水冷却成为含有结晶体的悬浮液,然后放入离心机内离心分离,分离出的粗蒽经溜槽落到刮板运输机上送入仓库,装车外运或送到精蒽工段,分离出的脱晶蒽油流至中间槽再送到油库。洗网液自流入储槽,循环一定时间后送回一蒽油馏分槽或原料焦油槽。

对于结晶法生产粗蒽工艺,提高粗蒽含蒽量的关键因素是提高一蒽油的质量和控制适宜的结晶温度。对粗蒽的含蒽量和产率影响最明显的结晶温度是 45~50 ℃。尽管原料一蒽油的含蒽量有波动,当结晶温度控制在 45~50 ℃时,所得粗蒽产品均可达到一级品标准,含蒽量>36%,但结晶温度在 45 ℃时的粗蒽产率要比 50 ℃时高 6%左右。

5.4.4.4 精蒽的生产

从粗蒽或一蒽油中分离出蒽油有多种方法,目前工业上生产精蒽的方法可分为两类:一是溶剂法,二是溶剂-精馏或精馏溶剂法。

(1) 溶剂法生产精蒽

溶剂法是生产精蒽的经典方法,主要有重质苯-糠醛法和丙酮法生产精蒽。

① 重质苯-糠醛法。该法生产精蒽是我国早先普遍采用的生产精蒽的方法。生产流程主要包括混合溶剂(糠醛与重质苯按体积比为 7∶3 混合)、洗涤和结晶、离心和烘干及溶剂回收与菲渣处理等。

② 丙酮法。因丙酮对菲和咔唑的溶解度远远超过对蒽的溶解度,丙酮法生产精蒽在苏联、日本等国早已工业化。本法按逆流洗涤原理,将原料以 1∶3 质量比在丙酮(或母液)中洗涤结晶三次,使菲和咔唑转移到丙酮溶液中,而蒽则富集在固体结晶中。丙酮有着火和爆炸的危险,常温下蒸气压力相当高,故在操作中与丙酮接触的设备都要预先用氮气排除空气,并始终充氮,保持约 6.67 kPa 的正压。丙酮法为间歇操作,有其自身缺点:生产流程长,设备数量多,丙酮易燃易爆,操作较麻烦,溶剂损耗较大,流程中菲和咔唑未加以利用等。

(2) 蒸馏-溶剂法生产精蒽

由上可知,溶剂法生产精蒽工序多、流程长、不连续、设备处理量小、溶剂消耗量大,溶剂一般都有毒性,操作环境不理想,故应加以改进。目前精蒽生产多倾向于采用蒸馏和溶剂相结合的方法。

① 粗蒽减压蒸馏-苯乙酮洗涤结晶法

德国吕特格公司焦油加工厂用此法生产精蒽。该工艺流程主要包括蒸馏系统、溶剂洗涤结晶系统等。此法以粗蒽为原料,采用连续真空蒸馏,处理量大,同时可得菲、蒽和咔唑的富集馏分。苯乙酮是一种比较好的溶剂,对咔唑和菲的选择性、溶解性好,所以只需洗涤结晶一次,就可得到纯度大于 95%的精蒽。

② 直接以一蒽油为原料的减压蒸馏-溶剂洗涤结晶法

生产精蒽一般是以粗蒽为原料,此法直接从一蒽油出发,省去粗蒽生产这一步,简化了生产工艺;生产连续化,处理能力大,采用程序自动控制;减压精馏时,有溶剂做稀释剂,解决了冷凝冷却和真空系统易产生堵塞的问题;蒽收率高,对一蒽油蒽达到 60%左右;溶剂消耗低,仅有 0.015/t(精蒽);咔唑和菲也能得到分离。我国曾引进法国 BEFS 公司的蒽油一步结晶法和减压蒸馏的蒽精制工艺,该工艺主要由闪蒸系统(主要设备是闪蒸塔)、结晶系统(核心设备是 BEFS 的专利设备结晶器)和蒸馏系统(包括两个主要蒸馏过程:溶剂油的再生、含溶剂油的蒽与咔唑的蒸馏)三部分构成。BEFS 工艺特点:可不制取粗蒽,直接制取精蒽,简化生产过程;综合利用蒽、菲、咔唑、萘、脱晶蒽油等产品,可有效降低成本;改善劳动条件,减少环境污染,整个过程无废水、废渣排出,废气经焚烧炉后 NO_x、SO_2 含量远低于国家标准;能量的综合利用合理,能耗低;产品收率高,蒽的收率大于 70%,咔唑的收率大于

60%；采用连续蒸馏，自动化程度高，处理量大，技术和经济指标比较先进。缺点是投资较大，工艺复杂不易掌握。

③ 双甘醇共沸蒸馏-溶剂洗涤结晶法

蒽和菲能与脂肪二元醇和部分一元醇形成沸点降低的共沸物，而咔唑不能。共沸剂有双甘醇、乙二醇等。双甘醇共沸蒸馏法生产精蒽的工艺流程主要包括粗蒽溶剂精制、共沸蒸馏、蒽结晶及其处理、双甘醇和粗苯的回收等。按此法生产 1 t 93% 精蒽的消耗定额：粗蒽7 t、粗苯（150 ℃前）1.8 t、双甘醇 1.2 t，所以此法溶剂消耗量很大，生产成本很高。

5.4.4.5　咔唑的生产

咔唑是染料、塑料和农药的重要原料，早已有工业生产，不过规模远小于精蒽，一般都是作为精蒽生产的副产品。菲在煤焦油中的含量虽远超过蒽和咔唑，但由于没有高附加值的用途，故煤焦油加工厂通常不分离菲。目前国内精咔唑生产的常规工艺有硫酸法、溶剂法、溶剂-精馏法等，其中硫酸法已被淘汰。溶剂法应用最广，此法是利用蒽、菲、咔唑在一定溶剂中具有不同的溶解度而分离，但该工艺的洗涤、结晶和离心分离次数多，导致溶剂耗量大，产品回收率低。

（1）初馏-溶剂-精馏法生产精蒽、精咔唑工艺

该工艺流程主要包括初馏及粗蒽的制备、粗蒽的洗涤、半粗蒽的精制等。其工艺特点为：

① 拓宽了粗蒽原料的来源，提高了粗蒽半成品的品质。传统的粗蒽生产以一蒽油馏分为原料，通过冷却、结晶、离心分离出粗蒽，其蒽含量为 25%～30%，咔唑的含量为 12%～15%。但焦油中 30% 的蒽、60% 的咔唑集中在二蒽油中，导致蒽、咔唑资源的流失。如直接用一蒽油和二蒽油的混合馏分为原料进行冷却、结晶，因其油品密度和黏度大，导致结晶和离心分离效果差，离心机分离时间长，洗网频繁，所得粗蒽含油量高，回收率低。故本工艺以一蒽油和二蒽油的混合馏分为原料，用真空蒸馏切取含蒽、咔唑的窄馏分，除去低沸点和高沸点的物质，以提高窄馏分中蒽、咔唑的集中度，同时降低沸点温度和窄馏分的黏度，缩短初馏时间，可有效减少釜内结炭。

② 溶剂耗量及洗涤次数少，产品回收率高。洗涤次数和溶剂耗量是影响回收率的制约因素，该工艺选择溶解性好的溶剂油，只需一次洗涤、结晶和离心分离，即得一次脱菲的半粗蒽（蒽、咔唑的含量在 90% 左右）。与溶剂法的 4～5 次洗涤相比，其溶剂耗量大幅度下降，回收率有很大的提高。

③ 工艺流程简单、投资较少。该工艺主要设备有两釜、两塔、结晶机、离心机、洗涤器及相关泵和槽类设备，与一般精馏相比流程较为简单，转产灵活性大。

在设备安装及生产中需要注意以下问题：设备及管道的保温、物料的冷却与结晶、溶剂的选择及冷凝冷却器冷却介质的确定等。

（2）结晶-蒸馏法制取精蒽、精咔唑的工艺

该工艺流程由结晶-蒸馏法精蒽装置的结晶和蒸馏两部分组成。结晶箱一般选用列管方箱式，是在 PROABD 结晶箱的基础上研制成的新型结晶箱，结晶过程各阶段的温度均由循环热介质控制。蒸馏部分的三个蒸馏塔中，再生塔（板式泡罩塔）和浓缩塔（高效填料塔）为常压蒸馏塔，分离塔（高效填料塔）为减压蒸馏塔，塔底供热方式除再生塔用管式炉供热外，另外两塔的供热方式均采用热油加热，以避免因局部过热而结焦。

该工艺与溶剂法相比,其工艺特点为:

① 产品纯度高,回收率高。粗蒽中蒽和咔唑的结晶点相近,菲的结晶点较低,所以在结晶过程中,粗蒽中的菲随结晶残油排出。经多次结晶,不仅可以逐步提高蒽和咔唑产品的纯度,还可使外排残油中的蒽和咔唑的含量达到最低值,这也是结晶-蒸馏法产品纯度和产品收率均较高的原因。

② 不用辅助溶剂。结晶蒸馏法无需其他辅助溶剂,只需一种可循环使用的冲洗油。而溶剂法一般需要两种溶剂,且存在易燃、易爆和挥发性大等问题,有的溶剂还有毒性,给安全生产和环境保护带来一定的困难。

③ 原料范围宽。结晶操作分阶段进行,不同的结晶阶段的组分浓度也不同,因此可根据原料的组成送入不同的结晶阶段。对于结晶-蒸馏法,无论是用一蒽油还是粗蒽做原料,均可直接加工成精蒽和精咔唑产品。对于新建厂,若采用结晶-蒸馏法,可省去粗蒽生产装置,既可降低设备投资,又可减轻环境污染。对于已建有粗蒽生产装置的,比较适合使用以粗蒽为原料的溶剂法。

④ 操作温度低。结晶-蒸馏法使用的冲洗油是煤焦油馏分,不仅稳定性好、毒性低,而且可在较低温度下操作,以避免多次加热升温而使产品质量变差。

⑤ 自动化程度高。在结晶过程中,各阶段的操作步骤较为复杂,采用人工控制已很难满足产品的质量要求,该工艺使用了 DCS 系统,可有效地提高生产过程的自动化水平。

5.4.4.6 菲的生产

在蒽、菲和咔唑中,菲的沸点最低,最易溶于溶剂,所以菲的分离和精制相对来讲是比较方便的。

(1) 蒸馏-结晶法制取工业菲

蒽油或粗蒽溶剂洗涤结晶所得母液回收溶剂后的釜底残油,在具有 20 块理论塔板的塔中精馏,切取含菲窄馏分,冷却结晶,然后过滤、压榨即可得到纯度 70% 的工业菲。

(2) 工业菲制取精菲

工业菲(压榨菲)一般含菲 70%,主要杂质为咔唑、蒽及二苯并噻吩等。工业菲制取精菲的方法主要有:

① 浓硫酸洗涤法:工业菲溶于溶剂油中,在 50～60 ℃下用浓硫酸(为工业菲质量的20%～30%)洗涤若干小时,上层溶液蒸馏除去溶剂,可得纯度 90% 的精菲,若再用酒精重结晶一次,可将纯度提高到 95% 以上。

② 氢氧化钾熔融法:工业菲加质量分数为 20% 的固体氢氧化钾熔融物,第一步形成咔唑钾盐,沉降放出钾熔物,再装入新氢氧化钾,第二步氢氧化钾和二苯并噻吩反应,芴和氧芴也转入钾熔物,沉降后将油层精馏,可得到纯度 90%～93% 的菲。剩下的杂质主要是蒽,可添加顺丁烯二酸酐与其络合。除去蒽以后的菲再经蒸馏和重结晶,可得到纯度 99% 的精菲。

③ 精馏-重结晶法:上述两种方法耗酸、耗碱,操作中有许多不便,可能仅适用于小批量生产,若精菲需要量较大,宜采用加溶剂精馏(或真空精馏)再重结晶的方法。菲是煤焦油中含量仅次于萘的第二大组分,目前还没有突破性的重要用途,其利用前景值得重视。

菲核存在于许多在生物化学上十分重要的化合物中,如雌酮、胆酸、皮质酮、睾丸甾酮和吗啡碱等,已发现菲可用于合成吗啡、咖啡因和二甲基吗啡等对生命器官有特殊生理作用的物质,今后这一方面的应用可能会有较大发展。

5.4.5　其他煤焦油产品的分离精制

在煤焦油的精富切割馏分中有一洗油馏分,是煤焦油蒸馏中切割的温度范围最宽的一个馏分,切割温度通常是 230～300 ℃,主要用于洗涤吸收煤气中的苯类化合物。洗油中包含许多芳香族化合物,如 α-甲基萘(1-甲基萘)、β-甲基萘(2-甲基萘)和二甲基萘,以及吲哚、联苯、芘、氧芴和芴等,其主要组分的性质参见表 3-8。它们在焦油中的含量累计在 5% 以上,工业上用途广泛。此外,在馏分精制的酸洗产物经分离后获得的吡啶和喹啉类物质都是用途十分广泛的物质。

相对而言,国外洗油加工规模较大,深加工程度较高,如德国吕特格公司,能生产 α-甲基萘、β-甲基萘、二甲基萘、吲哚、芘、芴等 20 多种产品。

5.4.5.1　吲哚的分离精制

由于吲哚和联苯的沸点很接近,基本存在于同一馏分中。吲哚分子中含有一个吡咯环,氮原子上的氢能被钾取代,故可采用碱熔分离法。脱吲哚油进一步精馏,可切取联苯馏分。

吲哚的化学性质与吡咯很相似,暴露于空气中颜色会逐渐加深,并慢慢树脂化。它是很弱的碱,不能形成稳定的盐,遇强无机酸发生聚合;加热至分解时有分解现象;可溶于热水、苯、乙醇和乙醚中;具有强烈的粪便臭味,但在很稀的溶液中则具有花香味,是茉莉和香橙花精油的成分之一,长期用于香料工业作为香味保持剂。当吲哚中含有微量杂质时,它的香味会发生变化。

吲哚主要存在于焦油的洗油馏分中,通常焦油洗油为初始原料,将其进一步精馏提取窄馏分后再进行相应的分离提取和精制。主要提取方法如下:

① 碱熔法提取吲哚。提取吲哚的原料是甲基萘馏分,经精馏、碱熔、水解、再精馏、结晶和重结晶等工序分离精制。

② 硫酸洗涤法提取吲哚。一般采用硫酸作为洗涤提取剂,洗油作为洗涤原料。洗油馏分用硫酸洗涤法的同时提取喹啉盐基和吲哚,工业吲哚产率可占洗油馏分中吲哚量的 30% 左右,占粗喹啉盐基中吲哚量的 50% 左右。由于吲哚在酸作用下容易聚合,可生成二吲哚硫酸和三吲哚硫酸,它可溶于硫酸喹啉盐基溶液,假如洗油馏分先经过低浓度洗涤除去盐基,而吲哚聚合物既不溶于硫酸溶液,又不溶于洗油,则以酸焦油形态浮起,收集这些酸焦油然后解聚,也可提取吲哚。不过相比之下,还是用硫酸同时提取喹啉盐基和吲哚更为合适。

③ 双溶剂萃取法提取吲哚。洗油馏分先用氢氧化钠溶液脱酚,然后用 pH＝2 的硫酸氢铵和硫酸铵的缓冲酸液脱吡啶盐基,以减少吲哚损失。将脱酚、脱吡啶盐基的洗油经常压蒸馏切取 230～265 ℃ 的馏分段作为萃取原料,其吲哚含量为 3.65%。极性溶剂和非极性溶剂种类对吲哚的提取率的影响明显不同,极性溶剂对吲哚的提取率按乙醇胺、三甘醇、二甲基亚砜顺序依次降低,非极性溶剂对吲哚提取率的影响按庚烷、己烷、石油醚顺序依次增大,而对芳烃的提取率依次降低。在极性溶剂中加入适量的水,可提高吲哚的提取率,并发现对吲哚提取率低的极性溶剂比提取率高的极性溶剂效果更明显。萃取时间对吲哚提取率影响不明显。分离非极性溶剂后的洗油馏分可进一步提取 α-甲基萘、β-甲基萘和联苯产品。

④ 络合法提取吲哚。该法是日本田中信研究所一种提取吲哚的方法。利用 α-环糊精的空腔能容纳某些特定的有机化合物而形成络合物这一特性来分离吲哚。将含有吲哚的洗油与 α-环糊精(β-环糊精或 γ-环糊精)相接触,形成吲哚包含物,以结晶形式从洗油中析出,

得到的包含物再用醚类、酮类、卤代烃类或芳香烃类溶剂将其中包含的吲哚萃取处理,蒸出萃取剂,得到吲哚。该法工艺简单,吲哚收率高,但环糊精溶液制备比较困难。

⑤ 综合法提取吲哚。共沸精馏法从洗油中分离吲哚,其收率约为 70%,原料中吲哚资源损失较多。若将液-液萃取、超临界萃取、再结晶和脱色法联合应用在吲哚的提取与精制,吲哚纯度超过 99%,回收率大于 80%。

5.4.5.2 芴的分离精制

芴又名萘并乙烷,萘嵌己烷,具有萘和乙烷并合结构的稠环芳香烃,是煤焦油中的主要成分之一,在煤焦油中占 1.2%~1.8%,主要集中于洗油馏分中,约占洗油馏分的 15%,是煤焦油洗油中分离和利用最早的产品。芴可作为合成树脂、工程塑料、医药、染料、杀虫剂、杀真菌剂、除草剂、植物生长激素的中间体以及用于制造光电感光器或有机场致发光设备所用的导电材料等。芴为白色或略带黄色的斜方针状结晶,几乎不溶于水,可溶于苯、甲苯和三氯甲烷中。国内工业芴的熔点大多约 91 ℃,纯度约 94%。德国生产的工业芴纯度为 97%~98%。

(1) 芴的分离精制方法

通常的提取方法是将洗油脱萘、脱酚、脱吡啶和脱水后,用 60 块塔板的精馏塔精馏,切取大于 270 ℃的馏分,将此馏分再用 60 块塔板的精馏塔精馏,切取 270~280 ℃的芴馏分(也可用 70 块塔板的精馏塔进行连续精馏,从第 42 块塔板引出馏程为 268~282 ℃的芴馏分),然后冷却、结晶、分离得到纯度为 99%的工业芴。

国内外从洗油中提取工业芴的生产方法主要是采用"双炉双塔"或"三炉三塔"从煤焦油洗油中提取萘馏分,然后将浓度为 50%~60%的芴馏分装入结晶机内,通过结晶、过滤后得到 94.38%~96.55%的固态产品工业芴。采用逐步升温乳化结晶法可制备出 99%以上的精芴。

(2) 芴馏分的提取

洗油中各组分沸点差很小,通过一次精馏很难获得最终产品,通常先富集馏分,再通过其他方法将其分离,获得高纯度产品。塔板数对洗油中各组分的富集程度有很大影响,塔板数高,分离效果好,获得的粗芴含量高,有利于下一步精制。

洗油经精馏切取 250~280 ℃粗芴馏分,后者再进行二次精馏(塔板数 40~50 块),蒸出的芴馏分中的芴含量在 25%左右。芴馏分经冷却结晶和离心过滤,即得工业芴。芴产率(以纯芴对粗芴馏分中的芴总量计)为 39%,脱晶芴油带走的芴占 20%,头馏分和残油中损失的芴为 41%。

(3) 芴的精制

芴的精制方法有精馏法和分步结晶法。后者具有工艺简单、设备少、能耗低、产品收率高和成本低等优点,日益受到人们的重视。

分步结晶技术分两大类:一类是多级逆流连续分步结晶法,主要设备是塔式结晶器,工作原理与精馏类似;另一类是间歇分步结晶法,主要设备是间冷壁式结晶器。特别是德国的 Raufgers 法具有以下优点:由于往结晶器中注入惰性气体,强化了传质和传热过程,气泡对晶体层产生的压力,可使晶体层更致密;晶体层得到支撑,熔出时不易滑落;能耗低,既没有大量的母液循环,也不需将母液过热;设备运行可靠,除泵外无其他运动部件,且投资少,较适合我国国情。

工业苊的精制方法通常是在结晶机中进行,开始结晶冷却速率为 3~5 ℃/h,当冷却温度接近结晶点时,冷却速率改为 1~2 ℃/h,整个结晶时间约需 15 h,获得苊含量为 95% 的工业苊产品。

国内外几种苊精制的方法如下:

① 日本新日铁化学研究所 BMC 法。日本新日铁化学研究所研制开发了以煤焦油洗油作为原料,通过蒸馏与塔内结晶工序相结合(BMC)的方法制取苊的工艺过程。从洗油中分离制取出苊馏分,在立式塔内用结晶法将其净化,最后得到主要物质含量不少于 99% 的苊和油。油中含苊 5.6%~43.5%、氧芴 15.4%~24.5%,其他组分 39.0%~49.1%。

② 德国从洗油馏分中分离苊的工艺。德国从洗油馏分中分离苊的工艺流程包括:用双甘醇作为萃取剂萃取精馏馏分,得到馏出液和釜底残液。然后用重结晶法从馏出馏分中分离出联苯和吲哚,而将釜底残液进行二次蒸馏,以便将苊馏分与氧芴馏分分离开来,再用结晶法从苊馏分中提取工业苊。

③ 用工业萘装置从洗油中提取工业苊工艺。原料洗油经换热后进入工业萘装置,在初馏塔顶采出轻质洗油,一部分塔底残油进入管式炉循环加热以提供热量,一部分进入精馏塔。在精馏塔顶采出苊馏分,经结晶机结晶,再经离心机分离后得到成品工业苊。该流程安全可靠,调节方便,操作弹性大。

④ 分步结晶法逐步除去杂质而得到高纯度苊。结晶器分为上下两段,上段为结晶段,下段为保温段。间歇(发汗)分步结晶作用显著,采用发汗时经 5 级结晶可得到纯度为 97.5% 的苊,苊的回收率为 54.0%;不发汗时经 8 级结晶才能得到纯度为 96.2% 的苊,苊的回收率为 56.0%。

5.4.5.3　芴的分离精制

芴和氧芴存在于洗油的高沸点馏分中,前者在焦油中的平均含量为 1.4%,后者为 2.0%,甲基芴约占 0.8%,它们都是煤焦油中的重要组分。由于芴的沸点接近 300 ℃,故它在一蒽油中也有一定含量。

芴为白色小片状晶体,不溶于水,微溶于乙醇,易溶于乙醚,可溶于苯。由于芴的沸点为 297.9 ℃,已经达到洗油馏分的上限,它除了存在于洗油外,在一蒽油中也有分布。芴在煤焦油中的平均含量为 2%,是煤焦油的主要成分之一。提取芴的原料可用洗油精馏残渣、重质洗油和一蒽油前馏分。提取芴分离精制的方法有精馏法和熔钾法。

(1) 精馏法

将获得的粗芴馏分(290~310 ℃)再精馏切取 293~297 ℃窄馏分,冷却、结晶、过滤得粗芴。粗芴再用二甲苯-水重结晶,可得熔点 113~115 ℃的芴,纯度大于 95%。

这里的重结晶法又称三相结晶法,水既不与溶剂互溶,又不溶解结晶,在溶剂与晶体间作为一个中间层,具有以下作用:

① 控制着扩散在水相和溶剂相中结晶核的形成与成长,使它达到所要求的均匀尺寸,不致过大而夹带杂质;

② 有助于增加液固比,从而便于带有晶体的母液输送和处理;

③ 根据密度差,晶体在水层下,有机溶剂母液在水层上,故母液与晶体容易分开;

④ 溶剂量只取决于粗制品中杂质含量,可以用最少的溶剂达到最高的产品收率和最好的精制效率。

此法一般用于结晶温度高于水的冰点和溶剂相对密度小于 1 的场合。

该工艺流程的特点是：避免了芴馏分重结晶,简化了操作,降低了劳动强度;离心分离代替了真空抽滤,确保了成品质量;使用溶剂回收装置,确保了安全生产,同时可回收部分芴。

（2）熔钾法

由于芴中的—CH_2—性质特别活泼,其中的氢原子可被碱金属取代。原料采用粗芴馏分再精馏得到的 292～302 ℃芴窄馏分,加氢氧化钾在 280～300 ℃下熔融,得到的熔钾物再用水解法转化为芴,这里的粗芴再精馏切取 292～298 ℃窄馏分,重结晶后得到工业芴。

从工业芴制精芴,除用上述结晶法外,还可将工业芴溶于苯中用硫酸洗涤,除去溶剂后,再用酒精重结晶精制。

5.4.5.4 焦油盐基化合物的分离

焦油盐基化合物（简称焦油盐基）主要包括吡啶及其同系物和喹啉及其同系物等。吡啶及其同系物是 1846 年由 Thomas Anderson 在煤焦油中发现的。喹啉是 1834 年由 Friedlieb Ferdinan Runge 从煤焦油中提取出来,异喹啉是 1885 年从煤焦油喹啉馏分中得到的。

焦油盐基是煤热分解产物,其组成和产率与煤料所含的总氮量、煤中氮的结合形式和炼焦温度有关。焦油盐基产量为 1 t 煤 450～500 g。焦油盐基化合物是有机化学工业的基本原料之一,应用于合成医用药剂、维生素、农药、杀虫剂、植物生长激素、表面活性剂、橡胶促进剂、染料、溶剂、浮选剂和聚合材料等。

（1）焦油盐基的性质及分布

焦油盐基是具有碱性、含有一个氮原子的杂环化合物的复杂混合物。焦油盐基分为吡啶盐基和喹啉盐基。吡啶盐基是指沸点小于 160 ℃的吡啶、甲基吡啶、苯胺和吡咯等,喹啉盐基是指沸点大于 160 ℃的喹啉、异喹啉及其同系物、吲哚及其同系物、多环盐基吖啶和菲啶等。

焦油盐基易溶于水和有机溶剂,与酸性气体生成不稳定的盐,与酚和有机酸形成不稳定的共沸物。因此焦油盐基在荒煤气冷凝过程中可分散到各种炼焦产品中。氨水、饱和器母液、粗苯和回炉煤气中主要含有吡啶盐基,煤焦油中主要含有喹啉盐基。喹啉盐基约占焦油盐基的 60%,其中 98%集中在焦油中。

（2）焦油盐基化合物的提取

焦炉煤气中的吡啶盐基是用硫酸吸收煤气中氨制取硫酸铵的同时回收下来的,氨水中的吡啶盐基是在蒸氨的同时与氨一起挥发,进入中和器或硫酸铵装置而得到回收的。喹啉盐基是从酚油、萘油、洗油或萘洗混合馏分中回收的。采用的方法是稀硫酸洗涤法。

① 脱盐基工艺原理

当馏分以浓度为 15%～17%的硫酸洗涤时,盐基与硫酸发生如下反应：

$$C_7H_9N + H_2SO_4 \longrightarrow C_7H_9NH \cdot HSO_4$$
$$2C_7H_9N + H_2SO_4 \longrightarrow (C_7H_9NH)_2SO_4$$
$$C_7H_9N + H_2SO_4 \longrightarrow C_9H_7NH \cdot HSO_4$$
$$2C_7H_9N + H_2SO_4 \longrightarrow (C_9H_7NH)_2SO_4$$

理论上 1 kg 盐基需 100%的硫酸 0.62 kg,实际生产中性硫酸盐基时只需 0.4 kg。

盐基呈弱碱性,酚呈弱酸性,当馏分中同时存在时,盐基和酚易生成分子化合物 $C_7H_9N \cdot HOH_5C_6$。此反应是可逆的,其平衡与酚和盐基含量比例有关,如馏分中酚含量大于盐基含量时,所形成的化合物酸洗时不易分解;反之,则碱洗时不易分解。故若酚含量大于盐基含量时,应先脱酚后脱盐基;反之,则应先脱盐基后脱酚。

盐基能溶解在盐基硫酸盐中,当酸量不足时,盐基硫酸盐中存在游离的盐基,因此为了从馏分中完全提取盐基,在最后酸洗阶段必须供给足够的酸。另外盐基硫酸盐易溶解在酚盐中,为了降低盐基的损失,在第一阶段脱酚之后,脱盐基之前,馏分含酚小于5%为宜。酸洗过程得到的硫酸盐基用碱性物中和分解,采用的碱性物有氨水、氨气和碳酸钠等。

② 工艺流程

酸洗脱盐基主要包括三种工艺流程:泵前混合式连续洗涤工艺流程;对喷式连续洗涤工艺流程;喷射混合器式连续洗涤工艺流程。硫酸盐基的分解有间歇式和连续式两种。

(3) 吡啶盐基的精制

吡啶盐基精制工艺流程主要包括脱水、初馏和精馏。脱水一般采用苯等共沸脱水法。吡啶盐基和相当其量20%~30%的苯一并装入蒸馏釜用蒸汽间接加热,苯水共沸物首先馏出,经冷凝分离后,苯返回蒸馏釜,分离水外排。然后依次切取苯馏分、110 ℃前馏分、110~120 ℃馏分和120~160 ℃馏分,釜渣外排。精馏采用的原料是初馏得到的110~120 ℃的馏分和120~160 ℃馏分。

(4) 喹啉盐基的精制

喹啉盐基的精制是先在减压下进行粗喹啉盐基的脱水和初馏,对初馏得到的2,4,6-三甲基吡啶馏分和喹啉馏分再分别进行精馏。粗吡啶盐基精制中切取120~160 ℃馏分后的残液也在此精馏。

5.5　煤焦油加氢制燃料油技术

早在20世纪30~40年代,德国就已进行了煤焦油加氢制燃料油的工业化生产,日本也采用类似的方法将中低温焦油加工成燃料油,煤焦油加氢技术推动了石油加氢技术的发展。第二次世界大战后,由于廉价的石油冲击,中低温干馏工业处于停滞状态。随着我国经济持续快速发展,对液体燃料油品的需求越来越多,质量要求也越来越严格,然而我国原油需求量及对外依存度逐年增加,这势必会增加能源紧张压力。基于我国"富煤、贫油、少气"的能源结构,发展以煤为原料制取液体燃料技术,对解决我国能源短缺问题具有重要的战略意义。

我国拥有大批焦化企业,副产大量煤焦油,2016年,我国中低温煤焦油产量约为950万t,自2010年中低温煤焦油产量380万t/a始,一直保持20%左右的高速增长态势,预计2020年,中低温煤焦油产量将达到1 500万t/a;自2009年我国高温煤焦油产量1 420万t/a开始,到2013年产量达到2 000万t,近几年来,高温煤焦油产量增长缓慢,预计2020年,国内高温煤焦油产量将达到2 500万t/a。这些煤焦油多数没有得到合理的利用,除了部分高温煤焦油用于提取化工产品之外,大部分中低温煤焦油和少量高温煤焦油被作为燃料进行粗放燃烧。煤焦油的粗放利用方式,不仅浪费了大量不可再生资源,而且造成了严重的环境污染。如何合理利用好煤焦油资源,成为一个亟待解决的问题。通过加氢改质加工工艺,用煤焦油生产环境友好型清洁燃料,既有效补充了石油资源的不足,又提高了煤焦油的使用价值,缓解了长期以来我国焦化行业资源综合利用低、环境污染严重等问题。经过多年努力,我国已经开发出了多种煤焦油加氢工艺,根据煤焦油原料的不同,可分为低温煤焦油加氢、中温煤焦油加氢和高温煤焦油加氢。截至 2016 年,我国已建成的以高温煤焦油或煤焦油馏分为原料生产油品,规模已达 173 万 t/a,以中低温煤焦油为原料生产油品,规模已达 271 万 t/a,在建和拟建的中低温煤焦油加氢产能约为 1 250 万 t/a,这些项目建成投产后,其煤焦油加氢生产燃料油的总产能将达到 1 924 万 t/a。

5.5.1　中低温煤焦油加氢技术

中低温煤焦油的加工方法与石油炼制和加工很相似,适宜用于生产液体燃料和提取酚类产品,目前世界上绝大部分的中低温煤焦油用于生产液体燃料(如汽油、柴油和燃料油等)以及化学品,按加氢改质方式,可分为加氢精制工艺、加氢精制-加氢裂化工艺、悬浮床加氢工艺及液相裂解加氢工艺等。

5.5.1.1　加氢精制工艺

煤焦油的加氢精制工艺是以煤焦油的轻馏分油或全馏分油为原料,通过加氢精制或加氢处理过程,生产出石脑油、柴油等目标产品。煤焦油加氢精制工艺流程如图 5-10 所示。该加氢精制工艺的优点是工艺流程简单,缺点是原料利用率低,产品的十六烷值较低。

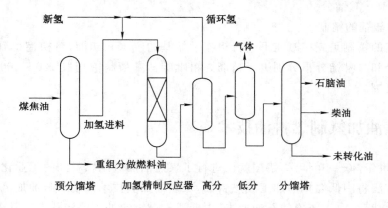

图 5-10　煤焦油加氢精制工艺流程

湖南长岭石化科技开发有限公司开发的煤焦油加氢精制系列工艺是国内较早具有自主知识产权的利用煤焦油生产车用燃料的生产技术。自 1996 年以来,云南驻昆解放军化肥厂(现云南解化集团有限责任公司)、陕西榆林炼油厂、山西金晖焦化有限公司等厂家均采用了长岭石化科技开发有限公司提供的煤焦油加氢精制工艺。

云南驻昆解放军化肥厂焦油加氢技术是以褐煤为原料采用鲁奇炉加压气化制原料气生产合成氨的企业。据资料显示,该厂利用在制煤原料气过程中回收的煤焦油,于 1997 年 1 月建成一套 1 万 t/a 煤焦油加氢改质装置,并在当年 3 月一次开车成功,生产出合格的汽油和柴油。后经扩建,现在已经达到 6 万 t/a。主要产品及产量为:石脑油 16.5 t/d,低凝柴油 143 t/d 和 180 号燃料油 238 t/d。生产工艺过程如图 5-11 所示。

(1) 主要工艺过程

经预处理后的煤焦油用泵打出,与煤焦油轻质馏分、脱酚中油馏分和洗油馏分充分混合进入加氢原料缓冲罐。原料经泵打出与氢气混合加热后进行加氢反应,加氢生成物进换热器冷却,再进入分离器进行气液分离,分离得到的液相进入分馏塔,塔顶轻质油为产品石脑

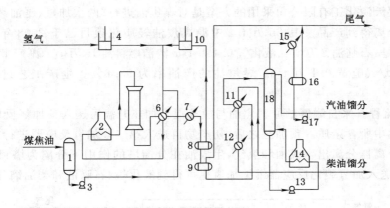

图 5-11　低温煤焦油加氢工艺流程

1——缓冲罐；2——加热炉；3,13,17——泵；4——新氢压缩机；5——加氢反应器；6,11——换热器；

7,12,15——冷却器；8,9——分离器；10——循环氢压缩机；14——再沸器；16——回流罐；18——蒸馏塔

油,塔底柴油经过滤后即为产品柴油。

（2）工艺条件

在生产过程中,反应温度控制在 300～340 ℃,操作压力 8～9 MPa,体积空速 0.8～0.9 h⁻¹。煤焦油与柴油馏分按 1∶1 混合进料,气油比 1 500～2 000,加氢反应器的尺寸为 ϕ700 mm×10 000 mm,材质是德国的 X10CrNi189,反应器设有四个催化剂床层,每个床层上部有分配盘,使物料分配均匀。每两个床层中间有冷氢盘、冷氢管,可以通过冷氢,控制下一个床层温度.整个反应器使用三种催化剂,分别起不同的作用,可以设置 2～3 台反应器进行串联操作。

5.5.1.2　加氢精制-加氢裂化工艺

该工艺是以全馏分煤焦油为原料,通过加氢精制-加氢裂化过程把煤焦油中的重组分或沥青转化成轻馏分油,最大限度地提高轻油收率。同煤焦油加氢精制工艺相比,该工艺的主要优点是轻油收率高,增加了资源的利用率,产品的十六烷值较高。由于增加了加氢裂化段,导致工艺流程相对复杂些,操作过程的稳定性不如加氢精制工艺,这一缺点有待改进。

以该工艺为基础,许多公司开发出了适合自己的特有工艺。

（1）上海胜帮工程技术有限公司焦油加氢技术

上海胜帮工程技术有限公司开发的成套煤焦油加氢精制-加氢裂化工艺,以煤焦油为原料生产优质汽油和柴油产品。其工艺流程是:自原料油缓冲罐来的原料油经加氢进料泵增压后与混合氢混合,经换热器换热后,进入加氢精制反应器。从加氢精制反应器出来的物料经换热后进入加氢裂化反应器进行加氢裂化反应,反应生成物进入分离部分。分离部分采用三相（油、气、水）分离的立式冷高压分离器；分馏部分采用“分馏 ＋ 稳定”流程。

该工艺的优点是技术成熟,生产过程清洁,产品性质优良；缺点是建设投资略高。陕西腾龙煤电集团、黑龙江七台河宝泰隆煤化工集团、内蒙古庆华集团的煤焦油加氢项目均采用了该技术,其中陕西腾龙煤电集团、黑龙江七台河宝泰隆煤化工集团均已开车投产,生产出合格的燃料油。

（2）山西晋煤天源化工有限公司焦油加氢技术

山西晋煤天源化工有限公司采用的方案是对煤焦油进行"两次加氢、尾油裂化",然后对生成油进行分离得到产品。其25万t/a中温煤焦油轻质化项目已于2008年4月建成试产,主要产品是:石脑油8万t/a、液化气0.4万t/a、清洁燃料油15万t/a、副产半焦60万t/a、液氨0.25万t/a、硫黄0.1万t/a。煤焦油的产油率为93.6%。生产工艺过程如图5-12所示。

① 工艺流程。来自罐区的原料焦油与氢气混合加热升温后送入预加氢反应器,主要是脱除原料焦油中所含杂质。预加氢之后,初产物再送入第二段加氢反应器进行第2次加氢,反应产物经分离器分离出生成油和氢气,生成油在分馏塔的作用下分离为塔顶产品油和塔底尾油,尾油送入加氢裂化反应器继续加氢仍可得到液化气、石脑油和柴油馏分等产品。

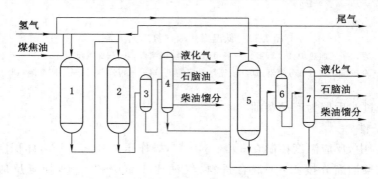

图5-12 山西晋煤天源化工中温煤焦油加氢工艺流程

1——预加氢反应器;2——加氢反应器;3,6——分离器;4,7——分馏塔;5——加氢裂化反应器

② 该生产技术的主要特点:煤在内热式直立炉内进行热解,在生产半焦的同时,得到煤焦油和煤气,煤气经变换反应和变压吸附制得氢气;煤焦油和氢气进行"两次加氢、尾油裂化"。

5.5.1.3 悬浮床加氢工艺

悬浮床加氢工艺能够更好地处理固定床难以处理的杂原子和杂质含量较高的煤焦油。目前国内已投料试车成功的悬浮床加氢技术主要有三聚环保公司开发的 MCT(Mixed Cracking Treatment)悬浮床加氢,延长石油集团引进的 VCC(Veba Combi Cracker)悬浮床加氢和煤炭科学研究总院(Beijing Research Institute of Coal Chemistry,BRICC)开发的悬浮床加氢等工艺。BRICC 煤焦油加工技术是一种非均相催化剂的煤焦油悬浮床加氢工艺(图5-13)。

(1)BRICC 加氢工艺流程

将脱除了催化剂的循环油和小部分大于370 ℃重馏分油的煤焦油同加氢催化剂及硫化剂充分混合均匀得到催化剂油浆,然后催化剂油浆与其余大部分大于370 ℃重馏分油的煤焦油经原料泵升压、混氢升温后进入悬浮床加氢反应器进行加氢裂化反应,反应流出物经过高、低温分离器后得到油混合物和富氢气体两部分。油混合物通过常压塔分馏,得到小于370 ℃的轻质馏分油,轻质馏分油再经过后续的加工,可生产化工原料、柴油、汽油或芳烃产品。余下的含有催化剂的尾油大部分直接循环至悬浮床反应器,少部分尾油(Vacuum Gas Oil,VGO)进行脱除催化剂处理后再循环至悬浮床反应器进一步轻质化,重油全部或最大量循环,实现了煤焦油最大量生产轻质油和催化剂循环利用的目的。

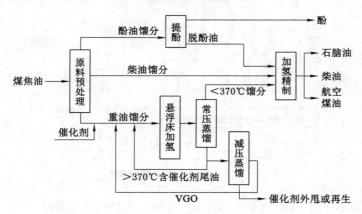

图 5-13　BRICC 煤焦油悬浮床加氢工艺流程

（2）BRICC 工艺条件

悬浮床加氢反应温度 320～480 ℃,反应压力 8～19 MPa,体积空速 0.3～3.0 h^{-1},氢油体积比 500～2 000。

（3）BRICC 技术评价

该工艺技术的优点是可以把全部的重沥青裂化成小分子产品,同时脱除的催化剂可以再生,此举实现了煤焦油最大量生产轻质油和催化剂的循环利用,既提高了原料和催化剂的利用效率,也增加了轻质油的收率。

5.5.1.4　液相裂解加氢工艺

通过对低温煤焦油的性质分析和低温煤焦油加氢制燃料催化剂的深入研究,中国科学院石油研究所等单位开发了煤焦油的中高压液相裂解加氢工艺。该工艺是以低温煤焦油重馏分为原料,在一定的温度、压力及催化剂作用下,对煤焦油进行裂解加氢获得汽油和柴油等产品。抚顺石化三厂利用其工艺技术,成功实现了工业生产。

（1）抚顺石化三厂低温煤焦油中压液相裂解加氢

中国石油抚顺石化三厂于 1958 年建成一套年处理量为 2 万 t 的中压液相加氢工业装置,通过不断试验,初步取得了抚顺古城子烟煤低温焦油中压液相加氢的各项转化指标,基本上掌握了操作技术。其工艺流程如图 5-14 所示。

① 工艺流程。低温煤焦油馏分与循环氢混合后,经换热器换热,然后进入加热炉,加热至反应温度后进入反应器进行反应,生成的油气经换热器及冷却器后,送入产品分离器进行油气分离,得到柴油馏分和中压气,气体经氢气循环压缩机吸入后循环使用。

② 原料及产品评价。原料是由抚顺古城子烟煤低温焦油馏分与循环残渣按 3∶1 混合而得。由于中压加氢没有脱氮、脱硫及芳烃加氢反应,生成油的性质基本与煤焦油相同。柴油馏分由于十六烷值低,残炭高,故质量不合格。汽油馏分须脱酚后再经高压气相加氢,才能制取合格产品。

③ 工艺条件。操作温度 440～460 ℃,压力 7 MPa,氢分压 4.5～5.0 MPa,氢油比 1 000～1 500。反应器容积为 3.4 m^3,除初期曾用过气相加氢废弃的硫化钼-活性炭催化剂外,均用自制的氧化钼-半焦催化剂。

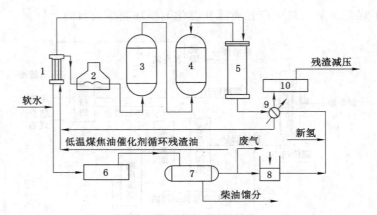

图 5-14 烟煤低温煤焦油中压液相裂解加氢工艺流程

1——换热器;2——加热炉;3,4——裂解加氢反应器;5——分离器;6——冷却器;7——产品分离器;

8——氢气循环压缩机;9——残渣换热器;10——残渣冷却器

（2）抚顺石化三厂低温煤焦油高压液相裂解加氢

中国石油抚顺石化三厂高压液相加氢装置从 1959 年 5 月建成开始试运转,到 1960 年
10 月止,有效运转时间 5 917 h,共处理原料 43 617 t。该套加氢装置处理原料为低温煤焦
油重馏分,操作压力 20 MPa,操作温度 460～480 ℃,在悬浮床催化剂作用下,进行裂解加
氢。其工艺流程如图 5-15 所示。

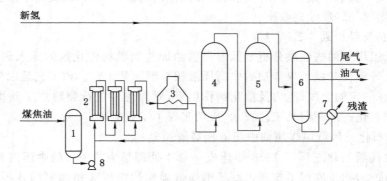

图 5-15 低温煤焦油高压液相裂解加氢工艺流程

1——缓冲罐;2——换热器;3——加热炉;4,5——裂解加氢反应器;6——分离器;7——热交换器;8——泵

① 工艺流程。原料油经高压油泵送到换热器入口,与在残渣换热器中预热的新氢及循
环氢混合,通过 3 个串联的换热器,然后进入加热炉。加热后的原料油依次进入 2 个串联的
反应器中进行裂解加氢反应。从第 2 个反应器上部出来的反应产物先经高温分离器分离出
尾气与残渣,再经后续的换热器、冷却器,最后在高压分离器中分离出尾气与合格的生成油。

高压液相加氢工艺流程的主要特点如下:

a. 原油焦油与加氢生成油混合蒸馏。

b. 设立高温分离器,在高温高压下分离残渣油。

c. 催化剂制成糊状连续加入与排出,大部分以残渣油形式循环,保持反应器入口催化剂含量为 6.1%～9.0%。

d. 采用工业氢与循环氢及催化剂糊和残渣油预热后,再分别在换热器和加热炉中与原料油混合,以降低系统压差。

② 原料及产品评价。抚顺古城子烟煤低温焦油与液相加氢生成油,按一定比例混合蒸馏,分出小于 230 ℃脱酚原料油,230～325 ℃气相加氢原料油及大于 325 ℃重质油(即液相加氢的工作原料)。原料氢气为该厂所生产的新氢气,加氢后分别得到尾气、中压气、常压气和残余气。

③ 生产工艺条件。操作温度 460～480 ℃,压力 20 MPa。催化剂用量一般是工作原料的 0.5%～1.0%。在液相加氢操作中,最重要的控制指标是:维持残渣中含有一定的固体成分,依靠调节反应温度,以保证一定的重质油转化率,并确切地维持高温分离器液面的平稳。当液面计失灵时,操作人员通常是参照高温分离器残渣出口温度和残渣减压的压力来维持操作。

5.5.1.5　油品精制的其他加工工艺

煤干馏过程中得到的黑褐色黏稠产物煤焦油,是焦化工业中重要产品之一,占炼焦干煤的 3%～4%,组成极其复杂。煤焦油混合物不经加工,经济价值不是很大,为了得到充分利用,一般进行深加工精制,加工出的煤焦油馏分产品更具有市场竞争力。从煤焦油馏分中提取出化学产品后,对油品应用一些新工艺、新技术加工,如热裂化、催化裂化、加氢裂化、催化重整等,可以得到市场急需的符合条件的燃料油,不但实现了资源综合利用,提高了产品附加值,而且环境效益、社会效益明显。

5.5.2　高温煤焦油加氢技术

高温焦油由于氢碳比低、残炭值高、污染物含量高,是一种劣质的重质原料。高温煤焦油为复杂混合物体系,且大分子稠环芳香族化合物难以分离提纯,精馏加工处理后,价格低廉的煤沥青产率高达 55%～60%,主要作为炭源用于炭黑等产品的生产,不仅附加值低,而且浪费了宝贵的化工产品资源。解决这个问题的根本办法是对高温煤焦油进行加氢轻质化处理,将大分子稠环芳香化合物转化为可利用的高附加值小分子化合物,常见的方式是将高温煤焦油进行加工以生产洁净燃料油,已建成的高温煤焦油加氢项目主要有黑龙江省七台河宝泰隆煤化工股份有限公司 10 万 t/a 高温煤焦油加氢项目、内蒙古庆华集团有限公司 50 万 t/a 高温煤焦油加氢项目、河南利源煤焦集团有限公司年产 30 万 t 煤焦油加氢项目、山西南耀集团 20 万 t/a 煤焦油加氢项目、河北邯郸鑫盛能源科技有限公司 15 万 t/a 高温煤焦油馏分加氢改质精制项目等。

5.5.2.1　固定床加氢精制裂化法

高温煤焦油加氢生产技术首先将煤焦油全馏分原料采用电脱盐、脱水技术将煤焦油原料脱水至含水量小于 0.05%,然后再经过减压蒸馏切割掉含机械杂质的重尾馏分,以除去机械杂质(与油相不同的相,表现为固相的物质),使机械杂质含量小于 0.03%,得到净化的煤焦油原料。

净化后的煤焦油原料经换热或加热炉加热到所需的反应温度后进入加氢精制(缓和裂化段)进行脱硫、脱氮、脱氧、烯烃和芳烃饱和、脱胶质和大分子裂化反应等,之后进入产品分馏塔,切割分馏出汽油馏分、柴油馏分和未转化油馏分;未转化油馏分经过换热或加热炉加热到反应所需的温度后进入加氢裂化段,进行深度脱硫、脱氮、芳烃饱和大分子加氢裂化反应等,同样进入产品分馏塔,切割分馏出反应产生的汽油馏分、柴油馏分和未转化油馏分。氢气自制氢装置来,经压缩机压缩后分两路,一路进入加氢精制(缓和裂化)段,一路进入加氢裂化段。经过反应的过剩氢气通过冷高分回收后进入氢气压缩机升压后返回加氢精制(缓和裂化)段和加氢裂化段,工艺流程见图 5-16。

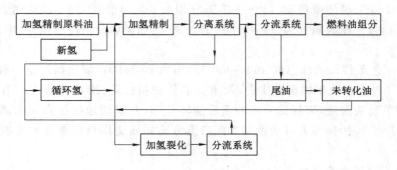

图 5-16　高温煤焦油固定床加氢精制裂化法工艺流程

七台河宝泰隆煤化工股份有限公司 10 万 t/a 高温煤焦油加氢装置是世界首套高温煤焦油轻质化装置,采用固定床加氢处理技术,该套装置的连续平稳运行标志着我国自主研发的高温煤焦油加氢技术已经走向成熟,开辟了煤焦油加工的一条新途径。

5.5.2.2　悬浮床加氢法

原料煤焦油经过预处理,小于 300 ℃的馏分进入提酚、提萘装置,提酚、提萘后的馏分油进入提质加氢单元生产燃料油;大于 300 ℃的馏分进入悬浮床加氢后,再经过常减压蒸馏出轻质组分进入加氢单元,重质组分循环进入悬浮床加氢,工艺流程见图 5-13。

内蒙古庆华集团有限公司 50 万 t/a 高温煤焦油全馏分悬浮床加氢装置是我国首套具有自主知识产权的非均相悬浮床加氢装置,该装置采用煤炭科学研究总院自行研发的 BRICC 煤焦油加氢工艺技术,该技术实现了煤焦油最大量生产轻质油的目的,大大提高了煤焦油利用效率。

5.5.2.3　溶剂萃取法

脱水脱渣后的煤焦油,在溶剂萃取单元分离出萃取油和萃余油,萃取油进行加氢轻质化,萃余油进行延迟焦化,此法目前已完成工业化实验。工艺流程见图 5-17。

5.5.3　煤焦油加氢技术分析及展望

综合比较煤焦油加氢精制工艺、加氢精制-加氢裂化工艺、液相裂解加氢工艺、非均相悬浮床加氢工艺,加氢精制-加氢裂化工艺更能体现出其技术优越性,现已在多家化工企业成功实现工业化生产,证明该技术成熟、可靠,已具备大规模工业化应用的技术基础。

21 世纪炼油工业的发展趋势是实现炼油-石油化工一体化,在生产燃料的同时生产石油化工原料。对我国而言,石油加氢是比较成熟的工艺,各种加氢工艺的关键是如何开发出高效的加氢催化剂,最大量地从煤焦油中制备燃料油。鉴于国内煤制油的大环境和煤焦油加氢制汽油、柴油的优点,该技术可望产业化,形成一定规模,替代传统的煤焦油加工工艺,以缓解我国能源压力,对提升我国能源安全具有重要的战略意义。

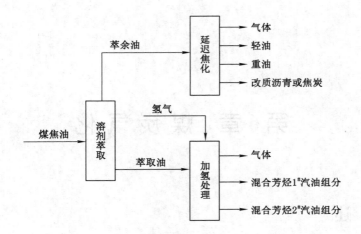

图 5-17　高温煤焦油加氢溶剂萃取法工艺流程

思 考 题

1. 中低温煤焦油的组成与高温煤焦油有何区别？
2. 煤焦油蒸馏工艺有哪些？不同工艺技术的优点是什么？
3. 简述高温煤焦油加工工艺的特点。
4. 查阅资料，评述现有中低温煤焦油加工工艺技术及其发展现状和存在的问题。
5. 试分析归纳本章所述工艺过程可能存在哪些污染源？应采取哪些防治措施？

第6章 煤炭气化

6.1 概 述

煤炭气化(亦称煤气化)是指在高温及一定的压力条件下使煤中的有机质与气化剂发生一系列化学反应,将固体煤在特定的设备内(气化炉)转化为灰渣和含 CO、H_2、CO_2、CH_4 等粗煤气的过程,一般常用水蒸气与空气或氧气的混合气作为气化剂。煤炭气化时,必须具备三个条件,即气化炉、气化剂、供给热量,三者缺一不可。

粗煤气经除尘和后续的脱硫净化,可作为发电或工业燃料气,经甲烷化处理可合成天然气,经变换反应调整 H_2/CO 比例,可作为化工原料气(合成气)用于生产下游一系列的化工产品和液体燃料,如图 6-1 所示。

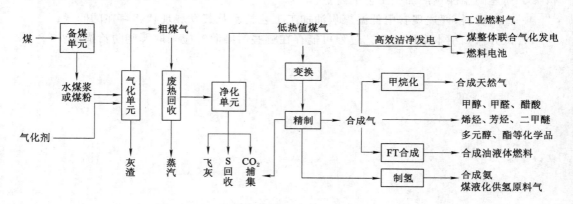

图 6-1 煤炭气化过程及其下游产业链

由图 6-1 可知,煤炭气化既可以使煤炭高效、洁净利用,也能够最大限度地提高煤的附加值。煤炭气化下游产业链灵活多样,是现代煤化工的龙头与核心技术。以煤炭气化为核心的多联产系统可实现煤、油、气等产物的相互转化,这对弥补我国"富煤、缺油、少气"的资源结构短板具有一定的能源战略安全意义。

从下游产业链来看,目前煤气化的应用途径可以概括工业燃料气(含炼钢还原气)、替代燃料(合成天然气、合成油等液体燃料)、高附加值化学品及洁净高效发电等。

6.1.1 煤炭气化技术的分类

煤炭气化工业为满足不同煤种与工艺,提高造气能力和煤气质量,迄今为止,已开发及

处于研究发展中的煤气化方法不下百种,归结起来,大体分类如下:

① 以入炉煤的粒度大小进行分类,有块煤气化(6~50 mm)、碎煤气化(0.1~9 mm)、粉煤(<0.1 mm)气化等。此外,还有以入料煤的形态进行分类,以干煤进料的称为干法气化,而入炉煤以油煤浆或水煤浆形式进料的则归为湿法气化,因水煤浆或油煤浆制备中煤的粒度要磨细到 1 μm 以下才能保证良好的流动性和稳定性,所以有时也将将它们归类到粉煤气化法中。

② 以气化介质为主进行分类,有空气鼓风气化(空气煤气)、空气-水蒸气气化(发生炉煤气)、氧-水蒸气气化(水煤气)和加氢气化(以氢气为化剂,由不黏煤制取高热值煤气的过程)等。

③ 以气化过程的操作压力为主进行分类,有常压或低压气化(0~0.35 MPa)、中压气化(0.7~3.5 MPa)和高压气化(>7 MPa)。

④ 以排渣方式为主进行分类,有干式或湿式排渣气化、固态或液态排渣气化、连续或间歇排渣气化等。

⑤ 以入炉煤及气化剂在炉内的运动方式进行分类,有固定床气化、流化床气化、气流床气化和熔融床气化等。以固体煤和气体介质的相对运动方向进行分类,有同向气化或称并流气化、逆流气化等。

⑥ 以过程的操作方式为主进行分类,有连续间歇式或循环式气化等。

⑦ 以反应的类型为主进行分类,有热力学过程和催化气化过程。

⑧ 根据地下煤层气化与采出煤的气化方式,可分为常规地面气化与地下气化工艺。

目前广泛采用的是根据煤和气化剂在气化炉内接触运动方式的不同将气化分成固定床或移动床、流化床、气流床气化三种类型。不同气化方法对原料煤的要求不同,操作条件也有差别(见表 6-1),气化方法的选择要依据实际情况与工艺要求进行科学选择。固定床气化炉有容量较小、排放的焦油和水处理复杂的特点,但由于其床层温度梯度有利于甲烷的生成,目前一般用于煤制天然气领域。流化床对高灰分的煤比较敏感,存在碳转化率低、固体废物处理困难等缺点,目前国外仅有几套用于 IGCC 发电,国内几乎没有工业化规模的应用。气流床的优点多,如对煤种适应性强、生产能力高、负荷弹性大,可将粉煤制成水煤浆进料,是目前煤化工行业普遍使用的炉型。

表 6-1　　　　　　　　　　　　　　各种气化炉的操作特点

	固定床	流化床	气流床
固体颗粒的工作状态	固定,床层高度基本不变	流化沸腾,但留在床层内而不流出	随气化剂携带进入,快速反应后由粗煤气带出
原料煤粒度及其加入方式	6~50 mm 的块煤或焦煤,由上部加入	3~5 mm 的煤粒,由上部加入	粉煤(70% 以上通过 200 网目),与气化剂一起由喷嘴喷入
适应煤种	非黏结性煤	黏结性较低的煤种	对煤种无限制
气化剂加入方式	由气化炉底部鼓入	由气化炉底部鼓入	与煤粉一起由喷嘴并流加入

续表 6-1

	固定床	流化床	气流床
炉内情况	煤焦与产生的煤气、气化剂与灰渣都进行逆向热交换	煤与气化剂传热快,温度均匀	煤与气化剂在高温火焰中反应
煤气与灰渣出口温度	不高	接近炉温	接近炉温
灰渣排出状态	液态或固态	固态	熔化态
碳转化率	高	低	高

6.1.2 煤炭气化设备

煤炭气化设备单元主要包括原料煤制备、供料与输送、气化炉、粗煤气分离环节,如图 6-2 所示。在整个煤炭气化系统中,其核心设备是气化炉部分。气化炉是进行煤气化过程的场所,不同的气化方法往往对应不同的气化炉设计和操作条件,从而直接影响煤的气化效率和粗煤气组成。

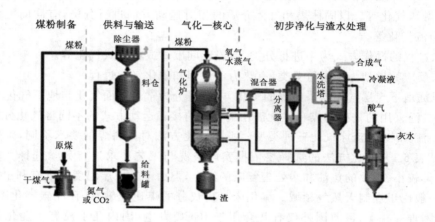

图 6-2 煤炭气化设备单元示意图

气化炉主要有气化炉主体、加料装置、排灰装置三大部分构成。炉型不同,这三部分的具体结构有很大差异。但因煤气泄露会造成一系列的不安全因素,因此所有的气化从进料到反应及排灰整个过程都要考虑密封问题。

(1) 气化炉主体

气化炉主体是煤气化的主要反应场所。如何在低消耗的情况下,使煤最大程度地转化为符合用户要求的优质煤气,是这一部分首要考虑的问题。气化炉结构简单,炉体不论何种炉型均是一个圆筒型结构反应器(室)。由于煤气化过程是在非常高的温度下进行的,为了保护炉体内壁固定床常采用水夹套形式,气流床通常采用加设耐火衬里或用水冷壁。

水夹套炉体为双层筒体结构,中间充锅炉水连接汽包,一方面可以起到保护炉体的作用,同时可以吸收气化区的热量而生产蒸汽,该部分蒸汽又可以作为气化时需用的蒸汽而进入气化炉内,这种内、外筒结构的目的在于尽管炉内各层的温度不一,但内筒体由于有锅炉水的冷却,基本保持在锅炉水在该操作压力下的蒸发温度,不会因过热而损坏。夹套蒸汽的分离也分为内分离或外置汽包分离,内分离利用夹套上部空间进行分离,如图 6-3 所示。

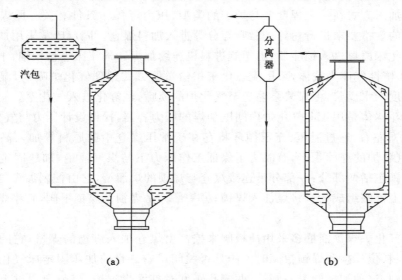

图 6-3　水夹套结构示意与汽包连接方式
(a) 外置汽包;(b) 内置汽包

　　耐火衬里在承压气化炉内壁采用耐火砖筑砌或浇铸的方式形成一保护层,对耐火材料要求严格,一般是价格昂贵的高铬砖,温度超过一定水平后,会因烧蚀影响使用寿命,需定期检修更换[图 6-4(a)]。故气化温度通常限制在 1 500 ℃以下,当原料煤灰熔点较高时,需要加入氧化钙降低灰熔点,使气化炉在不太高的温度下仍能顺利地液态排渣。

　　水冷壁则采用金属管网排列成一内筒套在气化炉内,与外筒之间留有间隙,管内充水或水蒸气加以保护。管网竖向平行排列时称为垂直管屏膜式水冷壁[图 6-4(b)],管以弹簧式螺旋盘绕时称为盘管膜式水冷壁[图 6-4(c)],管间缝隙涂有 SiC 耐火材料,可以依靠挂在水冷壁上的熔渣层保护水冷壁,使得气化装置可以长周期运转,寿命可达 10 年以上。

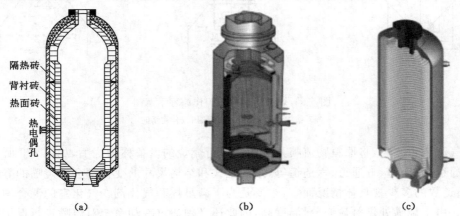

隔热砖
背衬砖
热面砖
热电偶孔

(a)　　　　　　　　　(b)　　　　　　　　　(c)

图 6-4　气化炉内衬与水冷壁示意
(a) 耐火砖衬里;(b) 垂直管屏膜式水冷壁;(c) 盘管膜式水冷壁

（2）加料装置

原料的加入方式在一定程度上与炉子的类型、压力等操作条件有关。原煤在备煤单元按不同炉型的规格要求进行粉碎、磨细、筛分等进入加料煤仓。固定床常采用加煤锁斗间歇式加料。流化床原煤进入锁斗后，由螺旋进料机连续加煤。气流床煤粉较细，干粉进料通常以 N_2 或 CO_2 惰性气体为载体，采用流态化密相输送的方式送到气化炉喷嘴，湿法进料还需制成一定浓度的水煤浆，由煤浆泵输送至气化炉的喷嘴，经雾化进入气化室。

加煤锁斗本体是用于向气化炉内间歇加煤的压力容器，操作设计压力与气化炉相同，设计温度 200 ℃左右，通过泄压、充压循环将存在于常压煤仓中的原料煤加入高压的气化炉内，以保证气化炉的连续生产，有时为了保证工作压力下与煤气隔绝，加压固定床常采用煤锁串联。煤锁包括两部分：一部分是连接煤仓与煤锁的煤溜槽，它由控制加煤的阀门——溜槽阀及煤锁上锥阀组成——将煤加入煤锁；另一部分是煤锁及煤锁下阀，它将煤锁中的煤加入气化炉内。

早期的气化炉煤锁溜槽多采用插板阀来控制由煤仓加入煤锁的煤量，它的优点是结构简单，由射线料位计检测煤锁快满时上阀是否关闭严密。目前加压固定床气化炉都已改为圆筒型溜槽阀，这种溜槽阀为一圆筒，两侧孔正好对准溜煤通道，煤就会通过上阀上部的圆筒流入煤锁。煤锁上阀阀杆上也固定有一个圆筒，它的直径比溜槽阀的圆筒小，两侧也开有溜煤孔。当上阀向下打开时，圆筒以外的煤锁空间流不到煤，当上阀提起关闭时，圆筒内的煤流入煤锁。这样只要溜煤槽在一个加煤循环时开一次，煤锁就不会充得过满，从而避免了仪表失误造成的煤锁过满而停炉。煤锁的结构与工作原理示意图如图 6-5 所示。

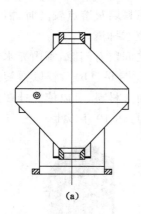 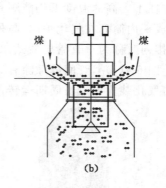 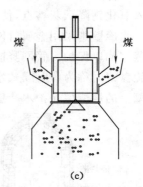

（a） （b） （c）

图 6-5　煤锁的结构与工作原理示意图

（a）结构示意图；（b）加煤时；（c）关闭时

在气流床工艺中，将原料物流喷入气化炉进行燃烧的设备称为烧嘴，如图 6-6 所示。烧嘴有三通道、四通道、五通道、六通道等，结构型式和结构尺寸的变化都会使烧嘴的雾化性能变化，通道数的多少视具体情况而定，主要是为了满足煤和气化剂在气化室的混合均匀及雾化效果。由于烧嘴处供氧最充分，温度高，因此还必须通过冷却系统对煤嘴进行保护。冷却方式有外冷式（指夹套或盘管冷却）和内冷式（指进料之间有冷却水通道）。

烧嘴根据工作性质的不同可分为点火烧嘴、开工烧嘴、工艺烧嘴，三种烧嘴的作用各不相同。点火烧嘴主要以点火引燃开工烧嘴为目的，其特点是能量小、工作时间短，作为发火源对其可靠性、稳定性和长效性要求较高。开工烧嘴是为了将炉内的环境升温升压至指定工况，并引燃工艺烧嘴为目的，工作特点为负荷调节范围大，温度范围控制严格，对其被点燃的可靠性和升负荷过程中的稳定性、长效性要求高。

（3）排灰装置

气化炉的排灰方法与其类型有关。在固定床反应器中，煤中的矿物经过燃烧层后基本燃尽成为灰渣，并由排灰装置排出。当以常压固态排渣时，在气化炉的底部设置炉箅［图 6-7（a）］，它的主要作用是支撑炉内燃料层，均匀地将气化剂分布到气化炉横截面上，维持炉内各层的移动，将气化后的灰渣破碎并排出，为保护炉箅，灰渣层必须要有一定的厚度；为了保证以松碎的固体排出，必须选择合适的蒸汽与氧气的比例，使灰分不致熔化而结渣。在加压固定床气化炉排灰时，采用与加料锁斗及上下阀门类似的方法由灰锁排灰。

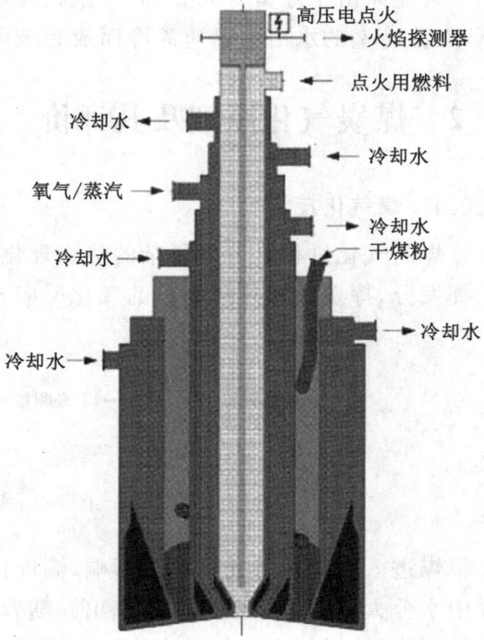

图 6-6　烧嘴结构示意图

灰锁上阀的结构及材质与煤锁的下阀相同，因其所处的工作环境差，温度高，灰渣磨损严重，为延长阀门使用寿命，在阀座上设有水夹套进行冷却，如图 6-7（b）所示。

在流化床气化炉中，存在均匀分布并煤的有机质聚团的飞灰，以及几乎与煤的有机质呈分离状态的具有较大矸石组分的灰。后者由于密度大而聚集在炉子的底部，可由底部的开口排出；而前者则随着气化过程的进行而成为飞灰，随煤气一起流出气化炉。

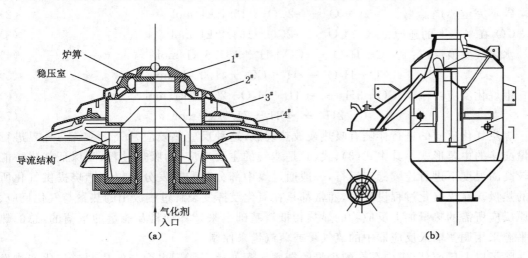

图 6-7　固定床炉箅与灰锁示意图
（a）固定床炉箅；（b）灰锁

气流床由于停留时间短,故炉温较高,灰渣以液态的形式排出。液渣从气化炉的开口流下,在激冷室的水浴中迅速淬冷而成为玻璃碴状排出。

6.2 煤炭气化原理及其评价

6.2.1 煤气化反应

煤的气化过程是一个复杂的热物理化学过程,包括以下几个阶段:煤炭干燥脱水,热解脱挥发分,挥发分和热解半焦的气化反应,如图6-8所示。

图 6-8　煤气化的一般历程

煤进入气化炉后受传热的影响,温度逐渐升高,在升至 200 ℃ 以前基本完成煤的干燥,煤中水分大部以水蒸气形式逸出。随着温度继续升高,进入煤的干馏阶段,煤粒开始发生热解反应,分子量小的气相产物经过不同的转化途径最终以 CH_4、CO_2、CO、H_2 等成为气化产物的组成部分,一些分子量较大的挥发物则以焦油形式析出或参与二次裂解和气化反应,热解半焦则进行后续的气化反应。

煤的气化阶段是煤的部分燃烧与造气过程的组合。气化反应是指热解生成的挥发分、残余焦炭颗粒与气化剂发生的复杂反应。气化反应是在缺氧状态下进行的,因此煤气化反应的主要产物是可燃性气体 CO、H_2 和 CH_4,只有小部分碳被完全氧化为 CO_2,可能还有少量的 H_2O,该过程中主要的化学反应有:

碳完全燃烧: $\quad\quad\quad C + O_2 \longrightarrow CO_2 + 393.8 \text{ kJ/mol}$ (1)

碳不完全燃烧: $\quad\quad 2C + O_2 \longrightarrow 2CO + 115.7 \text{ kJ/mol}$ (2)

CO_2 在半焦上的还原: $\quad C + CO_2 \longrightarrow 2CO - 164.2 \text{ kJ/mol}$ (3)

水煤气变换反应: $\quad\quad C + H_2O \longrightarrow CO + H_2 - 131.5 \text{ kJ/mol}$ (4)

$\quad\quad\quad\quad\quad\quad\quad\quad CO + H_2O \longrightarrow H_2 + CO_2 + 41.0 \text{ kJ/mol}$ (5)

甲烷化反应: $\quad\quad\quad CO + 3H_2 \longrightarrow CH_4 + H_2O + 250.3 \text{ kJ/mol}$ (6)

$\quad\quad\quad\quad\quad\quad\quad\quad C + 2H_2 \longrightarrow CH_4 + 71.9 \text{ kJ/mol}$ (7)

煤炭气化反应的进行伴随有吸热或放热现象,这种反应热效应是气化系统与外界进行能量交换的主要形式。其中式(3)、式(4)是造气的主要反应,为吸热过程,为保证气化炉能在较高的温度下进行连续稳定运行,一般通过煤中部分碳和挥发分的氧化燃烧提供气化所需的热量。在煤气化过程设计时,通常都是在氧化及挥发裂解过程放出的热量与气化反应、还原反应所需的热量加上反应物的显热相抵消基础上来计算物料及能量的平衡的,总的热量平衡采用调整输入反应器中的氧气量或蒸汽量来控制。

除了以上反应外,煤中存在的少量的杂质元素如硫、氮等,也会与气化剂或气化产物发生反应,在还原性气氛下生成 H_2S、COS、N_2、NH_3 以及 HCN 等物质,具体反应如下:

$$S + O_2 \longrightarrow SO_2$$

$$SO_2 + 3H_2 \longrightarrow H_2S + 2H_2O$$
$$SO_2 + 2CO \longrightarrow S + 2CO_2$$
$$2H_2S + SO_2 \longrightarrow 3S + 2H_2O$$
$$S + 2C \longrightarrow CS_2$$
$$S + CO \longrightarrow COS$$
$$N_2 + 3H_2 \longrightarrow 2NH_3$$
$$N_2 + H_2O + 2CO \longrightarrow 2HCN + 1.5O_2$$

由于气化过程中氧供给不足,反应多在还原环境下进行,所以气化产物中的含硫化合物主要以 H_2S 为主,另含有少量的 COS 和 CS_2,一般情况下 SO_2 几乎不出现,但若煤气中水蒸气过剩量越大,SO_2/H_2S 就会越大。在含氮化合中主要以 NH_3 为主,HCN 为次要产物。这些气体产物在煤气净化工序中予以脱除,回收有用的硫、氨等副产物,消除了潜在的污染,最终将煤转化为洁净的气体燃料。

在以上气化过程的主要反应中,由原料煤和输入气化剂 O_2、H_2O 之间直接发生的反应称为一次反应,其余反应为气化初级产物与初始物质之间的反应,称为二次反应。

可以看出,煤的气化过程是一个复杂的物理化学过程。在气化炉中所进行的反应,除部分为气相均相反应外,大多数属于气固非均相反应过程,所以气化反应过程速率与化学反应速率和扩散传质速率有关,其反应机理符合非均相无催化反应的一般历程。煤或煤焦的气化反应一般经历七个相继发生的步骤:

① 反应气体从气相扩散到固体碳表面(外扩散);

② 反应气体再通过颗粒的孔道进入小孔的内表面(内扩散);

③ 反应气体分子吸附在固体表面上,形成中间络合物;

④ 吸附的中间络合物之间,或中间络合物和气相分子之间发生反应,属于表面反应步骤;

⑤ 吸附态的产物从固体表面脱附;

⑥ 产物分子通过固体的内部孔道扩散出来(内扩散);

⑦ 产物分子从颗粒表面扩散到气相中(外扩散)。

以上七步骤可归纳为两类,①、②、⑥、⑦为扩散过程,其中又有外扩散或内扩散之分;而③、④、⑤为吸附、表面反应和脱附,其本质上都是化学过程,故合称表面反应过程。煤或半焦在气化温度下,扩散、吸附-脱附和化学反应过程交替进行,总反应速率由外扩散、内扩散和表面反应三部分共同控制。由于各步骤的阻力不同,总反应速率将取决于阻力最大的步骤,即速率最慢的步骤是整个气化过程的速率控制步骤。大量实验研究表明,低温时表面反应过程是气化反应的控制步骤,高温条件下,扩散或传质过程逐步变为控制步骤。

6.2.2 原料煤的影响

原料煤的物理化学性质对原料准备的关系很大,同时也对气化炉的设计、运行以及煤气处理等都有直接的影响,因而是最终决定煤气化技术经济效果的重要因素之一。原煤的性质,常用工业分析、元素分析及气化指标等来表示。煤或煤焦的气化性质主要包括反应活性、黏结性、结渣性、热稳定性、机械强度及粒度分布等。

(1)反应活性

反应活性是指在一定条件下,煤炭与不同的气体介质如二氧化碳、氧气、水蒸气、氢气等相互作用的反应能力。表示煤炭反应活性的方法很多,现在通常以被还原为 CO 的 CO_2 量占通入 CO_2 总量的体积分数,即 CO_2 的还原率,作为反应活性的指标。

反应活性的强弱直接影响产气率、耗氧量、煤气成分、灰渣或飞灰的含碳量及热效率等。首先,反应活性强的煤,在气化和燃烧过程中反应速率快,效率高,其起始气化的温度就越低,而低温条件对生成 CH_4 有利,也能减少氧耗。其次,与同样灰熔点的低反应活性煤相比,使用较少的水蒸气就可以控制反应温度不超过灰熔点,减少了水蒸气的消耗量。一般而言,煤化程度越低,挥发分越高,煤质越年轻,反应活性越好,随着煤化程度的增加,其煤焦的反应活性急剧下降。

（2）黏结性

煤的黏结性是指煤被加热到一定温度时,煤受热分解并产生胶质体,最后黏结成块状焦炭的能力。煤的黏结性不利于气化过程的进行,黏结性强的煤料,在气化炉上部加热到 400～500 ℃时,会出现高黏度的液相,使料层黏结和膨胀,小块的煤被黏合成大块,破坏料层中气流的均匀分布,并阻碍料层的正常下移,使气化过程恶化。严重黏结时,会使气化过程无法进行。因此一般移动床煤气炉要求气化用煤是不黏结性的,或者只有很弱的黏结性。使用黏结性的煤,需在气化炉内黏结区部位增设搅拌装置进行破黏处理。

（3）结渣性与灰熔融性

煤中的矿物质在高温和活性气体介质的作用下转变为牢固的黏结物或熔融炉渣的能力称为结渣性。对移动床气化炉,大块的炉渣将会破坏床内均匀的透气性,从而影响生成煤气的质量;严重时炉算不能顺利排渣,需用人力捅渣,甚至被迫停炉。此外炉渣还包裹了未气化的原料,使排出炉渣的含碳量增高。对流化床来说,即使少量的结渣,也会破坏正常的流化状态。

煤的结渣性不仅与煤的灰熔融性和灰分含量有关,也与气化的温度、压力、停留时间以及外部介质性质等操作条件有关。在生产中,往往以灰熔融性作为判断结渣性的主要指标。灰熔点愈低的煤愈易结渣。不同的气化设备对灰熔点的选择不同,如液态排渣的气化炉要求灰的熔点越低越好,而固态排渣的气化炉则需要通过控制温度以免出现结渣。

煤的灰熔融性对决定气化炉的操作条件关系很大。固态排灰的气化炉,要求煤灰的软化温度大于 1 250 ℃,否则在气化过程中容易结渣,形成风洞;液态排渣的气化炉,可以用低灰熔融性的煤,但不能用灰软化温度超过 1 470 ℃的煤,否则排渣困难。灰成分中的酸性氧化物（SiO_2 和 Al_2O_3）含量越高,灰软化温度越高,灰渣黏度越大;而当碱性氧化物（CaO、MgO 和 Na_2O）含量高时,灰软化温度低,灰渣黏度小。所以,针对这些性质,常常在原料准备工段中设法向煤中加一些添加剂,以降低或提高煤灰熔点,以适应气化操作条件的要求。

（4）热稳定性

热稳定性是指煤在高温下燃烧或气化过程中对温度剧烈变化的稳定程度,也就是块煤在温度急剧变化时保持原来粒度的性能。热稳定性好的煤,在燃烧或气化过程中,能以原来的粒度烧掉或气化,而不碎成小块,而热稳定性差的煤,则迅速碎裂成小块或粉煤。对于移动床气化炉来说,热稳定性差的煤,将会增加炉内气流阻力,降低煤的气化效率,并使粗煤气中粉尘含量增加。煤的热稳定性与煤的变质程度、成煤条件、煤中的矿物组成以及加热条件有关。一般烟煤的热稳定性较好,褐煤、无烟煤和贫煤的热稳定性较差。因为褐煤中水分含量高,受热后水分迅速蒸发使煤块碎裂。无烟煤则因其结构致密,受热后内外温差大,膨胀不均产生应力,使块煤碎裂。贫煤急剧受热也容易爆裂,即热稳定性也较差。热稳定性差的煤在进入移动床气化炉的高温区前,先在较低温度下作预热处理,可使其热稳定性提高。

(5) 机械强度

煤的机械强度,是指块煤的落下强度、耐磨强度和抗压强度等综合性物理和机械性能。机械强度高的煤在移动床气化炉的输送过程中容易保持其粒度,从而有利于气化过程均匀进行,减少带出物量。机械强度较低的煤,只能采用流化床或气流床进行气化。一般来说,无烟煤的机械强度较大。

(6) 粒度分布

不同的气化方式对原料煤的粒度要求不同。在固定床气化炉中,要求使用 5～50 mm 的块煤,煤的粒度应均匀合理,细粉煤的比例不应太大,粒度不均匀将导致炉内燃料层结构不均匀,大块燃料滚向炉膛壁,小颗粒和粉末落在燃料层中心,从而造成炉壁附近阻力较小,大部分空气从这里穿过,使这里的燃烧层上移,严重时可使燃料层烧穿。均匀的炉料可使炉内料层有很好的均匀的透气性,获得较好的煤气质量和较高的气化效率。对于块煤稀缺时,可将细粒煤制成型煤进行造气。

流化床气化炉要求 8 mm 以下的细粒煤,一般要求粒径在 3～5 mm 之间,并且要十分接近。若粒度太小,由于颗粒间的强烈摩擦形成细粉,增加了煤气中带出物小颗粒的含量,使碳转化率降低,但粒度太大,挥发分的逸出会受到阻碍,从而使煤粒发生膨胀,导致密度下降,在较低的气速下就可流化,从而减少生产能力。在实际生产中,活性高的煤块度可大些,而机械强度低的煤,块度应大些。

气流床气化炉则要求煤粒粒径小于 0.1 mm,即至少有 85% 小于 200 网目的粉煤,干法进料气流床对原料煤的粒径及均一性要求最低;水煤浆进料时,则要求有一定的粒级匹配,以提高水煤浆的浓度。而熔融床气化炉要求粒径小于 6 mm 的细粒煤。

(7) 煤中的水分与灰分

煤的其他性质如水分、灰分都会对气化过程产生一定影响。水分过高,会增加气化过程中的热能消耗,降低气化反应的温度,超过一定限度时,须在入炉前进行干燥(水煤浆气化法例外)。灰分过高,会增加热量损失和碳的不完全反应等。因此,在选择气化用煤时需要综合考虑。

(8) 挥发分

挥发分指煤在与空气隔绝的容器中加热一定时间以后,从煤中分解逸出的小分子物质,如焦油、酚及甲烷等。若生产燃料气,甲烷是有用的;若生产合成气,甲烷则属惰性气体。焦油则须回收处理,否则会堵塞管道及阀门。挥发分析出的现象,只有在固定床气化时才会出现。在流化床和气流床气化中,因气化反应温度高,煤中挥发分经高温裂解,生成气态产物直接转入煤气中,没有干馏物产生。

(9) 固定碳

煤中固定碳含量的高低,对煤完全气化后得到气化指标的好坏有直接关系。气化用煤的固定碳含量高,则煤气产率高,气化效率和热效率都高,相应地,单位质量煤的空气消耗、蒸汽消耗亦高。因煤化程度不同,煤的固定碳含量亦不同,因而在工业生产或设计中针对不同变质程度的煤种,应采用不同的氧气和水蒸气的理论消耗值。

6.2.3 操作条件的影响

操作条件主要是指气化温度和压力,二者有时交互作用,共同对煤的一些性质造成影响。

(1) 气化温度

温度增高有利于提高煤的反应活性和碳的转化率,缩短煤在气化炉内的停留时间,提高气化强度,同时不同的操作温度还会影响煤气的组成,如低温条件有利于 CH_4 的生成,因而在以煤制天然气的气化中操作温度普遍低于以合成气为目标的操作温度,而过高的温度需要消耗大量的氧造成煤气中 CO_2 含量增加,气化炉及附件寿命下降。

通常气化温度的选择需要考虑以下几个方面:对于固态排渣的气化方法,为了防止结渣,应将温度控制在煤灰的软化温度以下;对于液态排渣,在保障灰渣能够顺利排出的情况下,温度越低,煤气中的 CO_2 含量越低,有效气体成分越高,气化操作温度一般在比灰软化温度高 $50\sim100\ ℃$ 的范围内结合煤的黏温特性加以选择。对于灰软化温度较高的煤种,可加入石灰石等助熔剂降低灰软化温度和高温黏度。

(2) 压力

加压气化是强化煤气化的一种方法,但它对煤气组成、煤的部分气化性质也会带来影响。相比气化温度,压力对气化的影响更为重要。它不仅能直接影响化学反应的进行,还会对煤的性质产生影响从而间接影响气化效果。

一般来讲,在加压的情况下,气体密度增大,化学反应速率加快,有利于单炉生产能力的提高;从气化反应平衡来讲,加压有利于 CH_4 的形成,不利于 CO_2 的还原和水蒸气的分解,从而导致水耗量增大,煤气中 CO_2 浓度有所增加。

6.2.4 煤气化评价指标

煤气化所涉及的化学反应过程包括温度、压力、反应速率的影响和化学反应平衡及移动等问题,物理过程包括物料及气化剂的传质、传热、流体力学等问题。原料煤、气化剂以及不同的气化方法和操作条件都会影响到煤气化的效果。通常衡量煤气化效果的指标包括煤气质量、煤气产率、气化强度、碳的转化率、冷煤气的效率、气化热效率和各项消耗指标。

(1) 气化强度

气化强度是指气化炉内单位横截面积上的气化速率,即单位时间、单位气化炉截面积上处理的原料煤质量或产生的煤气量,有 2 种表达方式,它反映了气化过程的生产能力,气化强度越大,炉子的生产能力越大。气化强度与煤的性质、气化剂供给量、气化炉炉型结构及气化操作条件有关。

① 以消耗的原料煤量表示:

$$q_1 = \frac{消耗原料量}{单位时间、单位炉截面积}, \ kg/(m^2 \cdot h)$$

② 以生产的煤气量表示:

$$q_2 = \frac{产生煤气量}{单位时间、单位炉截面积}, \ m^3/(m^2 \cdot h)$$

(2) 单炉生产能力

气化炉的单炉生产能力是指单位时间内,一台炉子能生产的煤气量,是工厂企业综合经济效益中的一项重要考核指标,在生产规模确定的前提下,可以作为选择气化炉类型的依据。它主要与炉子的直径大小、气化强度和原料煤的产气率有关，计算公式如下：

$$V = \frac{3.14}{4} q_1 d^2 V_g$$

式中 V——单炉生产能力，m^3/h；

d——气化炉内径，m；

V_g——煤气产率，m^3/kg（煤）；

q_1——气化强度，$kg/(m^2 \cdot h)$。

煤气产率是指每千克燃料（煤）在气化后转化为煤气的体积数（在标准状态下）。它也是重要的技术经济指标之一，煤气产率决定于原料煤中的水分、灰分、挥发分和固定碳的含量，也与气化方法的转化率有关。

（3）气化效率和气化热效率

气化效率以及下面提及的热效率都是衡量煤气化过程能量合理利用的重要指标。煤气化过程实质是燃料形态的转变过程，即从固态的煤通过一定的工艺方法转化为气态的煤气。这一转化过程伴随着能量的转化和转移，在气化过程中因灰渣带走的热量和发生炉对周围环境的散热，不可避免地存在热量的损失，因此煤所能够提供的总能量并不能完全转移到煤气中，其能量转化率可用气化效率指标来表示。

气化效率是指所制得的煤气热值和所使用的燃料热值之比，用公式表示为：

当不包括焦油时：

$$\eta_{气} = \frac{Q_g}{Q_{coal}} \times V \times 100\% \tag{6-1}$$

式中 $\eta_{气}$——气化效率，%；

Q_g——生成煤气的热值，kJ/mol；

V——煤气产率，m^3/kg；

Q_{coal}——原料煤气热量，kJ/kg。

当包括焦油时：

$$\eta_{气} = \frac{Q_g V + Q_{tar}}{Q_{coal}} \times 100\% \tag{6-2}$$

式中 Q_{tar}——单位原料气化生成焦油的热量，kJ/kg。

气化效率侧重于评价能量的转移程度，即煤中的能量有多少转移到煤气中；而热效率则侧重于反映能量的利用程度。

气化热效率是指可以利用的全部热量（即出热，包括气化所产生的焦油、煤气的热值）与气化原料、气化剂所具有的全部热量占原料所供给总热量的百分率，表示所有直接加入气化过程中热量的利用程度。当不回收废热时，气化热效率低于气化效率。在实际生产中，由于存在各种热损失，实际气化效率只有 70%～80%。气化热效率计算公式如下：

$$\eta' = \frac{\sum Q_入 - \sum Q_{热损失}}{\sum Q_入}$$

$$\sum Q_入 = Q_{煤气} + \sum Q_{热损失}$$

式中 η'——气化热效率，%；

$Q_{煤气}$——煤气的热值，MJ；

$\sum Q_入$——进入气化炉的总热量,MJ;

$\sum Q_{热损失}$——气化过程的各项热损失之和,MJ。

目前,工业上更多的是用煤气热值计算热效率指标:

$$\eta = \frac{V \times H}{Q}$$

式中　V——干煤气产率,m^3/kg;

H——干煤气的高热值,kJ/m^3;

Q——气化原料的化学热,kJ/kg。

热效率是指煤气热值与入炉原料提供的热量之比:

$$\eta = \frac{\sum Q_出 \cdot K}{\sum Q_入}$$

式中　K——热能有效回收系数。

进入气化炉的热量有燃料带入热、水蒸气和空气等的显热;气化过程的热损失主要有通过炉壁散失到大气中的热量、高温煤气的热损失、灰渣热损失、煤气泄漏热损失等。

当煤气需要长距离输送给下游用户时,需要净化、冷却以保证煤气质量和运输安全,这时只利用了冷煤气的潜热时称冷煤气效率。在一些工厂煤气化后直接进入工业窑炉(如玻璃陶瓷行业)能同时利用热煤气显热时,称热煤气效率。二者区别如下,这两个值与煤气的余热回收和后续应用相关。

冷煤气效率(%)=粗煤气热值(标准温度下)/原料煤热值

热煤气效率(%)=(粗煤气热值+粗煤气显热)/原料煤热值

（4）碳转化率

碳转化率是指在气化过程中消耗的总碳量占原料煤中碳量的百分数,它反映了原料煤中碳的转化程度。一般转化率越高,灰渣中未转化碳的量越少。

（5）煤气组成与热值

当作为燃料气应用时,煤气质量的好坏是用煤气的组成和热值来表征的。不同气体燃烧时放出的热量不同,故煤气热值的高低取决于煤气中的可燃组分的比例和组成。

6.3　气化过程的物料与能量平衡计算

物料平衡和热量平衡是进行气化工艺设计、经济估算、过程控制以及过程最优化的基础。在生产运行中,通过物料衡算和能量衡算,可对生产过程进行检查,发现存在的问题,工艺、设备是否先进、合理,物料的统计、分析、测量是否正确,了解过程中物料分布及热量利用的情况,为进一步提高气化过程的热利用率指明方向,也为选用、设计净化输送设备提供依据。

在气化过程中尽管每个过程的化学反应不尽相同,但它们都遵循元素平衡和能量守恒。在进行气化工艺设计和计算时,其依据是气化反应的热力学平衡、煤燃烧与气化反应间热效应达到平衡。

这里以神府煤的水煤浆气化工艺为例,选择 100 kg 干燥无灰基煤为基准进行计算。在此过程中体系内无热量积累,故进入气化炉的热量等于离开体系的热量,进入气化炉物料的流量等于离开体系的物料的流量。

6.3.1　煤的数据组成与气化操作参数

表 6-2 为入炉煤的工业分析与元素分析。为保障顺利排渣,根据煤灰熔融性温度指标将气化温度设定为 1 400 ℃,激冷捕渣率 60%,渣中含碳量按 2% 计算;粗煤气中甲烷的体积含量为 0.02%,粗煤气带出飞灰含碳量为 20%,气化操作条件如表 6-3 所示。

表 6-2　　　　　　　　　　　　　　　　原料煤煤质分析数据

指标	工业分析/%				元素分析(daf)/%					煤灰熔融特征温度/℃			
	M_{ad}	A_{ad}	V_{daf}	FC_d	C	H	O	N	S	DT	ST	HT	FT
数据	10.21	9.32	32.76	57.92	74.39	4.07	10.67	0.73	0.82	1 216	1 276	1 288	1 325

表 6-3　　　　　　　　　　　　　　　　　气化操作条件

项目	温度/℃	压力/MPa	水煤浆浓度/%	氧气纯度/%	碳转化率/%
指标	1 400	4.0	65	99.6	99

根据以上分析及煤热值经验计算神府煤热值如下:

$$Q_{net,daf} = 80 C_{daf} + 300 H_{daf} + 10 N_{daf} + 40 S_{daf} - (O_{daf})^2 - 0.5 V_{daf}$$
$$= 80 \times 74.39 + 300 \times 4.07 + 10 \times 0.73 + 40 \times 0.82 - 10.67^2 - 0.5 \times 32.76$$
$$= 7 082.07 \text{ (kcal/kg)}$$
$$= 29 651.2 \text{ (kJ/kg)}$$

6.3.2　气化过程的物料衡算

以 100 kg 干燥无灰基为基准进行计算,设气化炉需要氧气量为 x kmol,出气化炉粗煤气组成中 CO 含量为 a kmol,H_2 为 b kmol,CO_2 为 m kmol,H_2O 为 h kmol,CH_4 为 0.000 2V kmol。

(1) 碳平衡

入气化炉的总碳:$C_入 = 74.39/12 = 6.20$ (kmol)

出气化炉的总碳 $C_出$ 包括:

① 粗煤气含碳:$a + m + 0.000 2 V$ (kmol)

② 粗煤气飞灰含碳:$9.32 \times 0.4 \times 0.2/12 = 0.062 1$ (kmol)

③ 渣中含碳:$9.32 \times 0.6 \times 0.02/12 = 0.009 32$ (kmol)

④ $C_出 = C_入$,故得:

$$a + m + 0.000 2V = 6.20 - 0.062 1 - 0.009 32 = 6.128 58 \qquad (6-3)$$

(2) 氢平衡

进入气化炉的氢包括:

煤中含氢:$4.07/2 = 2.035$ (kmol)

煤中水含氢:$5.66/18 = 0.314$ (kmol)

煤浆中水含氢:$62.95/18 = 3.497$ (kmol)

$$H_入 = 6.161\ \text{kmol}$$

出气化炉的氢包括：

煤气中氢气：$H_2 = b\ \text{kmol}$

CH_4 气中的氢：$0.000\ 4V\ \text{kmol}$

H_2S 中含氢：$0.82/32 = 0.026\ (\text{kmol})$

蒸汽含氢：$h\ \text{kmol}$

$$H_出 = b + 0.000\ 4V + h + 0.026$$

根据：$H_入 = H_出$，得 $b + 0.000\ 4V + h + 0.026 = 6.161$

$$b + 0.000\ 4V + h = 6.135 \tag{6-4}$$

（3）氧平衡

入气化炉氧包括：

煤中含氧：$10.67/32 = 0.333\ (\text{kmol})$

煤中水含氧：$5.66/(18 \times 2) = 0.157\ (\text{kmol})$

煤浆中水含氧：$62.95/(18 \times 2) = 1.749\ (\text{kmol})$

外供 $O_2 = 0.996x\ (\text{kmol})$

$$O_入 = 0.996x + 2.239$$

出气化炉的氧包括：

CO 气中的氧：$0.5a\ \text{kmol}$

CO_2 气中的氧：$m\ \text{kmol}$

蒸汽中的氧：$0.5h\ \text{kmol}$

$$O_入 = O_出$$

故得：
$$0.5a + m + 0.5h = 0.996x + 2.239$$
$$a + 2m + h - 1.992x = 4.478 \tag{6-5}$$

（4）出口干气平衡：

$$CO_2 = m\ \text{kmol}$$
$$H_2 = b\ \text{kmol}$$
$$CO = a\ \text{kmol}$$
$$CH_4 = 0.000\ 2V\ \text{kmol}$$
$$H_2S = 0.026\ \text{kmol}$$
$$N_2 + Ar = 0.73/28 + 0.004x = 0.026 + 0.004x$$

故得：
$$V = a + m + b + 0.000\ 2V + 0.026 + 0.026 + 0.004x$$
$$a + m + b - 0.999\ 8V + 0.004x = -0.052 \tag{6-6}$$

（5）水煤气反应

取平衡温度 50 ℃，则水煤气平衡反应温度为 $1\ 400 - 50 = 1\ 350\ (\text{℃})$。查平衡常数 $K = 0.537\ 09$，故得

$$K = \frac{[CO_2]}{[CO]} \times \frac{[H_2]}{[H_2O]} = \frac{m \cdot b}{a \cdot h} = 0.537\ 09$$

即

$$m \cdot b = 0.530\ 79a \cdot h \tag{6-7}$$

6.3.3 热量平衡

（1）输入气化炉的热量

① 煤的热值：$Q_{net,daf}=7\,082.07\ \text{kcal/kg}=29\,651.2\ \text{kJ/kg}$

煤带入的热量：$Q_1=100\times29\,651.2=2\,965\,120\ (\text{kJ/kg})$

② 煤带入的总的显热：常温物料取 25 ℃。

干燥无灰基煤的定压比热容取：$C_{p,煤}=0.265\ \text{kcal/(kg}\cdot\text{℃)}$

煤中灰的定压比热容取：$C_{p,灰}=0.23\ \text{kcal/(kg}\cdot\text{℃)}$

煤中水的定压比热容取：$C_{p,水}=1\ \text{kcal/(kg}\cdot\text{℃)}$

由此可得：

无灰干燥煤的显热：$Q_2=100\times C_{p,煤}\times t=662.5\ (\text{kcal})=2\,773.755\ (\text{kJ})$

煤中灰的显热：$Q_3=9.32\times C_{p,灰}\times t=53.59\ (\text{kcal})=224.371\ (\text{kJ})$

煤中水的显热：$Q_4=5.66\times C_{p,水}\times t=141.5\ (\text{kcal})=592.432\ (\text{kJ})$

③ 水煤浆中水的显热：$Q_5=62.95\times C_{p,水}\times t=1\,573.75\ \text{kcal}=6\,588.977\ (\text{kJ})$

④ 外供氧气的显热：

110 ℃时取氧气的平均定压比热容为 $C_{p,O_2}=7.09\ \text{kcal/(kg}\cdot\text{℃)}$

$$Q_6=x\times7.09\times110=779.9x\ (\text{kcal})=3\,265.285\ (\text{kJ})$$

$$\sum Q_入=Q_1+Q_2+Q_3+Q_4+Q_5+Q_6=2\,975\,299.54+3\,265.285x$$

（2）输出气化炉热量

① 粗煤气带出的显热：查表得到 1 400 ℃粗煤气中主要组分的平均定压比热容，如表 6-4 所示。

表 6-4　　　　　　　　　粗煤气中主要组分的平均定压比热容　　　　　kcal/(kmol·℃)

组分	H$_2$	CO	CO$_2$	N$_2$	CH$_4$	H$_2$S
平均定压比热容	7.52	7.78	12.41	7.69	16.23	9.70

$$Q_7=[7.78a+7.25b+12.41m+16.23\times0.000\,2V+9.70\times0.026+7.69\times(0.026+$$
$$0.004x)]\times1\,400$$
$$=10\,892a+10\,150b+17\,374m+4.544\,4V+43.064x+632.996$$

② 干粗煤气带出热：查表得粗煤气主要成分热值如表 6-5 所示。

表 6-5　　　　　　　　　　粗煤气主要成分热值　　　　　　　　　　kcal/m³

组分	H$_2$	CO	CH$_4$	H$_2$S
热值	3 052	3 034	9 527	6 100

$$Q_8=22.4\times[3\,034a+3\,052b+0.026\times6\,100+9\,527\times0.000\,2V]$$
$$=67\,961.6a+68\,364.8b+3\,552.64+42.68V$$

③ 水蒸气的显热：蒸汽比热容取 $C_{p,蒸汽}=9.7\ \text{kcal/(kg}\cdot\text{℃)}$

$$Q_9=h\times9.7\times1\,400=13\,580h\ (\text{kcal})$$

④ 水蒸气的潜热：1 atm，0 ℃下，蒸汽的比热容为 $C_p=597.3$ kcal/(kg·℃)

$$Q_{10}=597.3h \text{ kcal}$$

⑤ 灰渣带出显热：

$$Q_{11}=9.32\times C_{p,渣}\times t=3\ 418.576\ (\text{kcal})$$

⑥ 灰渣和飞灰中碳的热量：取 $C_{p,碳}=0.404$ kcal/(kg·℃)，$Q_{r,碳}=8\ 525$ kcal/kg，则灰渣中碳的热量：

$$Q_{12}=9.32\times0.6\times0.02/0.98\times(C_{p,碳}\times1\ 400+Q_{r,碳})=1\ 037.442\ (\text{kcal})$$

飞灰中碳的热量：

$$Q_{13}=9.32\times0.4\times0.2/0.8\times(0.404\times1\ 400+8\ 525)=8\ 472.439\ (\text{kcal})$$

⑦ 气化炉的热损失 $Q_损$，取总入炉煤发热量的 2%。

$$Q_损=0.02\times840\ 300=8\ 403\ (\text{kcal})$$

$$\sum Q_出 = Q_7+Q_8+Q_9+Q_{10}+Q_{11}+Q_{12}+Q_{13}+Q_损$$

$$= 78\ 583.6a+78\ 514.8b+17\ 374m+14\ 177.3h+47.234V+43.604x+25\ 963.551$$

根据进来的热量等于出去的热量，即：$\sum Q_出 = \sum Q_入$ 得：

$$78\ 853.6a+78\ 514.8b+17\ 374m+14\ 177.3h+$$
$$47.224\ 4V-736.836x=685\ 121.267 \tag{6-8}$$

解联立方程(6-3)～方程(6-6)和方程(6-8)，写成数字矩阵的形式得：

$$\begin{bmatrix} 1 & 0 & 0 & 1 & 0.000\ 2 & 0 \\ 0 & 1 & 1 & 0 & 0.000\ 4 & 0 \\ 1 & 0 & 1 & 2 & 0 & -1.992 \\ 1 & 1 & 0 & 1 & -0.999\ 8 & 0.004 \\ 78\ 853.6 & 78\ 514.8 & 141\ 77.3 & 17\ 374 & 47.224\ 4 & -736.836 \end{bmatrix} \begin{bmatrix} a \\ b \\ h \\ m \\ V \\ x \end{bmatrix} = \begin{bmatrix} 6.048\ 58 \\ 6.09 \\ 4.556 \\ -0.052 \\ 685\ 121.267 \end{bmatrix}$$

求解得到：

$$\begin{cases} a=141.690\ 1-45.304\ 9x \\ b=-127.758\ 7+43.278\ 2x \\ h=133.942\ 3-43.295\ 5x \\ m=-135.617\ 2+45.296\ 2x \\ V=-121.578\ 1+43.282\ 2x \end{cases}$$

代入式(6-3-5)中得：

$$906.836\ 9x^2-5\ 102.257\ 2x+7\ 133.223\ 3=0$$

解得：

$$x=3.03$$

因此，氧耗为 $3.03\times22.4=67.93$ (m³)

$$\begin{cases} a=141.690\ 1-45.304\ 9\times3.03=4.42 \\ b=-127.758\ 7+43.278\ 2\times3.03=3.37 \\ h=133.942\ 3-43.295\ 5\times3.03=2.76 \\ m=-135.617\ 2+45.296\ 2\times3.03=1.63 \\ V=-121.578\ 1+43.282\ 2\times3.03=9.57 \end{cases}$$

整理以上计算结果:可知 100 kg 干燥无灰基煤可产的气体数据如表 6-6 所示。

表 6-6 　　　　　　　　　　　　　　粗合成气组成

项目	m/kmol	V/m³	体积分数/%（干基）	体积分数/%（湿基）
CO	4.42	99.01	46.59	35.57
H_2	3.37	75.49	35.53	27.12
CO_2	1.63	36.51	17.18	13.12
H_2S	0.026	0.58	0.27	0.21
CH_4	0.002	0.04	0.02	0.01
N_2	0.026	0.58	0.27	0.21
AR	0.012	0.27	0.10	0.09
$\sum$ 干气	9.486	212.48	100.00	/
H_2O	2.76	61.82	/	22.21
$\sum$ 湿气	12.246	278.34	/	100.00

6.4　煤气化方法与典型气化工艺

6.4.1　固定床气化法

以块煤为原料,煤从气化炉顶加入,气化剂由炉底送入,原料煤和气化剂逆流接触,含有残炭的灰渣自炉底排出,气流在上升过程中不致使固体颗粒的相对位置发生变化,处于相对固定的状态,床层高度基本上维持不变的气化过程称为固定床气化。由于气化过程中,煤粒在气化炉内是缓慢向下移动的,因而又称为移动床气化。固定床气化的特点是设备简单、可靠,反应温度较低,煤在炉内的停留时间较长,为 1～1.5 h,气化过程进行得比较完全,碳的转化率和气化效率较高,出炉灰渣与气化剂之间,以及出炉煤气与加入的原料煤之间充分换热使热量能得到合理利用,因而具有较高的热效率,但煤气的生产能力较小,以黏结性煤为原料时,还需在炉内增加搅拌破黏设备。移动床气化法从炉型上可概括为常压和加压气化炉两种,在运行方式上有连续式和间歇式的区分。

固定床气化由于技术成熟可靠,投资少,建设期短,广泛应用在冶金、机械、化工等部门。下面分别对常压固定床气化法和加压固定床气化法及其典型设备进行简要讨论。

（1）常压固定床气化法

常压固定床气化法通常包括煤气发生炉气化法、水煤气气化法和相应的两段炉气化法。它们的反应条件以及气固系统的运移状态比较类似,气化原理和煤气品质也都比较接近,只是在炉型结构以及运行条件方面差异较大,最终造成气化产物的组成及用途也各不相同。

常压固定床气化的特点是在常压条件下运行,采用自供热和干法排灰的方式进行气化。气化炉内,入炉煤粒度 3～30 mm（或 6～50 mm）,氧化层温度最高,通常在 1 100～1 200 ℃,但为了干法排灰,一般低于煤灰的软化温度。单炉煤气产量可达 3 000～5 000 m³/h,煤气热值 5 500～7 000 kJ/m³,在气化炉的出口处,粗煤气温度一般已降到了 300～400 ℃,煤气显热较低,对余热回收的要求不高。由于在气化炉内,固体原料煤从炉顶加入,在向下移动的过程中与从炉底通入的气化剂逆流接触,进行充分的热交换并发生气化反应,从而使得气化炉中沿床层高度方向上有一明显变化的温度分布,一般自上至下可分为炉顶气相空间、预热干燥层、干馏层、气化层(还原层)、燃烧层(氧化层)以及灰渣层,如图 6-9 所示。在不同温度区域内所进行的物理化学反应过程是不一样的,煤气炉燃料层各区域特性如表 6-7 所示。

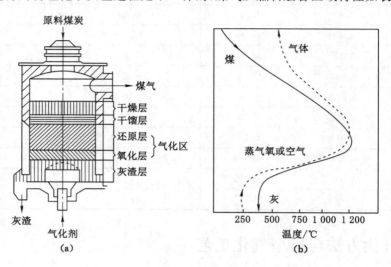

图 6-9　固定床气化炉床层分布与气体产物的温度变化

(a) 气化炉床层分布;(b) 气体产物的温度变化

表 6-7　　　　　　　　　　　　　　　　煤气炉燃料层各区域特性

序号	区域名称	进行过程及用途	主要化学反应
1	灰渣区	分配气化剂,防止炉算过热,预热气化剂温度约 400 ℃	
2	氧化区(燃烧区)	碳与气化剂中的氧进行反应生成一氧化碳及二氧化碳并放出热量,温度约 1 300 ℃	$C+O_2 \longrightarrow CO_2$ $C+O_2 \longrightarrow 2CO$
3	还原区	二氧化碳还原成一氧化碳,水蒸气与碳反应生成氢和一氧化碳,热量由氧化区上升之热气流供给,温度约 1 100 ℃	$CO_2+C \longrightarrow 2CO$ $H_2O+C \longrightarrow CO+H_2$ $2H_2O+C \longrightarrow CO_2+2H_2$ $CO+H_2O \longrightarrow CO_2+H_2$
4	干馏区	燃料与上升的热煤气换热进行热解,煤干馏成半焦或熟煤,释放出挥发分、水分、轻油、焦油、苯酚、硫化氢、甲烷、氨等,温度 500～600 ℃	
5	干燥区	依靠气体显热蒸发煤中水分,温度约 350 ℃	
6	气相(自由)空间	积聚煤气,沉降部分夹带炭尘,有时伴有部分水煤气变换反应	$CO+H_2O \longrightarrow CO_2+H_2$

生产时,气化剂通过气化炉的布风装置自下而上均匀送入炉内,首先进入灰渣层,与灰渣进行热交换被预热,灰渣则被冷却后经由旋转炉箅离开气化炉。由于灰渣层温度较低,且残碳含量较小。因此,灰渣层基本不发生化学反应。

常压固定床发生炉使用空气鼓风,制取低热值煤气供工业用户使用,而水煤气炉使用间歇制气工艺,生产煤气的低位热值为 $4\sim6$ MJ/m³,煤气主要用于化工合成。根据加热工艺对煤气质量的具体要求,既可以使用经过除尘、冷却以及脱硫等净化后的冷煤气,也可以直接使用从气化炉出来只经过简单除尘处理的热煤气。

常用的常压固定床气化工艺包括威尔曼-格鲁夏(W-G)发生炉、两段煤气发生炉等,主要生产燃料气。常压固定床气化炉对煤种限制严格,必须使用块煤,气化强度低,已不能适应现代煤化工大规模发展对单炉造气能力的要求。

（2）加压固定床气化

加压固定床气化法是一种在高于大气压力($1.0\sim2.0$ MPa 或更高压力)的条件下,以氧气和水蒸气作为气化介质,以褐煤、长焰煤或不黏煤为原料的煤气化过程,具有气化强度大,煤气热值高等特点。

加压气化的基本原理除了一般常压气化发生的煤燃烧、二氧化碳还原、水煤气反应和水煤气平衡反应外,主要是发生了一系列甲烷生成的反应,而这些反应在常压下是需要催化剂参与才能发生的。

$$C+2H_2 \longrightarrow CH_4+Q$$
$$CO+3H_2 \longrightarrow CH_4+H_2O+Q$$
$$2C+2H_2O \longrightarrow CH_4+CO_2+Q$$
$$CO_2+4H_2 \longrightarrow CH_4+2H_2O+Q$$

加压固定床气化与常压固定床气化类似,气化炉内也可按反应区域来进行分层,各层的主要反应及产物见图 6-10。由图可知,在还原层上方,由于 H_2O、CO_2 和 C 进行了大量反应,不断生成 H_2 和 CO,同时因吸热使环境温度降低,为甲烷的生成创造了条件。随着碳加氢反应及 CO 和 H_2 的合成反应的进行,甲烷的量不断增加,形成了所谓的甲烷层。由于生成甲烷的反应速率较慢,因此与氧化层和还原层相比,甲烷层较厚,占整个料层的近 1/3。

升高操作压力有利于 CH_4 的生成,从而提高煤气中 CH_4 的含量和热值。与此同时,在加压条件下,其他反应也受到了不同的影响。由于主要的氧化反应 $C+O_2 \longrightarrow CO_2$ 和水煤气平衡反应 $CO+H_2O \longrightarrow CO_2+H_2$ 两者前后体积不变。因此,压力提高不影响其化学平衡,只是加快了反应速率。水煤气生成反应 $C+H_2O \longrightarrow CO+H_2$ 和二氧化碳还原反应 $C+CO_2 \longrightarrow 2CO$ 是体积增大的反应,压力提高化学平衡向左移动。因此,在加压气化生成的煤气中 CO_2 含量高,CO 和 H_2 含量降低,水蒸气消耗大,废水多。

加压固定床气化的缺点主要表现为粗煤气中含有较多的酚类、焦油和轻油蒸气,煤气净化处理工艺较复杂,易造成二次污染。这是由于在干馏层压力较低且气流中含有大量氢气,干馏气体产物很少裂解。此外,还存在投资,设备的维护和运行费用较高等缺点。

鲁奇(Lurgi)炉(图 6-11)是加压固定床气化炉应用最广、最为成熟的炉型。一般分为两类:干式排灰的鲁奇炉和液态排渣的 BGL/Lurgi 炉,后者是我国目前在煤制天然气的气化过程中普遍采用的气化炉。

干式排灰鲁奇炉大致可分为加煤、搅拌、炉体、炉栅和排渣等五大部分。由于气化炉处于高压操作条件,因此加煤装置采用双阀钟罩形式以保证原料煤可以连续不断地进入气化炉。布煤器和搅拌器同时由电机带动,如果气化没有黏结性的煤种,可以不设搅拌器。气化炉炉体由双层钢板焊制,形成水夹套,在其中形成的蒸汽汇集到上部蒸汽包,通过汽水分离

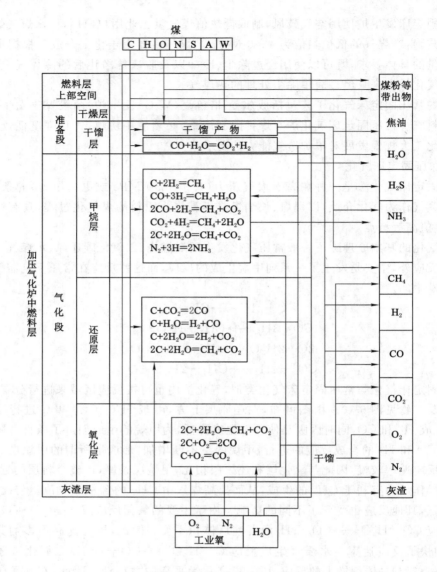

图 6-10　加压气化炉中各层的主要反应及产物

引出。其他结构如旋转炉箅等与常压固定气化床类似。

　　干式排灰鲁奇炉的操作压力通常为 3 MPa,在炉内氧化区域最高温度约为 1 000 ℃,粗煤气离开炉顶的温度为 260～538 ℃,这取决于气化煤种,同样粗煤气的组成也随着煤种的不同而不同。保持炉内压力稳定对加压固定床气化是十分重要的,它直接影响到气化过程工况条件与产物气体组成。鲁奇炉采用与太空舱缓冲门比较相似的煤锁与灰锁装置实现这一功能。煤锁加煤过程与灰锁排灰过程同为间歇性的操作,通过操作阀门,使煤锁或灰锁充压、泄压来实现加煤或排灰这一过程。工业上一般采用在液压油供给管线上设置可转换方向的电磁阀,使进入液压缸的液压油换向,来达到使煤锁、灰锁各阀门开或关的操作。这种电磁阀的开、关用可编程序控制器(简称 PLC)来实现,使煤锁和灰锁实现自动操作。

　　液态排渣 BGL/Lurgi 炉与干式排灰气化炉最主要的区别是水蒸气和氧气的比,在干式

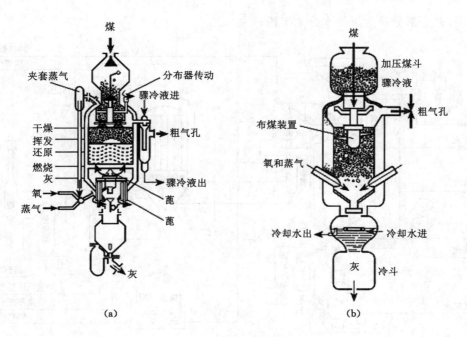

图 6-11　加压鲁奇炉

排灰中该比例一般为(4∶1)～(5∶1),而在液态排渣炉中则为 0.5∶1。通过降低蒸气/氧比,可使炉膛氧化区的温度上升,从而加快气化反应的速率,炉内最高温度一般在 1 300 ℃以上,超过了煤灰的流动温度,使其以液态灰渣的形式排出炉外。与干式排灰相比,气化强度和生产能力有了显著的提高,约为干法排灰式的 3 倍多。同时灰渣中含碳量有所下降,碳利用率一般在 92% 以上。此外,水蒸气利用率高是其另一个显著的优点。出口粗煤气的温度为 550 ℃ 左右,但是由于液态排渣的高温特点,气化煤气的组成也发生了变化,高温条件削弱了放热的甲烷生成反应,同时水蒸气量的减少使 CO_2 还原成 CO 的反应加强,因此同干法排灰相比,其粗煤气中 CH_4 含量下降,CO 和 H_2 组分之和约提高 25%,同时 CO/H_2 比上升,而 CO_2 则由 30% 降到了 6%～5%。

　　从结构上看,两者基本构造比较相似,但为了适应较高的气化温度,鲁奇炉用耐高温的碳化硅耐火材料做内衬,同时炉膛下部沿径向均布 8 个向下倾斜、带水冷套的钛钢气化剂喷嘴,从喷嘴喷出的气化剂汇于排渣口处,并在此形成高温区。由于灰渣处于熔融状态,旋转炉算起不到应有的作用,被熔渣池所取代。

　　图 6-12 是加压固定床气化工艺流程图。原煤经筛分后,5～50 mm 的块煤经煤斗、煤溜槽加入煤锁中,经煤气充压后加入气化炉内。煤锁泄压气经煤锁气洗涤器、煤锁气分离器洗涤冷却后,经气柜缓冲再送出界区。煤通过固定的冷圈进入炉内,经各反应层后产生的灰渣由炉算排入灰锁,再间歇排入灰渣沟,用循环的灰水将灰渣冲至灰渣池经抓斗捞出装车外运。

　　反应产生的粗煤气(3.0 MPa,385 ℃)由炉顶进入洗涤冷却器洗涤降温至 200 ℃ 后与煤气水一同进入废热锅炉,被壳程锅炉水冷却至 187 ℃,经气液分离器后送至煤气冷却工号,洗涤后的煤气水与煤气冷却液汇于废热锅炉底部积水槽中,大部分用泵送至洗涤冷却器循环使用,多余部分排至煤气水分离工段。

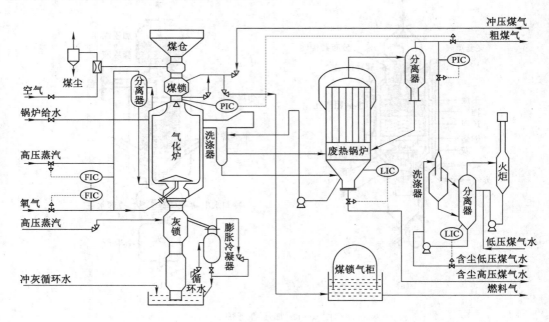

图 6-12　加压固定床气化工艺流程图

6.4.2　流化床气化法

流化床煤气化又称为沸腾床气化,采用粒度较小的煤(<6 mm)为原料,细粒煤在自下而上的气化剂的作用下,保持着连续不断和无秩序的沸腾和悬浮状态运动,强化了床层内的传质、传热,使整个床层温度和组成均一的煤气化过程。由于煤与气化剂的接触面大,反应速率快,原料煤在炉内停留的时间比固定床短,单炉的生产能力相比于移动床气化炉得到了提高。流化床操作温度适中,投资低,对煤种煤质的适应性强,产品煤气中基本不含焦油和酚类物质;可利用如褐煤等高灰劣质煤做原料,同时直接使用小颗粒碎煤为原料,适应采煤技术发展。其不足之处在于目前的技术操作压力低、单台处理能力有限,灰渣和飞灰含碳量均较高,碳转化率稍低。

6.4.2.1　流化床气化的原理及特征

图 6-13 为典型的温克勒气化炉示意图,煤料经过破碎处理后,通过螺旋给料机或气流输送系统进入气化炉,具有一定压力的气化剂从床层下部经过布风板吹入,将床上的碎煤托起,当气流速率上升到某一定值时,煤粒互相分开上下翻滚,同时床层膨胀且具有了流体的许多特征,即形成了流化床。根据流态化原理,影响流态化过程的主要因素是气流速率,即通过床层界面的平均流速,如果气流速率低到一定值则煤粒将不能流化,床层有结渣的危险,通常根据试验来选择确定最佳流化速率,将其作为气化炉的操作气速;另外流化效果还受煤粒粒径的影响,如果粒径太小煤粒将随煤气夹带出炉外,如果太大则很难流化,工业中粒度要求较移动床要小,一般在 0.1~6 mm。

在流化床中,通常将气化温度控制在 950 ℃,以免流化不均引起局部过热,产生局部结渣从而使流化状态被破坏。因此与移动床相比,其氧化反应进行得比较缓慢,而且只能采用气化反应性较好的煤种,如褐煤等。但在流化床内部由于燃料颗粒与气化剂混合良好,其温度沿床层高度的变化比固定床平稳,图 6-14 为流化床和固定床的温度分布比较。

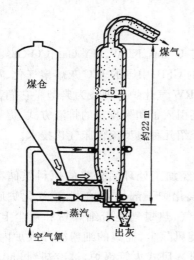

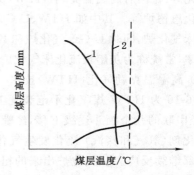

图 6-13　温克勒气化炉示意图　　　　图 6-14　流化床和固定床的温度分布比较

1——固定床;2——流化床

与固定床类似,流化床气化区仍分为氧化层和还原层,但其还原层温度较高且一直可以延伸到整个床层。图 6-15 为流化床沿床层高度的气体组分分布,可以看出其气化煤气中 CO_2 的含量较高,这是因为虽然还原区域温度并不低,但由于床层燃料量较固定床少,所以还原反应进行得不完全,使得煤气中 CO_2 含量较高,同时由于床内温度分布均匀,粗煤气出口温度较高。

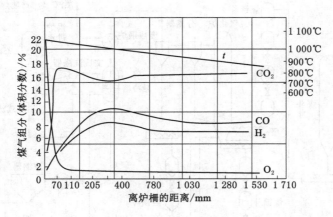

图 6-15　流化床沿床层高度的气体组分分布

在流化床内由于具有良好的传质传热性能,因此进入气化炉的燃料可以迅速地分布在炽热颗粒之间而迅速加热,其干燥和热解过程在反应区同时进行,使得挥发分的分解完全,煤气中热解产物的含量很少,几乎不含焦油。

总的来说,由于流化床温度均匀,气固混合良好,同时煤的粒度小,比表面积大,因此能获得较高的气化强度和生产能力。但其缺点也同样突出,在流化状态下,很难将灰渣和料层进行分离,70%的灰及部分未燃尽碳被煤气夹带出气化炉,即增加了煤气净化的难度,也造成了很大程度的热损失。同时另外一部分灰分随煤气带出炉后通过黏结落入灰斗,灰渣和飞灰的含碳量均较高,这是流化床气化最大的问题。

6.4.2.2 流化床气化技术

流化床气化经多年发展,出现了很多炉型。美国有 U-Gas、KRW、HY-Gas、CO-Gas、Exxon 催化气化等;德国有高温温克勒(HTW)及 Lurgi 公司的 CFB;中国的 ICC 灰熔聚气化、灰黏聚多元气化恩德炉等。其中如 HTW、U-Gas 气化炉和 KRW 气化炉三种最为典型。它们都是加压流化床气化炉,同时 U-Gas 气化炉和 KRW 气化炉还引入了团聚排灰的排渣方式,提高了碳的利用率,常统称为灰熔聚流化床气化炉。下面重点介绍几种典型流化床气化技术。

(1)高温温克勒气化(HTW)技术

图 6-16 为 HTW 煤气化示范装置工艺流程图。经加工处理后合格的原料煤储存在煤斗,煤经串联的几个锁斗逐级下移,经螺旋给煤机从气化炉下部加入炉内,被气化炉底部吹入的气化剂(氧气和蒸汽)流化发生气化反应生成煤气,热煤气夹带细煤粉和灰尘上升,在炉体上部继续反应。从气化炉出来的粗煤气经一级旋风除尘,捕集的细粉循环入炉内,二级旋风捕集的细粉经灰锁斗系统排出。除尘后的煤气进入卧式火管锅炉,被冷却到 350 ℃,同时产生中压蒸汽,然后顺序进入激冷器、文丘里洗涤器和水洗塔降温并除尘。1993 年在废热锅炉后安装了陶瓷元件的过滤除尘器,操作温度 270 ℃,压力 0.98 MPa。其主要特点是:首先将气化压力升至 0.9~1.0 MPa,使设备的生产能力得到了提高,考虑到 IGCC 的应用,压力还可以进一步升至 2.5 MPa,同时供煤处的最高温度也升至 1 100 ℃左右,扩大了燃料的适用范围。此外从气化炉出来的粗煤气经过一级旋风分离器进行气固分离,将煤气带出物重新返回流化床气化,可以提高碳的转化率。

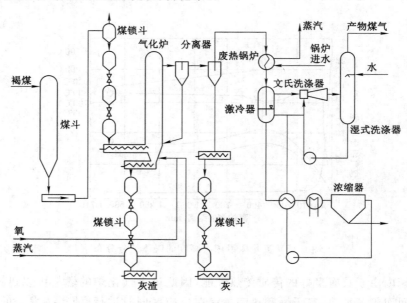

图 6-16 HTW 煤气化示范装置工艺流程

图 6-17 是 HTW 气化炉物料平衡及主要输入输出能量分布。表 6-8 中列出了常压温

克勒与高温温克勒气化炉技术数据对比。

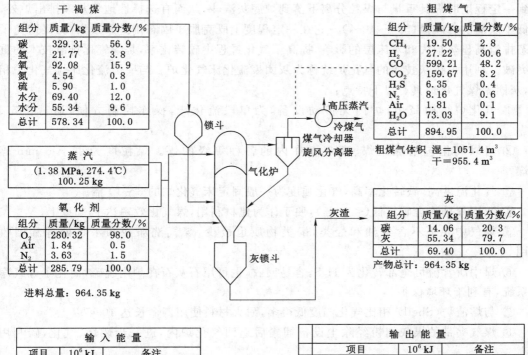

干 褐 煤		
组分	质量/kg	质量分数/%
碳	329.31	56.9
氢	21.77	3.8
氧	92.08	15.9
氮	4.54	0.8
硫	5.90	1.0
水分	69.40	12.0
水分	55.34	9.6
总计	578.34	100.0

蒸　汽
(1.38 MPa, 274.4℃)
100.25 kg

氧 化 剂		
组分	质量/kg	质量分数/%
O₂	280.32	98.0
Air	1.84	0.5
N₂	3.63	1.5
总计	285.79	100.0

进料总量：964.35 kg

粗 煤 气		
组分	质量/kg	质量分数/%
CH₄	19.50	2.8
H₂	27.22	30.6
CO	599.21	48.2
CO₂	159.67	8.2
H₂S	6.35	0.4
N₂	8.16	0.6
Air	1.81	0.1
H₂O	73.03	9.1
总计	894.95	100.0

粗煤气体积 湿＝1051.4 m³
　　　　　干＝955.4 m³

灰		
组分	质量/kg	质量分数/%
碳	14.06	20.3
灰	55.34	79.7
总计	69.40	100.0

产物总计：964.35 kg

输 入 能 量		
项目	10⁶ kJ	备注
干煤	13.34	高热值
煤干燥	0.82	3 721.6 kJ/kg水
蒸汽	0.30	水温15.56℃
制氧	0.97	330 kW·h/t氧
电力		9 495 kJ/(kW·h)

输 出 能 量		
项目	10⁶ kJ	备注
煤气	10.99	无硫高热值
煤气冷却时可回收的最大能量①		煤气从1 065.6℃冷却到121℃
显热	1.46	
潜热	0	无水被冷凝

①煤气冷却时可产生高压蒸汽

图 6-17　HTW 气化炉物料平衡及主要输入输出能量分布

表 6-8　　　　　　　　常压温克勒与高温温克勒气化炉技术数据对比

项目	单位	常压温克勒	高温温克勒
气化温度	℃	950	1 000
气化压力	MPa	常压	1.0
氧煤比	m³ 氧(标)/kt 煤	0.42	0.40
蒸汽煤比	kg 蒸汽/kg 煤	0.18	0.33
合成气产率	m³(CO＋H₂)/t 煤	1 460	1 580
气化强度	m³(CO＋H₂)/(m²·h)	2 120	7 745
碳转化率	%	91	96

注：项目分析中煤按干燥无灰基准计算。

（2）灰团聚流化床煤气化技术

为了保持床层中的高碳灰比和稳定的不结渣操作，流化床内部必须混合良好，这样其排料组成与床内物料相同，排出的固体灰渣以及煤气带出物的含碳量就比较高（15％～20％）。

针对上述问题提出了灰团聚（或称灰熔聚、灰黏聚），具体措施是在流化床层形成局部高温区，使煤中的灰分在软化而未熔融的状态下，相互团聚而黏结成含碳量较低的灰渣，结球长大到一定程度时靠其重量与煤粒分离下落到炉底灰渣斗，从而有选择性地将灰球排出炉外，降低了灰渣的含碳量（5%～10%）。它在一定程度上既克服了固态排渣碳损失高，又避免了液态排渣高显热损失和对床层的影响，提高了气化过程中碳转化率，是煤气化排渣技术的重要突破。利用该排灰技术的气化炉统称为灰团聚流化床气化炉。与一般流化床煤气化炉相比，灰团聚煤气化炉具有以下特点：

① 气化炉结构简单，炉内无传动设备，为单段流化床，操作控制方便，运行稳定、可靠。

② 可以气化包括黏结煤、高灰煤在内的各种等级的煤。煤粒度为小于 6 mm 碎粉煤。

③ 气化温度高，碳转化率高，气化强度为一般固定床气化炉的 3～10 倍。

④ 灰团聚排渣含碳量低（<10%），便于作为建材利用，煤气化效率达 75% 以上。

⑤ 煤气中几乎不含焦油和烃类，酚类物质也极少，煤气洗涤冷却水易处理和回收利用。

⑥ 煤中所含硫可全部转化为 H_2S，容易回收，也可用石灰石在炉内脱硫，简化了煤气净化系统，有利于环境保护。

⑦ 与熔渣炉（Shell）相比气化温度低得多，耐火材料使用寿命长达 10 年以上。

⑧ 煤气夹带的煤灰细粉经除尘设备捕集后返回气化炉内，进一步燃烧、气化，碳利用率高。

目前采用灰熔聚排渣技术的有美国的 U-Gas 气化炉，KRW 气化炉以及中国科学院山西煤炭化学研究所的 ICC 煤气化炉。法国南希大学早在 20 世纪 50 年代就进行过小型试验，证明灰黏聚技术是可行的。美国开发的 U-Gas 和 KRW 灰团聚气化工艺，同时进行了炉内脱硫试验，取得了脱硫效率达 80%～90% 的好结果，作为洁净煤技术生产煤气供联合循环发电（IGCC）作为燃料使用。

（3）美国 U-Gas 流化床煤气化技术

U-Gas 气化炉是由美国煤气化技术研究院 IGT 所开发的单段流化床粉煤气化工艺，采用灰团聚方式操作，能够适应各种原料煤（包括高黏结、高硫或高灰煤）生产煤气。气化炉结构如图 6-18 所示。

U-Gas 气化炉外壳是用锅炉钢板焊制的压力容器，内衬耐火材料，气化炉底部是一个中心开孔的气体分布板。煤被粉碎后（6 mm 以下），经料斗由螺旋给料器从分布板上方加入炉内。煤在气化炉内停留时间为 45～60 min，流化气速为 0.65～1 m/s，中心管处的固体分离速率为 10 m/s 左右。其床内反应温度为 955～1 095 ℃，取决于原料煤种，操作压力在 0.3～2.4 MPa 之间，因煤气的用途而异。

与其他炉型相比，该炉型最大特点是：气化剂分两处进入反应器，一路从床底分布盘进入，以维持床内的正常流化；另一路通过分布盘中心的排灰装置进入，这部分气体氧/蒸汽比较大，气化过程中在文丘里管上方形成温度较高的灰团聚区，温度略高于灰的软化点（ST），灰粒表面在此区域软化而后团聚长大，到不再能被上升气流托起时灰粒从床层中分离出来。通过控制中心管的气流速率，调节中心区的温度，即可控制排灰量的多少。

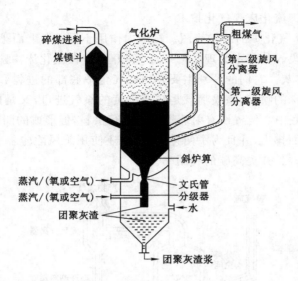

图 6-18　U-Gas 气化炉

图 6-19 是 U-Gas 气化工业装置工艺流程简图。原料煤在粉碎干燥机内用烟气进行干燥,合格煤经密相输送系统送到气化炉,经加煤螺旋输送机将煤加入炉内。煤与经分布器加入炉内的气化剂进行气化反应,所产煤气夹带煤灰由炉顶出口进入一、二级旋风分离器,分离回收的煤尘通过回料管返回气化炉下部,煤气经第 3 旋风分离器依次进入废热锅炉、蒸汽过热器、蒸汽预热器、软水加热器回收余热,最后经文丘里洗涤器、洗涤塔降温洗尘后送出气化系统。

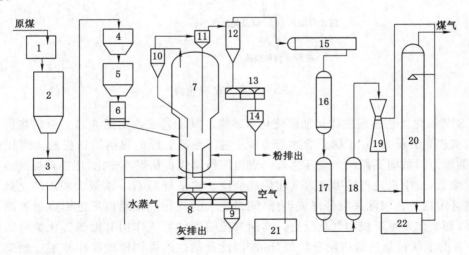

图 6-19　U-Gas 气化工业装置工艺流程简图

1——煤干燥粉碎部分;2——干煤仓;3——密相输送系统;4——称量斗;5——锁斗;6——进料斗;7——U-Gas 气化炉;
8——灰冷器;9——排灰装置;10——第一级旋风分离器;11——第二级旋风分离器;12——第三级旋风分离器;
13——灰冷器;14——排粉装置;15——废热锅炉;16——蒸汽过热器;17——蒸汽预热器;18——脱氧水加热器;
19——文丘里洗涤塔;20——洗涤器;21——空气压缩机部分;22——废水循环处理部分

（4）KRW 灰团聚流化床煤气化技术

图 6-20 为 KRW 气化炉的结构简图。按炉内作用不同，自上而下可分为分离段、气化段、燃烧段和灰分离段。其基本原理与 U-Gas 类似，都是在流化床内建立相对高温的区域，采用灰团聚的方式排灰。它们的差别主要表现在气化炉底部的进料和排灰方式上，如前所述，U-Gas 法具有特殊的喷嘴，该喷嘴既是较高浓度的氧气进口，又是团聚的灰粒出口。而在 KRW 中，也在炉底中心位置设有射流管喷嘴进行供料，但形成的团聚灰粒并不通过该喷嘴排出，而是在其侧面排出，并且为了使排灰顺利，还使用旋风除尘器将一部分粗煤气循环到炉内以松动灰团床层，并提高碳的利用率。

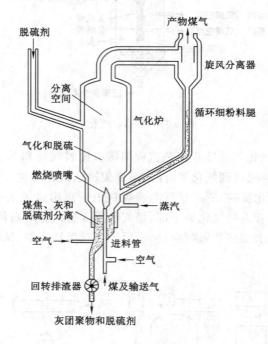

图 6-20　KRW 气化炉

KRW 气化工艺过程主体是加压流化床系统。其工艺流程见图 6-21。原料煤由撞击式碾磨机破碎到 6 mm，并干燥到含水分 5% 左右。经预处理的煤由输送机输入常压储煤仓中，借助重力间歇向下面两个煤斗送煤。煤由回转给煤机从煤斗输出，用循环煤气或空气进行气流输送，由中央进料喷嘴送入气化炉燃烧段。这是与 U-Gas 法最大的不同之处。煤粉在喷射区附近快速脱除挥发分形成半焦，同时喷入的气化剂在喷口附近形成射流高温燃烧区，使煤和半焦发生燃烧和气化反应。高速气流喷嘴的射流作用有助于气化炉内固体颗粒循环，有助于煤粒急速脱挥发分后的分散，因此黏结性的煤同样能操作。射流燃烧段的高温提供了气化反应所需的热量，也确保了脱挥发分过程中生成的焦油和轻油的充分热解。射流高温区的另一个作用是使碳含量降低了的颗粒变得越来越软，碰撞后黏结形成大团粒，当团粒大到其重量不再能流化时，落入炉底倾斜段，并被循环煤气冷却，排出的团灰温度为 150～200 ℃，碳含量小于 10%。

气化炉出来的煤气进入两级旋风分离器，大部分细焦粉被分离下来，通过气动 L 阀返回气化炉下部再次气化,形成物料的循环过程,一级旋风除尘器除尘效率为95%,串联使用二级旋风除尘器时,总除尘效率可达98%。经旋风除尘器除尘后的煤气进入废热锅炉副产蒸汽,蒸汽经旋流器过热后供气化使用。粗煤气经文丘里洗涤器、激冷器、冷却洗涤除尘后送往用气工序。粗煤气一小部分经冷却后,加压作为循环气送入煤气炉。

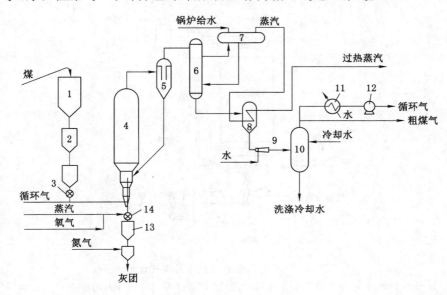

图 6-21　KRW 煤气化工艺流程图

1——煤储斗;2——煤锁斗;3——加料器;4——气化炉;5——旋流分离器;6——废热锅炉;
7——汽包;8——旋流器;9——文丘里洗涤器;10——激冷器;11——煤气冷却器;12——煤气压缩机;
13——灰锁斗;14——旋转下料器

1975 年以来,KRW 炉对包括烟煤、次烟煤、褐煤、冶金焦和半焦在内的多种原料进行了气化试验,就煤性质来说包括弱黏煤、强黏煤、低硫煤、高硫煤、低灰煤、高灰煤、低活性煤和高活性煤。此法适应多种煤种,但最适合气化年轻的高活性褐煤。KRW 工艺的主要优点是原煤适应性广,碳转化率高,污染少,炉内无运转部件,操作简单稳定,操作弹性大,允许变化范围50%～150%。其主要缺点是循环煤气消耗量大。

目前,KRW 气化炉在 IGCC 电站中有着成功的应用实例,Tracy 电站的 IGCC 示范项目采用 KRW 加压流化床气化炉生产低热值合成气。

(5)中国 ICC 灰熔聚流化床煤气化技术

中国科学院山西煤炭化学研究所从 20 世纪 80 年代开始,研究开发了 ICC 灰熔聚流化床粉煤气化技术。2001 年在陕西省城化股份有限公司与陕西秦晋煤气化工程设备公司、中西部煤气化工程技术中心等单位共同进行了 100 t/d 煤灰熔聚流化床粉煤气化制合成气的工业示范装置试验。2002 年 3 月至 2003 年 6 月累计运行达 8 000 h 以上,所产煤气送入原生产系统,满足合成氨生产的需要,该技术已具备了工业化推广应用条件。

ICC 灰熔聚流化床粉煤气化炉如图 6-22 所示。它以空气或氧气和蒸汽为气化剂,在适当的煤粒度和气速下,使床层中粉煤沸腾,气固两相充分混合接触,在部分燃烧产生的高温下进行煤的气化。流化床反应器的混合特性有利于传热、传质及粉状原料的使用,但混合也造成了排灰和飞灰中的碳损失较高。该工艺根据射流原理,在流化床底部设计了灰团聚分离装置,形成炉床内局部高温区,使灰渣团聚成小球,借助重量的差异达到灰团与半焦的分离,提高了碳利用率,降低了灰渣的含碳量,这是灰熔聚流化床气化不同于一般流化床气化的技术关键。

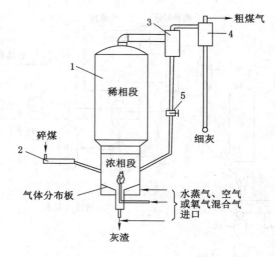

图 6-22 ICC 灰熔聚流化床粉煤气化炉
1——气化炉;2——螺旋给煤机;3——第一旋风分离器;4——第二旋风分离器;5——温球阀

在 ICC 煤气化工业示范装置上已进行过冶金焦、太原东山瘦煤、太原西山焦煤、太原王封贫瘦煤、陕西神木弱黏结性长焰烟煤、焦煤洗中煤、陕西彬县烟煤及埃塞俄比亚褐煤等 8 个煤种的试验,累积试验时间达 4 000 多小时。示范装置工艺流程见图 6-23,包括备煤、进料、供气、气化、除尘、余热回收、煤气冷却等系统。

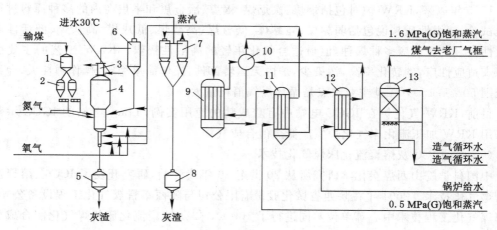

图 6-23 灰熔聚流化床粉煤气化工艺流程简图
1——煤锁;2——中间料仓;3——气体冷却器;4——气化炉;5——灰锁;6——一级旋风;7——二级旋风;8——二旋下灰头;9——废热回收器;10——汽包;11——蒸汽过热器;12——脱氧水预热器;13——洗气塔

① 备煤系统。粒径为 0～30 mm 的原料煤(焦),经过胶带输送机、除铁器,进入破碎

机,破碎到 0～8 mm,而后由输送机送入回转式烘干机,烘干所需的热源由室式加热炉烟道气供给,被烘干的原料,其含水量控制在 5％以下,由斗提机送入煤仓储存待用。

② 进料系统。储存在煤仓的原料煤经电磁振动给料器、斗式提升机依次进入进煤系统,由螺旋给料器控制,气力输送进入气化炉下部。

③ 供气系统。气化剂(空气/蒸汽或氧气/蒸汽)分三路经计量后由分布板、环形射流管、中心射流管进入气化炉。

④ 气化系统。干碎煤在气化炉中与气化剂氧气-蒸汽进行反应,生成 CO、H_2、CH_4、CO_2、H_2S 等气体。气化炉为一不等径的反应器,下部为反应区,上部为分离区。在反应区中,由分布板进入蒸汽和氧气,使煤粒流化。另一部分氧气和蒸汽经计量后从环形射流管、中心射流管进入气化炉,在气化炉中心形成局部高温区使灰团聚形成团粒。生成的灰渣经环形射流管,上、下灰斗定时排出系统,由机动车运往渣场。原料煤在气化区内进行破黏、脱挥发分、气化、灰渣团聚、焦油裂解等过程,生成的煤气从气化炉上部引出。气化炉上部直径较大,含灰的煤气上升流速降低,大部分灰及未反应完全的半焦回落至气化炉下部流化区内继续反应,只有少量灰及半焦随煤气带出气化炉进入下一工序。

⑤ 除尘系统。从气化炉上部导出的高温煤气进入两级旋风分离器。从第一级分离器分离出的热飞灰,由料阀控制,经炉底用水蒸气吹入气化炉下部进一步燃烧、气化,以提高碳转化率。从第二级分离器分出的少量飞灰排出气化系统,这部分细灰含碳量较高(60％～70％),可作为锅炉燃料再利用。

⑥ 废热回收系统及煤气净化系统。通过旋风除尘的热煤气依次进入废热锅炉、蒸汽过热器和脱氧水预热器,最后进入洗涤冷却系统,所得煤气送至用户。

⑦ 操作控制系统。气化系统设有流量、压力和温度检测及调节控制系统,由小型集散系统集中到控制室进行操作。

6.4.3 气流床气化法

气流床气化法是以粒径＜0.1 mm 的细粉煤为原料(分干法与湿法两种类型,干法一般以极细的煤粉为原料,湿法以水煤浆为原料),氧与蒸汽作为气化剂,将煤粉夹带入气化炉,进料煤与气化剂顺流接触的一种并流式气化方法。气化炉内温度高达 1 500～1 900 ℃,反应速率十分迅速,煤粉与气化剂经特殊喷嘴进入反应室,在瞬间着火、热解、燃烧,燃烧反应和气化反应几乎是同时发生的,一步转化成 CO、H_2、CO_2 等气体。随气流的运动,未反应的气化剂、热解挥发物及燃烧产物裹挟着煤焦粒子高速运动,运动过程中进行着煤焦颗粒的气化反应。气流床气化产生的煤气中不含焦油、酚和烃类,气化强度最高,碳的转化率和单炉生产能力都很高。气流床气化法是 20 世纪 50 年代初发展起来的新一代煤气技术,最初代表炉型为 K-T 炉、Shell、Texaco 等。气流床气化技术因其出色的生产能力和气化效率,在世界范围内得到了广泛的应用。

6.4.3.1 气流床气化及特点

气流床气化法是用极细的粉煤为原料,被氧气和水蒸气组成的气化剂高速气流携带进入并在气化炉进行充分的混合、燃烧和气化反应的气固并流气化过程。气体与固体在炉内的停留时间几乎相同,一般在 1～10 s。煤粉气化的目的是想通过增大煤的比表面积来提高气化反应速率,从而提高气化炉的生产能力和碳的转化率。气流床气化法属于高温气化技术,从操作压力上可分为常压气化与加压气化,除 K-T 炉为常压气化外,其他炉型均采用加

压气化的方式。气流床气化除上述优点外,还有下述主要特点:

① 煤种适应性强。由于在气化炉内煤粉颗粒悬浮在高速气流中,在高温下以极快的速率单独进行热解、气化和形成熔渣的过程,通常煤粉颗粒能在 1 s 内完成反应,与邻近的煤粒相互作用小,因此不受煤种黏结性的影响。一般情况下,气流床气化采用高温液态排渣方式,所以要求煤的灰熔点应低于炉内气化温度,以利于熔渣的形成。

② 常用纯氧和水蒸气作为气化剂。采用纯氧和水蒸气作为气化剂,以保证气化反应在较高温度下进行,但即使如此,在煤气排出炉时仍会夹带有未反应的碳,影响煤的气化程度,一般采用循环回炉的方法提高气化效率。

③ 煤气中 CO 含量高。高温气化条件不利于 CH_4 的生成,因此,煤气中 CH_4 含量很低。高温有利于 $C+H_2O \longrightarrow CO+H_2-Q$ 反应,因此,气流床气化煤气 CO 含量可高达 $58\%\sim62\%$,其次为 H_2、CO_2 等,热值并不高。

④ 粗煤气中不含焦油、酚及烃类液体等。气流床在高温下运行,粉煤的干馏产物全部分解,其主要杂质为 H_2S 和少量 COS,有利于简化后续净化系统,对环境的污染少。

⑤ 煤气温度高,用激冷法将粗煤气冷却到 $900\sim1\ 100\ ℃$,通过合适的余热回收设备回收煤气显热。由于气流床的粗煤气温度特别高,一般都在 $1\ 400\ ℃$ 左右,显热损失比较大,需采用合适的余热回收设备,以提高效率。同时,为了防止黏结性灰渣进入余热回收设备,往往先用激冷法将粗煤气冷却到 $900\sim1\ 100\ ℃$,并分离出灰渣。

在不同气流床气化工艺中,其主要区别是气化炉的给料方式:一类称为干法供料,是将煤粉直接气力输送至喷嘴,如 Shell、Prenflo 等;另一类称为湿法水煤浆供料,需要先将煤粉和水混合成为水煤浆,泵送至喷嘴,如 Texaco、E-Gas 等。两种方法各有特点,水煤浆形式容易加压泵送,可解决干法供料和锁煤装置在加压条件下的问题,但会影响气化炉的总体热效率和气化强度;干法供料则很适合活性高的煤和煤化程度低的煤,且具有较好的气化表现。

气流床气化反应极其迅速,且与炉内的气固混合流动状态及反应组织状况密切相关,因此气化炉结构对气流床气化有较大影响,尤其是加料方式及燃烧器喷嘴造成的气流扰动,其次粗煤气的显热回收方式也十分重要。这里将按干法供料和水煤浆供料的顺序介绍几种典型气流床气化炉的结构及其特点。干法供料主要介绍 K-T 常压气化炉、Shell 气化炉和 Prenflo 气化炉。水煤浆供料主要介绍 Texaco 气化炉和 E-Gas 气化炉。

6.4.3.2　常压干法粉煤气流床粉煤气化

K-T 式气化炉是第一代干法粉煤气流床气化技术的典型代表,属于干粉进料的常压气流床气化炉,全称 Koppers-Totzek 气化炉。其最早于 1952 年在芬兰实现了工业化,并在许多国家得到了工业应用,工艺十分成熟。K-T 炉常压气流床粉煤气化的一般工艺流程见图 6-24,原料煤经干燥并粉碎至通过 200 目筛孔,以氮气为介质气动输送。整个进料系统用氮气充压,以防止氧气倒灌引起爆炸。然后氧气和水蒸气组成的气化剂与煤粉混合,由燃烧器喷嘴高速喷入炉内。气化炉衬有耐火材料,炉壁为水夹套,用来回收炉壁散失的热量,产生的低压蒸气可做气化剂使用。

早期的 K-T 常压气化炉只有两个炉头(图 6-25),后发展为呈十字形排列的四炉头气化炉,生产力成倍提高。气化压力稍高于大气压,约为 0.14 MPa。炉内火焰区的温度高达 $2\ 000\ ℃$,由于气化还原反应吸热,火焰末端温度下降,在炉内中部为 $1\ 500\sim1\ 600\ ℃$,仍超

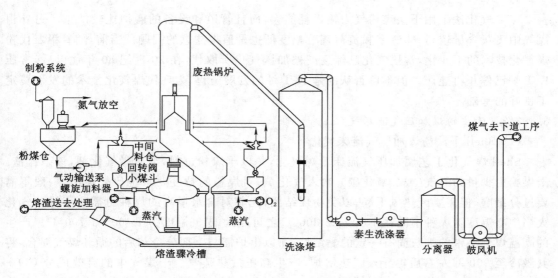

图 6-24　K-T 炉常压粉煤气化工艺流程

过原料煤灰熔点,因此采用液态排渣的方式,70% 的灰分以熔渣形式沉降到淬冷槽中,其余成飞灰被煤气夹带出炉。气化煤气在出口处的温度为 1 400~1 500 ℃,通过余热锅炉回收显热,粗煤气温度降低到 300 ℃以下,然后进入煤气净化系统。

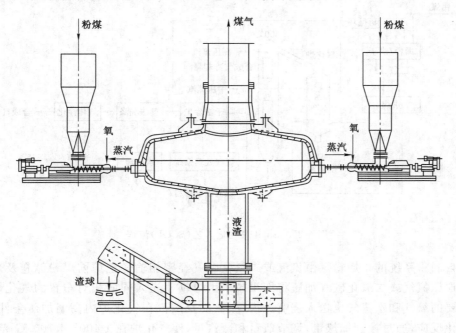

图 6-25　两炉头 K-T 炉结构

K-T 气化法作为第一代成熟的气流床气化工艺,具有煤种适应性强、气化强度高、生产能力大等特点。四炉头的 K-T 常压气化炉每天气化约 860 t 煤,生产 122 万 m^3(标准)煤气。只有当煤中水分较高时才需要预先干燥,煤气主要成分为 CO 和 H_2,热值约 11 MJ/m^3。

K-T 气化法采用干法煤粉气力输送耗能大,而且管道和设备的磨损比较严重。另外粗煤气中飞灰含量较高,捕渣率和负荷调节幅度低也是值得注意的问题。当前,随着第二代粉煤气化技术的工业化,常压气化已经逐渐被加压气化所取代,在 20 世纪 80 年代以后,常压K-T 炉已停止再建厂。但不可否认的是 K-T 炉的发展历程,为现代煤气化技术的发展奠定了良好的基础。

6.4.3.3 干法粉煤加压气流床气化

(1) Shell 干法粉煤加压气流床气化

Shell 煤气化工艺属加压气流床粉煤气化,是以干煤粉进料,纯氧做气化剂,液态排渣。干煤粉由少量的氮气(或二氧化碳) 吹入气化炉,对煤粉的粒度要求也比较灵活,一般不需要过分细磨,但需要经热风干燥,以免粉煤结团,尤其对含水量高的煤种更需要干燥。气化火焰中心温度随煤种不同在 1 600~2 200 ℃之间,出炉煤气温度为 1 400~1 700 ℃。产生的高温煤气夹带的细灰尚有一定的黏结性,所以出炉需与一部分冷却后的循环煤气混合,将其激冷至 900 ℃左右后再导入废热锅炉,产生高压过热蒸汽。干煤气中的有效成分 CO+H_2 含量可高达 90％以上,甲烷含量很低。煤中约有 83％以上的热能转化为有效气,大约有15％的热能以高压蒸汽的形式回收。

Shell 炉是 20 世纪末实现工业化的新型煤气化技术,是 21 世纪煤炭气化的主要发展途径之一。图 6-26 为 Shell 煤气化工艺流程图。

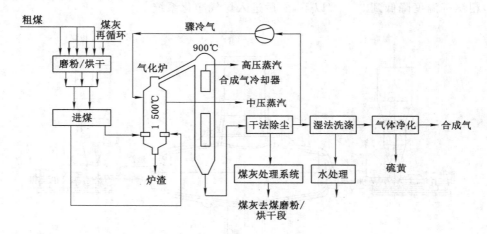

图 6-26 Shell 煤气化工艺(SCGP)流程

来自制粉系统的干燥粉煤由氮气或二氧化碳气经密相输送至炉前煤粉储仓及煤锁斗,再经由加压氮气或二氧化碳气加压将细煤粒子由煤锁斗送入同向相对布置的气化烧嘴,将气化需要的氧气和水蒸气也送入烧嘴。粉煤、氧气及蒸汽在气化炉内高温加压条件下发生部分气化反应,通过控制加煤量,调节氧量和蒸汽量,使气化炉在 1 400~1 700 ℃ 范围内运行。气化炉操作压力为 2~4 MPa。在气化炉内煤中的灰分以熔渣形式从炉底离开气化炉,用水激冷,再经破渣机进入渣锁系统,最终以一种惰性玻璃状物质通过泄压排出系统。

煤气化炉炉壁冷却采用水冷膜式壁结构,并采用挂渣措施保护气化炉壁。气化炉顶约1 500 ℃的高温煤气出炉后由除尘冷却后的冷煤气激冷至 900 ℃左右进入合成气冷却器。经回收热量后的合成气进入干法除尘和湿法洗涤系统。其中合成气冷却器产生的高(中)压蒸汽可配入粗合成气中,气化炉水冷壁副产的中压蒸汽可供压缩机透平使用。

粗煤气经脱除氯化物、氨、氰化物和硫(H_2S,COS),HCN 转化为 N_2 或 NH_3,硫化物转化为单质硫。工艺过程大部分水循环使用。废水在排放前需经生化处理。如果要将废水排放量减少到零,可用低位热将水蒸发。剩下的残渣只是无害的盐类。

整个系统由以下几个主要的设备单元构成:

① 气化炉。Shell 煤气化装置的核心设备是气化炉。Shell 煤气化炉采用膜式水冷壁形式。气化炉结构主要由内筒和外筒两部分构成,包括膜式水冷壁、环形空间和高压容器外壳。膜式水冷壁向火侧敷有一层比较薄的耐火材料,一方面为了减少热损失;另一方面更主要的是为了挂渣,充分利用渣层的隔热功能,以渣抗渣,以渣护炉壁,可以使气化炉热损失减少到最低,以提高气化炉的可操作性和气化效率。环形空间位于压力容器外壳和膜式水冷壁之间。设计环形空间的目的是为了容纳水/蒸汽的输入/输出管和集汽管,另外,环形空间还有利于检查和维修。气化炉外壳为压力容器,一般小直径的气化炉用钨合金钢制造,其他用低铬钢制造。对于日产 1 000 t 合成氨的生产装置,气化炉壁设计温度一般为 350 ℃,设计压力 3.5 MPa(g)。

气化炉内筒上部为燃烧室(或气化区),下部为熔渣激冷室。煤粉及氧气在燃烧室反应,温度为 1700 ℃左右。Shell 气化炉由于采用了膜式水冷壁结构,内壁衬里设有水冷却管,副产部分蒸汽,正常操作时壁内形成渣保护层,用以渣抗渣的方式保护气化炉衬里不受侵蚀,避免了因高温、熔渣腐蚀及开停车产生应力对耐火材料的破坏而导致气化炉无法长周期运行。由于不需要耐火砖绝热层,运转周期长,可单炉运行,不需备用炉,可靠性高。

② 烧嘴。气化炉烧嘴是 Shell 煤气化工艺的关键设备及核心技术之一。气化炉加料采用侧壁烧嘴,在气化高温区对称布置,并且可根据气化炉能力由 4~8 个烧嘴中心对称分布。由于采用多烧嘴结构,气化炉操作负荷具有很强的可调幅能力。单炉生产能力大,在气化压力为 3.0 MPa 的条件下,单炉气化能力可达 2 000~3 000 t/d。根据资料介绍目前气化烧嘴连续操作的可靠性和寿命不低于 7 500 h。

③ 废热锅炉。废热锅炉采用水管式结构,是由水管焊上管板组成,管板上有在线清洗装置,以免积灰。这种结构的废热锅炉在美国休斯敦的示范装置上和荷兰 Demkolec 的工业化装置上已成功应用。

④ 破渣机。Shell 煤气化原设计没有破渣机,在生产操作过程中曾发生过大渣堵塞锁斗阀的现象,影响正常生产操作。现设计已经增加了破渣机,防止类似现象的发生。

⑤ 渣罐、捞渣机。渣罐是一个空壳压力容器,气化排渣由锁渣系统通过渣罐做到间断自动排渣。捞渣机主要是将固体渣粒从渣水中捞出,再由输送带或汽车运至渣场。

⑥ 煤粉的加压进料系统。该系统由锁斗和料斗组成。一旦锁斗装满后,充氮气加压,将煤排放至料斗。加压后的粉煤从料斗中排出并由氮气气流输送至气化炉烧嘴。

⑦ 原料煤的储运系统。原料煤的接收和储运设施主要包括卸料斗、振动加料器、运输机、煤仓等,与传统的燃煤锅炉原料煤的储运设施类似。

⑧ 磨煤及干燥系统。磨煤机将煤磨成合适的有利于煤气化的煤粉(约 90% 小于 0.15 mm)。在磨煤过程中,采用热惰性气流同步干燥。惰性气流夹带系统中的水蒸气通过一台内部分选器将粉煤吹至分离和收集容器。干燥研磨后的煤通过气流输送系统输送到气化炉进料系统。可以直接或间接提供干燥煤所需热能。燃烧油、煤气或回收气燃烧可直接供热。

在间接供热的情况下,循环气中需添加氮气以补充由于排出煤中水汽所带出的那部分循环气。

⑨ 煤气除尘、洗涤系统。粗煤气离开废热锅炉后,经陶瓷过滤器或旋风除尘器来脱除部分灰,气化压力 4.0 MPa 时,陶瓷过滤器操作压力 3.9 MPa(g),操作温度 350 ℃左右,过滤后煤气含尘小于 20 mg/m³(标)。再经过湿法洗涤装置进一步净化,使飞灰残留量不大于 1 mg/m³(标)。通过洗涤系统也可以脱除煤气中其他微量杂质如可溶碱盐、卤化氢及氨等。洗涤系统的排放水送至酸气汽提塔,经澄清后再循环使用,以最大程度减少需(生化)处理或蒸发后的排放量。从酸气脱除系统以及酸气汽提塔来的酸气可送至克劳斯装置回收硫黄。

Shell 干煤粉加压气化炉可气化褐煤、烟煤、无烟煤、石油焦及高灰熔点的煤。入炉原料煤为经过干燥、磨细后的干煤粉。干煤粉由气化炉下部进入,属多烧嘴上行制气。目前国外最大的气化炉处理量为 2 000 t/d 煤,气化压力为 3.0 MPa。这种气化炉采用水冷壁,无耐火砖衬里,可以气化高灰熔点的煤,但仍需在原料煤中添加石灰石做助熔剂。

(2)Prenflo 粉煤加压气流床气化

Prenflo 气化炉继承了原 K-T 炉的优点。鉴于 Krupp-Koppers 曾与 Shell 合作,其后 Krupp-Koppers 公司单独在德国 Furstenhausen 建成并运行了日处量 48 t 的加压气化装置,并正式定名为 Prenflo 气化炉,其与 Shell 气化炉在结构原理上比较相似。

与 Shell 干法粉煤加压气化相比,Prenflo 气化工艺对所有固体燃料(如褐煤、烟煤、无烟煤、石油焦)都能完全气化并连续运行,并且对燃料的物理化学性质,如粒度、水分、反应性、灰分、硫分等指标均没有任何限制。典型工艺流程如图 6-27 所示。

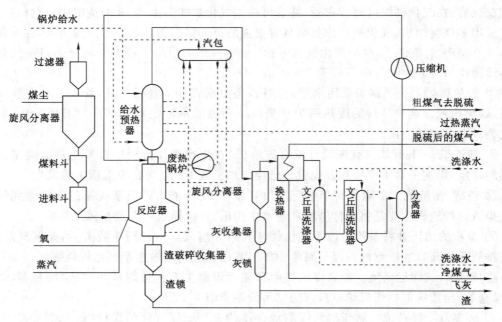

图 6-27　Prenflo 干法粉煤加压气化工艺流程

图 6-28 为 Prenflo 气化炉的结构图。与 Shell 相比,在炉墙结构上,Prenflo 气化炉水冷

壁为盘管,而 Shell 为立管管排。另外,在煤气冷却设备上,Prenflo 采用辐射回收设备,用回流冷煤气或水进行激冷,以减少灰渣对后续系统的影响。除此之外,Prenflo 气化采用纯度 85% 的氧气取代 95% 的氧气为气化剂,以此来减少制氧系统的用电消耗,虽然对于高灰粉煤种的表现不如 Shell 炉,但总体也能维持气化炉的热平衡,其所得热效率和气化效率也较高,其中冷煤气效率可达 80% 以上。

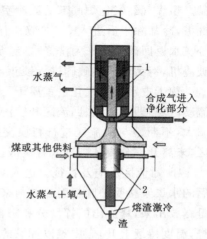

图 6-28　Prenflo 气化炉
1——蒸汽管网;2——分布器

6.4.3.4　湿法气流床加压气化

湿法气流床气化是指煤或石油焦等固体碳氢化合物以水煤浆或水炭浆的形式与气化剂一起通过喷嘴,气化剂高速喷出与料浆并流混合雾化,在气化炉内发生迅速气化反应的工艺过程。

湿法气化工艺过程包括水煤浆制备、水煤浆加压气化和灰水处理三部分。水煤浆的制备一般采用湿法棒磨或球磨,水煤浆加压气化炉燃烧室排出的高温气体和熔渣因冷却方式的不同而分为激冷流程和废锅流程,灰水处理一般采用高压闪蒸、真空闪蒸、灰水沉淀配细灰压滤的流程。具有代表性的工艺技术有美国德士古发展公司开发的水煤浆加压气化技术、道化学公司开发的两段式水煤浆气化技术、中国自主开发的多喷嘴煤浆气化技术。它们当中以德士古发展公司水煤浆加压气化技术开发最早,在世界范围内的工业化应用最为广泛。

（1）Texaco(德士古)水煤浆加压气化

Texaco 水煤浆气化是最典型的湿法进料加压气流床气化技术,是由美国德士古石油公司在以重油和天然气为原料制造合成气的德士古工艺基础上开发成功的。该工艺是美国德士古石油公司受重油气化的启发,于 1948 年首先开发的煤气化工艺,起初采用高压水煤浆先经预热干燥后旋风分离出干粉入炉,后因预热干燥器中干煤粉容易结块堵塞而长期没有解决干式加料技术这一难题。后经鲁尔公司在磨煤、热回收方面的进一步改进,以及日本对系统关键设备进行合理改造后,在 20 世纪 80 年代初随着耐高温抗熔渣耐火材料和高浓度水煤浆制备技术的成熟,才改用水煤浆湿式直接供料获得成功,逐步形成比较完善的煤气化工艺。

Texaco 水煤浆气化技术的一般工艺为:煤、石灰石(助熔剂)、添加剂和 NaOH 经称量后加入磨煤机中,与一定量的水相混合,磨成一定粒度分布、质量分数为 65%～70% 的水煤浆,通过滚筒筛滤去较大颗粒后进入磨机出口槽,最后经磨机出口槽泵和振动筛送至煤浆槽中。水煤浆采用柱塞隔膜泵输送,克服了煤粉输送困难及不安全的缺点。煤浆槽中煤浆由高压煤浆给料泵送气化炉工艺喷嘴,与空分装置来的氧气一起混合雾化喷入气化炉中,水煤浆中的水在 0.1 s 内迅速被汽化,煤粒子被气体隔开,各煤粒独立地在灰熔点以上温度 (1 300～1 400 ℃)发生反应,气化压力为 4.3～8.0 MPa,固体在气化炉内停留 3～5 s 迅速进行部分氧化生成粗煤气,煤气主要成分是 CO、H_2、CO_2 和 H_2O,以及少量的 CH_4、N_2、H_2S 等。粗煤气中 CH_4 的含量很少,一般仅为 0.1% 以下,碳转化率高达 98%,冷煤气效率一般在 70%～75%。由于反应温度高,反应过程不生成渣油、酚及高级烃等可凝聚的副产品。粗煤气经气化炉底部的激冷室激冷后，气体和固体渣分离，粗煤气经喷嘴洗涤器进入碳洗塔，冷却除尘后进入 CO 变换工序。气化炉出口灰水经灰水处理工段 4 级闪蒸处理后，部分灰水返回碳洗塔作为洗涤水，经泵进入气化炉，其余送废水处理。熔渣被激冷固化后进入破渣机，特大块渣经破碎进入锁斗，定期排入渣池，由捞渣机捞出定期外运。

德士古水煤浆气化过程属于受限对流反应过程，按流动过程可以将气化炉内分为三个流动区域，即对流区、回流区和管流区，每个区域的流动特征各异。在对流区中物流流动速率大，不断地与回流区进行特质交换，喷口附近回流区中的高温气体大量地被卷吸到对流区，未离开部分流体则进入管流区。

① 对流区反应及特征。进入对流区的介质有水煤浆和来自回流区的高温烟气。雾化后的水煤浆接受炉膛辐射热并与来自回流区的高温烟气迅速混合升温，水分蒸发，挥发分大量释放出来，释放出的挥发分和来自回流区的 CO、H_2 等与 O_2 相遇达到着火条件即发生燃烧，温度持续上升，煤中难以挥发的碳氢化合物也开始裂解。脱除挥发分的过程结束后，生成的残炭呈多孔的疏松状。在对流区中氧气消耗完之前的区域，以生成 CO_2 的完全燃烧反应为主（$C+O_2=CO_2$），将其定义为一次反应区，在氧气消耗完之后的区域，碳的各种转化反应速率相当，进入气化反应阶段，此区域与管流区一并称为二次反应区（气化反应区）。

② 管流区反应及特征。进入管流区的介质为来自一次反应区的燃烧产物及 CH_4、残炭、水蒸气及惰性气体等，此区中进行的反应主要是碳的非均相气化反应、甲烷和水蒸气转化反应、逆变换反应等。

③ 回流区反应及特征。回流区中的介质为在对流卷吸作用下来自对流区的燃烧产物残炭、水蒸气和少量氧气等，因而其反应也包括一次反应和二次反应，此区为一、二次反应共存区。

气化炉是高温气化反应发生的场所，是气化的核心设备之一。在高温加压条件下，气化炉操作条件比较恶劣，固体冲刷，含硫气体腐蚀，再加上高温环境和热辐射，燃烧室必须用硅砖耐火材料做内衬，用以保护气化炉壳体免受高温的作用。水煤浆喷嘴头部容易出现磨损和龟裂，要求采用耐磨性好的硬质材质，同时要求具有抗氧化/硫化和耐高温的特性。喷嘴采用三流式喷嘴，中心管和外环隙走氧气，中层环隙走煤浆。设置中心管氧气的目的是为了保证煤浆和氧气的充分混合，中心氧量一般占总量的 $10\%\sim25\%$。喷嘴必须具有良好的雾化及混合效果，才能获得较高的碳转化率。为防止气化喷嘴头部遭受高温破坏，设置有专用循环冷却水系统加以保护。

德士古气化炉分为上下两部分：气化部分（燃烧室）和冷却部分。气化炉冷却部分按冷却的方式不同分为激冷型和废热锅炉型两种。图 6-29 是两种不同的炉型，图 6-30 和图 6-31 是与之对应的两种气化工艺流程。

在激冷型气化工艺（图 6-30）中，气化炉燃烧室排出的高温气体和熔渣经激冷环被水激冷后，沿下降管导入激冷室进行水浴，熔渣迅速固化，粗煤气被水饱和后可直接进行 CO 变换，提高 H_2 含量，而不必再加蒸气。粗煤气经文丘里喷射器和炭黑洗涤塔用水进一步润湿洗涤，除去残余的飞灰。生成的灰渣留在水中，绝大部分迅速沉淀并通过锁渣罐系统定期排出界外。激冷室和炭黑洗涤塔排出黑水中的细灰（包括未转换的炭黑）通过灰水处理系统经沉降槽沉降除去，澄清的灰水返回工艺系统循环使用。

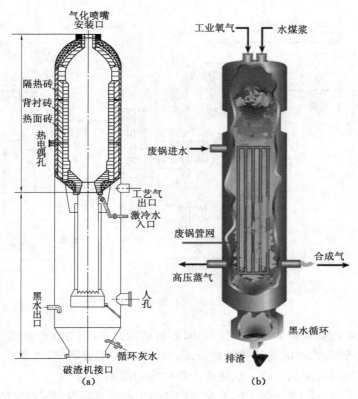

图 6-29 Texaco 气化炉的两种结构
(a) Texaco 激冷型气化炉；(b) Texaco 废锅型气化炉

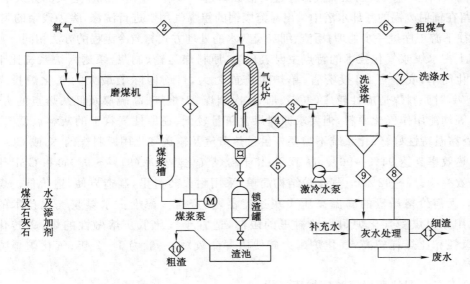

图 6-30 Texaco 气化激冷流程示意图

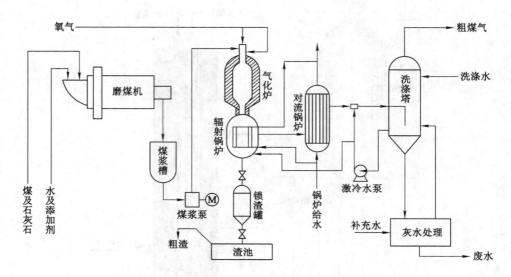

图 6-31　Texaco 气化废锅流程示意图

该工艺气化炉燃烧室和激冷室连为一体,设备结构紧凑,粗煤气和熔渣所携带的显热直接被激冷水汽化所回收,同时熔渣被固化分离。这种工艺配置简单,便于操作管理,含有饱和水蒸气的粗煤气刚好满足下游一氧化碳变换反应的需要。

在废锅流程气化工艺(图 6-31)中,气化炉燃烧室下部紧连辐射废锅冷却部分,气化炉燃烧室排出的高温气体和熔渣在下降过程中与之间接换热副产高压蒸汽,高温粗煤气被冷却,熔渣开始凝固;含有少量飞灰的粗煤气再经过对流废锅进一步冷却回收热量,绝大部分灰渣(约占95%)留在辐射废锅的底部水浴中。出对流废锅的粗煤气用水进行洗涤,除去残余的飞灰,然后可送往下游工序进一步处理;粗渣、细灰及灰水的处理方式与激冷流程的方法相同。

德士古水煤浆气化技术的特点主要表现为:原料煤运输、制浆、泵送入炉系统比干粉煤加压气化简单,安全可靠,投资省;单炉生产能力大,目前国际上最大的气化炉投煤量为3 000 t/d,对原料煤适应性较广,气煤、烟煤、次烟煤、无烟煤、高硫煤及低灰熔点的劣质煤、石油焦等均能用作气化原料,但要求原料煤含灰量较低、还原性气氛下的灰熔点低于 1 300℃,灰渣黏温特性好;气化系统不需要外供过热蒸汽及输送气化用原料煤的 N_2 或 CO_2;气化系统总热效率高达 94%～96%,高于 Shell 干粉煤气化热效率(91%～93%)和 GSP 干粉煤气化热效率(88%～92%)。气化炉结构简单,采用耐火砖衬里,制造方便,造价低。煤气除尘简单,无需价格昂贵的高温高压飞灰过滤器,投资省。德士古水煤浆气化技术的缺点是气化用原料煤受气化炉耐火砖衬里的限制,适宜于气化低灰熔融性的煤;碳转化率较低;比氧耗和比煤耗较高;气化炉耐火砖使用寿命较短,一般为 1～2 年;气化炉烧嘴使用寿命较短。

(2) E-Gas 湿法两段气流床加压气化

E-Gas 气化炉原称为 Destec 炉或 DOW 式炉,其主要特点为水煤浆进料和两段气流床加压气化。该技术是 DOW 化学公司在德士古气化炉基础上开发的。E-Gas 两段式气化炉的煤浆制备和输送过程与德士古气化炉类似,经过燃烧器喷嘴后进入第一段的煤浆进料气流床气化反应器,其炉体与结构同 K-T 常压气化炉相似(图 6-32),炉内温度在 1 320~1 420 ℃左右。

如果灰分温度高于灰熔化温度的温度,灰分以液态排渣的方式进入底部的激冷室,固化分离;同时第一段生成的高温煤气通过上部出口进入第二段气化反应器。在反应器前端喷入补充煤浆,高温气迅速加热煤浆,水分瞬间蒸发,煤粉与气化剂上升并在高温下完成气化反应,炉内温度降至 1 040 ℃。如果温度低于灰熔点,灰分被热煤气夹带出炉顶,进入煤气净化设备。从工业表现来看,E-Gas 气化法采用加压气流床、水煤浆两段气化的方法:一方面保持了使用煤种广、生产能力大和碳转化率高的优点;另一方面,第一段高温煤气的显热气化了第二段补充喷注的煤浆,使粗煤气出口温度下降至 1 000 ℃ 左右,这样既方便了热回收系统的设计和运行,又有利于提高热利用率。同时由于延长了煤在炉内的停留时间,煤气中的热解产物能够充分分解,减少了煤气净化处理的压力。

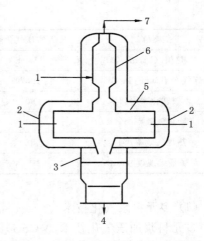

图 6-32 E-Gas 两段式气化炉结构简图
1——水煤浆;2——氧气;
3——灰渣激冷水;4——灰渣或水浆;
5——第一段;6——第二段;
7——煤气

(3)多喷嘴(四烧嘴)水煤浆加压气化技术

该技术由华东理工大学、兖矿鲁南化肥厂、中国天辰化学工程公司共同开发,属气流床多烧嘴下行制气,气化炉内用耐火砖衬里。水煤浆通过四个对称布置在气化炉中上部同一水平面的预膜式喷嘴,与氧气一起对喷进入气化炉,在炉内形成撞击流,在完成煤浆雾化的同时,强化热质传递,促进气化反应的进行。多喷嘴气化炉调节负荷比单烧嘴气化炉灵活,适宜于气化低灰熔点的煤。该技术在产业化运行过程逐步发现气化炉顶部耐火砖磨蚀较快、高度比单烧嘴气化炉高,投资多。但该技术属我国独有的自主知识产权技术。

以上介绍了几种典型气流床气化技术,相应气化炉性能及煤气组成见表 6-9。

表 6-9　　　　　　　几种典型气流床气化炉的性能及煤气组成比较

项目		K-T 常压气化炉	Shell 气化炉	Prenflo 气化炉	Texaco 气化炉	E-Gas 气化炉
供料方式		干煤粉	干煤粉	干煤粉	水煤浆	水煤浆
气化压力/MPa		0.1			4.5	2.14
气化温度/℃		1 500~1 600			1 400	1 320~1 420
氧气消耗量/(kg/kg 煤)		0.73	—	—	0.93	0.8
煤气组成/%	CO	64.3	65.1	63.9	49.3	38.5
	H_2	27.1	25.6	24.4	36.0	41.4
	CH_4	0.1	0.01	—	0.4	0.11
	CO_2	6.9	0.8	4.4	12.8	18.46
	N_2	0.9	8.03	6.57	0.9	1.48

项目	K-T 常压气化炉	Shell 气化炉	Prenflo 气化炉	Texaco 气化炉	E-Gas 气化炉
热值/(kJ/m³)	11.04	11	10.8	11.24	10.21
煤气产率/(m³/kg 煤)	1.57	—	—	1.5	2.35
碳转化率/%	90	99	99	97	—
冷煤气效率/%	70	80	80	77	79
热煤气效率/%	88			95	
单炉最大规模/(t/d)	—	2 000		1 100	2 200

（4）多元料浆气化技术

多元料浆加压气化技术（MCSG）的原料为煤、石油焦、石油沥青、石油加工中的残渣残液等，用合适的添加剂通过一步法制浆技术制备出合格的气化料浆，然后在高温、高压条件下与氧气反应生成合成气。碳转化率达 $95\% \sim 98\%$，有效成分 85%，氧气消耗少。多元料浆气化工艺技术先进、成熟、可靠，环保达标，能耗低，原料可因地制宜，来源广泛，特别适合生产甲醇、合成氨或制氢等。该技术为西北化工研究院多年来在德士古水煤浆气化的基础上发展起来的一种加压煤气化技术。

含碳氢物质破碎后与水、添加剂、pH 调节剂一起送入磨机共磨制浆，制成浓度约为 60% 的料浆。料浆经高压料浆泵送入气化炉后在 6.5 MPa、1 390 ℃ 左右的条件下发生剧烈的反应，生成以 CO、CO_2、H_2 为主的粗合成气。气化反应生成的粗煤气夹带气化原料中未转化组分和由部分灰形成的液态熔渣一起并流进入气化炉下部的激冷室。激冷水与出气化炉渣口的高温气流接触，部分激冷水汽化，对粗煤气和夹带的固体及熔渣进行淬冷、降温。进入气化炉的激冷水中携带的较大固体颗粒经黑水过滤器除去。熔渣被淬冷固化，并沉入气化炉底部水浴。粗煤气与水直接接触进行冷却，大部分细灰留在水中。粗煤气经激冷室分离出部分粗煤气中夹带的水分，从气化炉旁侧的出气口引出，经文丘里管、洗涤塔除尘、洗涤后送往下游变换工段。气化炉激冷室的排放黑水送往灰水系统。出激冷室的激冷水经过闪蒸，闪蒸汽与系统循环水换热后入脱氧槽脱除其中的气体，然后在泵的作用下送入洗涤系统循环使用。闪蒸出的黑水逐级浓缩后送往沉淀池，经沉淀澄清后的灰水部分送往锁斗冲洗水罐、部分送往渣池、部分送往脱氧槽，同时为了保持循环水中可溶性盐及腐蚀性离子的浓度平衡，将一部分灰水送往废水处理站进行处理。澄清后分离出的浊液经澄清槽底泵送往真空带式过滤机，进一步分离出其中的细渣，滤液返回澄清槽。

气化装置主要包括料浆制备工序、气化工序、灰水处理工序。在这些工序中，除了灰水处理工序中的灰水澄清系统为两套，滤液回收系统为两套，脱氧处理系统为一套外，其余主要设备都为三系列。

6.4.4 熔融床气化法

熔融床气化法的特点是在温度较高（1 600～1 700 ℃）且高度稳定的熔融金属或金属盐熔池内，完成气化反应全部过程，生成以 CO 和 H_2 为主的煤气，煤的转化率高达 99%。

移动床、流化床、气流床气化均是以煤和气化剂间发生的非均相气固反应为主。熔融床气化反应过程是一种属于气、液、固三相反应的气化方法，其间不仅煤与气化剂发生了反应，而且熔融介质也直接或间接地参与了反应过程。其最大的特点是能够改善气固接触状况，并具有一定的催化作用，使得煤种适应性较广，然而熔融物对于炉膛的腐蚀以及熔融物再生等问题阻碍了这类气化炉的进一步发展。

熔融物的作用：作为煤和气化剂的分散剂、蓄热和提供气化反应热。依据熔融介质的种类不同可分为熔渣床气化法、熔盐床气化法和熔铁床气化法三类，如表 6-10 所示。

表 6-10　　　　　　　　　熔渣床、熔铁床及熔盐床气化法的特点比较

熔融物质	熔渣床/灰渣	熔铁床/铁	熔盐床/碳酸钠等
操作温度/℃	1 600～1 700	1 350～1 430	930～980
操作压力/MPa	—	0.14～0.3	1～1.97
主要特点	生成的灰渣直接与熔渣混合，省去了排渣要求	对硫有很强的亲和力，有脱硫介质的作用	腐蚀性比较小，熔点也较低
主要问题	渣池析铁，即灰渣中的氧化铁被还原成金属铁，沉在池底	—	碳酸钠的再生、回收和循环系统复杂
代表技术	Rummel 法，Saarberg-Otto 法	At-gas 法	AI 法、Kellogg 法

6.4.4.1　熔渣气化法

熔渣气化法中利用熔渣作为气化热源，熔渣是一种混合物，其基本熔质为铁矿渣，同时还包括熔融的煤粒、半焦粒子及完全气化后留下的灰渣等。熔渣的温度高达 1 600～1 700 ℃。磨细至 2～4 mm 的粉煤和气化剂以高的速率（6～7 m/s）通过喷嘴沿切线方向喷入熔渣池，使熔渣作螺旋状的旋转运动。煤粒受高温辐射作用迅速热解成半焦，半焦粒与加压下送入的氧气以 5 m/s 的线速率使熔渣旋转，半焦粒的温度迅速升至 1 000 ℃以上，并在气泡内快速进行气化反应，煤气温度高达 1 000 ℃，因此粗煤气中烃类和水蒸气含量极少。熔渣在其中起传递氧的作用，同时其对气化也具有催化作用。反应如下：

$$FeCO_3 + C \longrightarrow 2FeO + CO$$

$$2FeO + \frac{1}{2}O_2 \longrightarrow Fe_2O_3$$

煤是影响熔渣池气化过程的重要因素，它的影响主要是：

① 灰分含量。灰分的熔化要消耗热量，而排出熔渣要带走热量。当灰分在 10% 以下时，损失热量不多，但当灰分超过 20% 时，热损失就显著起来，气化效率会有所下降。

② 燃料的水分含量。蒸发水分需消耗能量。

③ 灰熔融性及熔渣黏度。尤其是熔渣的流动性对气化过程影响极大。熔渣黏度愈小，溶池内流动性愈好，此时进入渣池内的反应剂容易形成气泡，增加了反应表面积，加快气化反应速率。反之黏度太大，将会使煤气的产量和质量降低。溶渣黏度在 30 P（泊）以下时对气化过程最有利，当黏度超过 100 P 时，最好是在熔渣池中加入助熔剂，以降低黏度。理想的熔渣黏度，应保证液渣流动性能好，又要使黏附在水冷壁上的凝固渣壳有一个适当的厚度。

在气化过程，熔渣组成和黏度对煤气化反应程度有极大影响。熔渣池的深度一般为 500 mm 左右，其容积大小取决于熔渣的蓄热能力，其蓄热量要足以提供反应过程所需反应

热和加热介质的热量。熔渣中的 Fe_2O_3 是一种有效廉价的助熔剂,保证了熔渣具有良好的流动性。

(1) Rummel 熔渣气化法

Rummel 熔渣气化法有单筒和双筒两种形式,始建于 1950 年,包括德国、英国以及我国在内的许多国家都曾做过试验和工业化示范,积累了一定的经验,但也遇到了诸如渣池析铁等难以解决的技术问题而受到商业化限制。表 6-11 列出了 Rummel 熔渣炉气化褐煤的技术指标。图 6-33 为 Rummel 熔渣气化炉的结构简图。气化炉底部存有液体熔渣,熔渣溢流口穿过筒底,溢出的熔渣通过此口流出,其速率等于新熔渣生成的速率。

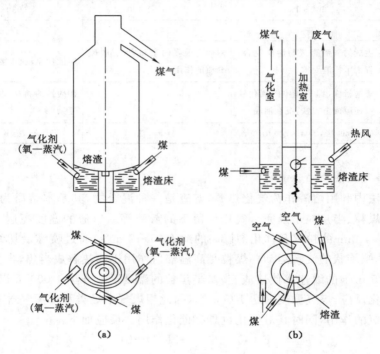

图 6-33　Rummel 熔渣气化炉

(a) 单筒式;(b) 双筒式

表 6-11　　　　　　　　　**Rummel 熔渣炉气化褐煤的技术指标**

指标名称		工业炉(单筒式炉)	试验炉(双筒式炉)
褐煤细度/mm		0~5	0~3
气体分析/%	CO_2	13.6	15
	CO	52.0	43.5
	H_2	32.1	40.0
	N_2	1.9	1.0
	CH_4	0.4	0.5
	C_mH_n	0.2	—
	O_2	0.1	—

指标名称	工业炉(单筒式炉)	试验炉(双筒式炉)
气体发生量(标准状态)/(m³/kg)	1.73	1.83
燃料消耗量(标准状态)/[kg/1 000 m³(CO+H₂)]	650	429
氧消耗量(97%)/[kg/1 000 m³(CO+H₂)]	384	243
蒸汽消耗量/[kg/1 000 m³(CO+H₂)]	85	—
碳利用率/%	99	99
副产蒸汽/(kg/kg)	1.03(1.78 MPa)	0.7(475 ℃)

气化剂(氧气和水蒸气)和粉煤料交替从周围的喷嘴高速喷入炉内,使熔渣做旋转运动。粉煤与气化剂在高温熔渣中得到热量发生气化反应,气化煤气逸出熔渣从炉顶排出,同时生成新的液体灰渣。熔渣池气化的主要技术问题是渣池析铁,在双筒炉中发现一旦氧化铁还原,即迅速还原成金属铁而沉在渣池底部,影响试验的进行。

(2) Saarberg-Otto 熔渣气化

Saarberg-Otto 熔渣气化是在常压 Rummel 熔渣气化法的基础上发展起来的加压气化技术,操作压力为 2.5 MPa,气化炉结构如图 6-34 所示,从下至上大致分为三段:熔渣段、后气化段和煤气急冷段。其中前两段炉壁采用水冷壁结构,第三段则为耐火保温砖。原煤破碎后由自产煤气输送到气化炉喷嘴,生成的煤气离开第一段的温度为 1 480~1 700 ℃,在第二段,煤气中夹带的未燃炭继续气化,进入第三段的煤气为 1 200~1 500 ℃,遇到自产的循环冷煤气激冷至 820~930 ℃,从而使煤气中的熔渣固化坠落。

6.4.4.2 熔盐气化法

熔盐气化法利用熔盐作为热源,并通过熔盐对煤粉与水蒸气之间气化反应的催化作用以降低反应温度。所选熔盐一般为碳酸钠。图 6-35 为 AI 熔盐法气化炉示意图,该法已在实验室和中试厂得到了验证。将煤料和碳酸钠用空气输送到熔盐床内,在熔盐中煤料发生气化,生成低热值煤气。煤中的硫和灰转移到熔盐中,省去了脱硫和除尘的环节。在熔盐法中,碳酸钠的主要作用有:① 作为煤和气化剂的分散剂;② 作为热载体;③ 与煤中的硫作用进行脱硫。

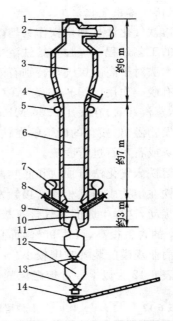

图 6-34 Saarberg-Otto 熔渣气化炉
1——人孔;2——煤气出口;3——冷却段;
4——急冷煤气进口;5——冷却水出口;
6——后气化段;7——气化剂入口;
8——煤粉入口;9——熔渣段;
10——插板阀;14——皮带机

目前,熔盐法气化尚缺少大规模的试验,而且碳酸钠的再生、回收和循环系统十分复杂,还需要进一步改进。同时如果产品煤气要用作联合循环发电,脱除碱金属也是一个十分麻烦的问题。

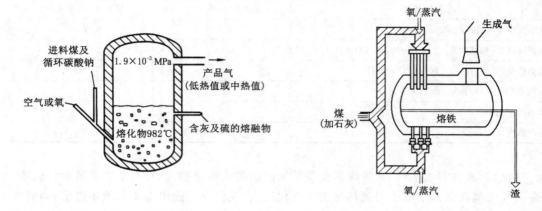

图 6-35 AI 熔盐法气化炉示意图　　　　图 6-36 At-Gas 熔铁床气化炉
　　　　　　　　　　　　　　　　　　　　　　　　　的结构简图

6.4.4.3 熔铁气化法

熔铁气化法是利用铁作为熔融热介质,粉煤在熔融的高温铁水中发生气化反应而制得煤气的工艺过程。煤粒在熔铁浴中有良好的溶解性,煤中的硫与铁水之间有强烈的亲和性,因此本法对于高硫煤气化特别有效。铁浴温度在 1 370 ℃左右,并以碳酸钙为助熔剂,它同时具有脱硫作用。图 6-36 为 At-Gas 熔铁床气化炉的结构简图,其原理是将炉料(粉煤与石灰石,蒸汽和氧)在表压 0.34 MPa 的压力下喷入温度为 1 370~1 425 ℃的熔铁床中,使煤中挥发物溢出,残存的碳熔解在铁中气化。该气化炉的一个优点是可以通过向熔铁床中添加石灰或石灰石进行脱硫。

熔铁床气化法有顶吹和底吹两种方式。顶吹法是将炉料从顶部高速导入,粉煤、灰渣和液体铁在熔铁表面互相紧密接触发生反应;底吹法则是将炉料从喷嘴喷入炉内,引起炉内的剧烈扰动,这样生成的煤气含有极低的含氧量和含硫量。该技术的主要优点是煤气中 CO 和 H_2 的含量很高,可达 90%,而且气化炉结构简单,采用了炼钢厂的氧气顶吹工艺。因此,开发商业规模的装置难度较小。

表 6-12 为以上 4 种熔融床气化法的性能和煤气组分比较。

表 6-12　　　　　　　　　　　　4 种熔融床气化法的性能和煤气组分比较

项目		Rummel 熔渣法（单筒）	Saarberg-Otto 熔渣法	At.Gas 熔铁法		AI 熔盐法
				顶吹	底吹	
煤气组成/%	CO	52.0	54.0	60~65	65~70	29.7
	CO_2	13.6	13.2	<3	1	3.5
	H_2	32.1	31.4	25~35	25~30	13.2
	CH_4	0.4	0.2	—	0.1	1.5
	N_2	1.9	0.8	—	—	49.4
	其他	0.3	0.4	—	—	

项目	Rummel 熔渣法（单筒）	Saarberg-Otto 熔渣法	Atgas 熔铁法		AI 熔盐法
			顶吹	底吹	
热值/(MJ/m³)	—	10.38	10.88	12.14	5.89
冷煤气效率/%	—	73	—	—	78
碳利用率/%	99	99.5	>98	>98	—

由于熔融床气化法远没有前面介绍的移动床、流化床和气流床气化法的工业应用广泛,因此有些数据仅仅来自小规模装置的试验(均以纯氧和水蒸气为气化剂)。

6.4.5　煤的地下气化

煤炭地下气化(Underground Coal Gasification,UCG)就是将处于地下的煤炭进行有控制的燃烧,通过煤的热化学作用产生可燃性气体的过程。它集建井、采煤、气化三大工艺为一体,抛弃了庞大笨重的采煤设备和地面气化设备,变传统的物理采煤为化学采煤,是多学科开发清洁能源和化工原料的高新技术,大大减少了煤炭生产和使用过程中所造成的环境破坏,并可大大提高煤炭资源的利用率,被誉为第二代采煤方法和煤炭加工及综合利用的最佳途径。

对于煤炭地下气化技术,在国外主要是俄罗斯在应用,欧美等国在开发。美国的经验指出,地下气化与地面气化生产相同下游产品相比,合成气的成本可下降43%,天然气代用品的成本可下降10%～18%,发电成本可下降27%;苏联列宁格勒火力发电设计院公布的资料表明,地下气化热力电厂与燃煤电厂相比,厂房空间可减少50%,锅炉金属耗量可降低30%,运行人数可减少37%。可见,地下气化技术是十分具有诱惑力的。

6.4.5.1　煤炭地下气化化学反应原理

煤的地下气化过程是在煤层中人工开掘的气化通道中进行的。其基本原理与一般的煤气化原理类似,就好像将一个固定床气化炉板倒放置于地下。煤炭地下气化原理如图 6-37所示,从地表向地下煤层垂直开掘两条平行巷道 1 和 2,其底部有一条水平巷道 3 连通。这三条巷道所包围的整体煤层就是准备气化的区域。气化开始时,在水平巷道一侧用可燃物质引燃煤层,形成燃烧区,气化剂由同侧竖巷道鼓入,在通道内与煤发生气化反应,生成的煤气从另一侧竖巷道排出。

沿气化通道的长度方向,按化学反应的相对强弱程度,可大致分为 3 个区,即氧化区、还原区和干馏干燥区。反应区的划分,可以以温度为标志。但从化学反应和实际操作的角度来讲,它们并没有严格的界限,气化通道的任何位置,都有可能进行热解、还原和氧化反应。

当煤在通道内气化时,气化带的长度要比用地面其他方法气化时长得多,因此在通道内使煤气化过程正常进行的主要条件是建立和维持合理截面的通道。随着气化的发展,燃烧面不断向前、向上移动,空洞不断被烧剩的煤灰和落下的碎煤充填,但还能保持一定的空间供气流通过,使气化继续进行。

煤炭地下气化过程中,气化炉上方煤层及顶板岩层因煤的燃烧与气化的高温作用,将不断烧掉或因软化及热力学作用而产生大量裂隙,到一定程度将逐步跨落,从而使气化空间不断上移与扩大。显然当空间达到一定程度时,煤炭地下气化反应条件将变差(气化反应表面

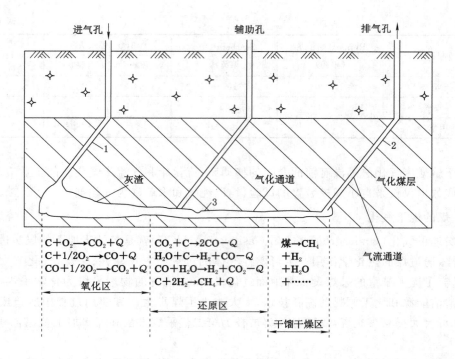

图 6-37 煤炭地下气化原理示意图

O_2 浓度的降低等），从而影响到炉内温度。另外，若气化空间过大，则上方煤岩将产生冒落，当冒落范围及规模较小时，一般不会对气化通道产生堵塞或使气化过程中断，但若冒落范围及规模较大时，有可能引起气化炉上方煤岩层的过量移动、开裂破坏及地表下沉。

6.4.5.2 地下气化方法分类

地下气化炉是地下煤炭进行气化反应的场所，构成地下气化炉的三要素是进气孔、排气孔和气化通道。气化通道是在煤层中连接进、排气孔的通道，是生产煤气的空间。在地下对煤层进行气化时，为了使煤层破碎疏松，增大裂缝和气孔，使其具有地上发生炉中气化煤层相同的条件，那就必须在气化前对地下煤层加工，这种在气化前对煤层进行加工准备气化条件的工作，按其准备工作的方法不同，分为有井式地下气化、无井式地下气化和混合式地下气化。

（1）有井式地下气化

图 6-38 为有井式地下气化炉结构示意图，该方法是在正开采或废弃的煤矿井中，由人工掘进的方式在煤层中建立起气化巷道，并把它们的末端用煤层巷道连接起来进行气化准备煤层的方法，称为有井式准备煤层方法。一个煤区即是一个地下气化炉，由气化通道进气孔、辅助孔和出气孔组成，气化通道于同一煤层内连通各孔。有井式气化过程虽然其劳动强度和范围，比矿井生产的地下劳动减轻很多，但仍避免不了大量的井下劳动。在安全方面有井式地下气化受到人工竖井深度及煤层地应力和温度制约。

利用现有矿井巷道或先从地面开凿井筒，然后在地下开拓平巷，用井筒和平巷把地下煤气发生炉和地面连接起来，在平巷里将煤层点燃，从一个井筒鼓风，通过平巷，由另一个井筒排出煤气。在图 6-38 中，a、b 是两个竖井筒，竖井底部开掘两条平巷，ac、bd 作为向煤层鼓

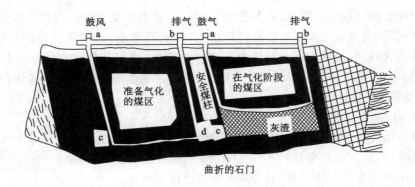

图 6-38　有井式地下气化炉结构示意图

风和析出煤气流经的道路,即气化通道。被这些竖井和平巷所包围的煤层,就是要气化的煤层,即气化盘区;从 c 点把煤点燃,鼓风流经由竖井 a 和平巷 cd,向煤层供风,燃烧生成的煤气经平巷 cd 和 db,由竖井 b 排出到地面。煤层发生燃烧气化的地点,叫作燃烧(气化)工作面(或称火焰工作面)。

(2)无井式地下气化

利用钻孔揭露煤层,并利用特殊技术在未开采煤层中建立气化通道而构成的地下煤气发生炉叫无井式地下气化炉。无井式气化炉从进、排气点和气化通道相对位置来分可把它们分为几种基本炉型,即 V 形炉、盲孔炉、U 形炉等,详见图 6-39。

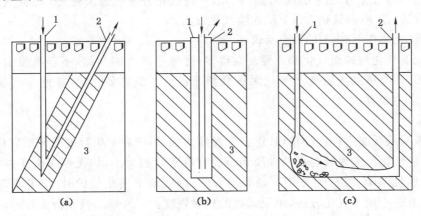

图 6-39　无井式地下气化炉布置

1——进气孔;2——排气孔;3——煤层

(a) V 形炉;(b) 盲孔炉;(c) U 形炉

V 形炉是沿煤层倾斜方向定向钻进施工排气孔,进气孔一般在煤层顶板打垂直孔或底板打定向斜孔,并在煤层中与排气孔相交,气化通道则沿煤层倾斜方向位于排气孔中(排气孔在煤层中的区段无套管),这种炉型进气点位置固定,而排气点位置随着气化过程的进行而逐步上移,这种炉型一般适用于厚度较小的急倾斜煤层。

U 形炉则是进、排气孔都沿煤层钻进,当气化通道逐渐上移时,进、排气点也随之上移,始终位于气化通道的首末端,这种炉型适用性强,气化率高,因而常被采用。

盲孔炉则是在煤层中打盲孔,在盲孔中放置一直径小于裸孔孔径的套管作为供风管,排气孔则是供风管(进风孔)和裸孔之间的环形空间,在孔底点火,气化工作面为裸孔壁面的一段区域,盲孔炉的气化区域随供风压力的增加而增加,由于其气化空间近似为半圆型,直径可控,因而可作为"三下"煤层气化的最佳途径,同时也适用于中厚煤层气化,或断层较多的煤层(鸡窝煤)气化。

（3）混合式地下气化

由地面打钻孔揭露煤层或利用井筒铺设管道揭露煤层,人工掘进的煤巷作为气化通道,利用气流通道(人工掘进的煤巷)连接气化通道和钻孔或管道,所构成的气化炉为混合式气化炉。该气化炉主要适用于矿井"报废"煤炭资源地下气化。

混合式气化炉充分利用了无井式气化炉和有井式气化炉的优点,建炉投资低、技术简单,可充分利用老矿井的物质条件,如井筒、巷道、提升系统等,一般煤矿都可以利用自身的物质和技术条件,建设地下气化炉。

煤的地下气化工艺的一个关键就是两侧竖井的贯通方法,西方国家曾试用过多种贯通的方法,如注水、断裂、渗漏、燃烧、钻孔燃烧、电贯通等,其中反向燃烧法已被应用到实际开发中。

当气化炉形成后,一些在固定床中进行的气化技术均可进行,如富氧煤气法,间歇气化,连续气化等。煤的地下气化与地面煤气发生炉气化不同,煤不移动,而是有组织地移动反应区——即移动火焰工作面。因此,当按化学工艺特征分类时,可以把火焰工作面、风流和煤气移动方向作为气化方法的分类标志。依此,可将气化方法分为四种:① 正向气化方法;② 逆向气化方法;③ 后退气化方法;④ 连续气化方法。

6.4.5.3 煤炭地下气化(UCG)影响因素

煤炭地下气化与地面气化相比要复杂得多,受地质条件的制约,不容易控制,任何一个因素的作用,都有可能导致地下气化无法顺利地进行。而更多时候,各种因素总是相互交错,归纳起来主要有:

（1）煤种

试验表明从低变质程度的褐煤、中变质程度的烟煤,到高变质程度的无烟煤都可以进行地下气化,但气化反应过程与煤的性质和组成有着密切的关系,如无烟煤由于透气性差,气化活性差,脆性很高,在外力作用下最容易分解,因此地下气化建炉时,应考虑煤层疏松方案;而褐煤最适于地下气化方法,由于褐煤的机械强度差,易风化,且水分大,透气性高,热稳定差,反应活性高,没有黏结性,较易开拓气化通道,并容易实现火力贯通,故有利于地下气化。随着煤层变质程度的增加,产气率降低。

（2）煤中灰分

煤层的灰分含量越小,顶板的影响就越强。因为灰分量不大时,甚至在灰渣被破碎很好的情况下,灰分也不能形成透气的支撑体,此时顶板的塌落将破坏气化过程;当灰分含量超过 20% 时,顶板的影响就减小了,因为气流能通过支持部分塌陷顶板的渣堆流过。多灰分燃料气化时,应在足够高的温度下进行,该温度可以熔化渣,并利用冷风造成碎粒。

（3）煤层厚度

在地下气化过程中,燃烧区和煤气不仅因水的涌入而被冷却,而且其中一部分热量散失到煤层和围岩(底板、顶板等)中去。当煤层厚度小于 2 m 时,围岩的冷却作用剧烈变化对煤气热值影响甚大。对于较薄煤层,增加鼓风速率或富氧鼓风可以提高煤气热值,苏联 Lischansk 地下气化站在小于 2 m 的煤层中进行试验时,即采用富氧鼓风。特厚煤层进行地下气化不一定经济,一般以 2.5~5 m 厚的煤层进行地下气化比较经济合理。

（4）煤层倾角

任何倾角的煤层都可以用地下气化方法开采,缓倾斜和近水平煤层在顶板容易错动及不稳定的条件下,开采困难增大。急倾斜煤层易于气化,但开拓条件钻孔工作较困难。试验证明,煤层倾角＞35 ℃时,便于进行煤的地下气化。

（5）断层区域

煤炭地下气化技术优点之一就是可用于断层多、结构复杂的煤层开采,但要求连续的煤层可以建一个气化炉,并留有足够的隔离煤柱,防止气体泄漏,中断气化过程。

（6）岩层性质

岩层最好要求完全覆盖气化煤层,一般岩层是页岩、泥质页岩,偶有石灰岩。石灰岩在气化过程中,可分解成 CO_2 和 CaO,它们是有益的,因为 CaO 可以吸收含有硫的一些物质。

（7）分枝和复合的矿床

煤层存在分枝现象,会影响气化过程的进行,要保证气化过程不中断,必须采取一些特殊技术。极厚煤层的分枝,可使几个煤层同时气化。

（8）地表及表土状态

地表地形应有利于钻进钻孔和地面设备的安装,表土层要保证在高压气化时,没有气流泄漏。

（9）气化通道的长度和断面

当气化通道较长时,氧化区、还原区、干馏区均能得到充分的发育,有利于一些可燃气体生成反应的进行,使煤气中的 H_2、CO、CH_4 等成分增加,煤层热值提高。但是气化通道亦不可过长,苏联的操作表明,过长的气化通道则因煤气被冷却,CO/CO_2 之比率降低,而甲烷在过低温度下生成速率很小。对于某一特定的气化煤层来说,气化通道应满足各反应区长度的要求。

（10）气流通道的长度和断面

气流通道的长度和断面的增加,有利于水煤气变换反应的发生,有利于煤气中氢气含量的提高,同时有利于煤气的降温除尘,提高气化过程的热效率。但气流通道过长,增加了气流通道堵塞的可能性,因此气流通道的长度一般取决于气化炉设计的服务年限。

（11）鼓风速率对气化效率的影响

气流运动速率越大,扩散速率也越大,煤的气化强度增加;另外,鼓入风速的增加,可以使初级产物一氧化碳直接从氧化区带走而避免燃烧。提高鼓风速率可以相应地提高煤气热值。但超过一定数值,煤气热值反而降低,而二氧化碳含量却增加,这说明部分气化产物被燃烧了,所以应选择适宜的流速和压力,以避免煤气的泄漏和一氧化碳被氧化。

（12）操作压力

周期变化压力条件下,热损失减少约 60％,热效率和气化效率分别为恒压时的 1.4 倍和 2 倍,产品煤气的热值约提高 1 倍。由此证明了在压力变化的条件下,气化过程得到了较大程度的改善。

煤的地下气化将煤的开采和转化相结合,省却了煤的采掘和加工过程,避免了其中的大规模地下作业和不安全因素;同时不需要贵重的气化反应器及其附属设备;气化后的灰渣和废液留于地下,减轻了对环境的污染。尽管如此,但与通常的煤气化相比,地下气化的工艺难度要大得多,而且受煤层和地质的影响较大,难以控制。因此大规模推广还有待于解决更多的技术难题。

6.5 煤气净化

从气化炉中出来的粗煤气的杂质成分和杂质含量因气化方法、操作条件和原料煤等因素的不同而有所不同,但主要是灰尘粒子、焦油蒸气、水蒸气、硫化物、氰化物以及二氧化碳等杂质。煤气净化的目的就是根据各种煤气的特点和用途,清除粗煤气中的有害杂质,使其符合用户的要求,尽可能回收其显热及有价值的副产品。

煤气净化是以煤气化为基础的能源及化工系统中不可或缺的核心技术,是进一步提高转化效率、降低污染物排放的关键所在。煤气净化技术主要包括除尘、脱硫和硫回收、脱除二氧化碳、脱除重金属及卤化物等。

6.5.1 煤气除尘

煤气在进行能量回收或用作原料气之前,需要对其进行净化处理。由于煤气的温度、压力、成分不同,所使用的净化工艺与设备也存在差异。在整体煤气化联合循环系统中,合成煤气的净化工艺分为低温煤气净化工艺和高温煤气净化工艺。

高温煤气除尘工艺的主要设备包括高温旋风分离器、移动床颗粒层过滤器和陶瓷过滤器,目前烛状刚性陶瓷过滤器已进入示范阶段。

任何一种除尘装置都是借助于一种或几种机理来达到分离固体颗粒的目的。湿式除尘是基于含尘气流与某种液体(通常为水)接触,借助于惯性碰撞、扩散等机理捕集。而干法除尘设备的原理有的是依靠离心力的作用将煤气中的粉尘分离;有的是用过滤的方法,达到分离的目的;也有的是利用电场的电离作用,分离煤气中的颗粒杂质。

(1)湿法除尘

湿法除尘是一种利用分散洗涤液体生成的液滴、液膜和气泡捕集气流中的粉尘,其中的颗粒黏附在液体上面被分离出来。工业上常用的设备有鼓泡塔、喷淋塔、填料塔、文丘里除尘器等。它们可分离 $0.1\sim5~\mu m$ 的细粒,效率高而可靠,只是气体内要夹带液雾,只能在较低温度下使用。其缺点是设备较大,还要有庞大的液体回收及循环系统。

湿式除尘设备中,文丘里除尘器的除尘效率最高(99.7%~99.9%),但它的压降最大,耗水量也大;各种溢流式洗涤塔和填料塔也可以达到98%~99%的除尘效率,压降和耗水量也较文丘里除尘器小。

(2)干法除尘

干法除尘是在不降低煤气温度的前提下分离气化煤气中的粉尘颗粒,它的意义在于不影响煤气显热利用而达到除尘的目的。干法除尘工艺和设备众多,所适用的煤气工况也不同。

① 重力除尘是利用固体颗粒受重力作用从悬浮状态中沉降下来,是最简单的分离方法,一般适用于烟气流量大、烟尘浓度高和颗粒大的场合。重力除尘装置一般作为一级除尘装置。

② 旋风分离器是借助旋转含尘气流所产生的离心力将粉尘从气流中分离的除尘装置,

旋风除尘装置效率高于重力除尘装置,使用广,但阻力高。

③ 过滤除尘可除去颗粒较小的烟尘,效率很高,但阻力较大,适用于对除尘要求很高的场合或回收有用的固体粉末。

干法除尘技术除旋风分离外,大部分都可以达到 99% 的除尘效率,但都只是在某种特定情况下才得以正常运行,仍处于实验研究阶段。比较而言,旋风除尘效率较低,无论含尘浓度还是粒度分布都达不到燃气轮机的要求,故一般只作为煤气预除尘设备。但可与其他形式的除尘技术组合,达到精细除尘的目的。

(3) 静电除尘

静电除尘器是利用强电场电晕放电使粉尘带电,在电场的作用下使粉尘分离。静电除尘效率高,可除去小颗粒,阻力小,适用于大流量烟气的深度处理。随着环保要求的不断提高,电除尘器将得到进一步的推广和应用。电除尘器的主要特点是除尘效率高;设备生产能力范围较大,即适应性较强;流体阻力小。静电除尘器主要有干式电除尘器、湿式电除尘器。

湿式电除尘器由除尘室和高压供电两部分组成。湿式电除尘器的工作原理如下:通常电晕极供以负电,因为阴离子比阳离子活跃,阴极电晕比阳极稳定。电晕电极上电场强度特别大,导线上产生电晕放电,电晕电极线周围的气体在高电场强度的作用下发生电离;粉尘遇带负电的离子后带电,在电场的作用下向沉淀电极移动;粉尘在沉淀电极上放电并聚集;用水或其他液体冲洗进收尘斗而清除粉尘。

(4) 烧结金属过滤除尘

烧结金属过滤器具有较高的除尘效率和良好的抗机械冲击和抗温度冲击性能,但存在高温煤气条件下腐蚀的问题,滤材价格也较高。

6.5.2 煤气的脱硫

煤气的脱硫大致可以分为湿法和干法两种。湿法从原理上讲就是先用液体将硫化物从粗煤气中分离、富集,然后再氧化转化为单质硫或硫酸,对工艺的要求主要是在设备腐蚀和能耗降低上尽量优化工艺。工艺设备主要采用填料塔、塔板塔、浮阀塔、闪蒸器、汽提塔、升温和降温等。

湿法脱硫按所用溶剂的不同可分为物理吸收法、化学吸收法和物理化学吸收法等。典型的湿法脱硫工艺有栲胶、MDEA、MEA、ADIP、ADA、低温甲醇洗、环丁砜法、聚乙二醇二甲醚等。

湿法脱硫适合处理进口浓度含硫量大或气量大的场合,但其投资高,操作费用高,动力消耗大,操作复杂。

干法脱硫是利用吸附剂和催化剂将硫直接脱除或转化后再脱除的过程,如 Claus 法。其特点是催化剂活性高、转化率高、硫回收率高。

干法的特点是投资低,操作费用低,几乎没有动力消耗,适合进口硫浓度低和处理气体量少的脱硫要求。

6.6 一氧化碳的变换

一氧化碳的变换是指煤气借助于催化剂的作用,在一定温度下与水蒸气反应,一氧化碳生成二氧化碳和氢气的过程。通过一氧化碳变换反应既可脱除煤气中的一氧化碳,也可以用来调节工艺气体中的 CO/H_2 比例以满足后续合成工艺的需要,例如,对甲醇合成反应而言,CO/H_2 比例要求达到 $2.05\sim2.1$。因此,变换工段既是转化工序,又是净化工序。

6.6.1 变换反应原理

变换过程为含有 C、H、O 三种元素的 CO 和 H_2O 共存的系统,在 CO 变换的催化反应过程中,除了主要反应

$$CO + H_2O \Longrightarrow CO_2 + H_2$$

以外,在某种条件下会发生 CO 分解等其他副反应,分别如下:

$$2CO \Longrightarrow C + CO_2$$
$$2CO + 2H_2 \Longrightarrow CH_4 + CO_2$$
$$CO + 3H_2 \Longrightarrow CH_4 + H_2O$$
$$CO_2 + 4H_2 \Longrightarrow CH_4 + 2H_2O$$

这些副反应都消耗了原料气中的有效气体,生成有害的游离碳及无用的甲烷,避免副反应的最好方法就是使用选择性好的变换催化剂。

6.6.2 催化剂的选择

一氧化碳变换反应是在催化剂存在的条件下进行的,是一个典型的气固相催化反应。20 世纪 60 年代以前,变换催化剂普遍采用 Fe-Cr 催化剂,使用温度范围为 $350\sim550$ ℃;60 年代以后,开发了 Co-Mo 加氢转化催化剂和氧化锌脱硫剂,这种催化剂的操作温度为 $200\sim280$ ℃。为了区别这两种操作温度不同的变换过程,习惯上将前者称为"中温变换",后者称为"低温变换"。

CO 变换反应是放热反应。降低反应温度,有利于化学平衡向生成氢的方向移动,即温度愈低,平衡时 CO 含量越少。但反应温度过低则反应速率太慢,不利于工业生产。

按照回收热量的方法不同,变换反应流程又可分为激冷流程和废锅流程。激冷流程中,激冷后的粗原料气已被水蒸气饱和,在未经冷却和脱硫情况下直接进行变换。因此,两种流程按照工艺条件的不同选用不同的催化剂,激冷流程采用 Co-Mo 耐硫变换催化剂,废锅流程采用 Fe-Cr 变换催化剂。

目前工业上一般将 CO 变换过程分成两步进行,以保证较高的反应速率和较低的一氧化碳残留。第一步,称为高温变换过程,用铁铬系催化剂,在 $350\sim500$ ℃温度下进行,可将转化尾气中含有的 CO 从 $8\%\sim15\%$ 降低到 3% 左右;第二步,称为低温变换过程,使用铜锌系催化剂,反应温度为 $190\sim250$ ℃,能将工艺气中的 CO 含量由 3% 降低到 0.3% 以下。

(1) 高温变换催化剂

高温变换催化剂以 Fe_2O_3、Cr_2O_3 为主要组分。其中 Cr_2O_3 的含量通常不超过 8%。早期的催化剂如 B104 和 B106 在组分中添加一定量的 MgO 作为结构助剂,以增强催化剂活性。近年来我国又推出含 Cr_2O_3 约在 3% 的低铬催化剂。高温变换催化剂主要采取沉淀法生产,此法又可分为混合法、共沉淀法和混合沉淀法。

① 混合法:铁盐及铬盐溶液经碱分别沉淀、水洗、干燥、粉碎后按比例加一定量的助剂进行机械混合,打片成型。此法工艺简单,制备的催化剂活性和强度均好,但对环境的污染大。

② 共沉淀法:铁盐和铬盐的混合溶液同时沉淀并加入部分助剂。此法生产的催化剂活

性高、活性温度低、耐热性好、强度高,缺点是洗涤过滤困难。

③ 混合沉淀法:将一组分沉淀后再将其他组分加到该组分的悬浮体或沉淀中,使其相互反应、混合或再沉淀。该法工艺简单,生产周期短,无需用酸,适合各种型号催化剂,环境污染小,是一种较好的生产方法。

(2) 低温变换催化剂

美国制氨工业采用低温变换工艺始于 1963 年。我国在 1965 年将低温变换工艺用于以煤为原料的中型氨厂,并把低温变换、氧化锌脱硫及甲烷化三种工艺相结合。由于高温变换后出口气体中仍含有 3%～4% 的 CO,铜系催化剂在 180～260 ℃ 可使 CO 进一步降至 0.2%～0.4%,从而提高 H_2 或 NH_3 的产率,残留 CO 经甲烷化 CO 和 CO_2 含量均在 10 mL/m³ 以下,勿需用复杂的铜洗或氨洗工艺。该流程已成为典型制氨工艺。

低温变换催化剂采用混合沉法制备,先用硝酸分别溶解金属铜与锌,将溶液混合后用纯碱溶液共沉淀,洗涤后在料浆中加入 $Al(OH)_3$ 或无定形 Al_2O_3,经过滤、干燥、碾压、造粒、焙烧分解后打片成型。由于铜的加入方式不同,制造法又可分为硝酸法和络合法两类。

6.7　煤气化多联产转化技术

煤气化多联产系统是指利用从单一的设备(气化炉)中产生的合成气(主要成分为 CO ＋H_2)来进行跨行业、跨部门的生产,以得到多种具有高附加值的化工产品、液体燃料(甲醇、F-T 合成燃料、二甲醇、城市煤气、氢气)以及利用工艺过程的热进行发电等,形成煤-热-电-化学品多联产系统。联产系统具有能量转化效率高、产品形式多样,能够根据市场需求灵活调整产品结构和负荷从而达到规避市场风险获取利益最大化的优点。

6.7.1　煤气化多联产系统的组成

以煤气化为核心的热电气多联产系统如图 6-40 所示,主要由气化、煤气净化、污染物控

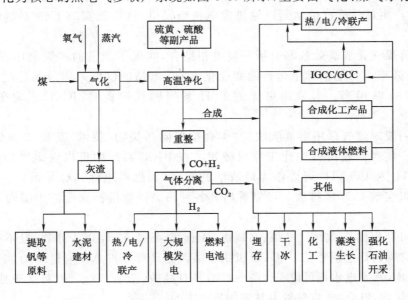

图 6-40　资源、能源、环境一体化煤气化多联产系统的能源转化过程

制、燃气/蒸汽联合循环发电、合成气转化和气体分离等技术单元组成,这些子单元的性能表现对整个多联产系统有着极其重要的影响。其中,煤气化单元一般均采用大型化的加压气流床气化技术。原料煤经过气化之后可以达到很高的除尘率和脱硫率,其污染物的排放指数将大大降低。如,SO_x、NO_x 和粉尘的排放量,分别可达欧盟污染物排放限制的 18%、65% 和 2%,达到了环保的极限要求。

联产系统中涉及的气体分离技术主要包括:一是从空气中分离出富氧以供气化所需,二是对煤气进行气体分离,分离出的氢气是实现燃料电池发电的关键环节。氢气分离可采用多孔膜、钯膜、甲烷化和氨洗等分离技术。同时,利用气体分离技术可以从煤气中分离出纯度很高的 CO_2,从而为集中埋存处理或作为化工合成气原料加以利用提供了方便。

以氢为燃料的低温可交换质子膜燃料电池(PEM FC)是目前最理想的汽车动力,燃料电池具有供电灵活、集中和分布式相结合、发电效率高等一系列优点,是移动式供能的发展方向。氢能的大量利用,对改善我国的能源结构,实现能源资源多样化,保障我国的能源安全将起积极的作用。

6.7.2　煤气化联合循环发电

目前,煤气化多联产系统中应用较为普遍的是整体煤气化联合循环系统 IGCC,是将煤气化技术和高效的联合循环相结合的先进动力系统,具有发电效率高、环保性能好、原料煤及产品适应性强的特点,是一种有广阔前景的洁净煤发电技术。它由两大部分组成,即煤的气化与净化部分及燃气-蒸汽联合循环发电部分。第一部分的主要设备有气化炉、空分装置、煤气净化设备(包括硫的回收装置);第二部分的主要设备有燃气轮机发电系统、余热锅炉、蒸汽轮机发电系统。

IGCC 的工艺过程如图 6-41 所示:将原煤制成煤粉或水煤浆送入气化炉中与气化剂反应生成粗煤气,粗煤气经净化系统除去粉尘、硫化物等有害物质后送入燃气轮机燃烧室,燃烧产生的高温高压气体通过透平膨胀做功,驱动发电机发电。燃气轮机排出的高温烟气进入余热锅炉产生过热蒸汽带动蒸汽轮机发电机组发电,这样就实现了燃气-蒸汽联合循环发电。

IGCC 将煤气化和高效的联合循环发电相结合,实现了能量的梯级利用,提高了燃煤技术的发电效率。目前国际上运行的商业化 IGCC 电站的供电效率最高已达到 43%,与超临界机组效率相当。当采用更先进的 H 系列燃气轮机时,IGCC 供电效率可以达到 52%。

IGCC 一般对煤气采用溶剂吸收的"燃烧前脱除污染物"技术,其脱硫效率可达 99% 以上,脱硫产物经回收可得到化工原料硫黄。在 IGCC 系统中可以对煤气中的 CO 进行变换,生成 H_2 和 CO_2,H_2 可以作为最清洁的燃料(如燃料电池),CO_2 可以进行分离、填埋回注等,以实现 CO_2 零排放。可以看出其各种污染排放量都远远低于国内外先进的环保标准。

IGCC 可利用褐煤、烟煤、贫煤、高硫煤、无烟煤、石油焦、泥煤为原料,且不受高硫煤种开采限制,对原料煤适应性广。IGCC 机组中蒸汽循环部分占总发电量约 1/3,与常规火力发电机组相比,其发电水耗可降低 1/3~1/2,具有高效、清洁、节水、燃料适应性广,易于实现多联产等优点,符合 21 世纪发电技术的发展方向。

IGCC 的一个突出特点是可以拓展为供电、供热、供煤气和提供化工原料的多联产生产方式。IGCC 本身就是煤化工与发电的结合体,通过煤的气化使煤得以充分综合利用,实现电、热、液体燃料、城市煤气、化工产品等多联供,从而具有延伸产业链、发展循环经济的技术优势。

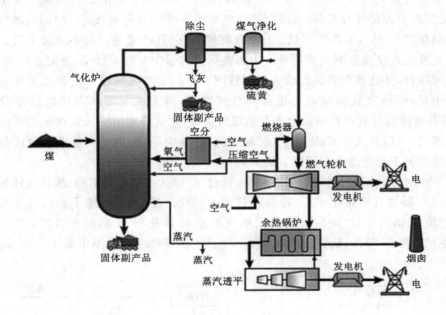

图 6-41　整体煤气化联合循环系统(IGCC)示意图

6.7.3　IGCC 气化炉的选型原则

气化炉及其系统是 IGCC 装置中制备合成煤气的关键部件,它的特性指标对整个 IGCC 的热效率、可用率和比投资费用都有重要的影响。IGCC 对气化炉选型要求主要有:

① 设备的实用性。要求气化炉的加工工序少,工作可靠性和设备的可用性高,单炉的生产能力大,维修方便,而设备的制造和维护费用低。

② 原料的适应性。要求气化炉能加工多品种的煤及原料,其中包括结焦性煤,并能改用重油和石油焦等其他原料。

③ 煤气后处理系统的简单性。要求气化炉所产生的煤气中不含副产品焦油和酚类等有害物质,煤尘的携带量也应很少,这样才能使煤气的净化系统简单化。

④ 与发电设备运行工况的匹配性。要求气化炉对不断变化负荷具有较强的适应能力,它既能迅速停车,又能迅速再启动,在启停过程中不会出现严重的不稳定性。负荷调节范围要广,当压力瞬间变化时,也能平稳运行。

在 IGCC 电站建设中,煤气化炉的选择需综合考虑技术成熟性、大型化、效率、运行维护以及是否与化工联产等方面的要求,在综合分析各种煤气化炉的优缺点的基础上选择适宜的煤气化炉。目前固定床、流化床及气流床气化炉在整体煤气化联合循环系统都有应用项目案例,其中气流床气化炉因具有压力高、生产强度大及对煤种适性强的特点而应用最为广泛。

6.8 煤气甲烷化

发展煤制代用天然气(Substitute Natural Gas,SNG)和合成油是我国现代煤化工的重要方向,对实现资源替代性互补、保障国家战略能源安全具有重大意义。中国天然气储量仅占世界总储量的 1.3%,天然气产量虽然正逐年攀升,但其产量远远赶不上需求量。因此中国天然气对外依存度呈逐渐上升趋势。中国先后完成了中亚能源管线,缅甸及俄罗斯石油、天然气管线项目,并建成世界最长的天然气管网。进口天然气虽然一定程度上弥补了天然气资源的不足,但随着我国城市化进程的继续推进,对天然气的需求将持续攀升。煤制SNG 可以高效清洁地利用我国较为丰富的煤炭资源,尤其是利用劣质煤炭来生产国内能源短缺的天然气,然后并入现有的天然气长输管网,已成为新疆、内蒙古等偏远地区利用低变质煤或劣质煤炭资源等综合利用的发展方向。

煤制 SNG 技术是利用褐煤等劣质煤炭,通过煤气化、一氧化碳变换、酸性气体脱除后进入甲烷化反应器进行甲烷化反应,得到合格的天然气产品,再经压缩干燥后送入天然气管网,其工艺流程如图 6-42 所示。煤制天然气能量总转化率为 60%~70%,比发电高约70%,比生产甲醇高 25%,比合成油高 30%~60%,在煤炭综合利用中属于高效、洁净的转化技术。

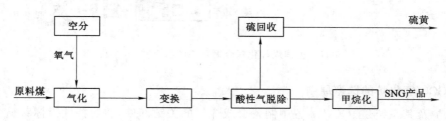

图 6-42 煤制 SNG 总工艺流程示意图

6.8.1 甲烷化反应原理

甲烷化反应是在一定的温度、压力和催化剂作用下,合成气中的 CO、CO_2 与 H_2 发生反应,生成 CH_4 和水蒸气的过程,通过后续冷却,使水蒸气冷凝分离,最后得到以 CH_4 为主的燃料气。在煤制天然气过程中,甲烷化方程式为:

$$CO+3H_2 \Longrightarrow CH_4+H_2O+206.2 \text{ kJ/mol} \tag{1}$$
$$CO_2+4H_2 \Longrightarrow CH_4+2H_2O+165 \text{ kJ/mol} \tag{2}$$

甲烷化反应属于典型的选择性催化反应,在不同的催化剂和工艺条件下,可以选择生成甲烷、甲醇、酚和醛或者液体烃等不同物质。因此甲烷化反应必须在催化剂的作用下才能进行,甲烷化催化剂一般由活性组分 Ni(或 NiO)、载体(一般选用 Al_2O_3、MgO、TiO、SiO_2等)、助剂等几部分组成。

甲烷化伴随一系列的副反应,主要包括 H_2O 与 CO 的变换反应(3)、CO 的析碳反应(4),以及单质碳和沉积碳的加氢反应(5),在通常甲烷合成温度下,反应(5)达到平衡较慢,有利于甲烷化反应进行。

$$CO+H_2O \Longrightarrow H_2+CO_2+41 \text{ kJ/mol} \tag{3}$$

$$2CO \Longrightarrow C + CO_2 + 171 \text{ kJ/mol} \tag{4}$$

$$C + 2H_2 \Longrightarrow CH_4 + 73 \text{ kJ/mol} \tag{5}$$

甲烷化反应是体积缩小的强放热可逆反应,反应平衡常数随温度增加而下降,反应温度区间一般控制在 $300 \sim 700$ ℃之间,当温度低于 200 ℃时,甲烷化催化剂中的镍会和 CO 反应生成羰基镍而失活,因此要避免低温下 CO 和镍催化剂的接触。在气体组分中,每 1% 的 CO 甲烷化,可产生 74 ℃的绝热温升;每增加 1% 的 CO_2 甲烷化,可产生 60 ℃的绝热温升,这容易导致催化剂发生积碳。为防止超温,进入甲烷化反应器的 $CO + CO_2$ 体积分数要求小于 0.8%。同时,为防止甲烷化镍基催化剂中毒,合成气中硫含量要求小于 0.1 ppm。

目前,甲烷化技术已经用在大规模的合成气制天然气上,因此最大的问题是催化剂的耐温及强放热反应器的设计制作上。实际生产中常使用热交换器和气体循环装置来控制反应温度,采用高倍循环气将原料气中一氧化碳的体积分数由 25% 左右稀释到 $2\% \sim 4\%$。

6.8.2 反应平衡常数的计算

反应热力学平衡常数可基于范特霍夫方程微分式 $\int \mathrm{d}\ln K_f^{\ominus} = \int \dfrac{\Delta_r H_m^{\ominus}}{RT^2} \mathrm{d}T$ 计算得到:

$$\ln K_f^{\ominus} = -\Delta_r G_m^{\ominus}(T)/RT$$

式中标准摩尔反应焓与 T 的关系式为:

$$\Delta_r H_m^{\ominus}(T) = \Delta H_0 + \Delta a T + \frac{1}{2}\Delta b T^2 + \frac{1}{3}\Delta c T^3$$

将上式代入范特霍夫方程的微分式 $\int \mathrm{d}\ln K_f^{\ominus} = \int \dfrac{\Delta_r H_m^{\ominus}}{RT^2} \mathrm{d}T$ 并积分,得不定积分式:

$$\ln K_f^{\ominus}(T) = \frac{\Delta H_0}{RT} + \frac{\Delta a \ln T}{R} + \frac{1}{2R}\Delta b T - \frac{1}{6R}\Delta c T^2 + I$$

此式即为 $K^{\ominus}$ 与 T 的函数关系式。式中微积分常数 I 可由化学反应的 $\Delta_r G_m^{\ominus}$ 与 T 的函数关系式求得:

$$\Delta_r G_m^{\ominus}(T) = \Delta H_0 - IRT - \Delta a T \ln T - \frac{1}{2}\Delta b T^2 - \frac{1}{6}\Delta c T^3$$

化简得:$I = \left[-\Delta_r G_m^{\ominus}(T) + \Delta H_0 - \Delta a T \ln T - \frac{1}{2}\Delta b T^2 - \frac{1}{6}\Delta c T^3 \right]/RT$

从而可得反应平衡常数:

$$\ln K^{\ominus}(T) = -\frac{\Delta H_0}{RT} + \frac{\Delta a \ln T}{R} + \frac{1}{2R}\Delta b T - \frac{1}{6R}\Delta c T^2 +$$

$$\left[-\Delta_r G_m^{\ominus}(T) + \Delta H_0 - \Delta a T \ln T - \frac{1}{2}\Delta b T^2 - \frac{1}{6}\Delta c T^3 \right]/RT \tag{6-9}$$

热力学平衡常数的计算过程中用到的各物质的热力学数据见表 6-13。

甲烷化反应过程存在多个平行反应的竞争过程,其平衡组成不仅受到温度和压力的影响,而且还受到初始原料组成的影响,较低温度下生成 CH_4 的反应平衡常数较大,此时甲烷化反应是主反应,且反应(1)的 CO 加氢反应平衡常数高于反应(2)CO_2 加氢反应,这说明在 CO 和 CO_2 共存的合成气中,CO 比 CO_2 的甲烷化更具有优势,对催化剂具有更高的 CH_4 选择性。

表 6-13 各物质的热力学数据

物质	$\dfrac{\Delta_f H_m^{\ominus}(298.15K)}{kJ \cdot mol^{-1}}$	$\dfrac{\Delta_f G_m^{\ominus}(298.15K)}{kJ \cdot mol^{-1}}$	$\dfrac{\Delta_f S_m^{\ominus}(298.15K)}{J \cdot mol^{-1} \cdot K^{-1}}$	$\overset{\ominus}{c_{p,m}} = a + bT + cT^2$		
				$\dfrac{a}{J \cdot mol^{-1} \cdot K^{-1}}$	$\dfrac{b}{10^{-3}J \cdot mol^{-1} \cdot K^{-2}}$	$\dfrac{c}{10^{-6}J \cdot mol^{-1} \cdot K^{-3}}$
CH_4	-74.81	-50.72	186.264	14.15	75.49	-17.99
H_2O	-241.818	-228.572	188.825	29.16	14.49	-2.022
CO	-110.525	-137.168	197.674	26.537	7.683	-1.172
H_2	0	0	130.684	26.88	4.347	-0.326
CO_2	-393.51	-394.36	213.780	27.097	11.274	12.488
C	0	0	5.74	17.7	3.685	11.68
N_2	0	0	3.502	3.280	0.593	0

影响甲烷化反应的因素主要有催化剂、温度、压力、空速、CO 和 CO_2 浓度等。

6.8.3 甲烷化工艺

甲烷化过程是一个体积缩小的强放热可逆反应,因此甲烷化技术的两大关键问题是:开发高效和长寿命的催化剂,以及研发高效回收与有效控制反应热的工艺。为了达到上述目标,国内外学者研发出多种高性能催化剂以及甲烷化工艺。其中工艺方面,依据反应器类型可分为绝热固定床工艺、等温固定床(列管式)工艺、浆态床工艺和流化床工艺;依据产品气循环方式甲烷化技术可分为循环式和非循环式工艺,各种甲烷化工艺特点如表 6-14 所示。

表 6-14 甲烷化工艺特点

工艺类型	工业化程度	优缺点	应用
循环式绝热多段固定床工艺	工艺成熟,已工业化生产	反应温度高,飞温明显,移热速率低,高温导致选择性低,对催化剂耐高温性能要求严格	Lurgi、Topsoe、Davy、西北化工研究院、西南化工研究院、大唐国际、中国科学院大连化学物理研究所等
无循环式绝热多段固定床工艺	工艺简单,能耗低,投资少,已中试	反应温度高,催化剂耐高温性能要求高,单级转化率低,需要更多级反应器,反应器设计及制造复杂,难以放大,催化剂装卸困难	Foster Wheeler & Clarinat、北京华福、Parsons、ICI 等
等温列管式工艺	换热效率高,流程简单,已中试	反应器设计及制造复杂,难以放大,催化剂装卸困难	Linde、上海华西、北京华福等
浆态床工艺	换热效率高,床层温度均匀	受气液固三相传热限制,转化率较低,仍处于实验室研究开发阶段	太原理工大学、赛鼎工程有限公司、中国科学院山西煤炭化学研究所等
流化床工艺	高效气固传质传热,床层温度均匀,移热方便,不易飞温,生产能力高	气体容易返混,催化剂易磨损,易携带损失,催化剂消耗量大	中国科学院过程工程研究所、清华大学、华南理工大学、中国市政工程华北设计院、新奥集团等

6.8.3.1 循环式绝热固定床甲烷化工艺

绝热固定床甲烷化工艺采用多个绝热固定床串联,通过产品气循环的方式降低入口原料气浓度,从而降低甲烷化反应速率,同时提高反应气流的携热能力来移除各段反应器的反应热,避免反应器出口温度过高引起的催化剂失活和 CH_4 收率低等问题。绝热固定床多段循环工艺(如 Topsoe,Davy,Lurgi)发展成熟,已成功工业化。

(1) 托普索(Topsoe)甲烷化技术

丹麦托普索公司开发的甲烷化循环工艺技术(TREMP™)工艺中,反应在绝热条件下进行,反应产生的热量导致很高的温升,通过循环来控制第一甲烷化反应器的温度。TREMP™工艺一般有三个反应器,第二和第三绝热反应器可用一个沸水反应器(BWR)代替,虽投资较高,但能够解决空间有限问题。另外,在有些情况下,采用四个绝热反应器是一种优化选择,而在有些条件下,使用一个喷射器代替循环压缩机。除了核心技术外,因为生产甲烷的过程要放出大量的热量,如何利用和回收这些热量是这项技术的关键。托普索工艺可以将这些热量再次利用,在生产天然气的同时,产出高压过热蒸汽。

(2) Davy 甲烷化技术

Davy 甲烷化工艺技术除具有托普索 TREMP™工艺可产出高压过热蒸汽和高品质天然气特点外,其催化剂已经过工业化验证。催化剂具有变换功能,合成气不需要调节 H/C 比,转化率高。催化剂使用范围很宽,在230~700 ℃范围内都具有很高且稳定的活性。

(3) 鲁奇(Lurgi)甲烷化技术

鲁奇甲烷化技术首先由鲁奇公司、南非沙索公司在 20 世纪 70 年代开始在两个半工业化实验厂进行试验,证明了煤气进行甲烷化可制取合格的天然气,其中 CO 转化率可达100%,CO_2 转化率可达 98%,产品甲烷含量可达 95%,低热值达 8 500 kcal/m³,完全满足生产天然气的需求。

6.8.3.2 无循环式绝热固定床甲烷化工艺

为了克服目前循环式固定床工艺存在产品循环比高、生产能力调变不灵活、循环压缩机依赖国外进口且能耗大等缺点,近来国内外多家单位开发了无循环式绝热固定床甲烷化工艺。该工艺一般通过控制逐级加入的原料气来调控 H/C 比和反应温度,节约了装置投资费用并且显著降低了能耗,代表性技术有 VESTA 技术和 NRMT 技术。

(1) VESTA 甲烷化工艺

美国福斯特惠勒(Foster Wheeler)公司与德国克莱恩(Clariant)公司联合开发了全新VESTA 煤制天然气工艺技术,工艺流程如图 6-43 所示。VESTA 技术采用原料气一次通过,无内部循环设计,无需配备压缩机,节能效果显著;操作温度为 230~700 ℃,CO 转化率高于 99%;并且合成气不需要在变换装置严格调节 H/C 比例,便于操作;装置投资费用低,可降低一次性投资 20% 以上。惠生工程公司采用该技术在南京建成了中试装置,并于2016 年 4 月底顺利完成中试试验。该技术经济性突出,目前正在市场推广中。

(2) NRMT 甲烷化工艺

北京华福工程有限公司联合大连瑞克科技有限公司、中煤黑龙江煤炭化工(集团)有限公司合作研发了无循环甲烷化(NRMT)技术,工艺流程如图 6-44 所示。其在配气甲烷阶段采用 1~3 级串联的高温反应器,在补充甲烷化阶段采用 2~3 级串联的中低温反应器。该技术通过原料气逐级加入,氢碳比分级调节,控制系统总的氢碳(H_2-CO_2)/($CO+CO_2$)物质的量比为 3.0~3.1,从而降低了系统飞温的可能性,克服了传统循环式甲烷化工艺易飞

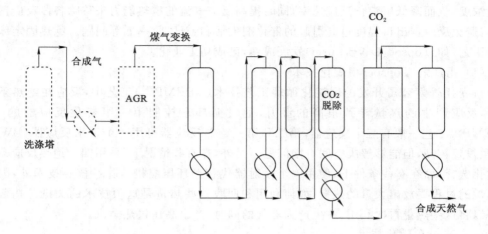

图 6-43　福斯特惠勒公司与克莱恩（南方化学）公司联合
开发的 VESTA 煤制 SNG 工艺

温的顽疾；操作温度为 270～800 ℃，可获得较高的 CO 转化率；采用内置废热锅炉甲烷化反应器，集反应、移热于一体，能量利用率高。无循环甲烷化技术可以降低装置投资费用 20%，降低能耗 25%，经济效益显著，具有较好的应用前景。

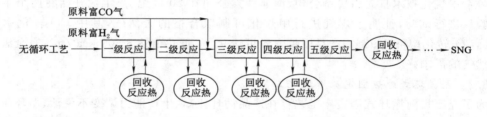

图 6-44　NRMT 甲烷化工艺流程

思 考 题

1. 简述煤气化的原理，并写出煤气化反应方程式。

2. 简要比较固定床、流化床和气流床气化炉优缺点，分析不同气化炉型在现代煤化工中的应用及其发展前景。

3. 根据煤气化原理及热力学平衡，讨论如何提高固定床气化炉煤气组成中的甲烷含量。

4. 气流床气化有哪些主流工艺？简述不同工艺技术的特点、存在问题和发展前景。

5. 什么是煤化工多联产？其优点是什么？

6. 煤气甲烷化技术主要有哪些工艺技术？分析比较这些技术的特点和主要问题。针对甲烷化强放热的特点，这些相关技术在甲烷化反应器和工艺设计方面有哪些应对措施？

7. 试分析归纳本章所述工艺过程可能存在哪些污染源？应采取哪些防治措施？

第 7 章　煤直接液化

7.1　概　　论

　　煤炭是我国最可靠的、可依赖的、廉价的、可以洁净利用的能源资源，也是我国替代石油资源的第一选择。因此发展煤液化制油技术和相关化工产业是实现以煤代油，解决我国石油资源短缺、平衡能源结构、保障能源安全及国民经济持续稳定发展的重要战略举措，其具有重要的现实意义和长远的历史意义。

　　煤液化是指把固体的煤炭通过化学加工的方法转化为液体燃料、化工原料等产品的化工过程。根据加工路线的不同，煤液化通常又分为直接液化和间接液化两大类。煤的间接液化是将煤基合成气在固体催化剂作用下转化为液体的过程。由于煤的间接液化是碳一化工的核心内容，因此这部分内容可参阅《碳一化工概论》。本章重点讨论煤的直接液化。

　　煤的直接液化是煤油浆在催化剂上于一定温度和压力下，发生加氢裂解反应，将煤中有机大分子直接转化为低分子液体的过程，直接液化所得到的液体产物再经进一步加工精制可制成汽油、柴油等燃料油和化学品。煤直接液化过程主要采用直接加氢的方法，故又称为煤的加氢液化。

　　煤直接液化技术经历了漫长的发展历程。1913 年，德国的柏吉斯（Burgins）最先研究了煤的高压加氢（IG 工艺），为煤的加氢液化技术奠定了基础。随后德国染料公司成功开发了耐硫的钨钼催化剂，并把加氢过程分为糊相和气相两段，从而使煤直接液化技术走向了工业化。1927 年，德国莱那建立了世界上第一个煤直接液化工厂，产量 1×10^5 t/a，1936～1943 年间又有 11 套装置建成投产，到 1944 年德国煤直接液化总生产能力已达到 4×10^6 t/a。另外，在 20 世纪 30 年代，英国采用德国的技术建立了一座 1.5×10^5 t/a 的煤直接加氢工厂，法国、意大利、朝鲜和我国东北也相继兴建了煤或煤焦油加氢的工厂。20 世纪 50 年代以后，随着中东地区大量廉价石油的开发，煤加氢液化失去了竞争力，美国也取代了德国成为研究和开发煤液化技术的主要国家。

　　20 世纪 70 年代初第一次石油危机爆发，促使煤炭在能源中的地位逐渐回升，煤转化技术的开发又活跃起来。在煤直接液化方面，相继开发了多种煤直接液化工艺，如美国的溶剂精炼煤法（SRC-1，SRC-2）、供氢溶剂法（EDS）、氢煤法（H-Coal）、HTI 工艺，俄罗斯低压液化工艺，德国新工艺（IGOR），英国的溶剂萃取和日本的 NEDOL 工艺等。

　　进入 21 世纪后，由于石油价格的逐步攀升，各工业国继续研究开发新一代煤直接液化工艺，如美国碳氢化合物研究公司的两段催化液化工艺、煤油共炼工艺（COP）等，这些新工艺的共同特点是,反应条件相对缓和,产油率和油品质量都有较大幅度提高,生产成本大幅降低。

煤直接液化技术按加工原料的种类分为煤直接液化工艺、煤-其他有机物(如渣油、生物质等)共液化工艺;按工艺方法不同分为一段加氢液化工艺和两段加氢液化工艺。此外,按照液化过程所用溶剂种类、反应压力、催化剂等特点分为:① 溶解热解液化法。利用重质溶剂对煤进行热解抽提,制得低灰分的提油物,或利用轻质溶剂在超临界条件下抽提,得到重质油为主的油类。该工艺方法不用氢气,热解抽提工艺产率较高,但产品为固体,超临界抽提工艺产品为液体,但抽提率不太高。② 溶剂加氢抽提液化法。采用溶剂油对煤进行加氢抽提,氢气压力一般不高,溶剂油起着分散催化剂和反应物、溶解氢等作用。③ 高压催化加氢法。在高压下使用催化剂对煤进行加氢抽提,德国的新老液化工艺和美国的氢煤法等属于高压催化加氢法。④ 煤和渣油联合加工法。以渣油为溶剂,与煤共液化转化为轻质油。⑤ 干馏液化法。先使煤热解得到焦油,然后对焦油进行加氢裂解和提质。⑥ 地下液化法。将溶剂注入地下煤层,使煤解聚和溶解,加上流体的冲击力使煤崩散,未完全溶解的煤则悬浮于溶剂中,用泵将溶液抽出并分离加工,此法可以实现煤的就地液化,不必建井采煤,但存在许多技术和经济问题。

7.2 煤直接液化原理

从煤的元素组成看,煤和石油的差异主要是氢碳原子比不同。煤的氢碳原子比为0.2~1,而石油的氢碳原子比为1.6~2,煤中氢元素比石油少得多。

煤是以共价键结合为主的三维交联的大分子,这些大分子形成不溶性的刚性网络结构,其前驱体为木质素;煤的分子量为一千至数千,相当于沥青质和前沥青质的大型和中型分子,这些分子中包含较多的极性官能团,它们以各种物理力为主,或相互缔合,或与第一部分大分子中的极性基团相缔合,成为三维网络结构的一部分;煤大分子网络中还存在以电子授受或氢键等相互作用、与煤骨架结构相互作用的、分子量数百至一千左右、相对于非烃部分具有较强极性的中小型分子;同时,还存在一些分子量小于数百的非极性分子,包括各种饱和烃和芳烃,它们多呈游离态而被包络、吸附或固溶于由以上三部分构成的网络之中。这些不同尺度、层次的煤分子在煤催化加氢液化过程中呈现出不同的反应性。

7.2.1 煤的加氢液化机理

煤在一定温度、压力下的加氢液化过程可分为三个过程:

(1)当温度升至300 ℃以上时,煤受热分解,即煤的大分子结构中较弱的桥键开始断裂,打碎了煤的分子结构,从而产生大量的以结构单元为基体的自由基碎片,自由基的分子量在数百范围。

(2)在具有供氢能力的溶剂环境和较高氢气压力下,自由基被加氢生成沥青烯及液化油分子。能与自由基结合的氢并非是分子氢(H_2),而是氢自由基,即氢原子或者是活化氢分子,氢原子或活化氢分子的来源有:① 煤分子中碳氢键断裂产生的氢自由基;② 供氢溶剂碳氢键断裂产生的氢自由基;③ 氢气中的氢分子被催化剂活化;④ 化学反应放出的氢。当外界提供的活性氢不足时,自由基碎片可发生缩聚反应和高温下的脱氢反应,最后生成固体半焦或焦炭。

（3）沥青烯及液化油分子被继续加氢裂化生成更小的分子。

煤的加氢液化反应方程可表示如下：

$$RCH_2CH_2R' \xrightarrow{\Delta} RCH_2 \cdot + R'CH_2 \cdot$$
$$RCH_2 \cdot + R'CH_2 \cdot + 2H \longrightarrow RCH_3 + R'CH_3$$
$$RCH_2 \cdot + R'CH_2 \cdot \longrightarrow RCH_2CH_2R'$$
$$2RCH_2 \cdot \longrightarrow RCH_2CH_2R$$
$$2R'CH_2 \cdot \longrightarrow R'CH_2CH_2R'$$

然而，由于煤结构的复杂性和非均质性，煤液化反应极其复杂，至今尚未对分子水平上的煤液化反应机理形成统一的认识。

7.2.2　影响煤直接液化的因素

煤直接液化是复杂的物理、化学过程，其影响因素主要包括煤种、溶剂、催化剂、反应温度和压力等。

（1）煤种

煤种是评价煤液化性能的重要指标。研究表明煤的液化性能与煤的变质程度有关，煤的变质程度越低，煤中 H/C 原子比越高，煤的液化转化率就越高，液化油产率也越高。一般而言，煤液化性能优劣顺序为：泥炭＞褐煤＞高挥发性烟煤＞中等挥发性烟煤＞烟煤。泥炭由于杂质较多不适于液化，而烟煤基本上难以液化。

（2）溶剂

煤直接液化使用的溶剂主要有四氢萘、萘、蒽、菲、煤焦油、石油渣油、煤液化油等，其中煤液化油、煤焦油等是各工艺中使用最多的溶剂。溶剂在煤直接液化过程中的作用主要有两种：一是溶解、溶胀分散作用，二是提供和传递活性氢作用。

一种好的溶剂要能够使煤粒溶胀，并溶解煤粒表面和内部的小分子，这不仅有利于煤粒与溶剂及催化剂充分接触，而且能够使体系温度均匀。Rincon 和 Hu 等人对煤进行了溶胀研究，发现煤溶胀后其孔隙率增大，在微观上不仅增大了小分子相在煤大分子网络结构中的流动性，而且增强了供氢溶剂对煤活性点的扩散，进而有效提高了煤的液化性能。

性能优异的溶剂不仅能够很好地溶解和溶胀煤，其本身还应是很好的供氢溶剂，在液化过程中可以起到提供活性氢和传递活性氢的作用。有研究表明，芘是一种有效的氢穿梭溶剂，它能夺取氢分子或四氢萘中的氢而成为二氢芘，二氢芘是一种已知的非常有效的氢转移溶剂，所以芘能够将溶剂中的氢或分子氢中的氢原子传递到缺氢的煤自由基碎片。

（3）催化剂

催化剂在煤加氢液化过程中主要有两个方面的作用，一是促进煤分子的裂解，二是促进自由基的加氢，从而提高反应速率，提高油产率，改善油品质量。

（4）反应温度和压力

煤液化温度一般在 400 ℃左右。温度过低和过高都不利于反应的进行，温度过低时煤不能发生溶解，液化反应难以进行；温度过高则煤容易结焦且气体产生量大。煤液化其实就是加氢的过程，因此氢压力越高越利于反应的进行，但是压力过高，设备成本较高，因此一般把氢压控制在 20 MPa 以下，既不影响反应的进行，又可以节约设备费和操作费用。

7.2.3 煤的加氢液化模型

从 20 世纪 50 年代以来,很多学者对煤的直接液化进行了研究,提出了一系列不同的液化机理模型,主要有单组分模型和多组分模型。

（1）单组分模型

单组分模型是将煤作为一种均质反应物处理,然后依据一定反应历程,建立相应模型。其中,最常见的是根据产物的溶解特性对煤直接液化反应后所得液固混合物的族组分进行分离,将煤液化反应产物按前沥青烯、沥青烯、油、气体等进行分族。早在 1951 年,Weller 发现煤转化为油经历了一个以沥青烯为中间物的连续过程。Dennis 等通过对 Kentucky No.9 煤液化产物的 H/C 比的测定,发现煤到前沥青烯、沥青烯的 H/C 比不是有规律地变化,并认为煤直接液化动力学模型不是简单的连续模型,而是具有逆向转化的复杂的网络模型,Dennis 煤液化模型如图 7-1 所示。

（2）多组分模型

尽管单组分分析模型有利于简化求解,但是由于煤组成和结构的多样性,各有机质的可液化性能存在明显差异。因此,根据煤中各类组分的液化活性进行多组分分析,更有利于建立较准确的液化模型。

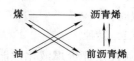

图 7-1　Dennis 煤液化模型

图 7-2 所示为 Itoh 煤液化模型。该模型将煤直接液化反应器中液化过程分成 12 个反应,并假定体系包含煤（分为 3 个组分,C_A：较易液化部分,C_B：反应速率较慢的部分,C_I：惰性组分等）,中间组分（PAAO）,油组分（O_1、O_2 和 O_3,其中,O_1 表示组分为 C_4~493 K 的油,O_2 表示组分为 493~623 K 的油,O_3 表示组分为 623~811 K 的油）和气体组分（IOG_1、IOG_2、IOG_3、OG 和 H_2,其中,IOG_1 表示含 C 氧化物,IOG_2 表示水蒸气,IOG_3 表示 H_2S 和 NH_3,OG 表示 C_1~C_3 饱和烃）,反应模型如图 7-2 所示。

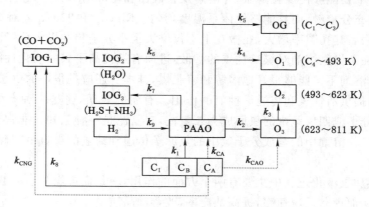

图 7-2　Itoh 煤液化模型

7.3　煤直接液化催化剂

煤直接液化的催化剂主要包括三大类：① 铁系催化剂,包括各种含硫的天然铁矿石,合成的铁硫化物、铁氧化物、铁的氢氧化物以及其他含铁的化合物。② 镍、钼系催化剂,包括各种镍钼的氧化物、硫化物、盐及有机络合物。③ 锌、锡等熔融氯化物。铁系催化剂由于价格低廉,来源广泛,且催化效果较好,因此其研究和应用最为广泛;镍、钼系催化剂是传统的油品加氢催化剂,在煤液化反应中具有加氢效率高和产品质量好等优点,但是其价格较贵,催化剂成本影响了煤液化的经济性;锌、锡类催化剂是傅克反应的典型催化剂,具有酸催化功能,可起到断裂 C—C 键的作用,且有加氢作用,因此其液化效率高,可以直接生产高辛烷值汽油产品,但是氯化物对设备的腐蚀性限制了它的大规模应用。下面重点介绍铁系和镍、钼系催化剂。

7.3.1 铁系催化剂

铁催化剂因价格便宜,在液化过程中一般不需回收。液化时铁系催化剂与煤和溶剂一起进入反应系统,再随反应产物排出,经固液分离后与未转化的煤和矿物质组分一起以残渣形式排出液化装置。最常用的铁系催化剂是含有硫化铁或氧化铁的矿物或冶金废渣,如天然黄铁矿(主要成分 FeS_2)、高炉飞灰(主要成分 Fe_2O_3)、炼铝工业中排出的赤泥(主要成分 Fe_2O_3)。该类铁催化剂价格低廉,但添加量大,活性较低,原因主要在于其在煤浆中分散性差、表面积低和具有团聚倾向。为了解决此问题,人们通过人工合成铁系催化剂来提高催化剂的比表面积及其在煤浆中的分散性,从而提高催化活性。

(1)天然矿物或矿渣类铁系催化剂

自然界各种含铁矿物和工业含铁废渣,都可用于煤直接液化。赤泥是炼铝工业的废渣,富含氧化铁且有较大的比表面积,因此很早就用作了煤液化催化剂,德国的 IGOR 工艺就以赤泥为催化剂。

日本在 NEDOL 工艺开发期间,研究开发了大量以天然含铁矿物、工业含铁废渣作为煤直接液化催化剂的技术。中国煤炭科学研究总院对国内有潜力用作煤直接液化的可弃性催化剂资源进行了广泛的调查和试验,发现含铁的矿物质或工业废渣对煤加氢液化都有一定的催化活性。表 7-1 为几种不同矿物或矿渣催化剂的煤直接液化催化效果和油产率。

表 7-1　　　　　　　　不同矿物或矿渣催化剂的煤直接液化催化性能

催化剂	催化剂用量(daf)/%	催化剂粒度/mm	转化率(daf)/%	油产率(daf)/%
闪速炉渣	3	$\leqslant 6.12\times10^{-2}$	92.5	57.0
闪速炉渣	3	约 1.0×10^{-3}	96.2	63.6
铁矿	3	$\leqslant 6.12\times10^{-2}$	96.6	59.0
铁矿	3	约 1.0×10^{-3}	97.5	67.0
天然黄铁矿	3	$\leqslant 6.12\times10^{-2}$	95.3	55.7
天然黄铁矿	3	约 1.0×10^{-3}	98.5	70.0
伴生黄铁矿	3	$\leqslant 6.12\times10^{-2}$	93.6	61.3
伴生黄铁矿	3	约 1.0×10^{-3}	98.0	68.7
铁精矿	3	$\leqslant 6.12\times10^{-2}$	97.6	61.7
铁精矿	3	约 1.0×10^{-3}	98.7	72.5
空白实验	0	—	79.1	29.1

尽管各类铁矿石价廉易得,但使用前必须经球磨粉碎到一定的粒度后使其比表面积增大才具有较好的催化效果。在实际应用时通常要破碎到 1 μm 左右。另外,硫对铁系催化剂的催化活性影响较大,研究表明在煤加氢液化铁系催化剂中加入适当的硫可以提高催化剂的活性(表 7-2)。

表 7-2 　　　　　　　　　　添加硫对先锋褐煤液化的影响

催化剂	转化率/%	油产率/%	气体产率/%	沥青烯产率/%
广西赤泥	95.3	56.9	19.8	5.5
广西赤泥+硫	98.0	62.0	17.8	5.7
攀枝花铁矿石	95.0	57.2	19.5	20.8
攀枝花铁矿石+硫	98.4	63.5	20.8	5.3

从表 7-2 可以看出,系统添加硫后催化剂的催化效果显著增加,煤的转化率和油收率有很大的提高。一般认为,硫促进氧化铁的催化作用机理是硫在 H_2 环境下生成 H_2S,H_2S 和 H_2 与 Fe_2O_3 生成具有催化活性的 FeS,反应机理如下:

$$H_2+S \xrightarrow{Fe_2O_3} H_2S$$
$$Fe_2O_3+H_2S+H_2 \longrightarrow FeS+H_2O$$
$$FeS+H_2 \Longleftrightarrow Fe+H_2S$$
$$H_2S \xrightarrow{FeS} 2H\cdot(活性氢)+S$$
$$煤热解碎片+H\cdot(活性氢) \longrightarrow 煤液化产物$$

由于天然矿物质中铁含量及化学成分的变化易引起工艺和产品质量波动,因此保证铁矿石的分散度和稳定性,是天然铁矿石大规模应用于煤液化工业的研究重点。

(2)人工合成铁系催化剂

为使催化剂达到最佳的催化活性和良好的键裂解选择性,在催化剂的制备过程中需要考虑催化剂的比表面积及其在煤浆中的分散性。各种天然铁矿石或矿渣在使用前要依靠机械研磨来降低催化剂的粒径,而人工合成的高分散催化剂的粒径在降至纳米级别的同时,催化剂的使用量也大为减少。

铁的氧化物和羟基氧化物在液化时可以与硫快速反应生成 $Fe_{1-x}S$ 相活性物种,其具有很高的煤液化活性,因此被广泛地研究和应用。Fe_2O_3 通常被用作煤液化工艺和机理研究的基准催化剂。Li 等制备了油酸包覆的纳米 Fe_3O_4,粒径小至 15 nm,催化新疆将军庙煤的转化率达 97.2%,油收率达 86.5%,研究发现 Fe_2O_3 经 SO_4^{2-} 处理后,能提高催化剂在煤液化体系中的分散度,从而获得更高的催化活性。Kotanigawa 等采用差热分析法研究了 Fe_3O_4、Fe_2O_3 及 FeS_2 等催化剂在氢气或水与硫存在下的热处理过程,发现铁-硫催化剂在煤液化反应中,存在硫酸盐的催化作用。

要实现催化剂与煤的充分接触,除了制备超细高分散催化剂外,最直接的方式是使用水溶性或油溶性的铁盐或有机络合物作为催化剂前驱体,将催化剂预先与煤和溶剂混合进入煤晶格中,在液化条件下,生成高分散的活性相与煤实现零距离接触并反应。张立安等将 $FeSO_4$ 和其他助剂原位浸渍到两种烟煤上,发现煤的转化率和沥青烯及轻质产物产率,均比不添加催化剂时提高 1 倍左右。Watanabe 等将水溶性的 $FeCl_3$、油溶性的五羰基铁 $[Fe(CO)_5]$、双[二羰基环戊二烯铁]$[Fe(CO)_2Cp]_2$ 浸渍到日本烟煤和亚烟煤上,发现五羰基铁对两种煤都具有最高的加氢液化活性。尽管向煤基体中渗透可溶性催化剂前驱体可提高煤转化率,但也有研究表明,在液化反应过程中会形成相当大的晶体或团块,难以达到预期的高分散性。

为进一步降低铁系催化剂粒径,改善分散性,提升催化剂活性,可以通过在铁系催化剂中引入第二组分改性或加入第二活性相金属,与铁复合产生协同催化作用来实现。Zhao 等制备了 Si/水合氧化铁和 Al/水合氧化铁的二元催化剂,发现 Si、Al 等结构助剂减弱了催化剂粒子在高温时的聚集作用,二元催化剂的煤液化性能优于 MachI 公司的商业铁系催化剂 Nanocat。Hattori 研究了多种复合氧化物对煤液化活性和选择性的影响,研究结果表明,SO_4^{2-}-Fe_2O_3、MoO_2-Fe_2O_3-SnO_2 和 Fe_2O_3-Al_2O_3-TiO_2 等均具有较好的煤液化活性,SO_4^{2-}-Fe_2O_3 具有更高的煤液化油收率。合成超细铁系催化剂,分散性好,活性高,制备简单,成分稳定,是最具有大规模工业应用前景的煤液化催化剂之一。

7.3.2　镍、钼系催化剂

虽然铁系催化剂价廉、易得、无毒、无污染,早已成为目前煤液化工艺的主要催化剂,但是相较于钼系和镍系等新型催化剂,其催化效果劣势明显。金属钼及其钼酸盐不但催化活性优于铁基催化剂,而且对煤大分子结构中 C_{ar}—C_{al}、C_{ar}—O 的化学键断裂具有一定的选择性,所以也备受研究者的关注。镍、钼系催化剂一般是以多孔氧化铝或分子筛为载体,以钼和镍为活性组分的颗粒状催化剂,它的活性很高,在反应器内有较长的停留时间。随着使用时间的延长,催化剂活性会不断下降,所以必须不断地排出失活后的催化剂,同时补充新的催化剂。从反应器排出的使用过的催化剂经过再生(主要是除去表面的积炭和重新活化),或者重新制备,再加入反应器内。由于煤的直接液化反应器是在高温高压下操作,催化剂的加入和排出必须有一套技术难度较高的进料、出料装置,苏联可燃矿物研究院将高活性钼催化剂以钼酸铵水溶液的油包水乳化形式加入煤浆之中,随煤浆一起进入反应器,最后废催化剂留在残渣中一起排出液化装置。他们还研究开发了一种从液化残渣中回收钼的方法,据报道钼的回收率可达 90%。

Sakanishi 等人使用炭纳米颗粒作为载体制备了 Ni-Mo 催化剂,并与商业用 Ni-Mo/Al_2O_3 和合成黄铁矿的液化性能进行了比较,在单段或者两段反应中,在无溶剂条件下,使用担载了的纳米炭作为催化剂依然得到了较高的油产率,分别为 52%(450 ℃,60 min),64%(360 ℃,60 min;450 ℃,60 min),而且 100～300 ℃ 的轻质馏分也比其他两种催化剂的含量高,这是因为以纳米炭为载体的催化剂表面有大量的活性中心,这些活性中心可以很好地抑制逆反应的发生。

7.4　煤直接液化工艺

世界各国都非常关注煤直接液化工艺,并研究开发了许多种煤直接液化工艺。煤直接液化工艺的目标是破坏煤的有机结构,并进行加氢,使其成为液体产物。虽然人们开发了多种不同种类的煤炭直接液化工艺,但就基本化学反应而言,它们非常接近,其共同特征都是在高温高压下使高浓度煤浆中的煤发生热解,在催化剂作用下进行加氢和进一步分解,最终成为稳定的液体分子。

总的来说,煤直接加氢液化工艺包括煤油浆制备、加氢液化反应、油品加工(分离、提质加工)三个主要工艺单元:① 煤油浆制备单元,将煤破碎至<0.2 mm 以下与溶剂、催化剂一起制成煤浆;② 加氢液化反应单元,在高温高压下进行加氢反应,生成液体产物;③ 油品加工单元,将反应生成的残渣、液化油、反应气分离,重油作为循环溶剂配制煤浆,主要工艺流程见图 7-3。

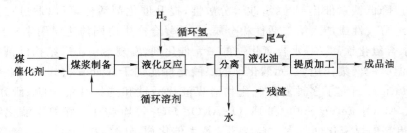

图 7-3　煤直接液化工艺流程

7.4.1　德国 IGOR$^+$ 工艺

IGOR$^+$(Integrated Gross Oil Refining)工艺由德国矿业研究院、鲁尔煤炭公司和费巴石油公司在 IG 工艺基础上开发而成,并在 DMT 建立了 0.2 t/d 连续装置,操作压力由原来的 70 MPa 降至 30 MPa,反应温度 450～480 ℃。IGOR$^+$ 直接液化法工艺流程如图 7-4 所示。

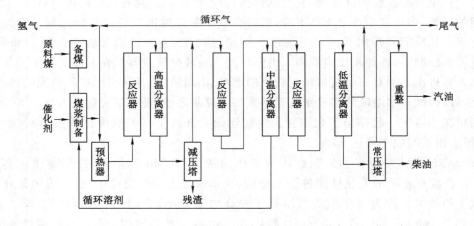

图 7-4　IGOR$^+$ 直接液化法工艺流程

该工艺流程为:煤与循环溶剂、催化剂、氢气依次进入煤浆预热器和煤浆反应器,操作温度 470 ℃,压力 30.0 MPa,反应空速 0.5 t/(m³·h)。反应后的物料进入高温分离器,高温分离器底部液化粗油进入减压闪蒸塔,减压闪蒸塔底部产物为液化残渣,顶部闪蒸油与高温分离器的顶部产物一起进入第一固定床反应器,反应温度 350～420 ℃,压力 30.0 MPa。第一固定床反应器产物进入中温分离器。中温分离器底部重油为循环溶剂,用于煤浆制备。中温分离器顶部产物进入第二固定床反应器,反应条件与第一固定床反应器相同。第二固定床反应器产物进入低温分离器,低温分离器顶部副产氢气循环使用。低温分离器底部产物进入常压蒸馏塔,在常压蒸馏塔中分馏为汽油和柴油。

与其他直接液化工艺相比,IGOR$^+$工艺具有如下优点:① 该工艺把循环溶剂加氢和液化油提质加工与煤的直接液化串联在一套高压系统中,避免了分离流程物料降温降压又升温升压带来的能量损失,并在固定床催化剂上使二氧化碳和一氧化碳甲烷化,使碳的损失量降到最小,因此投资可节约 20% 左右;② 该工艺的煤处理能力大,在反应器相同的条件下,IGOR$^+$工艺的生产能力可比其他煤液化工艺高出 50%～100%;③ 该工艺使用铝工业的废渣(赤泥)作为催化剂,液化反应和加氢精制在高压下催化进行,可一次得到杂原子含量极低的液化精制油,另外循环溶剂是加氢油,供氢性能好,液化转化率高。

7.4.2　日本 NEDOL 工艺

20 世纪 70 年代中东石油危机以后,日本投入大量人力物力重新开始研究煤的直接液化技术,1973 年,通产省实施阳光计划,开始煤炭直接液化的基础研究。1980 年,新能源产业技术综合开发机构(NEDO)成立,开始煤液化装置研究。在 NEDO 组织下,日本开发出 NEDOL 煤液化工艺,1983 年在三井造船建造了 0.1 t/d 装置(BSU)并进行运转,1985 年又开始设计建设 1 t/d 工艺支持单元(PSU)并于 1989 年开始运转。1991 年 10 月在东京东北 80 km 茨城县的鹿岛,开始建设 150 t/d 工业性试验装置(PP)并于 1996 年初完成并开始运转。1997 年煤炭科学研究总院与 NEDO 和日本煤炭利用中心(CCUJ)签订了协议,进行 5 000 t/d 示范厂可行性研究,利用依兰煤在试验室和 PSU 装置上完成了试验,1998 年又在 PSU 装置上完成了神华煤的试验,进行建设示范厂的可行性研究。目前日本此项煤液化技术已达到世界先进水平。

NEDOL 煤直接液化法工艺流程如图 7-5 所示。其工艺流程为:煤、催化剂(黄铁矿)与循环溶剂配成煤浆,煤浆再与氢气混合,预热后进入液化反应器。液化反应器操作温度 430～465 ℃,压力 17～19 MPa,煤浆平均停留时间约 1 h,实际液相停留时间 90～150 min。液化反应器的产物经冷却、减压后至常压蒸馏塔蒸出轻质产品;常压蒸馏塔底物通入减压蒸馏塔,脱除中质和重质组分,大部分中质油和全部重质油经加氢处理后作为循环溶剂;减压蒸馏出的塔底物,含有未反应的煤、矿物质和催化剂,可作为制氢原料。从减压蒸馏塔来的中油和重油混合后,加入溶剂再加氢反应器,该反应器为下流式催化剂填充床反应器,操作

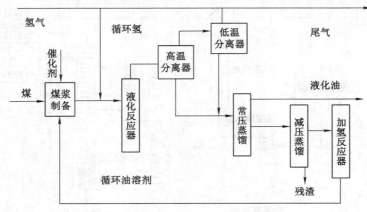

图 7-5　NEDOL 煤直接液化法工艺流程

温度 320～400 ℃,压力 10.0 MPa,产物在一定温度下减压至闪蒸器,在此取出加氢后的石脑油产品,闪蒸得到的液体产品作为循环溶剂至煤浆制备单元。

NEDOL 工艺具有如下优点:① 液化反应塔采用悬浊鼓泡床反应塔,内部无构造,结构简单,运行稳定;② 液化油蒸馏系统运行相对可靠,该工艺以 150 t/d 中试装置及 1 t/d 工艺支持单元的运行实绩为基础,在大型化装置的液化生成物蒸馏工艺中,采用纯液体生成物和含残渣生成物并联蒸馏工艺,前者采用常压蒸馏塔进行分离,后者采用减压蒸馏塔进行分离;③ 溶剂加氢系统相对简单,工艺使用循环溶剂,只将必要的供氢溶剂加氢,产品液化粗油在提质设备进行氢化;④ 它集聚了"直接加氢法""溶剂萃取法"和"溶剂分解法"这三种烟煤液化法的优点,适用于次烟煤至煤化程度低的烟煤等广泛煤种。

7.4.3　埃克森供氢溶剂工艺(EDS 工艺)

EDS(Exxon Donor Solvent)工艺是美国 Exxon 公司开发的一种煤炭直接液化工艺。1980 年在得克萨斯的 Baytown 建了 250 t/d 的工业性试验厂。

EDS 工艺的基本原理是利用间接催化加氢液化技术使煤转化为液体产品,即通过对产自工艺本身的作为循环溶剂的馏分,在特别控制的条件下采用类于普通催化加氢的方法进行加氢,向反应系统提供氢的"载体"。加氢后的循环溶剂在反应过程中释放出活性氢提供给煤的热解自由基碎片,释放出活性氢的循环溶剂馏分通过再加氢恢复供氢能力,制成煤浆后又进入反应系统,向系统提供活性氢。通过对循环溶剂的加氢提高溶剂的供氢能力是 EDS 工艺的关键特征。

EDS 直接液化法工艺流程如图 7-6 所示。其工艺流程为:煤与加氢后的溶剂制成煤浆后与氢气混合,预热后进入上流式管式液化反应器,反应温度 425～450 ℃,反应压力 17.5 MPa。反应产物进入气液分离器,分出气体产物和液体产物,气体产物通过分离后,富氢气与新鲜氢混合使用。液体产物进入常、减压蒸馏系统,分离成气体燃料、石脑油、循环溶剂馏分和其他液体产物及含固体的减压塔釜底残渣。循环溶剂馏分(中、重馏分)进入溶剂加氢单元,通过催化加氢恢复循环溶剂的供氢能力,加氢后的循环溶剂用于煤浆制备。含固体的减压塔釜底残渣在流化焦化装置进行焦化,流化焦化产生的焦在气化装置中气化制取燃料

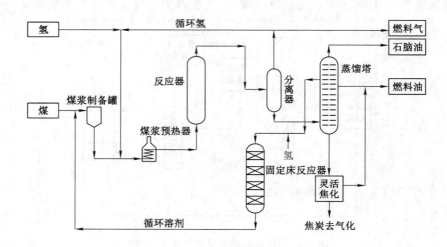

图 7-6　EDS 直接液化法工艺流程

气。流化焦化和气化被组合在一套装置中联合操作,被称为 Exxon 的灵活焦化法(Flexi-coking)。

EDS 工艺采用供氢溶剂来制备煤浆,所以液化反应条件温和,但由于液化反应为非催化反应,液化油收率低。虽然将减压蒸馏的塔底物部分循环送回反应器,增加重质馏分的停留时间可以改善液化油收率,但同时带来煤中矿物质在反应器中的积聚问题。

7.4.4 熔融氯化锌催化液化工艺

熔融氯化锌催化液化工艺是美国的 Consolidation Coal Company 在研究煤的加氢分解和加氢精制过程中开发出来的。在美国政府的资助下,1963 年开始系统研究该工艺,建有 0.9 kg/h 的实验室装置和 2.27 kg/h 连续装置,最后完成了 1 t/d 装置的试验。氯化锌催化液化工艺使用熔融氯化锌作为催化剂,一步可直接得到高产率而且辛烷值大于 90 的汽油产品。

熔融氯化锌催化液化工艺流程如图 7-7 所示。其工艺流程为:煤(或其他高分子烃类)与循环溶剂配成煤浆,煤浆和氢气混合后与大约等量的熔融氯化锌混合,此混合物经预热后加入反应器。在温度约 425 ℃,压力 18～20 MPa 条件下,氯化锌裂解活性很高,它可以打破煤中缩合芳环结构,但不会裂解产物中的单环结构。裂化后的低分子产品(蒸气相)从反应器顶部排出,通过蒸馏得到大部分汽油馏程的产物和回收循环的油,富氢气体循环使用。未转化煤、重质油、灰和"废"氯化锌催化剂以悬浮液形态从反应器底部流出,进入氯化锌再生器。

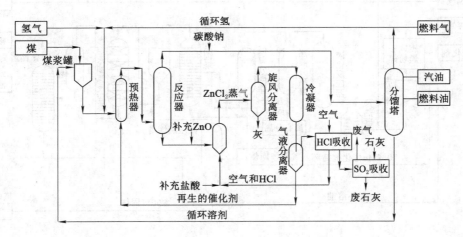

图 7-7　熔融氯化锌催化液化工艺流程

熔融氯化锌催化液化工艺具有反应速率快,产品中汽油馏分得率高,气产率低,异构烷烃含量高,汽油辛烷值即可达 90 等特点。但由于氯化锌和其他在体系中形成的氯化物的高腐蚀性,遇到的很大问题是金属材料的耐腐问题,如能解决材料的耐腐问题,该工艺有显著的经济性。

7.4.5 俄罗斯低压液化工艺

俄罗斯在 20 世纪 70～80 年代对煤炭直接液化技术进行了研究,针对坎斯克-阿钦斯克、库兹涅茨(西伯利亚)煤开发出了低压(6～10 MPa)煤直接液化工艺,1983 年在图拉州建成了 5~10 t/d 规模的"CT-5"中试装置,在此基础上先后完成了 75 t/d 规模的"CT-75"和 500 t/d 规模的"CT-500"大型中试厂的详细工程设计,其中"CT-75"已开始建设,后因一些原因未完成"CT-75"的建设工作。2000 年俄罗斯政府在海参崴附近的布拉格辛斯克建设年产 50 万 t 油品的煤直接液化工厂,并于 2005 年建成投产。

俄罗斯低压液化工艺流程如图 7-8 所示。其工艺流程为:原料煤粗破至小于 3 mm 后进入涡流舱,在涡流舱内,煤被惰性气体快速加热(加热速率大于 1 000 ℃/min),发生爆炸式的水分分离、气孔爆裂,经过两级涡流仓热裂解脱除水分后进入细磨机,最后得到粒径小于 0.1~0.2 mm,水分小于 1.5%~2.0% 的粉煤。粉煤与来自工艺过程产生的两股溶剂、乳化 Mo 催化剂(Mo 添加量为干煤的 0.1%)混合后一起制成煤浆。煤浆与氢气混合后进入煤浆预热器,加热后的煤浆和氢气进入液化反应器进行液化反应,反应完毕后进入高温分离器,高温分离器底部物料(含固体约 15%)通过离心分离回收部分循环溶剂,由于 Mo 催化剂是乳化状态的,在此股溶剂中约 70% 的 Mo 被回收。离心分离后的另一股物料含固体约 30%,进入减压蒸馏塔。减压蒸馏塔塔底物含固体 50%,送入 Mo 催化剂回收焚烧炉。Mo 催化剂回收焚烧炉的燃烧温度为 1 600~1 650 ℃,在此温度下,液化残渣中的 Mo 被蒸发,与燃烧烟气一起排出焚烧炉,并冷却到 250 ℃,经过滤器将含 Mo 粉尘过滤下来,通过湿式冶金的方法从中分离出 Mo,Mo 再加氨生成钼酸铵返回系统使用。工艺全过程 Mo 的回收率为 95%~97%。

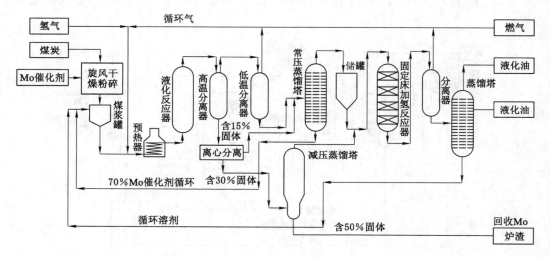

图 7-8　俄罗斯低压液化工艺流程

高温分离器顶部气相进入低温分离器,低温分离器上部的富氢气作为循环氢使用,底部液相与离心分离机的溶剂一起进入常压蒸馏塔,在常压蒸馏塔切割出轻中质油馏分,常压蒸馏塔塔底油含 70%Mo 催化剂,作为循环溶剂去制备煤浆。常压蒸馏塔塔顶轻中质油馏分与减压蒸馏塔塔顶油一起,进入半离线的固定床加氢反应器,加氢后的产物经常压蒸馏后分割成汽油馏分、柴油馏分和塔底油馏分。塔底油馏分由于经过加氢,供氢性增加,作为循环溶剂去制备煤浆。

俄罗斯低压液化工艺的特点是:① 加氢液化反应器操作压力较低,褐煤液化压力为

6.0 MPa,烟煤、次烟煤液化压力为 10.0 MPa;② 采用了高效的 Mo 催化剂,并掌握了 Mo 的回收技术;③ 采用了瞬间涡流仓煤干燥技术,在干燥煤的同时,并使煤的比表面积和孔容积增加了数倍。俄罗斯低压液化工艺对煤种的要求较高,催化剂回收的经济性也有待于商榷。

7.4.6　美国 HTI 工艺

20 世纪 70 年代中期以来,美国碳氢技术公司(HTI)的前身 HRI 公司就开始从事煤加氢液化技术的研究和开发工作。他们首先利用已得到普遍工业化生产的沸腾床重油加氢裂化工艺研发了 H-Coal 煤液化工艺,并以此为基础将之改进成两段催化液化工艺(TSCL)。后来,利用十几年开发的悬浮床反应器和拥有自主知识产权的铁基催化剂(Gelcat TM)对该工艺进行了改进,形成了 HTI 煤液化新工艺。

HTI 煤直接液化工艺流程如图 7-9 所示。其工艺流程为:煤、催化剂与循环溶剂配成煤浆,预热后与氢气混合加入沸腾床反应器的底部。第一反应器操作压力 17.0 MPa,操作温度400~420 ℃。反应产物直接进入第二段沸腾床反应器中,操作压力与第一段相同,操作温度 420~440 ℃。第二反应器的产物进入高温分离器,高温分离器底部含固体的物料减压后,部分循环至煤浆制备单元,称为粗油循环。高温分离器底部其余物料进入减压蒸馏塔,减压蒸馏塔塔底物料进入临界溶剂萃取单元,进一步回收重质油馏分。临界溶剂萃取单元回收的重质油与减压蒸馏塔的塔顶物一起作为循环溶剂去煤浆制备单元。临界溶剂萃取单元的萃余物料为液化残渣。高温分离器气相部分直接进入在线加氢反应器,产品经加氢后进入分离器,气相富氢气体作为循环氢使用。液相产品减压后进入常压蒸馏塔蒸馏切割出产品油馏分。常压蒸馏塔塔底物部分作为溶剂循环至煤浆制备单元。

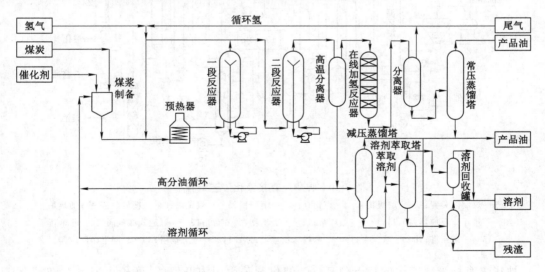

图 7-9　HTI 煤直接液化工艺流程

HTI 工艺的主要特点是:① 反应条件比较缓和,反应温度 440~450 ℃,压力 17 MPa;② 催化剂是采用 HTI 专利技术制备的铁系胶状高活性催化剂,用量少;③ 在高温分离器后面串联有在线加氢固定床反应器,对液化油进行加氢精制;④ 固液分离采用临界溶剂萃取的方法,从液化残渣中最大限度回收重质油,从而大幅度提高了液化油回收率,油收率可达60%以上。

7.4.7 神华煤直接液化工艺

神华集团结合自身产业发展的需要,在分析国内外煤直接液化技术的基础上通过技术创新和技术集成,完成了神华煤直接液化工艺技术的开发。2007年年底神华集团建成百万吨级示范工程,2008年12月试车成功,2010年进行技术完善和商业化试运行,2011～2013年进入了商业化运行阶段。

神华煤直接液化工艺流程见图7-10。其工艺流程为:洗精煤经洗选后制出合格粒度的煤粉,将煤粉和"863"催化剂与循环溶剂配制成油煤浆,经过升压、加热进入两台串联的悬浮床煤直接液化反应器,在温度445～460 ℃、压力18.5～19.5 MPa条件下,与来自煤制氢装置的氢气发生加氢裂化反应,实现了固体煤粉颗粒转化成液态油品的过程。含未转化煤粉、催化剂和灰分的反应产物依次通过不同温度和压力等级的6台分离器,实现循环氢、油相和水相分离。反应产物的油相经过常压塔和减压塔后,分离出固相残渣。常、减压塔侧线产品混合后,全部送至加氢稳定装置(沸腾床反应器),在此反应器内进行全馏分加氢精制,在实现提高油品供氢性的同时,脱除 S、N、O 和金属等杂质,反应产物经分馏切割后的重组分可作为循环溶剂油,较轻的组分送至下游的加氢改质装置(固定床反应器),生产柴油产品和石脑油。

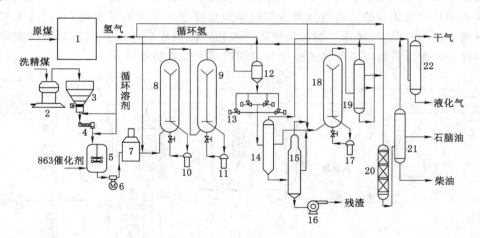

图 7-10　神华煤直接液化工艺流程

1——煤制氢装置;2——磨煤机;3——煤粉仓;4——混捏机;5——煤浆罐;6——进料泵;7——加热炉;
8,9——悬浮床反应器;10,11,17——循环泵;12——分离器(共 6 台);13——五通式减压阀;14——常压塔;
15——减压塔;16——减压泵;18——沸腾床反应器;19,21,22——分馏塔;20——固定床反应器

神华煤直接液化工艺的特点包括:① 催化剂采用国内开发的"廉价可弃型""863"合成催化剂;② 油煤浆制备工艺采用循环供氢溶剂和煤先预混捏合一级循环搅拌的工艺,煤液化反应部分采用二级串联全返混悬浮床的反应器技术,反应产物的固液分离采用减压蒸馏;③ 所有循环供氢溶剂和液化油产品加氢采用强制循环沸腾床反应器,催化剂可每日在线置换更新,加氢后的供氢性溶剂供氢性能好,产品性质稳定。

7.4.8　煤油共炼技术

煤油共炼技术也称为煤油共处理,是自 1980 年后发展起来的一种煤炭直接液化技术,其将煤炭制成质量分数为 45%~50%并且直径小于 100 μm 的煤浆,与重油按一定比例混合后,在高温、高压、催化剂的条件下,一次通过反应器使之同时裂解成为轻、中质油和少量的烃类气体。煤油共炼技术改变了单一煤直接液化、重质油悬浮床加氢裂化的加工模式,能够充分利用煤、油在加氢裂化反应中的协同效应,将煤粉均匀分散到低品质油、煤焦油、环烷基重油或石油渣油等重质油中,单次通过反应器进行加氢裂化反应,生产轻质油品,实现煤与重油的高效转化。煤油共炼技术中,原料的转化率都可高达 90%以上,油品的质量有较大的提高,由于工艺的优化和生产成本的降低,相对于其他直接液化法其有更强的市场竞争力。

煤油共炼工艺由于具有诸多技术优势受到世界各国的关注。国外煤油共炼技术的研究开始较早,代表性工艺主要有加拿大能源开发公司(CED)和德国煤液化公司(GFK)合作开发的 PYROSOL 工艺、加拿大矿产和能源技术中心(CANMET)的 CANMET 工艺、陕西延长石油煤油共炼工艺、煤科总院煤化工分院的煤油共炼工艺等。

(1) PYROSOL 工艺

CED 公司和 GFK 公司在总结煤液化工艺氢耗大、操作压力高、煤油浆原料中煤含量低、煤中灰分对工艺影响较大等技术难题的基础上,于 1985 年合作开发了 PYROSOL 工艺。该工艺是一种由煤和重油溶液化、缓和加氢裂化及临氢延迟焦化三段组成的联合加工技术,已在高压釜、小试装置、120 kg/d 中试装置上验证了技术上的可行性,是煤油共炼中最具经济性的技术。

PYROSOL 工艺流程见图 7-11。其工艺流程为:经过脱除灰分处理的煤粉与重油、可弃性铁催化剂进行充分混合,连续经过两个串联直接接触式预热器,然后在反应温度 380~420 ℃、反应压力 8~10 MPa 的条件下进行缓和加氢裂化反应,产物油品先分馏收集,剩余约 65%重组分产物(未转化煤或重油、可弃性铁催化剂或灰分等)在反应温度 480~520 ℃、反应压力 8~10 MPa 的条件下进一步发生临氢延迟焦化反应,产物经过分馏后,残渣可通过加氢转化为油品和焦炭,焦油则循环利用再次发生临氢延迟焦化反应。PYROSOL 工艺的原料适应性很强,且氢耗大幅降低,约占反应原料的 1%。

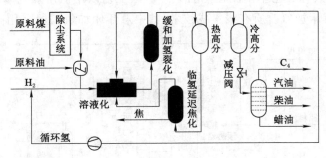

图 7-11　PYROSOL 工艺流程

(2) CANMET 工艺

CANMET 公司于 1981 年建立了 1 kg/h 小型实验装置,开启煤油共炼的技术开发,进而在 0.5 t/d 中试装置上进行了 50 000 h 的长周期运转,并完成了 25 t/d 小型示范装置。在较低煤进料比例的条件下,CANMET 工艺已经实现工业应用,并于 1985 年在加拿大潘托特朗布勒炼厂已建成 25 万 t/a 的工业示范装置。CANMET 工艺采用 $FeSO_4 \cdot 7H_2O$ 粉末为催化剂,以悬浮床为反应器,实现了煤液化过程的低压操作,1993 年该工艺中断了研究和开发工作。

CANMET 工艺基本流程见图 7-12。煤油浆、$FeSO_4 \cdot 7H_2O$ 粉末及 H_2 一并进入悬浮床反应器底部,在反应温度 435~455 ℃、反应压力 13.6 MPa 的条件下进行加氢裂化反应,液体收率可以达到 74.3%。悬浮床反应器的采用不但实现了反应器容积的最大化利用,而且可以保证反应器内温度的均一性及稳定性;$FeSO_4 \cdot 7H_2O$ 粉末作为催化剂,在低压、低氢耗的情况下表现出了促进加氢转化、延缓生焦及结焦的作用,这不但降低了装置投资成本,也有效减少了操作运转费用。

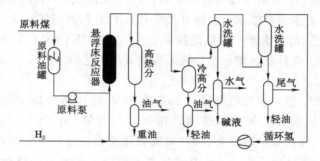

图 7-12　CANMET 工艺流程

(3) 延长石油煤油共炼工艺

2011 年 4 月,延长石油引进国外先进悬浮床加氢裂化技术,借鉴单一煤直接液化技术和重质油悬浮床加氢裂化技术特点,开始开展煤油共炼技术的研发工作,先后建成了 150 kg/d 中试装置及 45 万 t/a 工业示范装置。该技术将重油加工技术与现代煤化工技术耦合,为石化和煤化工行业开辟了一条新路线,推动能源化工技术发展,具有良好的产业化应用前景。

延长石油煤油共炼工艺基本流程见图 7-13。该工艺以中低阶煤与重油为原料,采用悬浮床加氢裂化-固定床加氢改质在线集成技术,其中悬浮床加氢工段采用高效 Fe 系催化剂-

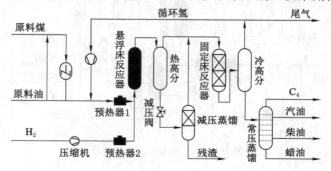

图 7-13　延长石油煤油共炼工艺流程

添加剂体系。煤油浆与新 H_2 分别经过预热系统,一并进入串联的平推流悬浮床反应器,在反应温度 450～470 ℃、反应压力 18～22 MPa 的条件下进行加氢裂化反应,轻质产物经过高温高压分离器分离后直接进入固定床进行加氢改质。高效 Fe 系催化剂-添加剂体系可提供更多活化氢,添加剂在反应中可以承担焦炭载体的作用,有效延缓了反应器及分离系统中的结焦,从而实现了高惰质组煤及重油的高转化率。

(4) 中国煤炭科学研究总院煤直接液化技术

中国煤炭科学研究总院北京煤化工研究分院在煤直接液化技术基础上,于 2007 年开发了一种主要由煤加氢液化过程和液体油品加氢提质过程组成的煤油共炼工艺,其中煤加氢液化过程采用分散型双金属或多金属催化剂,液体油品加氢提质过程采用 Ni-Mo、Ni-Co 或 Ni-W 系负载型催化剂,在反应温度 330～390 ℃、反应压力 10～15 MPa 的条件下进行加氢提质。与其他煤直接液化技术相比,该技术可将煤转化率提高 1%～5%,将反应产物中轻、中质油收率提高 5% 以上。

7.5 主要设备

7.5.1 高压煤浆泵

高压煤浆泵是 20 世纪 70 年代在往复式活塞泵的基础上增加隔膜室演变而来,实现了输送介质与活塞的隔离,具有易损件寿命高、维修简便、连续运转效率高、运行成本低、高效节能环保等诸多优点。

高压煤浆泵的作用是把煤浆从常压送入高压系统内,除了有压力要求外,还必须达到所要求的流量。煤浆泵一般选用往复式高压柱塞泵,小流量可用单柱塞或双柱塞,大流量情况下要用多柱塞并联。柱塞材料必须选用高硬度的耐磨材料。

7.5.2 煤浆预热器与煤浆加热炉

煤浆预热器的作用是在煤浆进入反应器前,把煤浆加热到接近反应温度。小型装置一般采用电加热,大型装置则采用加热炉。在升温过程中,特别在 300～400 ℃ 范围内,煤浆的黏度随温度的升高而明显上升。在加热炉炉管内,煤浆黏度升高后,一方面炉管内阻力增大,另一方面流动形成层流,即靠近炉管管壁的煤浆流动十分缓慢。这时如果炉管外壁热强度较大,温度过高,则管内煤浆很容易局部过热而结焦,导致炉管堵塞。为解决这一问题,通常使循环氢与煤浆一起进入预热器。由于循环气体的扰动作用,煤浆在炉管内始终处于湍流状态。另外在不同温度段选用不同的传热强度,在低温段可选择较高的传热强度,即可利用辐射传热,而在煤浆温度达到 300 ℃ 以上的高温段时,必须降低传热强度,使炉管的外壁温度不致过高,一般采用对流传热。

对于大规模生产装置,煤浆加热炉的炉管需要并联,此时为了保证每一支路中的流量一致,最好每一路炉管配一台高压煤浆泵。还有一种解决预热器结焦堵塞的办法是取消单独的预热器,煤浆通过高压换热器升温至 300 ℃ 以上就进入反应器,靠加氢反应放热和循环气体加热使煤浆在反应器内升至反应所需的温度。煤浆加热炉的设计参数选择可参照石油炼制加热炉的设计经验。

7.5.3 液化反应器

反应器是煤直接液化工艺的核心设备,其处理的物料包括气相氢、液相溶剂、少量的催化剂和固体煤粉。煤浆浓度为 40%～50%,属于高固含量的浆态物料;同时在反应条件下,气、液体积流量之比为 8～13。这种高固含率和高气液操作比使得煤直接液化反应体系成为一个复杂的多相流动体系。

一般来说,煤液化反应器的操作条件都是高温、高压,煤直接液化反应器实际上是能耐高温(470 ℃左右)、耐氢腐蚀的高压容器。自从 1913 年德国的 Bergius 发明煤直接液化技术以来,德国、美国、日本等国家已经相继开发了几十种煤液化工艺,所采用反应器的结构也各不一样。总的来说,煤液化的反应器主要有 3 种类型:鼓泡床反应器、悬浮床反应器和环流反应器。

(1) 鼓泡床反应器

气液鼓泡床反应器以其良好的传热、传质、相间可充分接触和可连续操作等特性,而广泛应用于化工生产。在煤直接液化工艺中,氢气和煤浆从反应器底部进入,反应后的物料从上部排出,由于反应器内物料的流动形式为平推流(即活塞流),理论上完全排除了返混现象,实际应用中大直径的鼓泡床反应器有轻微的返混,因此也称该种反应器为活塞流反应器。德国的 IG 工艺和 IGOR 新工艺、日本的 NEDOL 工艺、美国的 SRC 和 EDS 工艺以及俄罗斯的低压加氢工艺等都采用了这种反应器,相对而言它是三种反应器中最为成熟的一种。图 7-14 和图 7-15 分别为 NEDOL 工艺和 IG 工艺液化反应器。

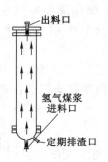

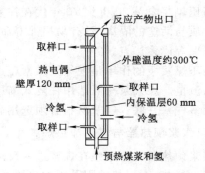

图 7-14　NEDOL 工艺液化反应器　　　　　图 7-15　IG 工艺液化反应器

鼓泡床反应器具有内部构件少、含气率高、气液传质速率高、技术成熟、风险小等优点。其缺点主要有两个:一是液相速率偏低,接近或低于颗粒沉降速率,使反应器内固体浓度较高,长时间运转会出现固体沉降问题,需要定期排渣;二是由于流体动力的限制,生产规模不能太大,一般认为其最大处理量为 2 500 t/d。

(2) 强制循环悬浮床反应器

强制循环悬浮床反应器内部有循环杯,并带有循环泵,应用该种反应器的煤液化工艺主要有 HTI 液化工艺、中国神华煤液化工艺等。神华煤液化工艺反应器结构如图 7-16 所示。

强制循环悬浮床反应器的优点是液相速率高,克服了颗粒沉降问题;含气率低于鼓泡床,达到比较适中的数值,既保

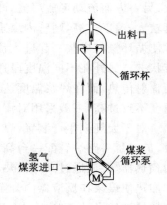

图 7-16　神华煤液化
工艺反应器

证了传质速率,又增加了液相停留时间。另外,由于有大量高温循环物料与新鲜进料的混合,可以通过降低进料温度的办法移出反应热。该反应器的缺点是必须配备能在高温高压条件下运行的循环泵,以及反应器顶部必须有提供气液分离的空间及构件,这不仅使反应器内部构件复杂化,而且反应器的气液比不能过高,否则气液分离不完全,易引起循环泵抽空等一系列问题。

(3) 环流反应器

环流反应器是在鼓泡床反应器的基础上发展起来的一种高效多相反应器,具有结构简单、传质性能好、易于工程放大的特点,在化学工程和其他相关领域中有广泛的应用。环流反应器型式多样,种类繁多,其中气升式内环流反应器是常用的一种。这种反应器利用进料气体在液体中的相对上升运动,产生对液体的曳力,使液体也向上运动,或者说利用导流筒内外的含气率不同而引起的压强差,使液体产生循环运动。气升式内环流反应器有中心进料环流反应器(图 7-17)和环隙进料环流反应器(图 7-18)两种类型。

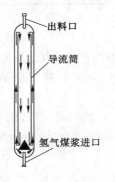

图 7-17　中心进料环流反应器

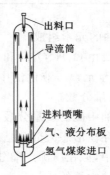

图 7-18　环隙进料环流反应器

环流反应器的主要优点是反应器内流体定向流动,环流液速较快,实现了全返混模式,而且不会发生固体颗粒的沉积;气体在其停留时间内所通过的路径长,气体分布更均匀,单位反应器体积的气泡比表面积大,因此相间接触好,传质系数也较大。与强制循环悬浮床反应器相比,省去了循环泵和复杂的内构件,减少了操作费用和因循环泵故障而引起的运转风险。

2007 年 12 月,煤炭科学研究总院联合神华集团对 6 t/d 的煤液化装置进行改造,将 2 个串联反应器中的第 1 个反应器改造成如图 7-17 所示的环流反应器,第 2 个反应器仍采用强制循环悬浮床反应器,2 个反应器在相同的试验条件下进行了将近 1 个月的投煤试验,研究结果表明环流反应器煤转化率略高一些,但油收率略低于强制循环反应器,总的来说差别不大。该试验从工业实践上证明了环流反应器应用于煤炭直接液化体系的可行性,但在放大设计、优化设计及理论研究方面仍需要做进一步的深入研究。

7.6　煤直接液化初级产品的提质加工

煤直接液化的初级产品保留了煤的一些特征,如芳烃含量高、杂原子(N、O、S 等)含量高、色相和储存稳定性差等,一般不能直接使用,必须经进一步提质加工才能获得不同级别的液体燃料。

7.6.1 液化油的组成及特点

煤液化粗油的性质与液化原料煤的种类、工艺过程和条件有很大关系。表 7-3 为 NED-OL 工艺依兰煤煤液化粗油的性质。

表 7-3　　　　　　　　　　　　NEDOL 工艺依兰煤煤液化粗油的性质

项目	馏分分析/℃						相对密度	元素分析/%（质量分数）				
	IBP	10%	50%	70%	90%	EP	（40 ℃）	C	H	N	O	S
轻质石脑油	51	74	139	163	179	190	0.785	82.42	12.87	0.52	4.13	0.06
重质石脑油	199	204	206	208	212	249	0.918	84.85	10.01	0.77	4.34	0.03
常压轻油	216	225	226	228	231	246	0.917	86.56	10.46	0.85	2.11	0.02
常压重油	255	266	288	314	371	380	0.966	88.84	9.78	0.70	0.65	0.03

（1）液化油的元素组成

液化油主要由 C、H、O、N 和 S 五种元素组成，另外粗油中还含有少量灰分，一般还含有铁、钛、硅和铝等元素。液化油中 C 元素含量较高，为 $80\% \sim 90\%$（质量分数），H 元素为 $10\% \sim 15\%$（质量分数）。

煤液化粗油中硫的质量分数为 $0.05\% \sim 2.5\%$，大多在 $0.3\% \sim 0.7\%$，低于石油的平均硫含量。硫的存在形态大部分是苯并噻吩或二苯噻吩及其衍生物，且比较均匀地分布于整个液化油馏分中，但在高沸点馏分中含量有增高的倾向。

煤液化粗油中氮的质量分数为 $0.2\% \sim 2.0\%$，典型值在 $0.9\% \sim 1.1\%$，远高于石油的平均氮含量。杂原子氮可能存在的形式有吡啶、咔唑、喹啉、苯并喹啉、吖啶、苯并吖啶等。液化粗油中的氮化合物几乎全部呈碱性，这就增加了煤液化粗油加氢精制的难度。

液化粗油中氧的质量分数为 $1.5\% \sim 7\%$，其值取决于液化煤种和工艺方法，大多在 $4\% \sim 5\%$，远高于石油馏分的平均氧含量。氧的存在会增加煤液化粗油加氢处理操作中的氢消耗量，导致成本增加。

煤液化粗油中的灰含量取决于固液分离的方法。采用旋流分离、离心分离、溶剂萃取沉降分离的液化粗油中含有灰，这些灰在采用催化剂的提质加工过程中会引起严重的问题。采用减压蒸馏进行固液分离的液化粗油中不含灰。灰分中一般含有铁、钛、硅和铝等元素。

（2）液化油的馏分分布

按馏分分布煤液化粗油一般分为轻油、中油和重油馏分。

① 轻油馏分

煤液化轻油馏分又可分为轻石脑油（初馏点约 82 ℃）和重石脑油（82 ～180 ℃），占液化粗油的 $15\% \sim 30\%$（质量分数）。其具有较高的芳烃含量，链烷烃仅占 20% 左右，是生产汽油和芳烃（BTX）的合适原料。但煤液化轻油馏分含有较多的杂原子（尤其是氮原子），必须经过十分苛刻的加氢才能将其脱除，加氢后的石脑油馏分经过较缓和的重整即可得到高辛烷值汽油和丰富的芳烃原料。

② 中油馏分

煤液化中油馏分（180～350 ℃）占全部液化油的 $50\% \sim 60\%$（质量分数）。中油馏分的沸点范围相当于石油的柴油馏分,但由于该馏分的芳烃含量高达 70%,不进行深度加氢,难于符合市场柴油的标准要求。从煤液化中油制取的柴油是低凝固点柴油,十六烷值在 40 左右,从煤液化中油还可以得到高质量的航空煤油,但真正应用还需要做发动机实验。

③ 重油馏分

煤液化重油馏分(350~500 ℃ 或 540 ℃)的产率与液化工艺有很大关系,一般占液化粗油的 10%~20%(质量分数),有的液化工艺这部分馏分很少。煤液化重油馏分由于杂原子、沥青烯含量较高,加工较为困难。对其的一般加工路线是与中油馏分混合共同作为加氢裂化的原料及流化催化裂化(FCC)的原料。除此以外,煤液化重油馏分的主要用途只能作为锅炉燃料。

煤液化中油和重油混合经加氢裂化可以制取汽油。加氢裂化催化剂对原料中的杂原子含量及金属盐含量较为敏感。因此,在加氢裂化前必须进行深度加氢来除去这些催化剂的敏感物。

7.6.2　提质加工技术

液化粗油是一种十分复杂的烃类化合物混合体系,液化粗油的复杂性在对其进行提质加工生产各种产品时带来许多问题,需要针对液化粗油的性质,专门研究开发适合液化粗油性质的工艺。液化粗油的提质加工一般以生产汽油、柴油和化工产品(主要为 BTX)为目的。

煤液化粗油提质加工工艺与石油产品的加氢精制工艺十分相似,主要由催化加氢、蒸馏和改质等设备组成,此外还包括排水、排气处理设备和各种贮罐等设施。由于液化粗油中芳香组分含量高,杂原子多,所以操作条件要比普通的石油精制工艺苛刻。因此目前大部分粗油提质加工工艺还停留在实验室研究阶段,工业化应用还有一定差距。下面介绍几种典型的煤液化粗油提质加工工艺。

(1) 德国煤直接液化提质加工工艺

第二次世界大战期间,德国煤直接液化工艺的液化粗油提质加工所得汽油的质量不高,不能满足现代用户的液体燃料需求。随着催化剂、供氢溶剂、限制溶剂油沥青烯含量以及固液分离技术的进步和联合利用,德国开发出液化新工艺——煤液化粗油精制联合工艺(IGOR)工艺,其工艺特点是将煤直接加氢液化系统和液化粗油加氢提质系统串联在一个系统中,即将液化粗油的一次加氢和二次加氢与煤加氢转化连在一起,从 IGOR 工艺出来的液化油具有轻质和极低的 N、S 含量,经蒸馏即可获得十六烷值达 48.8、氮和硫质量分数分别为 2×10^{-6} 和 17×10^{-6} 的优质柴油。煤液化粗油精制联合工艺(IGOR)打破了传统煤高压加氢液化模式,开创了一种煤炭液化与液化粗油加氢精制过程合为一体的新工艺,避免了物料的变温和变压,缩短了工艺过程,直接生产出合格的洁净燃料油,改善了生产操作环境,降低了生产成本,提高了煤液化工业化生产的经济性。

(2) 日本煤液化粗油提质加工工艺

日本政府在新能源产业技术综合开发机构(NEDO)的主持下,于 1999 年在日本的秋田县建成的 6 t/d 煤液化粗油提质加工中试装置,以烟煤液化工艺和褐煤液化工艺的液化粗油为原料。

日本煤液化粗油提质加工工艺流程由液化粗油全馏分一次加氢、一次加氢油中煤、柴油馏分的二次加氢、一次加氢油中石脑油馏分的二次加氢、二次加氢石脑油馏分的催化重整 4

个部分构成。

在一次加氢部分,将全馏分液化粗油通过加料泵升压,与以氢气为主的循环气体混合,在加热炉内预热后送入一次加氢反应器。一次加氢反应器为固定床反应器,采用 Ni/W 系催化剂进行加氢反应。加氢后的液化粗油经气液分离后送至分离塔,在分离塔内被分离为石脑油馏分和煤、柴油馏分,分别送至石脑油二次加氢和煤、柴油二次加氢装置。一段加氢精制产品油的质量目标值是精制产品油的氮含量在 $1\,000\times10^{-6}$ 以下。

煤、柴油馏分二次加氢与一次加氢基本相同。将一次加氢煤、柴油馏分通过煤、柴油加料泵升压,与以氢气为主的循环气体混合,在加热炉内预热后,送入煤、柴油二次加氢反应器。煤、柴油二次加氢反应器为固定床填充塔,采用 Ni/W 系催化剂进行加氢反应。加氢后的煤、柴油馏分经气液分离后送煤、柴油吸收塔。将煤、柴油吸收塔上部的轻质油取出混入重整后的石脑油中,塔底的柴油送产品罐。煤、柴油馏分二次加氢的目的是为了提高柴油的十六烷值,使产品油的质量达到氮含量小于 10×10^{-6}、硫含量小于 500×10^{-6},十六烷值在 35 以上。

石脑油馏分二次加氢与一次加氢基本相同。将一次加氢石脑油馏分通过石脑油加料泵升压,与以氢气为主的循环气体混合,在加热炉内预热后,送入石脑油二次加氢反应器。石脑油二次加氢反应器为固定床填充塔,采用 Ni/W 系催化剂进行加氢反应。加氢后的石脑油馏分经气液分离后送至石脑油吸收塔。将石脑油吸收塔的轻质油取出混入重整后的石脑油中,塔底的石脑油进行热交换后送重整反应塔。石脑油馏分二次加氢的目的是为了防止催化重整催化剂中毒,由于催化重整催化剂对原料油的氮、硫含量有较高的要求,一段加氢精制石脑油必须进行进一步加氢精制,使石脑油馏分二次加氢后产品油的氮、硫含量均在 1×10^{-6} 以下。

在石脑油催化重整中,将二次加氢的石脑油通过加料泵升压,与以氢气为主的循环气体混合,在加热炉内预热后,送入石脑油重整反应器。石脑油重整反应器为流化床反应器,采用 Pt 系催化剂进行催化重整反应。催化重整后的石脑油经气液分离后送稳定塔,稳定塔出来的汽油馏分与轻质石脑油混合,作为汽油产品外销。催化重整使产品油的辛烷值达到 90以上。一部分 Pt 系催化剂从石脑油重整反应器中取出,送再生塔进行再生。

(3) 中国煤液化粗油提质加工工艺

中国煤炭科学研究总院北京煤化工研究分院从 20 世纪 70 年代末开始从事煤直接液化技术研究,同时对液化粗油的提质加工进行了深入研究,开发了具有特色的提质加工工艺,并在 2 L 加氢反应器装置上进行了验证试验。其开发的液化粗油提质加工工艺流程见图 7-19。

该工艺流程中液化粗油由进料泵打入高压系统,与精制产物换热至 180 ℃,在预反应器入口处与加氢裂化反应器出口的高温物汇合(降低氮含量),进入预反应器,在预反应器中部注入经换热和加热的 400 ℃混合气,进一步提高预反应器温度,预反应器装有加氢脱氮和加氢脱铁催化剂,进出口温度分布在 180~320 ℃。在预反应器中进行预饱和加氢和脱铁。出预反应器的物料通过预热炉加热至 380 ℃后进入加氢精制反应器。加氢精制反应器内分四段填装加氢脱氮催化剂,每段之间注入冷混合气以控制温度。出加氢精制反应器的产物经三个换热器后进入冷却分离系统,富氢气体经循环氢压机压缩后与新氢混合。液体产物减压后进入蒸馏塔,切割出汽油、柴油,釜底油通过高压泵升压后与加氢精制反应器产物换热,并通过预热炉加热至 360 ℃进入加氢裂化反应器。加氢裂化反应器填装两种催化剂,上部填装轻油加氢裂化催化剂,下部装填加氢脱氮催化剂,可以通过冷氢控制反应温度。加氢裂化反应器出口产物与加氢原料混合。该工艺生产的柴油的十六烷值超过 50,汽油的辛烷值为 70。

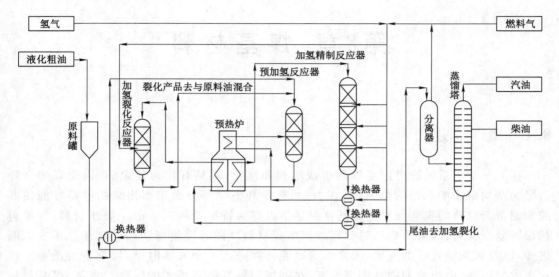

图 7-19 北京煤化工研究分院液化粗油提质加工工艺流程

该工艺有以下特点:① 针对液化粗油氮含量高,在进行加氢精制前,用低氮的加氢裂化产物进行混合,降低原料氮含量;② 为防止反应器结焦和中毒,采用了预加氢反应器,并在精制催化剂中添加脱铁催化剂,同时控制反应器进口温度在 180 ℃,避开结焦温度区,对易缩合结焦物进行预加氢和脱铁;③ 针对液化精制油柴油馏分十六烷值低的特点,对柴油以上馏分进行加氢裂化,既增加了汽油柴油产量,又提高了十六烷值。

思 考 题

1. 简要论述煤的直接液化原理。
2. 简要论述煤直接液化过程中的氢的来源及溶剂的作用。
3. 简要论述煤直接液化过程中主要影响因素有哪些。并重点分析煤岩组分差异对煤液化收率和产物分布的影响。
4. 试比较不同煤直接液化工艺特点及优缺点。
5. 分析煤直接液化油的提质加工工艺研究现状及发展趋势。
6. 试分析归纳本章所述工艺过程可能存在哪些污染源?应采取哪些防治措施?

第8章 煤基材料

8.1 概 述

在第一章中系统地讨论了煤的组成结构和性质,煤具有较为复杂的、以交联的多环芳烃为结构单元的孔结构体系,其在力学、热学和电学等方面表面出来的独特性能使其成为制备新材料的重要原料。煤基材料是指以煤为特征原料制备的一类新材料,主要包括煤基复合材料、煤基炭素材料和煤基新型碳材料。随着煤炭清洁高效利用技术的不断进步,以及新能源技术的发展,未来煤炭产业必将进入一个发展时期,以上下游产业一体化为发展思路,由粗放型向精细型转变,在创新协同发展新模式的时代背景下,煤基材料将成为煤化工产业转型升级过程中创新发展的重要方向之一。通过整合我国煤化工以及功能材料领域的资源优势,围绕碳材料在航空航天、装备制造、军工、电子信息、新能源等产业应用,发展煤基材料,特别是煤基新型碳材料,对于落实国家"能源革命"发展战略,助推和引领新型煤化工及新材料产业跨越式发展,提高煤炭资源清洁高效利用水平,具有重大战略意义。

8.2 煤基复合材料

8.2.1 煤粉填料

煤粉可以代替或部分代替炭黑作为橡胶配料中的增强填料。将低挥发分煤研磨到 $5\sim10~\mu m$ 的粒度范围作为橡胶填料,补强效果没有高耐磨炉法炭黑或超耐磨炉法炭黑高,如果加工过程中使物料不与氧接触,补强性质可以得到改进。如果从研磨一直到橡胶配料按比例混合的过程中都使物料不与氧接触,这些填料的性质可以得到改进。国外已有工业化生产的煤粉填料,如商标名为 AUSTINBLACK 的煤粉填料,用于橡胶,也可用于聚烯烃、聚氯乙烯,其典型性能如下:密度 $1.31~g/cm^3$;含碳量 77%(质量分数,干燥无灰基);挥发分不大于 22%(干燥无灰基);平均粒径 $5.50~\mu m$。我国也进行了煤粉补强改性橡胶的研制工作,并制定了相应的标准,其煤基橡胶填料的性能如表 8-1 所示,相应煤粉补强改性橡胶的物理机械性能如表 8-2 所示。

表 8-1   煤基橡胶填料的技术要求

项　　目	技术要求
灰分/%	≤17.00
pH 值	9.0～10.5
真密度/(g/cm³)	<1.80
筛余物	≤0.10

表 8-2   煤粉补强改性橡胶的物理机械性能要求

特性指标	Ⅰ 级	Ⅱ 级
拉伸强度/MPa	≥19.0	≥17.0
断裂伸长率/%	≥580	≥550
300%定伸强度/MPa	≥6.5	≥6.2

8.2.2 神府煤/HDPE(高密度聚乙烯)共混体系

表 8-3 为神府煤粉添加量对神府煤/HDPE 共混体系性能的影响。HDPE 与神府煤共混可以提高 HDPE 的软化点和热稳定性。随神府煤粉加入量的增加,共混物的拉伸强度增加,并且在煤含量为 15% 时共混体系拉伸强度达最大值。由于煤的表面含有脂肪侧链,神府煤/HDPE 共混体系的界面上存在脂肪结构的相互缠结等物理相互作用,提高了共混体系的界面相互作用力,这提高了共混材料的强度。用马来酸酐改性 HDPE 作为界面相溶剂,可使体系断裂伸长率有所增加。

表 8-3   神府煤/HDPE 共混体系性能

煤粉添加量/%	拉伸强度/MPa	断裂伸长率/%	缺口冲击强度/(J/m²)
0	19.50	801.84	113.47
5	20.20	656.75	43.38
15	22.29	81.12	27.70
25	20.69	20.16	21.26

8.2.3 特种无烟煤粉共混塑料

对特种无烟煤粉填充共混热塑性塑料的微观结构与性能研究表明,用钛酸酯偶联剂处理煤粉,便于树脂与煤粉均匀混合,使界面发生变化,相容性得到提高,有效地改善了材料的使用性能和加工性能;特种无烟煤粉经热处理,可以增加煤粉的表面活性,与树脂结合得到网状结构,可使力学性能得到保证;辐射交联煤粉/聚乙烯共混物可以提高材料的力学性能。

8.2.4 煤/聚己内酰胺(PA-6)复合材料

通过煤与聚合物相容性及溶度参数的研究表明,煤的溶度参数为 $(23\sim30)\times10^{-3}$ $(J/m^3)^{1/2}$;煤与天然橡胶、聚烯烃、聚氯乙烯等的溶度参数相差较大,其共混体系拉伸断面 SEM 扫描结果可明显观测到界面存在空隙,相容性差;而煤与聚偏二氯乙烯、聚酰胺等的溶度参数接近,相容性好。

8.2.5　风化煤腐殖酸/PA-6复合材料

中国有大量闲置的风化煤,其主要成分为腐殖酸。对风化煤腐殖酸与PA-6共混复合体系的研究表明,腐植酸的加入使材料的强度、模量大幅度提高,可达1.3倍,但同时会引起材料韧性的下降。复合材料索氏抽提后的腐殖酸红外光谱分析表明,腐殖酸与PA-6间发生了强烈的化学作用,在腐殖酸表面接枝了聚酰胺链。复合材料拉伸断面SEM扫描结果显示界面有明显的拉伸痕迹。当腐殖酸质量分数小于15%时,复合材料为韧性断裂;当腐殖酸质量分数大于15%时,复合材料为脆性断裂。

8.2.6　傅-克烷基化改性煤/聚丙烯复合材料

根据煤的结构特性,太原理工大学煤科学与技术教育部重点实验室提出了傅-克烷基化改性法制备煤基聚合物复合材料母料的新工艺。煤中富含芳香结构,芳香结构上具有亲电性的活性位可进行取代、烷基化、酰化等反应,通过温和条件下的傅-克烷基化反应,在煤表面接枝长链烷基,使煤/聚合物复合材料的力学性能得到提高,效果明显优于偶联剂改性;由于煤的挥发分特性使制品易产生气泡,采用部分脱除挥发分工艺使煤基高分子复合材料既克服了纯煤易在材料中产生气泡的缺陷,又具有优于焦粉炭黑的加工性能;通过强制排气式双螺杆挤出机共混造粒制备母料,产品以母料形式应用于具体的制品,有利于材料的专业化生产,而不需改变具体制品的生产设备及工艺(如增加排气装置),从而扩大了材料的应用范围。傅-克烷基化改性煤基高分子母料添加在聚丙烯中,使纯煤粉质量分数为20%,经注塑成型,复合材料力学性能如表8-4所示,结果显示煤/聚丙烯复合材料具有良好的力学性能。

表8-4　　　　　　　　　傅-克烷基化改性煤/聚丙烯复合材料力学性能

检测项目	阳城粉煤基复合材料	东山粉煤基复合材料	神府粉煤基复合材料
密度/(g/cm³)	1.2	1.2	1.2
拉伸屈服强度/MPa	27.3	24.4	24.6
断裂伸长率/%	1.3×102	1.5×102	1.0×102
平面断裂韧性/(MPa·m$^{1/2}$)	3.2	3.5	2.3

将煤作为刚性粒子与聚合物共混,制备煤基聚合物复合材料,具备如下优势:可供利用的煤炭资源可以是闲置粉煤、风化煤和高灰煤等,具有一定的环保意义;煤以有机成分为主,化学改性容易;煤的密度小,与无机矿物填充复合材料相比,制备同样体积的复合材料质量更轻,具有价格优势;在一些场合可替代价格昂贵的炭黑。煤基高分子复合材料可用于建筑材料、电器配件、环保产品等。

8.3　煤基炭素制品

8.3.1　炭电极

8.3.1.1　概述

炭电极是以电煅无烟煤、石油焦、石墨碎、煤沥青等为主要原料,经配料、成型、焙烧、机械加工而成的炭质导电材料,它是 21 世纪以来在我国逐步推广运用的一种新型节能环保材料,作为矿热炉用导电电极可以广泛应用于工业硅、铁合金、电石、黄磷等金属或非金属冶炼过程中。炭电极是节能、环保型产品,是电极糊的更新换代产品。它在电石、铁合金矿热炉上使用可大大地降低冶炼电耗,减轻污染。

8.3.1.2 生产原料

在炭素生产中,通常采用的原料可分为固体炭质原料和黏合剂或浸渍剂两类。固体炭质原料(骨料)包括石油焦、沥青焦、冶金焦、无烟煤、天然石墨和石墨碎等;黏合剂和浸渍剂包括煤沥青、煤焦油、蒽油和合成树脂等。此外生产中还使用一些辅助物料,如石英砂、冶金焦粒和焦粉。生产一些特种炭和石墨制品(如炭纤维、活性炭、热解炭和热解石墨、玻璃炭)则采用其他一些特殊原料。

(1)骨料

固体炭质原料见表 8-5。

表 8-5 固体炭质原料

材料	制备方法要求	特点	用途
沥青焦	沥青(高温焦油)焦化而成	含灰和硫少、气孔率低、机械强度高、容易石墨化	石墨电极主要原料
石油焦	石油渣油延迟焦化的固体产物	石油焦质量与渣油组成和焦化条件有关,含硫高的石油焦,使制品开裂,需加入抑制剂(Fe_2O_3)	石墨电极主要原料
针状焦	将煤焦油沥青或石油渣油进行合适的预处理,控制适宜的焦化条件	有明显的针状和层状结构、强度高、电阻率低	高功率和超高功率电炉炼钢用的石墨电极
无烟媒	要求灰分<10%,含硫少,耐磨性好	使用时用块煤与冶金焦或沥青焦掺和使用	高炉炭块和炭素电极制品的主要原料之一
天然石墨	天然非矿物质	显晶质石墨(鳞片状电刷 、石墨干锅和柔和块状)	电刷、石墨干锅和柔性石墨制品等
		隐晶质石墨(土状)	电池炭棒和轴承材料等
		石墨化碎屑	返回到配料中
冶金焦	焦块和焦粉灰分<15%		炭块、炭素电极、电极糊等多灰制品

(2)黏合剂

① 作用:将固体骨料黏合成整体,以便加工成较高强度和各种形状的制品。

② 常用的黏合剂:煤沥青(最主要)、煤焦油(高温焦油)、合成树脂(酚醛树脂、环氧树脂、呋喃树脂)。

③ 对黏合剂的要求:a. 炭化后焦的产率高,对煤沥青通常为 40%~60%。b. 对固体骨料有较好的润湿性和黏着性。c. 再混合和成型温度下有适度的软化性能。d. 灰和硫的含量尽可能少。e. 来源充沛、价格适宜。

8.3.1.3 石墨化过程

石墨化是指对固体炭进行 2 000 ℃以上高温处理,使碳的乱层结构部分或全部转变为石墨结构的一种结晶化过程。该过程不同于一般结晶化时所看到的晶核的生成和成长过程,而是通过结构的缓解实现的。

(1) 石墨化目的

石墨化目的是:① 提高制品的导热性和导电性。② 提高制品的热稳定性和化学稳定性。③ 提高制品的润滑性和耐磨性。④ 去除杂质,提高纯度。⑤ 降低硬度,便于机械加工。

(2) 石墨化的三个阶段

第一阶段:1 000～1 500 ℃,高温热解反应,析出挥发分残留的脂肪链,C—H、C═O 等结构都断裂,乱层结构层间的碳原子及其他杂原子也在这一阶段排除,但碳网的基本单元没有明显增大。

第二阶段:1 500～2 100 ℃,碳网层间距缩小,逐渐向石墨结构过渡,晶体平面上的位错线和晶界逐渐消失。

第三阶段:2 100 ℃以上,碳网层尺寸激增,三维有序结构趋于完善。

(3) 石墨化过程的影响因素

① 原始物料的结构:易石墨化炭(软炭)有沥青焦、石油焦等;难石墨化炭(硬炭)有木炭、炭黑等。

② 温度:2 000 ℃以下无定型的石墨化速率慢,2 200 ℃以上速率加快。

③ 压力:加压对石墨化有利,在 1 500 ℃左右就能明显石墨化。

④ 催化剂:可降低石墨化过程中的活化能,节约能耗。催化剂可分为两类:一类属于熔解-再析出机理,如 Fe、Co、Ni 等;另一类属于碳化物形成-分解机理,如 B、Ti、Cr、V 和 Mn 等。

8.3.1.4 炭电极生产的工艺过程

图 8-1 为炭电极生产的工艺流程。流程主要包括煅烧、压型、焙烧、浸渍和机械加工等。

(1) 煅烧

炭质原料在隔绝空气的条件下进行高温(1 200～1 500 ℃)热处理的过程称为煅烧。煅烧是炭素生产的第一道热处理工序,煅烧使各种炭质原料的结构和物理化学性质发生一系列变化。

无烟煤和石油焦都含有一定数量的挥发分,需要进行煅烧。沥青焦和冶金焦的成焦温度比较高(1 000 ℃以上),相当于炭素厂内煅烧炉的温度,可以不再煅烧,只需烘干水分即可。但如果沥青焦和石油焦在煅烧前混合使用,则应与石油焦一起送入煅烧炉煅烧。天然石墨和炭黑则不需要进行煅烧。

(2) 压型

挤压过程的本质是在压力下使糊料通过一定形状的模嘴后,受到压实和塑性变形而成为具有一定形状和尺寸的毛坯。挤压成型过程主要是糊料的塑性变形过程。

糊料挤压过程是在料室(或称糊缸)和圆弧式型嘴内进行的。装入料室内的热糊料在后部主柱塞的推动下,迫使糊料内的气体不断排除,糊料不断密实,同时糊料向前运动。当糊料在料室的圆筒部分运动时,糊料可看作稳定流动,各颗粒料层基本上是平行移动的。当糊

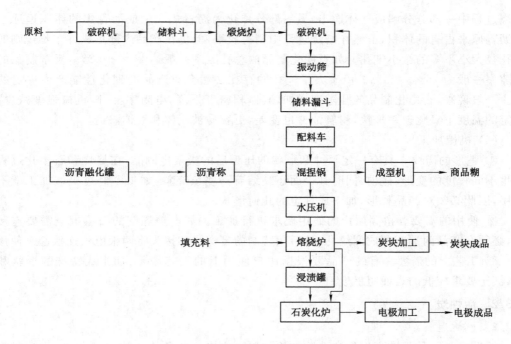

图 8-1　炭电极生产的工艺流程

料进入具有圆弧变形的挤压嘴部位时,紧贴嘴壁的糊料前进中受到较大的摩擦阻力,料层开始弯曲,糊料内部产生不相同的推进速率,内层糊料推进超前,导致制品沿径向密度不均匀,因此在挤压块内产生因内外层流速不同而引起的内应力。最后糊料进入直线变形部分而被挤出。

（3）焙烧

焙烧是压型后的生制品在加热炉内的保护介质中,在隔绝空气的条件下,按一定的升温速率进行加热的热处理过程。焙烧的目的在于:

① 排除挥发分。使用煤沥青作黏结剂的制品,经焙烧后一般排出约 10% 的挥发分。因此,焙烧成品率一般在 90% 以下。

② 黏结剂焦化。生制品按一定的工艺条件进行焙烧,使黏结剂焦化,在骨料颗粒间形成焦炭网络,把所有不同粒度的骨料牢固地联结在一起,使制品具有一定的理化性能。在相同条件下,焦化率越高,其质量越好。一般中温沥青的结焦残炭率为 50% 左右。

③ 固定几何形式。生制品在焙烧过程中发生软化、黏结剂迁移现象。随着温度的升高,形成焦化网,使制品僵化。因此,即使温度再升高,其形状也不改变。

④ 降低电阻率。在焙烧过程中,由于挥发分的排除,沥青焦化形成焦炭网络,沥青发生分解和聚合反应,生成大的六角碳环平面网等原因,电阻率大幅度下降。生制品电阻率大约 $10\,000 \times 10^{-6}\ \Omega \cdot m$,经过焙烧后降至 $(40\sim 50) \times 10^{-6}\ \Omega \cdot m$,称之为良导体。其体积进一步收缩。焙烧后制品直径收缩 1% 左右,长度收缩 2% 左右,体积收缩 2%~3%。

（4）浸渍

浸渍是一种减少产品孔度、提高密度、增加抗压强度、降低成品电阻率、改变产品的理化性能的工艺过程。经压成型后的生制品孔隙率很低。但是生制品在焙烧后,由于煤沥青在焙烧过程中一部分分解成气体逸出，另一部分焦化为沥青焦。生成沥青焦的体积远远小于煤沥青原来占有的体积，虽然在焙烧过程中稍有收缩，但仍在产品内部形成许多不规则的并且孔径大小不等的微小气孔。如石墨化制品的总孔隙率一般达 25%～32%，炭素制品的总孔隙率一般为 16%～25%。由于大量气孔的存在必然会对产品的理化性能产生一定的影响。一般说来，石墨化制品的孔隙率增加，其体积密度下降，电阻率上升，机械强度减少，在一定的温度下氧化速率加快，耐腐蚀性也变差，更容易被气体和液体渗透。

（5）机械加工

① 整形的需要。具有一定尺寸和形状的压型后的炭素生制品，在焙烧和石墨化过程中发生不同程度的变形、碰损，同时其表面还黏结着一些填充料，如果不经过机械加工就不能使用，因此必须对产品整形，加工成规定的几何形状。

② 使用的需要。按照用户的使用要求进行加工。如电炉炼钢的石墨电极需要连接使用，必须在产品两端车制成螺纹孔，然后用特制的带螺纹的接头将两根电极连接起来使用。

③ 工艺上的需要。有的产品要根据用户使用上的工艺需要，加工成特殊的形状和规格，甚至要求较低的表面粗糙度。

8.3.2 活性炭

8.3.2.1 概述

活性炭是一种具有高度发达孔隙结构和极大内表面积的人工炭材料制品，作为吸附剂已在许多领域得到了广泛应用。活性炭是黑色粉末状或块状、颗粒状、蜂窝状的无定形碳，也有排列规整的晶体碳。活性炭中除碳元素外，还包含两类掺和物：一类是化学结合的元素，主要是氧和氢，这些元素是由于未完全炭化而残留在炭中，或者在活化过程中，外来的非碳元素与活性炭表面化学结合；另一类掺和物是灰分，它是活性炭的无机部分，灰分在活性炭中易造成二次污染。

活性炭由于具有较强的吸附性，广泛应用于生产、生活中。随着活性炭应用领域不断扩大，不同的应用途径对活性炭的性能也提出了新的、更高的要求，出现了对专用活性炭需求量越来越多的趋势。多年来的研究也表明，活性炭要得到进一步发展，必须使之功能化、专用化，提高其性价比。鉴于活性炭的独特性质和活性炭基催化剂的活性组分易于回收的特点，结合活性炭纳米级孔隙内具有很高的反应活性，可以发生许多必须在高温高压的苛刻体系中才能发生的化学反应；并且其熔点高，可使金属或氧化物的聚集或表面的烧结降到最低限度，因此，以活性炭为载体研发催化剂是活性炭功能化发展的潜在方向。

8.3.2.2 活性炭的分类

按材质分类有：木质活性炭（木质炭）；椰壳活性炭（椰壳炭）；煤质活性炭（煤质炭）。形状有柱状、球形、破碎状、粉状等。

按用途分类有：净水活性炭；气体/空气净化炭；气体分离用炭；黄金提取活性炭；试剂活性炭；触媒载体活性炭；活性炭催化剂；糖用脱色活性炭；酒类专用活性炭；味精脱色活性炭；针剂活性炭；工业粉状活性炭；药用活性炭；血液净化活性炭；香烟过滤嘴活性炭；汽车专用炭。

按形状分类有：不定形颗粒活性炭；圆柱形活性炭；球形活性炭；椰壳柱状活性炭；木质粉状活性炭（木质粉末活性炭）；椰壳粉状活性炭等。

根据活性炭的制造原料、外形、制造方法和使用途径等不同，活性炭存在着许多品种、类别和用途。目前世界活性炭应用领域均在积极地建立活性炭在各行业的专用质量标准,以此提高活性炭使用效率,为活性炭生产与应用提高参考和依据。我国根据实际情况,制定了各行活性炭标准和活性炭检验方法标准。我国活性炭标准主要包括了适用范围、技术要求、试验方法、检验原则以及标志、包装、运输、贮存等方面,以此指导人们的生产、销售和购买。

8.3.2.3 活性炭的制造方法

（1）物理活化法

物理活化法是将原料先炭化,再利用气体进行炭的氧化反应,形成众多微孔结构,故又称气体活化法。常用气体有水蒸气和二氧化碳,由于 CO_2 分子的尺寸比 H_2O 大,导致 CO_2 在颗粒中的扩散速率比水蒸气慢,所以工业上多采用水蒸气活化法。其工艺特点是:活化温度高、时间长、能耗高,但该方法反应条件温和,对设备材质要求不高,对环境无污染。工艺流程如图 8-2 所示。物理活化反应实质是活化气体与含碳材料内部"活性点"上碳原子反应,通过开孔、扩孔和创造新孔而形成丰富的微孔。

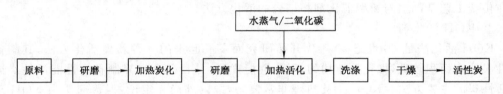

图 8-2 物理活化法制备活性炭工艺流程简图

① 开孔作用。活化气体与堵塞在闭孔中的游离无序碳及杂原子反应使闭孔打开,增大比表面积,提高活性。

② 扩孔作用。由于炭表面杂质被清理后微晶结构裸露,活化气体与趋于活性条件下的碳原子发生反应,使孔壁氧化,孔隙加长、扩大。

③ 生成新孔。活化气体与微晶结构中的边角或有缺陷的部分具有活性的碳原子发生反应,形成众多新的微孔,使活性炭表面积进一步扩大。

（2）化学活化法

化学活化法是将原料与化学试剂（活化剂）按一定比例混合浸渍一段时间后,在惰性气体保护下将炭化和活化同时进行的一种制备方式,实质是化学试剂镶嵌入炭颗粒内部结构中作用而开创出丰富的微孔。常用的活化剂有碱金属、碱土金属的氢氧化物和一些酸,目前应用较多、较成熟的化学活化剂有 KOH、$ZnCl_2$、H_3PO_4 等,其中以 KOH 制得的超级活性炭性能最为优异。其工艺流程见图 8-3。

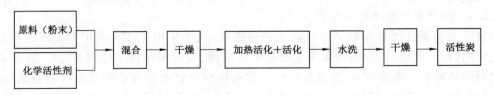

图 8-3 化学活化法制备活性炭工艺流程简图

与物理活化法相比,化学活化法的工艺特点是:操作大大简化,活化温度降低,时间缩短,能耗降低,并且可通过选择不同活化剂制得具有特殊孔径结构的活性炭,例如 KOH 活化是产生新微孔,而 H_3PO_4 或磷酸盐活化主要产生中孔;但同时也存在活化剂成本高、腐蚀设备、污染环境、产品残留活化剂,应用受到限制,需进一步处理等缺点。化学活化法的基本原理至今还存在争论,一般认为化学试剂可以抑制原料热解时焦油的生成,从而防止或减少焦油堵塞细孔,同时也抑制了含碳挥发物的形成,提高了活性炭收率;此外 KOH 等活化剂对炭也有刻蚀作用,等等。这些作用都使活性炭孔隙更加发达、丰富,表现出较优良的性能。

① $ZnCl_2$ 和 H_3PO_4 活化剂

$ZnCl_2$ 和 H_3PO_4 活化法是比较成熟的制备工艺,其活化作用体现在两个方面:a. 促进热解反应过程,形成基于乱层石墨结构的初始孔隙;b. 填充孔隙,避免焦油形成,清洗除去活化剂后留下发达的孔结构。控制活化剂用量及升温制度,可控制活性炭的孔结构。但 $ZnCl_2$ 法污染严重,H_3PO_4 法需高温不易生产,且产品孔径偏小,因此国内研究热点已转向探索在传统工艺基础上与新型催化剂相结合的活化方法。

② KOH 活化剂

KOH 活化法是 20 世纪 70 年代开始研究而发展起来的一种新型活化方法,其制备的活性炭比表面积较高,微孔分布均匀,吸附性能优异,是目前全世界制备高性能活性炭或超级活性炭的主要方法。KOH 活化机理非常复杂,国内外尚无定论,但普遍认为 KOH 至少有两个作用:a. 碱与原料中的硅铝化合物(如高岭石、石英等)发生碱熔反应生成可溶性的 K_2SiO_3 或 $KAlO_2$,它们在后处理中被洗去,留下低灰分的碳骨架;b. 在焙烧过程中活化并刻蚀煤中的碳,形成活性炭特有的多孔结构,主要反应为:

$$4KOH + C \longrightarrow K_2CO_3 + K_2O + 2H_2 \uparrow$$

同时考虑到 KOH、K_2CO_3 的高温分解及 C 的还原性,推测伴有如下反应:

$$2KOH \longrightarrow K_2O + H_2O \uparrow$$

$$K_2CO \longrightarrow 3K_2O + CO_2 \uparrow$$

由上述反应可知,活化过程中,一方面通过 KOH 与碳反应生成 K_2CO_3 而发展孔隙,同时 K_2CO_3 分解产生的 K_2O 和 CO_2 也能够帮助发展微孔,促进孔结构的发展。

美国 AMOCO 公司最早开发出用 KOH 制备比表面积高达 2 500 m^2/g 的超级活性炭的生产工艺;日本大阪煤气公司以中间相炭微珠为原料通过 KOH 活化制得比表面积高达 4 000 m^2/g 的超级活性炭。国内开展这方面研究相对较晚,1997 年以长岭石油焦为原料,采用 KOH 活化法制得比表面积为 3 231 m^2/g 的超级活性炭;将煤焦与 KOH 混合,在氩气流中进行低温、高温二次热处理,制得比表面积为 2 918 m^2/g 的活性炭。

8.3.2.4　活性炭应用现状及展望

制备工艺条件改进提高了活性炭的吸附性能,使其应用领域不断扩大。活性炭 20 世纪 70 年代前,活性炭在国内的应用主要集中于制糖、制药和味精工业;20 世纪 80 年代后,扩展到水处理和环保等行业,如成型活性炭被用作净水机中过滤芯的主要材料及活性炭雕像、壁画、屏风等成为室内装饰用工艺品等;20 世纪 90 年代,除以上领域外,扩大到溶剂回收、食品饮料提纯、空气净化、脱硫、载体、医药、黄金提取、半导体应用等领域。资料显示,拥有发达孔结构的成型活性炭在一定条件下可以替代多孔陶瓷,作为催化剂载体;球形活性炭具有很好的生物相容性被用作血液灌流器重要的吸附剂;德国、美国、以色列等国利用球形活性炭的动态饱和吸附特性和可多次重复再生特性合作开发出新型织物,且已被用于制造全身型透气式防护服、抗皱内衣、飞行服和消毒衣等;目前通用的几种吸附剂中,活性炭是很好的贮气吸附剂,高比表面积活性炭的内部基本上都是微孔,对小分子气体具有很强的吸附能力,所以在吸附存储气体燃料、变压吸附分离气体以及城市天然气管网调峰等方面都得到了应用。21 世纪活性炭的应用领域继续扩大,特别是在水处理和气体吸附储存方面应用更多更广。工业的蓬勃发展,世界人口的增长,生活条件的改善,环境保护意识的加强以及水资源的紧缺,都将刺激活性炭工业的发展,深加工活性炭、高档活性炭将会有更大的市场。

8.3.3 碳分子筛

8.3.3.1 概述

碳分子筛(Carbon Molecular Sieve,CMS)广义上是拥有纳米级超细微孔的一种非极性碳质吸附材质,狭义上是微孔分布较均匀的活性炭,因其由无定形碳与结晶碳组成,所以碳分子筛的孔隙结构很发达,并且具有独特的表面特征。因为碳分子筛的楔形微孔与被吸附分子直径大小接近,大部分是有效微孔,并且具有根据分子大小调整碳分子筛孔径大小的特点,从而碳分子筛具有筛选分子的能力。碳分子筛独特的孔隙结构以及稳定的化学性质使其在化学工业中应用广泛,此外,在氮氢生产、废水处理、环境保护、军事国防、防毒面具等领域也得到广泛 的应用。关于碳分子筛最早的报道是 20 世纪中期艾米特发现热解萨兰共聚物的炭化物具有筛分作用。几十年来,德国、日本、美国等都在这一研究领域取得较大进展。20 世纪 70 年代初德国 DMT 公司成为第一个成功研究出用于变压吸附制氮的碳分子筛的公司。国际上主要生产碳分子筛的国家有德国 DMT 公司、日本武田公司以及美国卡尔冈炭素公司。碳分子筛在我国的研究始于 20 世纪 70 年代末,主要是吉林石油化工设计研究院、上海化工研究院、大连理工大学等单位。我国早期的碳分子筛主要是以含碳量较高的煤炭为原料,分别由上海化工研究院和吉林石油化工设计研究院开发成功,制得的产品和其他国家有很大差距。20 世纪 80 年代初期,大连理工大学开发出了空分碳分子筛的生产方法,1992 年果壳制碳分子筛新工艺技术实现工业化,2006 年煤基空分用碳分子筛的制备技术实现工业化,产品性能达到国际领先水平。

8.3.3.2 碳分子筛的制备

制备碳分子筛的原料很多,来源也很广。理论上可由不同的初始材料经过不同的制备工艺,得到孔径大小和分布各异的碳分子筛。实验表明,低灰分产率、高含碳量和高挥发分的原料比较适合制备高性能的碳分子筛。

(1) 碳分子筛的制备原料

影响碳分子筛性能的因素有很多,其中原料是决定其性能的首要因素。碳分子筛的制备材料种类很多,从自然的产物到人工合成的高分子聚合物,主要有三类:

① 各种不同煤化程度的煤(包括泥煤、褐煤、长烟煤、烟煤、无烟煤等),从煤化程度低的泥煤到优质的无烟煤及它们的混合物均可作为原料。煤的衍生物主要包括煤的氢化液化产物和煤低温干馏的煤焦等。

② 天然植物,主要是植物的核或坚果壳,如核桃壳、木料、椰子壳等各种果壳以及植物纤维素。

③ 有机高分子聚合物,如酚醛树脂、萨兰树脂、芳香族聚酰胺纤维等。

（2）碳分子筛的制备方法

碳分子筛的制备方法一般包含以下步骤：① 原料碾碎、预处理（有些可以不用）、加黏结剂成型、干燥；② 成型后在惰性气氛下炭化；③ 活化；④ 调孔。

① 炭化法

炭化法是在惰性气氛保护下，利用适合的热解条件（温度 600～1 000 ℃，升温速率一般在 10～15 ℃/min）将成型原料炭化的方法。其原理是在高温状态下含碳材料中的部分不稳定基团与键桥等产生复杂的热分解反应和热聚合反应，使得孔径得到扩张和紧缩，使炭化产物的孔隙得以拓展。在炭化过程中，挥发性小分子（CO、CO_2）从含碳材质基体中的分子孔道逸出，从而形成了孔隙结构，比表面积也跟着变大。在原料挥发分较高、原料孔隙率很低的情况下，比较适合使用炭化工艺来去除挥发分，达到形成其孔隙结构和增大比表面积的目的。炭化法制备碳分子筛，其方法简单、成本低，但对原材料要求很高，国外大多采用树脂材质，国内一般使用椰子壳、山楂核、桃核壳等挥发分高的材质。

② 气体活化法

气体活化法是成型原料炭化后接着在活性介质条件下缓慢加热处理的方法，目的是为了发展其孔隙结构，进一步增加碳分子筛的比表面积，得到孔隙结构发达的碳分子筛，一般适用于气孔率低并且挥发分较低的原料。常用的活化剂有空气、氧气、水蒸气（工业生产常用）和二氧化碳等。其原理是在活化剂和适当温度（500～1 000 ℃）下，炭化制备后的半成品表面不稳定的碳与活化剂发生化学反应，形成新孔或使原来的无效孔形成有效孔，进而增大了比表面积，使孔容增大，吸附容量也会进一步提升。

③ 碳沉积法

采用有机高分子化合物或烃类气体分子在加热条件下裂解析出游离碳，沉积在碳分子筛过大的孔入口处，使孔径缩小并趋向均一化，从而达到调整微孔孔径的目的。根据沉积物和沉积方法的不同，碳沉积可以分为气相沉积（CVD）和液相沉积（LVD）。CVD 是在 400～900 ℃高温下，吹入含烃类的气体（包括饱和烃如甲烷、丙烷、丁烷等；不饱和烯烃如乙烯、异丁烯和苯、甲苯、苯乙烯的气化产物），气体停留几分钟至几十分钟。随着烃发生分解反应，分解产物在多孔材料细孔的壁上附着，进而降低了产品直径大小。LVD 是把多孔材质浸渍在液态烃类或高分子化合物溶液（如苯、酚醛树脂溶液、煤焦油），之后，在高温条件下再进行碳沉积来调节孔径的过程。邱介山把炭化后的半焦浸渍在 5％的煤焦油馏分油有机溶液中，浸渍时间为 4 h，以 10 ℃/min 的速率升温到 600～900 ℃，处理 45 min，冷却后制得空分富氮的碳分子筛产品。

④ 其他方法

卤化是指原材质经卤素卤化，然后脱去卤素来调节孔径的过程。将椰子焦、木炭等原材料经粉碎、捏合成型、粒化、干燥、炭化得到炭化材料，再经卤化、脱卤制得多孔炭基质，然后经孔调节可制备碳分子筛。由于卤化方法操作较复杂，另外卤素毒性大，对人体和环境影响大，目前各国的研究者甚少。涂层法是碳质原料经炭化后与焦油、树脂等混合浸渍，然后热解，经过热解炭对孔的涂层使碳分子筛的孔径缩小，最后得到产物。热收缩法是原材质炭化以后进一步在高温下进行热处理，经过热收缩来缩小孔径大小的方法。

8.3.3.3　碳分子筛工作原理

碳分子筛是利用筛分的特性来达到分离氧气、氮气的目的。在分子筛吸附杂质气体时，大孔和中孔只起到通道的作用,将被吸附的分子运送到微孔和亚微孔中,微孔和亚微孔才是真正起吸附作用的容积。碳分子筛内部包含大量的微孔,这些微孔允许动力学尺寸小的分子快速扩散到孔内,同时限制大直径分子的进入。由于不同尺寸的气体分子相对扩散速率存在差异,气体混合物的组分可以被有效地分离。因此,在制造碳分子筛时,根据分子尺寸的大小,碳分子筛内部微孔分布应在 $0.28 \sim 0.38$ nm。在该微孔尺寸范围内,氧气可以快速通过微孔孔口扩散到孔内,而氮气却很难通过微孔孔口,从而达到氧、氮分离。微孔孔径大小是碳分子筛分离氧、氮的基础,如果孔径过大,氧气、氮气分子筛都很容易进入微孔中,起不到分离的作用;而孔径过小,氧气、氮气都不能进入微孔中,也起不到分离的作用。

国产分子筛由于受条件限制,对孔径大小控制的不是很好。市面上销售的碳分子筛微孔孔径分布在 $0.3 \sim 1$ nm,只有岩谷分子筛做到了 $0.28 \sim 0.36$ nm。

8.3.3.4 碳分子筛的应用

碳分子筛的孔隙结构、表面性质、机械特性、化学稳定性决定了它在气体分离提纯、废水除杂净化、催化剂及催化载体等方面有广泛的应用,在工业水处理、化学石油工业、食品卫生、医疗制药及环境保护等领域也有广泛的应用,如表 8-6 所示。

表 8-6　　　　　　　　　　　　　　　　　　气体分离与提纯应用

气体分离	特　征
空分制氮	根据 N_2 和 O_2 通过 CMS 的速率不同,达到分离目的。目前,已经可以制得纯度为 $99\% \sim 99.9\%$ 的氮气。空分制氮技术已经很成熟
分离氢气	由于氢气分子最小,吸附量最低,很快穿过吸附塔,从而实现分离,目前回收率达到 80% 以上,我国 20 世纪 80 年代开始 CMS 研究以后,也基本达到国际先进水平
捕捉 CO_2	CMS 对 CO_2/N_2 具有很高的选择性,可被应用于 CO_2 捕捉领域,尤其是在工业尾气收集领域
分离 CH_4/N_2	对 CH_4 含量较高的油田气分离效果明显,对 CH_4 含量低的煤层气 CH_4 浓缩研究较少,主要是在变压吸附技术中作为吸附剂使用

（1）气体分离与提纯

碳分子筛在气体分离提纯领域的应用包括空分制氮、制氧、回收与精制氢、回收 CO_2、低浓度瓦斯浓缩 CH_4。此外,碳分子筛还可以用于处理工业有毒有害气体,去除气体杂质,净化装潢装修后的室内环境。

（2）液体分离除杂质

在食品、制药和工业水处理时,需要去除液体中的微量杂质和进行脱色等操作。

（3）催化应用

碳分子筛独特的孔隙结构、机械特性决定了它可以直接用作催化剂,如以碳分子筛膜做催化剂用在精细化工生产中可以有效地合成 α, β 不饱和腈,如 $COCl_2$、SO_2Cl_2、氯化烯烃和烯烃的合成等。CMS 还可用作催化剂载体,其具有高的比表面和孔隙率,较强的耐酸碱性和高温稳定性等优势,因此,碳分子筛负载酸、负载金属等的应用越来越广泛。

8.3.4 碳纤维

碳纤维（Carbon Fiber,CF）是一种含碳量在 95% 以上的高强度、高模量纤维的新型纤维材料。它是由片状石墨微晶等有机纤维沿纤维轴向方向堆砌而成,经炭化及石墨化处理而得到的微晶石墨材料。碳纤维"外柔内刚",质量比金属铝轻,但强度却高于钢铁,并且具有耐腐蚀、高模量的特性,在国防军工和民用方面都是重要材料。它不仅具有碳材料的固有本征特性,又兼备纺织纤维的柔软可加工性,是新一代增强纤维。

8.3.4.1 碳纤维种类及性质

(1) 碳纤维种类

碳纤维按照状态可分为长丝、短纤维、短切纤维;按照原丝类型可分为聚丙烯腈基碳纤维、沥青基碳纤维、黏胶基碳纤维、酚醛基碳纤维(表 8-7);按力学性能可分为通用型和高性能型(表 8-8)。按用途可分为宇航级小丝束碳纤维和工业级大丝束碳纤维(表 8-9)。

表 8-7 四种原料碳纤维的主要性能

类别	密度/(g/cm^3)	拉伸强度/MPa	拉伸模量/GPa	断裂伸长率/%
聚丙烯腈基碳纤维	1.76~1.94	2 500~3 100	207~345	0.6~1.2
沥青基碳纤维	1.7	1 600	379	1.0
粘胶基碳纤维	2.0	2 100~2 800	414~552	0.7
酚醛基碳纤维	1.3~1.6	294~686	14.7~29.4	2.7~2.8

表 8-8 按力学性能分类

通用型	高性能型(HP)			
	高强型(HT)	高模型(HM)	超高强型(UHT)	超高模型(UHM)
强度/MPa	1 000	2 000		>4 000	
模量/GPa	100	250	>300		>450

表 8-9 按用途分类

宇航级小丝束碳纤维	工业级大丝束碳纤维
1~24 K	48~480 K
(1 K、3 K、6 K、12 K、24 K 等)	(60 K、120 K、360 K、480 K 等)

注:1 K 指一束碳纤维含 1000 根单丝。

(2) 碳纤维性质

① 物理性能

优点:a. 密度小、质量轻、比强度高。碳纤维的密度为 1.5~2 g/cm^3,相当于钢密度的 1/4,铝合金密度的 1/2。而其比强度比钢大 16 倍,比铝合金大 12 倍。b. 强度高。其拉伸强度可达 3 000~4 000 MPa,弹性比钢大 4~5 倍,比铝大 6~7 倍。c. 弹性模量高。d. 具有各向异性,热膨胀系数小,导热率随温度的升高而下降,耐骤冷、急热,即使从几千度的高温突然降到常温也不会炸裂。e. 导电性好。25 ℃时高模量纤维的比电阻为 775 $\mu\Omega/cm$,高强度纤维为 1 500 $\mu\Omega/cm$。f. 耐高温和耐低温性好。碳纤维可在 2 000 ℃下使用,在 3 000 ℃非氧化气氛下不融化、不软化。在 -180 ℃低温下,钢铁变得比玻璃脆,而碳纤维依旧很柔软,也不脆化。

缺点:耐冲击性较差,容易损伤。

② 化学性能

优点:a. 耐酸性能好,对酸呈惰性,能耐浓盐酸、磷酸、硫酸、苯、丙酮等介质侵蚀。将碳纤维放在浓度为 50% 的盐酸、硫酸、磷酸中,200 天后其弹性模量、强度和直径基本没有变化;在浓度为 50% 的硝酸中只是稍有膨胀,其耐腐蚀性能超过黄金和铂金。b. 此外,还有耐油、抗辐射、抗放射、吸收有毒气体和使中子减速等特性。

缺点:在强酸作用下发生氧化,与金属复合时会发生金属碳化、渗碳及电化学腐蚀现象。因此,碳纤维在使用前须进行表面处理。

8.3.4.2 碳纤维的制造及生产

碳纤维是不能用碳作为原料制造的,工业上制造碳纤维是以有机纤维做原料,在没有氧气的情况下经过高温处理转化而形成的。通常用以下几种方法制得:

① 用纤维素制造碳纤维,一般是以人造丝做原料。

② 用聚丙烯腈纤维制造碳纤维是以纯粹的丙烯腈聚合而成的,再经过特殊工艺得到连续纤维做原料。

黏胶基碳纤维的生产:生产时,首先将纤维置于氮气等惰性气体中作低温(400 ℃以下)稳定化处理,进行预氧化,然后在 400 ℃以上实现芳构化过程,获得石墨类结构,从而形成碳纤维和石墨纤维。这样一个热解炭化处理过程在以下五个温度阶段实现。

第一阶段:升温至 50～150 ℃,排出吸附水。

第二阶段:升温至 150～240 ℃,纤维素环上的羟基将以水的形式脱除。

第三阶段:升温至 240～400 ℃,键断裂生成水、CO、CO_2,达到 400 ℃时,整个纤维素破坏,生成 C_4 残链。

第四阶段:升温至 400～700 ℃,通过芳构生成碳的六元环,同时释放氢和甲烷等,再升温至 900～1 600 ℃,即生成石墨类结构,形成碳纤维。

第五阶段:温度再升高,即形成沿纤维轴取向的乱层石墨层片,在温度升高至 2 200～2 800 ℃ 的石墨化温度时,形成石墨纤维,利用塑性拉伸,可使纤维的拉伸强度和初始模量大幅度提高。

8.3.4.3 碳纤维的加工

(1) 原丝的选择条件

原丝的选择要求强度高、杂质少、纤度均匀、细旦化等,加热时不熔融,可牵伸,且碳纤维产率高。

常用的 CF 原丝有聚丙烯腈纤维、黏胶纤维、沥青纤维。

(2) 碳纤维的加工方法

碳元素的各种同素异形体(金刚石、石墨、非晶态的各种过渡态碳),根据形态的不同,在空气中 350 ℃ 以上的高温中就会不同程度地氧化;在隔绝空气的惰性气氛中(常压下),元素碳在高温下不会熔融,但在 3 800 K 以上的高温时不经液相,直接升华,所以不能熔纺。由于碳在各种溶剂中不溶解,所以碳纤维不能用熔融法或溶液法直接纺丝,只能以有机纤维为原料,采用间接方法来制造。

通常用有机物的炭化来制取碳纤维,即聚合预氧化—炭化原料单体原丝—预氧化丝—碳纤维。碳纤维的品质取决于原丝及其生产工艺。以聚丙烯腈(PAN)纤维为原料,干喷湿纺和射频法新工艺正逐步取代传统的碳纤维制备方法(干法和湿法纺丝)。

① 干喷湿纺法

干喷湿纺法即干湿法,是指纺丝液经喷丝孔喷出后,先经过空气层(亦叫干段),再进入凝固浴进行双扩散、相分离和形成丝条的方法。纺丝液经过空气层发生的物理变化有利于形成细特化、致密化和均质化的丝条。纺出的纤维体密度较高,表面平滑无沟槽,且可实现速纺丝,用于生产高性能、高质量的碳纤维原丝。干喷湿纺装置常为立式喷丝机,从喷丝板喷出的纺丝液细流经空气段(干段)后进入凝固浴,完成干喷湿纺过程;再经导向辊、离浴辊引入的丝条经后处理得到聚丙烯腈纤维。

② 射频法

聚丙烯腈原丝经过预氧化(200~350 ℃,射频负压软等离子法)、炭化(800~1 200 ℃,微波加热法)到石墨化(2 400~2 600 ℃,射频加热法),主要受牵伸状态下的温度控制。在这一形成过程中分子结构从聚丙烯腈高分子结构—乱层的石墨结构—三维有序的石墨结构。

国内有自主知识产权的"射频法碳纤维石墨化生产工艺"开辟了碳纤维生产的创新之路,它采用射频负压软等离子法预氧化聚丙烯腈原丝,接着用微波加热法炭化,最后用射频加热法石墨化形成小丝束碳纤维。

(3) 碳纤维的加工过程

碳纤维的加工过程主要有预氧化(即稳定化)、低温炭化、高温炭化(又称石墨化)、表面处理、上浆和干燥等六大工艺步骤。目前生产的高强、高模 CF 主要是用 PAN 纤维为原料来制造的。以 PAN 为原丝制造 CF 为例,其生产工艺流程如图 8-4 所示。

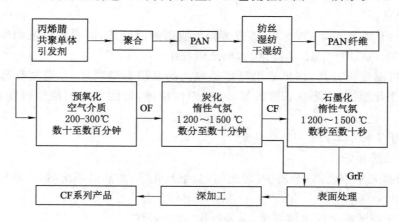

图 8-4　碳纤维生产工艺流程图

8.3.4.4 碳纤维的应用

碳纤维是发展国防军工与国民经济的重要战略物资,属于技术密集型的关键材料。随着从短纤碳纤维到长纤碳纤维的学术研究,使用碳纤维制作发热材料的技术和产品也逐渐普及。在当今世界高速工业化的大背景下,碳纤维用途正趋向多样化。我国已开始采用长纤作为一种高性能纤维应用于许多领域。在要求高温、物理稳定性高的场合,碳纤维复合材料具备不可替代的优势。材料的比强度愈高则构件自重愈小,比模量愈高则构件的刚度愈大,碳纤维正是由于兼具前述优异性能,其在国防和民用领域均有广泛的应用前景。

(1) 复合材料

碳纤维在传统使用中除用作绝热保温材料外,多作为增强材料加入树脂、金属、陶瓷、混凝土等材料中,构成复合材料。高性能碳纤维是制造先进复合材料最重要的增强材料。碳纤维复合材料具有轻而强、轻而刚、耐高温、耐腐蚀、耐疲劳、结构尺寸稳定性好以及设计性好、可大面积整体成型等特点,已在航空航天、国防军工和民用工业的各个领域得到广泛应用。

(2) 土木建筑

因碳纤维具有密度小,强度高,耐久性好,抗腐蚀能力强,可耐酸、碱等化学品腐蚀,柔韧性佳,应变能力强的特点,其也应用于工业与民用建筑物、铁路公路桥梁、隧道、烟囱、塔结构等的加固补强。在铁路建筑中,大型的顶部系统和隔音墙在未来会有很好的应用,这些也将是碳纤维很有前景的应用方面。例如,用碳纤维管制作的桁梁构架屋顶,比钢材轻 50% 左右,使大型结构物达到了实用化的水平,而且施工效率和抗震性能得到了大幅度提高。另外,碳纤维做补强混凝土结构时,不需要增加螺栓和铆钉固定,对原混凝土结构扰动较小,施工工艺简便。

(3) 航空航天

2015 年航空航天用碳纤维比 2011 年增长约 87%,达到 13.1 kt,预计 2020 年达到 19.7 kt。碳纤维将在航空航天领域以多种应用趋势成为喷气飞机发动机、涡轮发动机、涡轮等主要的结构材料。统计显示,碳纤维复合材料在小型商务机和直升飞机上的使用量占 70%～80%,军用飞机占 30%～40%,大型客机占 15%～50%。美国军用飞机 AV-8B 改型"鹞"式飞机所用碳纤维量约占飞机结构重量的 26%,使整机减重 9%。我国直-9 型直升机复合材料占 60%,主要是碳纤维复合材料。日本 OH-1"忍者"直升机,机身 40 和桨叶均由碳纤维复合材料制成。

(4) 汽车材料

碳纤维材料也成为汽车制造商青睐的材料,被应用于汽车内外装饰。碳纤维作为汽车材料,最大的优点是质量轻、强度大,重量仅相当于钢材的 20% 到 30%,硬度却是钢材的 10 倍以上。所以汽车制造采用碳纤维材料可以使汽车的轻量化,取得突破性进展,并带来节省能源的社会效益。虽然碳纤维看起来像塑料,但实际上这种材料抗冲击性比钢铁强,特别是用碳纤维做成的方向盘,机械强度和抗冲性更高。

(5) 纤维加固

碳纤维加固包括碳纤维布加固和碳纤维板加固两种。现有建筑中有相当一部分由于当时设计荷载标准低造成历史遗留问题,一些建筑由于使用功能的改变,难以满足当前规范使用的需求,亟须进行维修、加固。常用的加固方法有很多,如加大截面法、外包钢加固法、粘钢加固法、碳纤维加固法等。碳纤维加固修补结构技术是继加大混凝土截面、粘钢加固之后的又一种新型的结构加固技术。由于我国具有世界上最为巨大的土木建筑市场,碳纤维加固建筑结构的应用将呈现不断增长的趋势。

(6) 体育用品

碳纤维复合材料还广泛应用于高尔夫球杆、网球拍、钓鱼竿、自行车、赛车、滑雪板等高档文体用品中,由碳纤维复合材料制作的高尔夫球杆比金属杆减重近 50%。钓鱼竿、羽毛球拍、滑雪板、高尔夫球杆等体育用品采用的碳纤维中 67％是大丝束。随着大丝束价格的降低和性能提高,在此基础上大丝束在碳纤维中所占比例还将增加。

8.4 煤基新型碳材料

8.4.1 富勒烯

8.4.1.1 富勒烯简介

根据国际纯化学和应用化学联合会(IUPAC)的定义,富勒烯(Fullerene)是指由偶数个碳原子构成的封闭中空笼状物,包含 12 个五元环和个数不定的六元环。它代表的是一类物质,即任何由碳一种元素组成,以球型、椭球型或柱型结构形成的封闭笼状中空结构全碳分子,统称为富勒烯。

(1)富勒烯结构

目前已经有 40 多种全碳富勒烯结构被分离和表征,最常见的有 C_{60}、C_{70}、C_{76}、C_{84}、C_{90}、C_{94} 等。其中,C_{60} 作为富勒烯族的典型代表,它是由 60 个碳原子通过 20 个六元环和 12 个五元环连接而成的,具有 30 个碳碳双键的球状空心对称分子,因此又被称为"足球烯"。相较于其他 C_{2n} 碳分子,C_{60} 具有相当高的稳定性,其每个碳原子都以两个单键和一个双键与相邻的 3 个碳原子连接,呈现高度的对称性。

C_{60} 多面体结构满足欧拉规则。对于 C_{2n} 的富勒烯,对应的顶点数 v、边界数 e 和区域个数 p 分别为 $2n$、$3n$ 和 $n+2$。三者满足欧拉规则:$v+p=e+2$。在 C_{60} 的结构中只存在六元环(hexagon)和五元环(pentagon),所以定点数 $2n=(5p+6h)/3$;面数 $n+2=p+h$。将两式代入欧拉公式可以得到 $p=12,h=n-10$。所以 C_{60} 包含了 12 个五元环和 20 个六元环。

(2)富勒烯种类

随着研究的不断深入,近年来又成功制备获得内嵌富勒烯、杂富勒烯、聚合物等多中方形态的富勒烯,如表 8-10 所示。

表 8-10 富勒烯形态及主要特点

种 类	主 要 特 点
巴基球团簇	C_{20}(二十烷的不饱和衍生物)和最常见的 C_{60}
内嵌富勒烯	将一些原子嵌入富勒烯碳笼而形成的一类新型内嵌富勒烯
聚合物	在高温高压下形成的链状、二维或三维聚合物
纳米"洋葱"	多壁碳层包裹在巴基球外部形成球状颗粒,可用于润滑剂
球棒相连二聚体	两个巴基球被碳链相连
杂富勒烯	巴基球中部分碳原子被杂原子所取代,如 B、N、P、Si 等

8.4.1.2 富勒烯发展史

碳是人类最早发现和利用的元素之一。最初,人们发现单质碳以两种性质极不相同的同素异形体的形式存在,即石墨和金刚石。但正如日本著名科学家小泽在 1970 年时预测的那样,自然界中应该存在除石墨、金刚石以外的第三种同素异形体。

　　早在 20 世纪六七十年代,曾有科学家根据量子化学原理提出过碳多面体的设想,但囿于传统观念且缺乏实验依据,该设想并未引起人们的足够重视。直到 1985 年,英国物理学家 H. W. Kroto 与美国化学家 R. E. Smalley 和 R. F. Curl 教授采用激光气化团簇束流发生器研究石墨加热发生的现象时,将石墨中的碳原子汽化并用氦气流冷却形成固体的过程中,结果产生了含有不同碳原子数的物质。在质谱仪上他们观察到,相当于 60 个碳原子,质量数为 720 处的信号最强,其次是相当于 70 个碳原子,质量数为 840 处的信号,从而意外地发现了碳的另一种形式——C_{60} 和 C_{70}。1996 年,三位科学家也因此获得了诺贝尔化学奖。

　　通过进一步研究证明 C_{60} 分子非常稳定。如果 C_{60} 是一种新型分子,那么它的结构到底是什么样的呢? 为了解释这一现象,Kroto 根据碳原子的成键特征,联想到美国著名建筑师 B. Fuller 的短程线圆顶结构原理,与 Smalley 和 Curl 用硬纸板剪成许多正五边形和正六边形,最终用 12 个正五边形、20 个正六边形组成了一个中空的 32 面体,共有 60 个顶角,碳原子位于顶角上,首次提出了 C_{60} 的立体模型。由于是在 Fuller 的启发下,他们三人推测出了 C_{60} 的球形结构,因此 1985 年他们发表文章时,特意给 C_{60} 取名为 Buckmin-sterfullerene,简称 Fullerene,即"富勒烯",或用 Fuller 的名字,称为 Buckyball,即"巴基球"。亦因 C_{60} 酷似英式足球,所以又称为 Soccerene,即"足球烯"。

　　1989 年,D. R. Huffman 和 W. Kratschmer 等的红外光谱测定结果与根据 C_{60} 分子结构所作的理论计算完全相符,初步证实了理论预测。不久,美国国际商业机器中心的阿尔梅顿研究小组的 D. S. Bethene 等对 C_{60} 进行了一系列测试。由于 C_{60} 在室温下会高速旋转,他们将样品冷却至液氮温度使之减速,然后用隧道效应扫描仪拍摄了 C_{60} 的照片,成为富勒烯的第一张直观证据。随后他们又用拉曼光谱和红外光谱分析其结构,也证明了 Kroto 和 Smalley 的结构设想。R. L. Cappelletti 等的非弹性中子散射实验以及高分辨率电子能量损失谱,也有力地支持了 C_{60} 的足球模型之说。1991 年 4 月,美国加州大学的化学家 J. Hawkins 等发表了第一批 C_{60} 分子结构的 X 射线粉末衍射照片,最终完全确定了富勒烯的结构,从而彻底消除了对富勒烯及其结构的各种怀疑。从此,富勒烯才以其精巧绝伦的对称美理直气壮地呈现在人类的面前。不同类型富勒烯和各种掺杂富勒烯见图 8-5 和图 8-6。

图 8-5　不同类型富勒烯

图 8-6　各种掺杂富勒烯

8.4.1.3　富勒烯的性质

富勒烯具有一定的芳香性,其高度对称的大 π 键电子高度离域,具有离域能,这使得体系能量较低,结构较为稳定。C_{60} 作为富勒烯家族的典型代表,其物理化学性质受到人们广泛而深入的研究。富勒烯具有如下特点:

① 抗辐射和化学腐蚀。富勒烯分子稳定,在 25 ℃时,C_{60} 分解需要 2 000 年。

② 抗压性强。C_{60} 的耐压程度远比金刚石高,具有作为润滑剂的潜力。

③ 导电性好。由于富勒烯晶体内部松散的结构导致其电阻率非常大,但经过适当的金属掺杂后,导电能力比铜强,重量只有铜的六分之一。

④ 具有光限效应。当光流量较小时,C_{60}、C_{70} 溶液是透明的;但是当强光超过阈值强度以后,溶液立即变得不透明。

8.4.1.4　富勒烯的制备

自从 Kroto 等人发现 C_{60} 以来,人们发展了多种富勒烯的合成方法,包括石墨蒸发法(电弧法、激光蒸发法、太阳能聚焦加热法、电阻加热法)、燃烧法、化学气相沉积法、有机合成法。其中,较为成熟的并且可以应用于煤基富勒烯制备研究方面的合成方法主要有电弧法、激光蒸发法、燃烧法和化学气相沉积法等。

(1) 电弧法

反应过程:在氦气或是氩气的保护下,当两根高纯石墨电极靠近进行电弧放电时,炭棒气化形成等离子体,在惰性气氛下小碳分子经多次碰撞、合并、闭合而形成稳定的富勒烯分子。

影响因素:温度场分布。

特点:可以宏观地制备富勒烯;设备简单;耗电量大,成本高。

(2) 激光蒸发法

激光蒸发法是发现 C_{60} 所采用的方法。

反应过程:大功率激光束轰击石墨使其气化,使被激光束气化的碳原子在氦气带动下进入聚集区,经气相碰撞形成含富勒烯的混合物。

特点:产物中富勒烯占比小。

(3) 燃烧法

反应过程:将高纯石墨棒在用氩气稀释过的苯、氧混合物中燃烧,得到 C_{60} 和 C_{70} 的混合物。

影响因素:碳氧比、炉压、温度场等。

特点:连续进料,无需电力,设备要求低,产物比率可控,适用于大量工业生产。

(4) 化学气相沉积法

反应过程:将有机气体和 N_2 压入石英管,碳源在催化剂表面生长成富勒烯或碳纳米管。催化剂一般为 Fe、Co、Ni、Cu 颗粒。

影响因素:反应温度、时间、气流量。

特点:设备简单,原料成本低,产率高,反应过程易于控制,可大规模生产。

总之,目前受高成本和制备技术所限,富勒烯的发展仍处于起步阶段。但是巨大的需求和稀缺的资源形成强烈的反差,人们急需寻找到一种大量合成富勒烯的方法,从而降低应用成本。

8.4.1.5　富勒烯的应用

富勒烯是继石墨、金刚石之后人们发现的第三种由纯碳组成的新型碳结构。因富勒烯具有的完美对称结构,在纳米尺度范围内特殊的稳定性以及奇异的电子结构,其成为许多高新技术领域应用潜力巨大、不可替代的材料，被业界称为"纳米王子"。富勒烯的应用举例如表 8-11 所示。

表 8-11　　　　　　　　　　　　　　　　富勒烯的应用

应用领域	实　　例
电子学	C_{60} 及其衍生物用在分子导线上，C_{60} 用作分子储存器、富勒烯衍生物、电子束抗蚀剂
超　导	C_{60} 系列是一类极具价值的新型超导材料
大气水处理	有机物吸附剂
能源材料	P 型共轭聚合物和 N 型富勒烯混合组成复合物，作为太阳能电池的薄膜材料
催化剂	催化氢转移、烷烃裂解反应、金刚石的合成、助推剂的添加剂
激光科学	制作性能优异的光限幅器件、光双稳器件和全光学光开关，实现光脉冲压缩
润　滑	C_{60} 用于润滑添加剂；C_{60} 的衍生物 $C_{60}F_{60}$ 可作为"分子滚珠"和"分子润滑剂"

富勒烯作为一种具有多项优异性能的新型纳米碳材料，人们对它无限憧憬。未来富勒烯将在生命科学、医学、天体物理等领域具有重要的发展前景，依靠其优异的电子特性有望在光转换器、信号转换和数据存储等光电子器件上得到广泛应用。

8.4.2　碳纳米管

8.4.2.1　碳纳米管简介

碳纳米管(Carbon Nanotubes)，又名巴基管，是一种具有特殊结构(径向尺寸为纳米量级，轴向尺寸为微米量级，管子两端基本上都封口)的一维量子材料。它是由单层或多层石墨六角形网面以某一方面为轴，卷曲 360 度而形成的单层或多层同轴管。相邻的同轴管之间间距约 0.34 nm，与石墨的层间距相当，管径通常为 2～20 nm，长度为几十到一百微米。

1990 年，日本 NEC 公司在研究石墨棒电弧放电所产生的烟灰中首次发现了多壁碳纳米管(MWCNT)。1993 年，他们改进了电弧放电法并合成了结构更加理想的单壁碳纳米管(SWCNT)。1998 年，我国科学家成会明等首次采用热解法中的流动催化剂法制备出世界上最长的纳米碳管，长度约 3 cm，被评为 1999 年中国十大科技进展项目第二位。碳纳米管的发现和成功制备迅速掀起了一股研究热潮。根据不同分类标准碳纳米管可以分为多种类型，如表 8-12 所示。

表 8-12　　　　　　　　　　　　　　　　碳纳米管的分类

分类标准	种　　类
碳管层数	单壁碳纳米管、多壁碳纳米管
结构特征	扶手椅形纳米管、锯齿形纳米管、手形纳米管
导电性质	金属型碳纳米管($\|n-m\|=3k,k$ 为整数)、半导体型纳米管($\|n-m\|=3k\pm1$)
管壁缺陷	完善碳纳米管、含缺陷碳纳米管
外　形	直型管、碳纳米管束、Y 型、蛇型等

8.4.2.2　碳纳米管的性质

碳纳米管具有非常高的长径比，是理想的一维纳米材料。其特殊的分子结构使得碳纳米管在力学、电学、热学以及光学等方面展现出优异而新奇的性能。

（1）力学性能

碳纳米管具有高模量和高强度特性。其抗拉强度为 50～200 GPa，是钢的 100 倍，密度是钢的 1/6。单根碳纳米管的杨氏模量接近 TPa 量级，硬度与金刚石相当，是碳纤维的几十倍。碳纳米管具有较低的径向模量，当其受到外力（如被扭转、弯曲）时，不会发生断裂，拥有良好的柔韧性，轴向可以拉伸。此外，碳纳米管的熔点高达 3 652～3 697 ℃。

（2）电学性能

单壁碳纳米管中的每个碳原子都有一个未成对的离域 π 电子，在轴向上具有连续的电子波函数，表现出优异的电学性质；而在径向上，由于其直径为纳米级，周期性边界条件的存在使碳纳米管展现了分立能级。根据手性指数（n,m）的不同，金属管和半导体管可以按如下方式划分：

金属型： $$|n-m|=3k$$

半导体型： $$|n-m|=3k\pm1$$

式中的 k 为不为 0 的整数，因此，单壁碳纳米管中大约有 1/3 为金属型碳纳米管，2/3 为半导体型碳纳米管。其中，金属型单壁碳纳米管具有极高的载流能力，最高可承受约 10^9 A/cm^2 的电流密度，远远高于一般金属（10^5 A/cm^2）。半导体型碳纳米管具有极高的电子迁移率，室温下大于 10 000 cm^2/（V·s），而且不同结构的半导体型碳纳米管具有不同的能隙，可以通过栅压来调控碳纳米管的导电性。

此外，碳纳米管的导电性也取决于其管径和管壁的螺旋角。通常，管径大于 6 mm 时，碳纳米管导电性能下降；管径小于 6 mm 时，碳纳米管具有良好导电性能。

（3）热学性能

碳纳米管具有较高的热导率。在管轴方向上，碳纳米管具有与金刚石相同的热导率；在管径方向上，其导热性能差，热导率远小于轴向。即热量在碳纳米管上主要沿轴向传递。

（4）光学性能

碳纳米管可以吸收光波，具有方向选择性。当光的偏振方向平行于碳纳米管轴线时，其对光的吸收能力最强，当光的偏振方向垂直于碳纳米管轴线时，其对光的吸收最弱。而且，碳纳米管具有良好的上转换发光特性，在红外光激发下，可以发射出强烈的可见光。此外，掺杂和有缺陷的碳纳米管的电子结构会发生改变，光学性质也会随之发生变化。

（5）储氢性能

碳纳米管是一种具有潜力的储氢材料。碳纳米管的管径为纳米尺度，氢分子的动力学直径为 0.289 nm。理论上，单壁碳纳米管的空心腔、多壁碳纳米管的管层间隙和空心腔都可以容纳氢分子，它的储氢能力取决于层数、内外径、成束情况以及端口的封闭状态。

8.4.2.3 碳纳米管的制备工艺

目前，碳纳米管的制备方法有很多，已用于工业化生产的有石墨电弧法、化学气相沉积法两种，除此之外常用的方法还有催化裂解法、激光蒸发（烧蚀）法等。

（1）石墨电弧法

反应过程：电弧室充满惰性保护气，将两石墨棒电极靠近，拉起电弧后再拉开，以保持电弧稳定。电弧放电达到 4 000 ℃ 的高温，放电过程中阳极温度相对阴极较高，阳极石墨棒不断被消耗，同时阴极石墨棒表面沉积出含有碳纳米管的产物。

工艺条件:氦气为载气,压力为 13.3 kPa,电流 60~100 A,电压 19~25 V,电极间距 1~4 mm,产率 50%。

特点:产量较高,可以大规模制备;产物杂质较多,需后处理;电弧区温度非常高,碳纳米管缺陷较多。

(2)化学气相沉积法

反应过程:气态烃(小分子烷烃、炔烃或烯烃等)作为碳源,过渡金属作为催化剂,在 800~1 200 ℃的条件下,气态碳源分解成碳原子附着于催化剂表面,降温后生成碳纳米管。

特点:碳纳米管纯度较高,但结晶度较差、缺陷较多;耗能相对较低。

(3)催化裂解法

反应过程:在 600~1 000 ℃的温度及催化剂作用下,含碳化合物裂解为碳原子,然后在过渡金属-催化剂作用下,碳原子附着在催化剂微粒表面上形成碳纳米管。

(4)激光蒸发(烧蚀)法

反应过程:在石英管中间放置一根金属催化剂与石墨混合的石墨靶材,并置于加热炉内,采用高能量激光照射石墨靶材,靶材上的碳原子被激发脱落生成气态碳,当到达低温区域时在催化剂的作用下形成碳纳米管。

特点:碳纳米管纯度较低;激光器能耗大,不适于大规模制备。

由于纳米粉体的强团聚效应和纤维材料的纠缠黏结现象,碳纳米管很容易发生团聚。通常,分散碳纳米管时采用物理法(研磨与搅拌、高能球磨、超声波处理等)和化学法(添加表面活性剂、强酸强碱洗等),或通过综合运用多种方法,克服团聚体强吸附力,破坏长纤维纠缠黏结状态,从而稳定碳纳米管的分散状态。

8.4.2.4 碳纳米管的应用

由于碳纳米管具有优良的电学和力学性能,其被认为是复合材料的理想添加相,在纳米复合材料领域有着巨大的应用潜力。同时,碳纳米管在新能源、传感器、超级电容器、场发射管等领域也具有极高的潜在应用价值,被誉为 21 世纪最受青睐的纳米材料之一。

在复合材料领域,碳纳米管广泛应用于复合材料的制备,它具备高强度和高柔性的特性,决定了其具有增韧增强的应用潜力。将碳纳米管作为添加剂添加到树脂基体中,可以制备多种高性能复合材料,如导电导热复合材料、高强度复合材料、阻燃复合材料等。同时,基于碳纳米管良好的导电导热性能,在树脂基体中添加碳纳米管也是制备高性能导电、导热或阻燃复合材料的有效途径。

在生物医药领域,碳纳米管作为一种由生命元素-碳构成的纳米材料,与一些无机纳米材料相比具有更高的生物可兼容性,它可以作为生物大分子(核酸、蛋白)、药物等的优良运输载体。独特的纳米中空结构又赋予碳纳米管细胞穿透性和适于提高药物负载量的高比表面积。同时,碳纳米管具有良好的稳定性和弹性结构,可以延长药物在体内的存留时间,提高药物在生物体内的活性。目前,碳纳米管已作为基因或者药物的载体,将它们输送到生物体组织或细胞。当碳纳米管被抗体或小分子靶向基团修饰后,其进入细胞的能力和效率得到改善。例如,将阿霉素负载到碳纳米管,可以通过改变 pH 值实现对阿霉素的控释。

在微电子器件领域,当今绿色清洁能源、可穿戴电子设备逐步成为社会热点与研究热潮的时代背景下,高比表面积和优异的导电性能,尤其是出色的长程导电能力使碳纳米管作为理想的电极材料。质轻、柔性、强度高、可编织入织物的特性,使其在可穿戴储能器件领域的应用前景广阔。

在航空航天领域,科学家们利用碳纳米管的高强度和高拉伸特性,构想制造人造卫星的拖绳,不仅可以为卫星供电,还可以耐受很高的温度而不会烧毁。

8.4.3　石墨烯

8.4.3.1　石墨烯简介

石墨烯(Graphene)是一种以蜂窝状密排的单层碳原子组成的二维材料。理想的石墨烯相当于单层石墨分子结构。最初,石墨烯被认为在热力学上不稳定而无法获得。直到2004年,英国曼彻斯特大学物理学家 A. Geim 和 K. Novoselov 两人采用微机械剥离法才首次从石墨中分离出石墨烯,两人也因此共同获得了 2010 年诺贝尔物理学奖。

在之后的观察中发现,单层石墨烯并不能以完全平整的状态存在,而是在平面方向有角度弯曲,出现褶皱和起伏,正是这些起伏降低了石墨烯的表面能,得以使石墨烯稳定存在。由于石墨烯片层之间的范德瓦耳斯力作用,石墨烯片层团聚现象很容易发生,很难以单片层的形式存在。

此外,石墨烯也被认为是构建其他 sp^2 杂化碳质纳米材料的基本结构单元。例如,零维的富勒烯可以看作是由石墨烯翘曲而成,一维碳纳米管可以看作是由石墨烯卷曲而成,三维石墨可以看作是由石墨烯堆砌而成。

8.4.3.2　石墨烯的性质

石墨烯的厚度仅有 0.35 nm,它是目前世界上最薄、最坚硬的纳米材料。石墨烯的特性如表 8-13 所示。单层石墨烯几乎完全透明,只吸收 2.3% 的光;它具有超高的比表面积(2 630 m^2/g),是一种极具应用前景的储能材料和吸附材料;它的导热系数高达 5 300 W/(m·K),高于碳纳米管和金刚石;常温下它的电子迁移率超过 15 000 $cm^2/(V·s)$,比纳米碳管或硅晶体高,在超导体、电极材料、导电添加剂等领域应用广泛;它的电阻率仅约 10^{-8} Ω·m,比铜或银更低。此外,石墨烯具有良好的力学性能和导热性,是解决电子器件散热问题的最佳选择;同时石墨烯表现出双极性电场效应、良好的透光性和独特的光学性质。

表 8-13　　石墨烯的特性

性能		物理性质
"最强"性能	最薄最轻	厚 0.34 nm,比表面积 2 630 m^2/g
	载流子迁移率最高	室温下为 20 万 $cm^2/(V·s)$,是硅的 140 倍
	电流密度最大	有望达到 2 亿 A/cm^2(是 Cu 的 100 倍)
	强度、刚度、韧性最强	强度约 180 GPa,是普钢钢材的 100 倍
	导热率最高	5 300 W/(m·K)(超过碳纳米管)
"独特"性能	高性能传感器性能	可检测单个有机分子
	类似催化剂功能	制作复合材料,可强化其电子运输能力
	吸氧功能	低温下具备吸氧功能
	无散射运输	常温下实现无散射运输,用于激光元件
	应力传感器功能	变形即可有预知强磁场的电子能量效应

8.4.3.3 石墨烯的制备

自 2004 年首次使用微机械剥离法制备石墨烯以来,人们已经发展出了多种石墨烯的制备方法,主要包括机械剥离法、液相剥离法、氧化还原法、外延生长法和化学气相沉积法。表 8-14 列出了石墨烯的制备方法,其中,最有可能率先突破产业化瓶颈的是化学气相沉积法。石墨烯层数越少,性能越独特,相应的制备难度越大,成本越高。

表 8-14   **石墨烯的制备方法**

制备方法	产品尺寸	产品质量	制备成本
微机械剥离法	中、小尺寸	分子结构较为完整	较低,但不易形成量产
液相剥离法	中、小尺寸	分子结构较为完整	较低,适合小批量生产
外延生长法	大尺寸	薄片不易与 SiC 分离	较高,适合小批量生产
氧化还原法	大尺寸	分子结构较易被破坏	较低,可以大规模生产
化学气相沉积法	大尺寸	结构完整,质量较好	较高,可以大规模生产

(1)微机械剥离法

最初获取单层石墨烯的方法使用的是微机械剥离法。由于石墨各层间靠范德瓦耳斯力结合在一起,作用力较弱,因此使用透明胶带可以从石墨上剥离下单层的石墨烯,其尺寸可达微米级,且晶体质量好,但在同一块晶体上往往有不同层数的石墨烯薄膜分布,常用于一些微观尺度上的石墨烯物理性质的研究。采用机械剥离法制备的石墨烯产量低且形貌不可控,因此适用于实验室基础研究,并不适用于石墨烯材料的大规模生产。

(2)液相剥离法和氧化还原法

液相剥离法是将石墨分散在特殊的溶剂和表面活性剂中后,利用超声的能量破坏石墨层间的范德瓦耳斯力,将石墨烯从石墨表面剥离下来并分散。

氧化还原法是先利用硫酸、硝酸等强氧化剂氧化石墨,含氧基团的插入也能够破坏石墨层间的范德瓦耳斯力,形成单层的氧化石墨烯,再通过还原剂等的作用将氧化石墨烯还原,获得单层的石墨烯。

液相剥离法和氧化还原法工艺简单、成本低,可应用于石墨烯的宏量制备。也可使用这两种方法获得的分散液大面积制备氧化石墨烯和石墨烯的薄膜,氧化石墨烯还可进一步用化学方法改性,获得其他石墨烯衍生物,应用于不同领域。

(3)外延生长法

外延生长法是在高温和超高真空条件下将 SiC 表面的硅原子升华,并使留下的碳原子在表面发生石墨化,获得石墨烯。这种方法虽与目前的半导体工艺具有较高的兼容性,但其能耗高,成本高,难以大面积制备。同时,由于碳原子在 SiC 表面的扩散、重构不完全,所制备的石墨烯薄膜的均匀性较差,而且不易于从衬底上剥离。

(4)化学气相沉积法

化学气相沉积法一般是利用甲烷、乙炔等气体作为碳源,在高温条件下裂解为碳原子和氢原子,通过快速降温,将碳原子沉积于金属衬底(Mo、Ni、Cu、Pt 等)表面,利用金属的催化能力形成石墨烯。

典型的代表是铜基和镍基生长石墨烯,两者具有不同的石墨烯生长机理。碳原子在镍中的溶解度较高,碳源气体被催化分解后首先在镍中溶解和扩散,碳原子的表面析出过程通过迅速冷却来实现,其生长原理被称"溶解-析出过程"。这样获得的石墨烯薄膜往往是随机取向的单晶,且不同位置的石墨烯层数也呈随机分布。对于铜基生长的石墨烯,碳原子在铜中溶解度很低,碳源气体被催化分解后会立即在铜箔表面析出。同时,铜的催化能力较弱,当其被一层碳原子覆盖后即无法再进行催化,这种自限制生长的机制使得人们可以在铜箔上获得大面积的单层石墨烯。但由于碳原子在铜箔上难以扩散,铜基生长的石墨烯往往是多晶的。

在化学气相沉积法中,通过控制反应气体比例、反应温度、压强等条件可以改变石墨烯薄膜的晶粒尺寸、薄膜厚度等。化学气相沉积法生长的石墨烯质量高,层数可控,可大面积生产,其衬底为柔性,便于利用卷对卷工艺快速生产,具有极大的应用潜力。

8.4.3.4 煤基石墨烯的制备

目前,石墨烯制备原料主要为天然石墨、烃类小分子气体(如 CH_4、C_2H_4)、生物质炭和煤炭等碳源。其中,煤炭是一种含碳量较高的碳源,具有长程无序、短程有序的结构特征,这决定了煤炭除了在能源和煤化工领域的应用以外,在开发功能性煤基新型碳材料方面也展现出巨大的潜在优势。

根据原料煤的组成结构不同,煤基石墨烯的制备方法主要分为两类:热解-化学气相沉积法和石墨化-化学氧化还原法。

针对变质程度较低的煤种,如褐煤、烟煤,煤分子结构中脂肪烃含量多,且存在大量的羟基、羧基、环氧基等含氧官能团。在中低温热解过程中,煤结构中的脂肪烃链断裂、含氧基团脱除,产生的大量气态小分子物质,如 CH_4、H_2 等为气态碳源,在高温条件下于金属衬底(铜箔或泡沫镍)表面催化裂解沉积形成煤基石墨烯。该方法制备出的煤基石墨烯薄膜具有层数少、面积大、质量高等优点,在电化学储能及电子器件等领域应用前景广阔。

随着煤变质程度的加深,煤分子结构中的芳香环深度缩合,芳香核尺寸变大,脂肪层结构减少,含氧官能团含量降低。因此,针对变质程度较高的无烟煤,可以通过高温热处理或催化石墨化处理,使煤中芳香结构单元发生脱氢环化反应,逐渐融并成为大尺寸的石墨微晶,实现煤分子结构由"短程有序"向"长程有序"的转变,然后经过化学氧化,辅以化学还原或微波还原实现煤基石墨烯的制备。该方法可应用于石墨烯的宏量制备,以及功能化石墨烯的制备。

8.4.3.5 石墨烯的应用

近十年来,有关石墨烯的研究炙手可热,石墨烯也因其在能源、生物技术、航天航空等领域具有极其广泛的应用前景而被认为是"具有革命性意义的材料""二十一世纪的材料之王"。

与其他新材料相比,石墨烯具有众多优良的特点,如载流子迁移率高、电流密度大、强度高、导热率高、超薄超轻超硬,同时具有高性能传感器、可强化电子输送、催化剂、吸氢、双极半导体、无散热传输等功能。石墨烯由于性能优良、功能众多而被广泛应用到锂电子电池、超级电容、导电油墨、触摸屏、软性电子、散热、涂料、传感器等领域。此外,在高频电子、环保、光电、聚合物、海水淡化、太阳能电池、燃料电池、催化剂、建筑材料等领域,也能发现石墨烯的身影,可谓是遍地开花。有专家预计,未来一段时间内,石墨烯将主要用于"导电油墨""防腐涂料""散热材料""锂电池""超级电容"等五大领域。

石墨烯导电油墨具有强大优势,发展前景看好。导电油墨属于填充型复合材料,是印刷与烧结处理后具有导电性能的油墨。石墨烯应用于油墨的优势主要有两点:一是兼容性强,石墨烯油墨可在塑料薄膜、纸张及金属箔片等多种基材上实现印刷;二是性价比高,与现有的纳米金属导电油墨相比,石墨烯油墨具有较大的成本优势。由于石墨烯的良好性能,其制成的油墨具有电阻小、导电性强以及光学透明性高等特点,在各类导电线路以及传感器、无线射频识别系统、智能包装、医学监视器等电子产品中有广泛应用。

目前国内防腐涂料消费量近180万t,占世界防腐涂料总消费量的40%以上。涂料中添加石墨烯后,石墨烯能够形成稳定的导电网格,有效提高锌粉的利用率,从实际效果来看,添加约5%的石墨烯粉,可减少50%锌粉的使用量。同时,石墨烯涂层能在金属表面与活性介质之间形成物理阻隔层,对基底材料起到良好的防护作用。我国石墨烯新型防腐涂料,已于2015年3月20日在江苏道森新材料有限公司成功研发,并已应用于海上风电塔筒的防腐,近来已有很多企业均开发出相关产品并在各类防腐领域应用。未来石油化工、铁路交通、新能源、基础设施建设等更是蓬勃发展,为防腐涂料提供了广阔的市场空间。

石墨烯作为导热材料,其导热快、可折叠等性能要远远优于石墨片和其他散热材料如热导纤维、热导塑料等,并且技术难度小、工艺相对成熟,在手机、电脑、微型电路等设备的散热方面具有独特的优势。尤其是在智能手机领域,未来要求手机轻薄、便携、可折叠,因此石墨烯导热膜具有极大应用潜力。

石墨烯在锂离子电池中的应用比较多元化,目前用在正极材料中作为导电添加剂,来改善电极材料的导电性能,提高倍率性能和循环寿命,已经实现商业化应用。比较成熟的应用是将石墨烯制成导电浆料用于包覆磷酸铁锂等正极材料。正极用包覆浆料目前主要包括石墨浆料、碳纳米管浆料等。随着石墨烯粉体、石墨烯微片粉体量产、成本持续降低的情况下,石墨烯浆料将呈现更好的包覆性能。锂离子电池主要应用于手机、笔记本电脑、摄像机等便携式电子器件等方面,并积极地向电动力汽车等新能源汽车领域扩展,具有长期发展前景。

石墨烯的电导率高、比表面积大且化学结构稳定,表面更有效的释放,有利于电子的渗透和运输,更加适合作为超级电容器电极材料。目前,我国已经实现石墨烯超级电容器的投产,技术上已经完全可以实现石墨烯超级电容器的生产。在国内,中国中车研发的3V/12 000F 石墨烯/活性炭复合电极超级电容和 2.8V/30 000F 石墨烯纳米混合型超级电容已经获得中国工程院鉴定,整体技术达到目前世界超级电容单体的最高水平。

8.4.4 碳量子点

8.4.4.1 碳量子简介

碳量子点(CQDs),又称碳点(C-dots 或 CDs),是指一种尺寸在 1~10 nm 之间的零维碳纳米材料。其主要有三种形式,即石墨烯量子点(GQDs)、碳纳米点(CNDs)和聚合物量子点(PDs)。碳量子点的化学结构通常以 sp^2 和 sp^3 杂化碳构成骨架,形成单层或多层的石墨微晶结构,且表面含有丰富官能团的纳米材料。

8.4.4.2 碳量子的性质

碳量子点因其具有与传统半导体量子点可比拟的荧光性质,同时兼有低毒、良好的生物相容性、低成本及化学稳定性高等优势,是替代传统半导体量子点的理想材料。

8.4.4.3 碳量子的制备

碳量子点的制备方法主要分为两类:自上而下法(top-down methods)和自下而上法

(bottom-up methods)。自上而下法,是指通过物理或者化学等手段将大尺寸富碳结构切割剪裁形成纳米尺度的碳量子点。自下而上法,是指以小分子含碳有机物为碳源,通过小分子的有序或无序组装融合制备尺寸相对较大的碳量子点。

(1) 自上而下法

"自上而下"的制备方法主要包括:化学氧化法、电化学法、电弧放电法、激光切割法、水热法和微波法等。

化学氧化法是制备碳量子点非常有效的一种方法。多以石墨、富勒烯、碳纤维、炭黑、石焦油、氧化石墨、芘和煤等为碳源,通过氧化剂进行剥离制备碳量子点。常见的氧化剂有 HNO_3、H_2SO_4、$KMnO_4$ 和芬顿试剂等。该方法操作简单,容易实现规模化生产,但是强酸强氧化剂的使用,容易引起环境问题。

在电化学法中,一般是用导电性的碳材料作为工作电极,在一定的电位下,借助于电解液阳极氧化从而使碳点从工作电极上剥离下来。在制备过程中,电极材料和电解液是非常重要的,它们可以使得到的碳量子点具有不同的表面状态和性质。通常采用石墨棒、碳纳米管、碳糊、碳纤维、Pt 片等材料作为电极材料;离子液体、NaH_2PO_4 水溶液、NaOH/EtOH 等作为电解液。采用该方法制备的碳量子点往往具有纯度高、尺寸可控、容易重复等优点,但是大都须经过透析提纯获取产物,操作比较复杂耗时。

电弧放电法通常先用弧光放电的方式处理煤烟灰,然后用硝酸进行氧化处理,经氢氧化钠溶液萃取后,再将所得到的黑色悬浮液凝胶电泳,即可得到碳量子点。

激光刻蚀法主要是把惰性气体作为载体,在水蒸气的环境中激光剥离碳源。通过简单调节激光器脉冲宽度,可以调控碳量子点的大小和荧光量子效率,但仍需要进行官能化和表面修饰,才能得到发光的荧光碳量子点。此方法制备的碳量子点具有稳定的荧光性能,但是对设备的要求较高。

水热法通常是将原材料溶于水,然后放入反应釜中在高温下进行反应。以氧化石墨烯为例,在氧化的石墨烯片上存在着少量环氧基团和较多的羧基形成的混合环氧链,在高温的条件下,这些线性缺陷的存在使得氧化石墨片很容易破碎和被攻击,随着氧原子的脱去,最终形成碳量子点。水热法的缺点是耗时长、成本高、步骤较多,其优点是产率比较高。最主要的是所需要的原材料需要水热处理,产物需要纯化处理。

与水热反应相比,微波法有相似的反应机理,但是却较大程度地提高了反应效率。微波是一种波长范围在 1 mm~1 m 的电磁波,能提供较强的能量去打断化学键,并使碳源内部和外部一起加热,大大减少了反应时间,进而形成尺寸均一的碳量子点。

(2) 自下而上法

"自下而上"的制备方法主要包括:化学氧化法、微波法和微波合成法。用强氧化性的酸处理有机小分子使其脱水炭化从而制备碳量子点的方法属于化学氧化法。水热法是用不同的反应前驱体制备新型碳基材料的方法,具有成本低、无污染和步骤简单等优点。相比水热法,微波法能够实现碳量子点快速合成。

8.4.4.4 碳量子的应用

(1) 光电催化

碳量子点具有较强的稳定性和电导率,化学掺杂型的碳量子点具有更多的活性位点,有利于提高催化活性。碳量子点通过特殊的表面改性后,展示出优异的可调的光学性质,具有优异的上转换发光特性,它不仅可以作为电催化材料,而且可以作为光催化材料。此外,碳量子点具有优异的电子给体和电子受体,具有良好的电子传递作用,能使得电子和空穴有效的分离。除了其本体的光催化性能之外,碳量子点也可提高半导体光催化剂性能。因此,碳量子点能够作为光催化材料催化一些重要的反应。

(2) 化学传感器

由于碳量子点具有固有的荧光特性,以及毒性低、水溶性好、光化学性质稳定等优点,其可以通过荧光强度的改变来检测金属离子、阴离子以及小分子等,作为敏感的化学传感器。不同类型的碳量子点也可对 Hg^{2+}、Cu^{2+}、Fe^{3+}、Pb^{2+} 等金属离子进行特异性检测。此外,碳量子点也可用于检测 F^-、S^{2-}、ClO^- 以及 I^- 等阴离子。不同于金属离子对碳量子点的荧光猝灭作用,许多阴离子可以使碳量子点的荧光强度增强。比如,在检测 I^- 的试验中,由于 I^- 与荧光猝灭的碳量子点表面的金属阳离子的作用,金属离子从碳量子点表面脱离,进而使得荧光增强。

(3) 生物成像

碳量子点与传统半导体量子点相比有多个优点,包括可比拟的光学性质、良好的化学和光化学稳定性。特别是碳量子点在很大程度上是无毒且环保的。因此,碳量子点可替代半导体量子点用于生物体内外的成像与标记。碳作为生物骨架,碳核本身是无毒的,碳点的毒性主要是由表面态导致的。许多研究表明将碳量子点的浓度控制在合适的范围内,其在生物体内成像是安全的。而且,如果激发波长足够长,碳量子点将能在近红外区域内发射荧光光谱,尽管近红外区域的荧光发射是相对弱的,但却是非常关键的,因为生物体组织在红外区域内几乎是透明的,这使其成为了荧光成像的理想候选材料。

(4) 光电器件

碳量子点具有高的化学稳定性、可调的能带隙、量子限域效应和边缘效应,适合用于太阳能电池。许多以碳量子点为基础的能源电池已经被报道,例如:晶体硅/CQDs 异质结的太阳能电池,半导体/CQDs 的太阳能电池、导电 CQDs-聚吡咯的染料敏化太阳能电池等。由于碳量子点具有特殊的带隙结构,能够有效地分离电子-空穴对,碳量子点还是电子阻挡层,能进一步阻止太阳能电池阳极处的载流子的复合。碳量子点的大小影响器件的性能,随着其尺寸的减小,开路电压(V_{oc})增加,但短路电流(J_{sc})减小,这意味着短路电流随着其尺寸的减小而增加,空穴传输的能垒减小。

思 考 题

1. 基于煤的组成结构特点,试设想并讨论煤基材料开发与应用的新方向或新领域。
2. 简要讨论煤基混合物复合材料界面相互作用原理。
3. 煤基炭素制品主要类型有哪些?煤基活性炭的制备方法有哪些?
4. 简要讨论炭素制品制备一般流程,并讨论每个工艺单元的原理。
5. 简要讨论煤基新型碳材料制备原理、研究开发的现状与存在问题。

参 考 文 献

[1] 白建明,李冬,李稳宏.煤焦油深加工技术[M].北京:化学工业出版社,2016.

[2] 陈铁牛,葛晓静,马骏.中低温煤焦油加氢技术进展[J].燃料与化工,2013,44(4):52-55.

[3] 陈志雄,水恒福,王知彩.煤直接液化动力学模型及其研究进展[J].煤化工,2008,36(2):7-10.

[4] 程运华.硼、氮掺杂富勒烯的结构搜索[D].广州:华南理工大学,2018.

[5] 崔文岗,李冬,樊安,等.低温煤焦油加氢制备清洁燃料油品中试试验研究[J].化工进展,2018(6):2192-2202.

[6] 高晋生.煤的热解、炼焦和煤焦油加工[M].北京:化学工业出版社,2010.

[7] 高娟.碳分子筛的发展和性能的研究[J].商情,2017(37):166.

[8] 郭树才,胡浩权.煤化工工艺学[M].3版.北京:化学工业出版社,2012.

[9] 郭树才.煤化工工艺学[M].北京:化学工业出版社,2001.

[10] 何建平.炼焦化学产品回收与加工[M].2版.北京:化学工业出版社,2016.

[11] 贺永德.现代煤化工技术手册[M].2版.北京:化学工业出版社,2011.

[12] 胡发亭,毛学锋,史士东,等.煤直接液化反应器的设计与开发[J].煤炭科学技术,2009(3):128-132.

[13] 胡发亭,张晓静,李培霖.煤焦油加工技术进展及工业化现状[J].洁净煤技术,2011,17(5):31-35.

[14] 胡树勋.煤直接液化催化剂及液化机理的研究[D].大连:大连理工大学,2007.

[15] 黄传峰,李大鹏,杨涛.煤油共炼技术现状及研究趋势讨论[J].现代化工,2016(8):8-13.

[16] 亢玉红,李健,闫龙,等.中低温煤焦油加氢技术进展[J].应用化工,2016,45(1):159-165.

[17] 李欢.石墨烯基高体积能量密度储能器件的构建及电化学性能研究[D].天津:天津大学,2017.

[18] 李建利,张新元,张元,等.碳纤维的发展现状及开发应用[J].成都纺织高等专科学校学报,2016,33(2):158-164.

[19] 李军,张德祥,蒋子标,等.煤直接液化粗油提质加工工艺研究现状[J].煤化工,2013,41(1):30-33.

[20] 李克健,吴秀章,舒歌平.煤直接液化技术在中国的发展[J].洁净煤技术,2014,20(2):39-43.

［21］李青松.褐煤化工技术［M］.北京:化学工业出版社,2014.

［22］廖汉湘.现代煤炭转化与煤化工新技术新工艺实用全书［M］.合肥:安徽文化音像出版社,2004.

［23］刘雪霞.煤基碳量子点的绿色制备及对 Fe^{3+} 的检测［D］.大连:大连理工大学,2017.

［24］刘振宇.煤化学的前沿与挑战:结构与反应［J］.中国科学:化学,2014,44(9):1431-1438.

［25］刘振宇.煤快速热解制油技术问题的化学反应工程根源:逆向传热与传质［J］.化工学报,2016,67(1):1-5.

［26］卢建军,谢克昌.煤基高分子复合材料研究现状及发展趋势［J］.化工进展,2003,22(12):1265-1268.

［27］马宝岐.煤焦油制燃料油品［M］.北京:化学工业出版社,2011.

［28］钱伯章.煤化工技术与应用［M］.北京:化学工业出版社,2015.

［29］宋永辉,汤洁莉.煤化工工艺学［M］.北京:化学工业出版社,2016.

［30］孙鸿,张子峰,黄健.煤化工工艺学［M］.北京:化学工业出版社,2012.

［31］屠约峰.煤焦油加氢利用工艺和催化剂研究进展［J］.石油化工应用,2018(3):6-10.

［32］吴国光,张荣光.煤炭气化工艺学［M］.徐州:中国矿业大学出版社,2015.

［33］肖瑞华,白金锋.煤化学产品工艺学［M］.2 版.北京:冶金工业出版社,2008.

［34］谢晶,李克健,章序文,等.煤直接液化铁系催化剂研究进展［J］.神华科技,2014(3):74-77.

［35］熊道陵,陈玉娟,欧阳接胜,等.煤焦油深加工技术研究进展［J］.洁净煤技术,2012,18(6):53-57.

［36］薛新科,陈启文.煤焦油加工技术［M］.北京:化学工业出版社,2011.

［37］杨占彪,王树宽.一种多产柴油的煤焦油加氢方法:中国,CN200710017369.3［P］,2007-08-22.

［38］姚春雷,全辉,张忠清.中、低温煤焦油加氢生产清洁燃料油技术［J］.化工进展,2013,32(3):501-507.

［39］曾凡虎,陈钢,李泽海,等.我国低阶煤热解提质技术进展［J］.化肥设计,2013,52(2):1-7.

［40］张建军.煤直接液化催化剂研究与发展［J］.山西煤炭,2010,30(11):63-65.

［41］张生娟,高亚男,李晓宏,等.煤焦油组分分离与分析技术研究进展［J］.煤化工,2017,45(1):45-49.

［42］张晓静.BRICC 中低温煤焦油非均相悬浮床加氢技术［J］.洁净煤技术,2015,21(5):61-65.

［43］张飑,白效言.煤焦油加工［M］.北京:中国石化出版社,2017.

［44］赵海华,李广学,任少阳,等.碳分子筛的制备与应用研究进展［J］.安徽化工,2015(1):9-11.

［45］赵丽媛,吕剑明,李庆利,等.活性炭制备及应用研究进展［J］.科学技术与工程,2008,8(11):2914-2919.

［46］周明灿,刘伟,王照成.煤化工发展历程及现代煤化工展望［J］.煤化工,2018,46(3):

1-6.

[47] 朱银惠,郭东萍. 煤焦油工艺学[M]. 北京:化学工业出版社,2017.

[48] DENNIS D G,ROBERT M B,RICHARD L B. Modelling of Bench-Scale coal liquefaction systems[J]. Ind. Eng. Chem. Proc. Des. Dev. ,1982,21:490-500.

[49] ITOH H,HIRAIDE M,KIDOGUCHI A,et al. Simulator for coal liquefaction based on the NEDOL Process[J]. Ind. Eng. Chem. Res. ,2001,40:210-217.

[50] JASNA TOMI Ć,SCHOBERT H H . Coal conversion with selected model compounds under noncatalytic,low solvent:coal ratio conditions[J]. Energy & Fuels,1996,10 (3):709-717.

[51] LI Y Z,MA F Y,SU X T,et al. Synthesis and catalysis of oleic acid-coated Fe_3O_4 nanocrystals for direct coal liquefaction[J]. Catalysis Communications,2012,26: 231-234.

[52] SAKANISHI K. Catalytic activity of Ni-Mo Sulfide supported on a particular carbon black of hollow microsphere in the liquefaction of a subbituminous coal[J]. Energy & Fuels,1996,10(1):216-219.

[53] ZHAO J M,FENG Z,HUGGINS F E,et al. Binary iron oxide catalysts for direct coal liquefaction[J]. Energy & Fuels,1994,8 (1):38-43.